U0277834

高等学校电子信息类专业系列教材

# 量子通信

（第二版）

朱畅华　权东晓　编著

裴昌幸　主审

西安电子科技大学出版社

## 内 容 简 介

本书较系统、全面地介绍了量子通信的概念、物理基础、典型协议与实现、组网及应用等。全书共 10 章，第 1～4 章重点讨论量子通信的基本概念、物理基础、量子比特与量子线路、量子信道；第 5～8 章重点讨论量子隐形传态、离散变量与连续变量量子密钥分发、量子安全直接通信；第 9 章重点讨论量子信源编码和纠错编码；第 10 章介绍量子通信网络。

本书可作为量子信息科学、通信工程、信息工程、电子与信息工程、信息安全、网络空间安全、密码科学与技术等专业本科生或研究生量子通信课程的教材，也可作为相关科技人员的学习参考书。

**图书在版编目（CIP）数据**

量子通信 / 朱畅华，权东晓编著. -- 2 版. -- 西安 ：西安电子科技大学出版社，2024. 12. -- ISBN 978-7-5606-7417-9

Ⅰ. TN929.1

中国国家版本馆 CIP 数据核字第 2024YV0995 号

策　　划　李惠萍
责任编辑　许青青
出版发行　西安电子科技大学出版社（西安市太白南路 2 号）
电　　话　(029) 88202421　88201467　　邮　　编　710071
网　　址　www. xduph. com　　电子邮箱　xdupfxb001@163. com
经　　销　新华书店
印刷单位　陕西博文印务有限责任公司
版　　次　2024 年 12 月第 2 版　　2024 年 12 月第 1 次印刷
开　　本　787 毫米×1092 毫米　1/16　　印张　17.5
字　　数　414 千字
定　　价　47.00 元

ISBN 978-7-5606-7417-9

**XDUP 7718002-1**

# 前　言

# Preface

1970 年，正在美国哥伦比亚大学攻读物理学研究生的 Stephen Wiesner 提出了共轭编码(Conjugate Coding)的思想，即信息比特“0”和“1”可用光量子在同一维度下的不同基矢进行编码(也可称为调制)。例如，对于采用光量子的偏振态，可用水平偏振表示信息“0”，用垂直偏振表示信息“1”(称为 $\boldsymbol{Z}$ 基)，也可用 $+45°$ 偏振表示信息“0”，用 $-45°$ 表示信息“1”(称为 $\boldsymbol{X}$ 基)，还可用右旋圆偏振表示信息“0”，用左旋圆偏振表示信息“1”。这些基互称共轭基。共轭基中，如果信息比特在某一个基下编码，则编码后的量子态在另外的基下完全不可区分，如比特“0”在 $\boldsymbol{Z}$ 基下编码为水平偏振态，在 $\boldsymbol{X}$ 基下测量结果得到比特“0”或“1”的概率各占 50%。这个思想后来被 IBM 公司的 Charles Bennett 和加拿大蒙特利尔大学的 Gilles Brassard 采用，他们提出了第一个量子密钥分发协议——BB84 协议。该协议指出，采用共轭编码，基于未知量子态不可克隆定理、海森堡不确定性原理，通信双方能获得信息论安全的密钥，即双方享有的互信息大于窃听者获取的信息量。BB84 协议是无条件安全的协议，不依赖于数学计算的复杂度，其唯一基石就是量子力学基本原理。1993 年，量子隐形传态(Quantum Teleportation)的思想被提出，这种通信方式基于量子纠缠态(将纠缠粒子之一发送给接收方，另一个留在发送方)，发送方将其要传输的量子态与其保存的纠缠粒子进行贝尔态测量，将测量结果发送给接收方，接收方通过相应酉变换即可获得发送方的量子态。量子隐形传态在 1997 年获得首次实验验证，目前成为量子互联网中量子信息传输的主要通信手段。2000 年，清华大学龙桂鲁、刘晓曙提出了在纠缠量子比特分块、两步传输的同时进行两次安全性检测的量子安全直接通信思想。这一思想指出，在判断信道安全的前提下，可实现安全数据传输，其安全性也是基于未知量子态不可克隆定理、海森堡不确定性原理和量子纠缠等量子力学原理的。这些新型通信方式称为量子通信。

量子通信是指以微观粒子(如光子、原子、离子等)的量子态为信息载体，实现信息传输与交换。量子密钥分发是指通过传输加载信息的量子态(分为离散变量和连续变量)，经过测量、筛选与后处理，在通信双方建立用于对称密码体制的通信密钥。量子隐形传态系统中，信息以量子叠加态来表示，基于量子纠缠信道实现量子态从发送端到接收端的转移。量子安全直接通信可将秘密信息直接加载在量子态上实现安全传输。目前基于量子密钥分发的量子保密通信已经实现规模化部署(2022 年 8 月开通的合肥量子城域网是目前规模最大的量子保密通信网络)。量子通信还包括量子秘密共享、量子超密编码等。

自《量子通信》于 2013 年出版以来，量子通信在协议、性能和应用等方面均获得了长足的发展。本次修订增加了连续变量量子密钥分发、相干态的基本概念、量子安全直接通信的实验进展、量子表面码、量子互联网等内容。全书可分为四个部分：

(1) 概念与基础理论，为第 1～4 章。第 1 章介绍量子通信的概念、类型，量子通信系统的性能指标，量子通信的发展现状与展望；第 2 章给出相关基础知识，分别是量子力学的五个假设、密度算子理论、量子纠缠和光场的量子态；第 3 章讲述量子比特、冯·诺依曼熵、量子门与量子线路、量子算法举例；第 4 章论述量子信道模型、特定量子信道模型、光纤量子信道、自由空间量子信道、量子信道的容量。

(2) 典型协议与系统，包括第 5～8 章。第 5 章讲述量子隐形传态的原理、实验进展，以及多量子比特的隐形传态、连续变量量子隐形传态和远程量子态制备；第 6 章讲述离散变量量子密钥分发，涉及编码、BB84 协议、B92 协议、E91 协议、BBM92 协议、诱骗态原理、偏振编码、相位编码、离散变量测量设备无关量子密钥分发、实际量子密钥分发系统的安全性；第 7 章讲述连续变量量子密钥分发的协议、调制与检测技术，基于高斯调制、离散调制和纠缠态的连续变量量子密钥分发；第 8 章讲述量子安全直接通信的原理、Ping-Pong 协议、基于纠缠光子对的两步 QSDC 协议与实验、基于单光子的 QSDC 协议与实验。

(3) 量子编码，为第 9 章。本章内容包括量子信源编码、量子纠错编码的基本概念、CSS 量子纠错码、稳定子码和量子表面码。

(4) 量子通信网络，为第 10 章。本章内容主要包括量子保密通信网络的实验与应用、体系结构、多址与交换技术，量子中继器，量子互联网。

量子通信涉及的内容很广，其理论与应用不断发展，本书只是一个引子。

感谢量子信息领域的前辈和同行，聆听他们的报告及参与交流讨论，我们受益匪浅，加深了对有些概念和原理的理解。感谢给予我们合作机会的研究院所和企业，我们能够深入了解实际工程应用中需要用到的基础理论、背景知识和应该重点关注的问题，从而在本书中加入了相应的内容。感谢我们的导师裴昌幸教授，是他把我们带入量子信息这个领域，裴老师审阅了本书内容，提出了宝贵的修改建议。感谢团队陈南教授、易运晖教授、赵楠副教授和何先灯副教授长期以来的支持。感谢我们的研究生，他们输入部分公式、绘制部分插图，并阅读了书稿。特别感谢西安电子科技大学出版社李惠萍编辑对我们在规范格式、内容安排和相关资讯等方面的指导和帮助，我们得以完成第二版的修订；同时感谢许青青编辑细致的校对和审核。另外，本书得到了西安电子科技大学教材建设项目资助。

量子通信涉及物理、通信、密码、计算和信息论等多学科知识，由于我们能力有限，对原理、协议和实现等方面的理解可能会出现偏差，书中难免存在不恰当的表述，敬请读者批评指正。

编　者

2024 年 8 月于西安

# 目　录

CONTENTS

# 第1章

# 概　　述

通信是将信息从一个地方(信源)传送到另一个地方(信宿)的过程，通常包括传输(通过链路传送)和交换(经由中间节点转发)两种操作。信息可以信件为媒介由邮政系统送达，也可通过电信网络进行传递。电信系统将信息加载到电磁波上进行传输，电磁波可以是无线电波(波长为1 mm～100 km，频率为3 kHz～300 GHz)、微波(波长为0.1 mm～1 m，频率为300 MHz～3000 GHz)、太赫兹波(波长为0.03～3 mm，频率为100 GHz～10 THz)、红外线(波长为0.76～1000 μm)、可见光(波长为390～780 nm)和紫外线(波长为10～400 nm)等。通信传输路径可以是自由空间，也可以是电缆或光缆等有线载体。量子通信同样也可以实现信息的传输和交换，但它是以光量子、微波量子、原子或电子等的量子态作为信息的载体。因此，量子通信的工作原理是建立在量子力学原理之上的，其发送装置、接收设备、中继/交换/路由节点不同于经典通信。本章主要讲述量子通信的基本概念和类型、量子通信系统的主要性能指标，并简要介绍量子通信的发展现状(本章会出现较多术语，它们的详细含义或原理会在后续章节说明)。

## 1.1　量子通信的基本概念和类型

量子通信起源于对通信保密的需求。通信安全自古以来一直受到人们的重视，特别是在军事领域。当今社会，随着信息化程度的不断提高，信息安全的范围不断扩大，如互联网、移动通信、电子商务、网上金融等应用都涉及信息安全，信息安全关系到每个人的切身利益。对信息进行加密传输是保证信息安全的重要途径之一。密码体制包括对称和非对称(公钥)密码体制两种形式。前者是收发双方共享密钥；后者是接收方根据发送方提供的公开密钥计算解密密钥。著名的对称加密方法是G. Vernam在1917年提出的“一次性便笺”(One Time Pad，OTP)加密(也称一次一密)[1]。这种加密方法对明文采用一串与其等长的随机数进行加密(相异或)，接收方用同样的随机数进行解密(再次异或)，这里的随机数称为密钥，其真正随机且只用一次。OTP协议已经被证明是安全的[2]，但关键是要有足够长的对称密钥，必须在不安全(存在窃听)的信道中无条件安全地实时分发密钥，这在经典领域很难做到。在公钥密码体制中，如著名的 RSA 协议[3]，发送方有一个公钥，用公钥对数据进行加密，然后将密文和公钥发给接收方，接收方根据公钥以及大数的因子分解(只有通信双方知道质因数)可算得解密私钥，从而恢复数据。窃听者无法在短时间内获得解密用的私钥。公钥密码获得了大量应用，其安全性由数学假设来保证，即一个大数的质因数分解是一个非常困难的问题。但是量子计算机的出现对这个数学假设提出了严峻挑战。已经证明：一旦实现了通用量子计算机，采用 Shor 算法，大数很容易被分解，现在广为应用的公钥密码系统完全可以被破解[4]。

因此，人们努力提高经典密码的安全性，发展后量子密码(Post-Quantum Cryptography，PQC)，其目的是采用基于哈希函数的数字签名、基于格(Lattice)的密码、基于纠错码的密码和多变量公钥密码等来对抗量子计算机的攻击[5]。这一时期，基于量子力学原理的量子密钥分发(Quantum Key Distribution，QKD)技术被提了出来[6]。量子密钥分发应用量子力学原理，可以实现无条件安全的密钥分发，进而结合 OTP 策略，可以确保通信的绝对保密性。

除了 QKD，基于量子特性的其他量子通信形式也被提出并经实验验证，如量子隐形传态[7]、量子密集编码[8]、量子秘密共享[9]等。这里先给出量子通信的定义，再介绍其主要工作形式。

### 1.1.1 量子通信的基本概念

量子通信是指基于量子态，在经典通信的辅助下进行信息交互与传输的通信技术。这里的量子态可以是单粒子量子态、相干态、纠缠态等；经典通信指传统的通信技术，如移动通信、互联网通信、卫星通信、光通信等；信息交互指通信各方遵从特定协议，建立安全的共享随机比特序列，如量子密钥分发、量子秘密共享等，进而实现保密通信；传输指基于量子态实现信息传输，如量子隐形传态、密集编码、量子安全直接通信等。

量子通信具有以下特点：

**1. 可实现无条件安全的保密通信**

量子通信于 20 世纪 60 年代末由美国人 Stephen Wiesner 提出[10]，他提出了共轭编码(Conjugate Coding)、超密编码(Superdense Coding)和 2 选 1 不经意传输(1-of-2 Oblivious Transfer)，预见了量子态不可克隆定理[11]，在此基础上发展了量子密码。其中，量子密钥分发相比于经典密钥分发策略，具有无条件安全性(相比于经典密码中常用到的安全性基于复杂数学问题难以在多项式时间内予以解决这一前提条件而言)，其唯一前提是量子力学理论体系是完备的。也就是说，QKD 建立在量子力学的海森堡不确定性原理和量子态不可克隆定理之上，前者保证了窃听者在不知道发送方编码基的情况下无法通过测量准确获得量子态的信息，后者使窃听者无法复制一份量子态并在编码基公开后进行测量，导致窃听会产生明显的误码，通信双方能够检测窃听的存在。简单地讲，基于量子密钥分发的保密通信(量子保密通信)一旦被窃听，就可被发现。

**2. 具备很强的信息承载能力**

根据量子力学的态叠加原理，一个 $n$ 维量子态的本征展开式有 $2^n$ 项，每项前面都有一个复系数，传输一个量子态相当于同时传输这 $2^n$ 个数据。可见，量子态携载的信息非常丰富，其在传输、存储、处理等方面相比于经典方法更为高效(实现并行计算)。

**3. 基于量子纠缠能实现多种新型通信方式**

纠缠是量子力学中独特的资源，相互纠缠的粒子之间存在一种关联，无论它们的位置相距多远，若其中一个粒子的量子态发生改变，另一个粒子的量子态必然改变，或者说，一个经测量塌缩，另一个也必然塌缩到对应的量子态上。这种关联的保持可以用贝尔不等式来检验，因此，量子纠缠特性可以用来协商密钥，若存在窃听，即可被发现。更重要的是，利用纠缠特性(量子力学上也称为非局域性)可以实现量子隐形传态，即量子态的远程传输。基于量子隐形传态可传输量子信息(量子叠加态承载的信息)，可以在量子计算机、量子传感器、量子存储器等量子设备之间实现互连，从而构建量子互联网。基于纠缠还可实现密集编码等。

## 1.1.2 量子通信的类型

目前，量子通信的主要形式包括基于 QKD 的量子保密通信、量子隐形传态和量子安全直接通信。下面分别进行简要说明。

**1. 基于 QKD 的量子保密通信**

如前所述，基于 QKD 的量子保密通信是利用 QKD 获得的安全密钥对数据进行加密、解密的一种通信方式，如图 1.1 所示。由图可见，发送方和接收方都由经典保密通信系统和 QKD 系统组成，QKD 系统产生密钥并存放在密钥池中，作为经典保密通信系统的密钥。系统中有量子信道和经典信道两种信道，量子信道传输用于进行 QKD、携带信息的光子(本书中如不特别说明，都认为采用光量子通信)，经典信道传输 QKD 过程中的辅助信息，用来实现基矢对比、误码率估计、数据协调和密性放大(详见第 6 章)，同时传输加密后的数据。

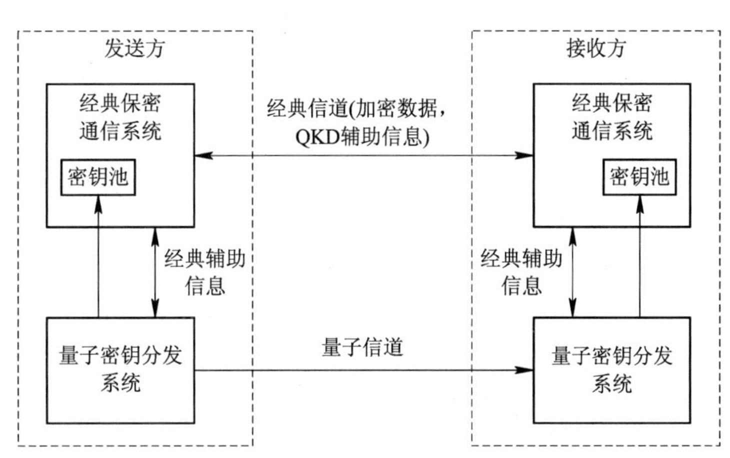


图 1.1 基于 QKD 的量子保密通信系统

量子密钥分发可以按照不同的方式进行分类，如图 1.2 所示。

(1) 量子密钥分发按信息比特的调制方式可分为离散变量量子密钥分发(Discrete

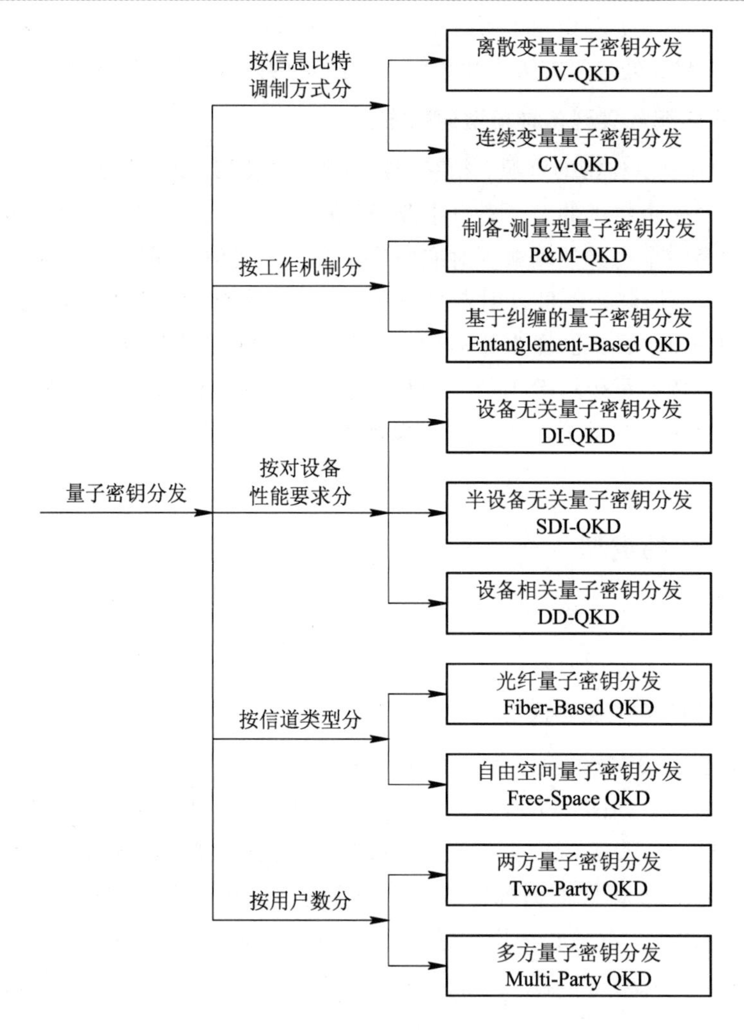


图 1.2 量子密钥分发的分类

Variable Quantum Key Distribution，DV-QKD）和连续变量量子密钥分发（Continuous Variable Quantum Key Distribution，CV-QKD）。在 DV-QKD 中，信息比特加载在单光子脉冲的某个自由度上，如偏振、相位、时间窗（Time-Bin）和轨道角动量（Orbital Angular Momentum，OAM）等。在 CV-QKD 中，信息通过随机分布（如高斯分布）的实数加载在光脉冲的正则分量（Orthonormal Quadrature）上（详见第 7 章）。

（2）量子密钥分发按工作机制可分为制备-测量型量子密钥分发（Prepare and Measure Quantum Key Distribution，P&M-QKD）和基于纠缠的量子密钥分发（Entanglement-Based QKD）。前者是指发送方根据 QKD 协议制备量子态，通过量子信道传送给接收方，由接收方进行探测，随后经过筛选和后处理得到安全密钥；后者是一方或者第三方分发量子纠缠态，随后通信双方独立进行测量，再经过筛选和后处理得到安全密钥。

（3）量子密钥分发按对设备的性能要求可分为设备无关量子密钥分发（Device-Independent Quantum Key Distribution，DI-QKD）、半设备无关量子密钥分发（Semi-Device-Independent Quantum Key Distribution，SDI-QKD）和设备相关量子密钥分发（Device-Dependent

Quantum Key Distribution，DD-QKD)。DI-QKD 不对发送端和接收端的设备提出安全性要求，即能产生安全的密钥。SDI-QKD 是指可对部分设备不作安全性假定，如测量设备无关量子密钥分发(Measurement-Device-Independent Quantum Key Distribution，MDI-QKD)完全消除了测量设备的边信道攻击(Side-Channel Attack，可被窃听者利用以获取密钥信息)，即使测量设备被窃听者掌控也能发现其存在，能保证最终密钥的安全性。SDI-QKD 也叫单端设备无关量子密钥分发(one-Sided Device-Independent Quantum Key Distribution，1SDI-QKD)，允许单端设备不安全。DD-QKD 协议为保证密钥的安全性，要求对源、探测端建立准确的模型，从而实现相应的安全性分析和密钥产生率估计。

(4) 量子密钥分发按信道类型可分为光纤量子密钥分发(Fiber-Based QKD)和自由空间量子密钥分发(Free-Space QKD)。前者光量子脉冲在光纤信道中传输，基于可信中继(Trusted Relay)或量子中继器(Quantum Repeater)可实现远距离 QKD；后者基于自由空间信道，具有一定的机动性，基于卫星平台可实现上千千米甚至更远的 QKD，与光纤系统结合可建立空、天、地一体化量子保密通信网络。

(5) 量子密钥分发按用户数可分为两方量子密钥分发(Two-Party QKD)和多方量子密钥分发(Multi-Party QKD)。前者可在两个用户之间建立端到端安全的密钥，后者可用于群组通信，用作群组密钥(Group Key)或会议密钥(Conference Key)。

基于 QKD 的量子保密通信发展较快，目前已进入规模化工程应用阶段和标准化阶段(见 1.3 节)。

**2. 量子隐形传态**

量子隐形传态(Quantum Teleportation)基于收发双方共享的纠缠粒子对，在发送端对携带量子信息的粒子与保留在本地的纠缠粒子进行贝尔态测量，将测量结果发送给接收方，接收方根据测量结果对自己持有的纠缠粒子实施相应酉变换，从而可恢复发送方粒子携带的信息，如图 1.3 所示。这一通信方式应用了量子力学的纠缠特性，基于两个纠缠粒子之间具有的量子非局域关联(Nonlocal Correlation)特性建立量子信道，可以在相距较远的两地之间实现未知量子态的远程传输。

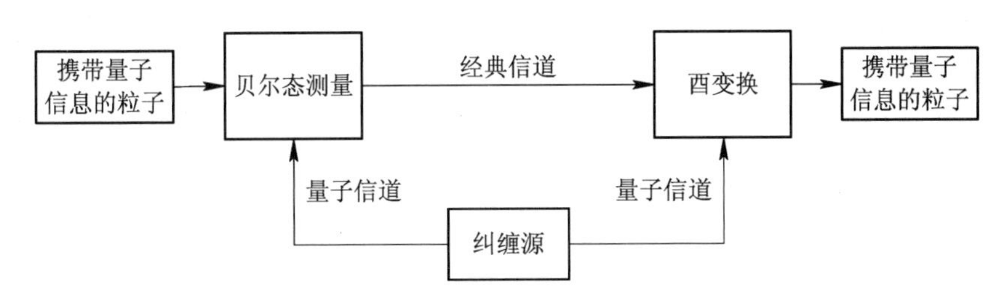


图 1.3 量子隐形传态示意图

另一种基于纠缠资源的传输经典信息的方法是发送方对纠缠粒子之一进行酉变换，变换之后将这个粒子发到接收方，接收方对这两个粒子联合测量，根据测量结果判断发送方所作的变换类型(共有 4 种酉变换，因而可携带 2 比特经典信息)，这种方法称为量子密集编码(Quantum Dense Coding)。

**3. 量子安全直接通信**

量子安全直接通信(Quantum Secure Direct Communications，QSDC)可以直接传输信息(相对基于QKD的量子保密通信而言)，如图1.4所示。通过共轭编码及插入校验信息来检验信道的安全性。量子态制备可采用纠缠源或单光子源。若为单光子源，可将信息调制在单光子偏振态或时间窗(Time-Bin)上，由发送装置经由量子信道将其发给接收方。接收方收到后进行安全性探测，通过随机选取共轭编码的比特及校验比特的测量结果进行误码分析，从而判断信道的安全性，如果信道无窃听则进行通信。其中，经典辅助信息用于安全性分析。

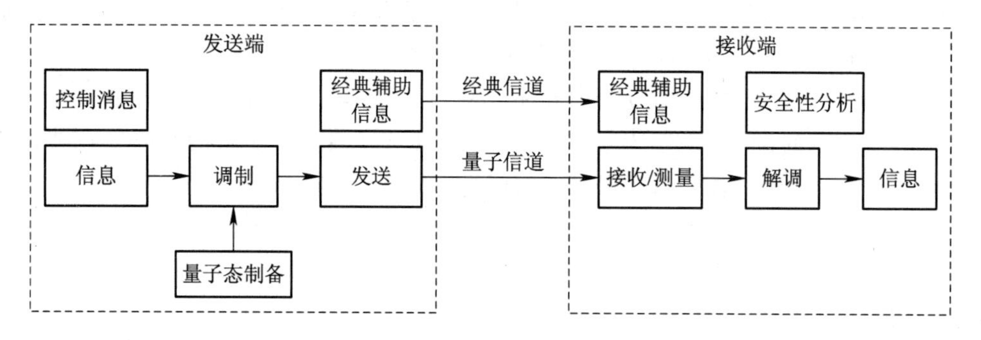


图 1.4　量子安全直接通信示意图

除了上述三种量子通信的形式外，还有量子秘密共享(Quantum Secret Sharing，QSS)、量子私钥加密、量子公钥加密、量子认证(Quantum Authentication)、量子签名(Quantum Signature)等，这里不再赘述，读者可参阅相关文献[12]。

## 1.2 量子通信系统的性能指标

与经典通信系统一样，量子通信也有可靠性和可用性指标。可靠性指标主要是量子误码率(Quantum Bit Error Rate，QBER)。可用性指标主要是通信速率。对于量子保密通信，可用性指标主要是QKD安全成码率(Secret Key Rate)或密钥产生速率(Key Generation Rate)、密文通信速率。其中，密文通信速率与密钥产生速率、加密算法、通信网络吞吐率等因素有关；对于量子隐形传态，可用性指标指量子态(量子信息)的传输速率。量子通信系统也有其特定指标，如安全通信距离、密钥一致性、密钥随机性等。本节主要介绍量子误码率、密钥产生速率和安全通信距离三个系统指标。

**1. 量子误码率**

量子误码率是指在光量子脉冲承载的信息中用来使发送方和接收方进行有效通信的那部分信息比特的错误率。由于信道存在损耗、接收机探测器效率有限、窃听等，因此发送的大部分光子不能有效地计数，而实际通信系统中只保留双方认可的那部分比特值(如编码基和测量基一致)。在基于单光子的QKD系统中，QBER指在发送方编码基和接收方测量基一致且被接收方探测到的比特中错误比特的比率。

因通信协议不同，故系统保证安全的量子误码率门限也不同。例如，采用BB84协议的理想QKD系统的量子误码率门限为11%。但量子误码率和信道噪声、接收机噪声(包括探测器的暗计数)、窃听手段、收发方参考系是否一致等因素有关，实际上设置要更小些。系统量子误码率的降低可采用信道补偿、对齐参考系、压低暗计数等方法来实现。

**2. 密钥产生速率**

量子通信系统的速率随通信的样式不同而不同。在量子保密通信系统中，除了加密数据传输的经典通信速率外，主要是密钥产生速率。衡量不同QKD系统的性能时，往往采用给定距离或损耗下的安全成码率，也称为密钥产生率(Key Rate)，其含义是指发送一个光脉冲所能产生安全密钥的概率。若系统时钟为$f_s$，安全成码率为$r$，密钥生成速率为$f_k$，则有$f_k=f_s \cdot r$。在量子隐形传态和量子安全直接通信系统中，通信速率指量子信息(用量子态表示的叠加态信息)或经典信息(用经典比特表示的信息)的传输速率。

**3. 安全通信距离**

通信距离是量子通信系统的一个重要指标。由于量子信道的损耗，随着通信距离的增加，量子通信的速率迅速下降。同时，接收机噪声(如探测器的暗计数噪声等)成了安全通信距离的主要决定因素，所以实际应用中往往同时关注安全通信距离和安全密钥速率。

## 1.3 量子通信发展现状与展望

1989年，美国IBM公司的C. H. Bennett领导的小组成功进行了第一个QKD实验，如图1.5所示，此实验采用32 cm长的自由空间量子信道[13]。经过近几十年的发展，目前量子保密通信到了规模化应用阶段，量子网络的研究和实验也逐渐展开。这里主要介绍量子保密通信(主要是QKD技术)的发展现状、量子通信的标准化进展，并对量子通信进行展望。

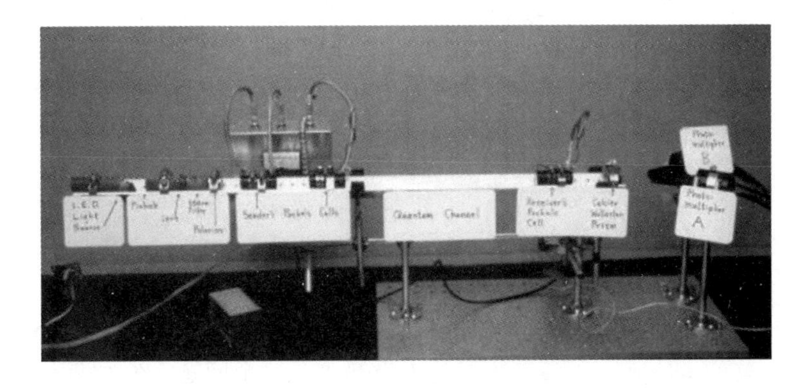


图1.5 第一个QKD实验

### 1.3.1 量子保密通信发展现状

基于QKD的量子保密通信是目前研究和应用的主要量子通信技术，本节主要介绍

QKD技术的发展情况(量子隐形传态和量子安全直接通信的发展情况参见第5章和第8章)。

如1.1节所述,QKD可分为制备-测量型量子密钥分发和基于纠缠的量子密钥分发两大类,相应地,它们的通信系统分别称为制备-测量型量子通信系统、纠缠型量子通信系统。这里分别介绍这两类系统的发展情况。

**1. 制备-测量型量子通信系统发展现状**

1984年BB84协议出现后,各种新型或改进协议不断被提出,除了单光子脉冲的偏振自由度外,相位、时间窗(Time-Bin)、频率自由度也被挖掘了出来,从而派生出了各种不同的实现方法。制备-测量型量子通信系统基于单光子(或弱相干光脉冲),传输信道为光纤或自由空间。下面大致分几个阶段介绍其进展。

1) 早期实验验证阶段

首个QKD实验是由IBM公司在1989年完成的,基于偏振编码的BB84协议,采用32 cm自由空间信道。1993年,瑞士日内瓦大学实现了偏振编码BB84协议,波长为800 nm,采用1.1 km光纤信道;同年,英国电信及防御研究局实现了相位编码BB84协议,光脉冲波长为1.3 μm,10 km光纤信道上的密钥速率约为22 kb/s。1995年,中国科学院物理所进行了自由空间偏振编码BB84协议QKD实验,量子误码率(QBER)为6%。

2) 现场实验拓展

随着实验不断改进,QKD从实验室走向了室外实际铺设的光纤或自由空间信道。1995年,瑞士日内瓦大学实现了偏振编码QKD实验,单光子光脉冲波长为1.3 μm,重复频率(时钟)为1.1 MHz,采用穿越日内瓦湖底实际铺设的23 km光缆,量子误码率为3.4%。随后他们进行了基于相位编码的Plug&Play实验。1997年,华东师范大学实现了基于B92协议的自由空间QKD实验。2000年,中国科学院物理所与中国科学院研究生院实现了相位编码BB84协议QKD实验,波长为850 nm,在1.1 km上密钥产生速率为3 b/s,量子误码率为9%。2002年,瑞士日内瓦大学基于Plug&Play方案实现了67 km实际光纤实验,波长为1.55 μm,时钟为20 MHz,密钥产生速率为51 b/s,量子误码率为5.6%。2003年,中国科学技术大学实现了光纤中传输距离为14.8 km的量子密钥分发实验。2004年,华东师范大学完成了光纤中50 km的量子密码通信演示实验,中国科学技术大学在北京和天津之间实现了125 km量子通信原理性实验。

3) 克服实用单光子源的不足

由于缺乏实用单光子源,QKD实验距离又不断增大,实际系统中常采用衰减的弱相干光源(每脉冲平均光子数小于1),使得QKD系统面临光子数分割(Photon Number Splitting, PNS)攻击的威胁,诱骗态方案的提出解决了这个问题。2006年,加拿大多伦多大学实现了首个基于诱骗态的QKD系统,时钟为5 MHz,采用相位编码BB84协议,在60 km光纤上密钥产生速率为422.5 b/s。2007年,中科大-清华联合团队实现了诱骗态偏振编码QKD,系统时钟为2.5 MHz,在102 km光纤上密钥产生速率为8.1 b/s;美国洛斯阿拉莫斯国家实验室和国家标准技术院实现了相位编码诱骗态QKD,时钟为2.5 MHz,在

107 km光纤上密钥产生速率为14.5 b/s；德国马普量子光学研究所(Max Planck Institute for Quantum Optics)等联合团队实现了自由空间偏振编码诱骗态QKD，系统时钟为10 MHz，在144 km距离(35 dB损耗)上密钥产生速率为12.8 b/s；2007年，东芝团队实现了相位编码QKD，系统时钟为7.1 MHz，在25.3 km光纤上密钥产生速率达5.5 kb/s。2008年，中科大实现了123 km的光纤信道相位编码诱骗态QKD。

随着技术的进步，QKD系统时钟达到了吉赫兹水平，密钥产生速率达到10 kb/s，甚至超过100 kb/s，实验距离甚至长达200 km，自由空间信道在96 km上密钥产生速率达到48 b/s。2014年，东芝公司和剑桥大学联合进行了相位编码诱骗态BB84 QKD实验，采用自差分室温单光子探测器、非对称编码基选择($Z:X=15:1$)等技术，在50 km光纤上密钥产生速率达到1.26 Mb/s。

值得一提的是，2015年，日本富士通、NEC和东京大学等基于量子点单光子源和超导纳米线单光子探测器在100 km光纤上获得27.6 b/s的密钥产生速率。

4) 克服针对探测器的攻击

尽管QKD协议是安全的，但具体实现时往往存在各种不足，黑客对QKD接收机，特别是探测器采取各种攻击手段，造成量子密钥被窃取。为此，科研人员提出了测量设备无关的QKD(MDI-QKD)，杜绝了针对探测器的各种攻击。MDI-QKD从最初的2013年0.24 b/s@81.6 km光纤(指在81.6 km光纤上获得的密钥产生速率为0.24 b/s，下同)、2015年16.9 b/s@30 km、2016年4.6 kb/s@102 km的光纤信道，发展到2019年6.2 kb/s@20.4 dB、31 b/s@180 km的光纤信道。2020年，MDI-QKD第一次在19.2 km大气信道中进行了验证。2022年连续变量CV-MDI-QKD也得到了验证，在5 km光纤上获得的密钥产生速率为0.43 b/p。

5) 高速、远距离QKD实验

随着QKD的发展和应用的不断深入，QKD系统的速度和距离也不断提高。2017年，中国团队基于"墨子号"量子科学实验卫星实现了星地1200 km偏振编码QKD实验，采用100 MHz时钟，密钥产生速率达到1.1 kb/s。2018年，瑞士日内瓦大学与Id-Quantique公司、Corning公司合作，实现了超低损耗光纤421 km的时间窗编码的QKD实验，时钟为2.5 GHz，在405 km光纤上密钥产生速率为6.5 b/s。2020年，瑞士日内瓦大学基于偏振编码和简化的BB84协议，在151.5 km光纤上密钥产生速率达54.5 kb/s(系统时钟为5 GHz)。2022年，葡萄牙阿威罗大学采用偏振分集相干检测和BB84协议，理论分析表明，在40 km光纤上筛后密钥(Sifted Key)产生速率可达46.9 Mb/s。

孪生光场(Twin-Field，TF)QKD协议的出现，大大提高了QKD的通信距离。2021年，中科大等联合团队在现场(实际)光纤链路上实现了428 km发送或不发送TF-QKD协议，随后在城市之间的光纤信道长度达到了511 km。东芝、剑桥大学等联合团队采用对偶波段稳定策略实现了605 km长光纤的TF-QKD。2022年，中科大等联合团队基于四相位TF-QKD的安全距离达到833.8 km。2023年，中科大等联合团队基于三强度发送或不发送协议实现了1002 km光纤TF-QKD。2023年，中科大牵头团队基于集成光学器件、多像素超导探测器实现的偏振编码诱骗态BB84协议，在10 km光纤上实现了115.8 Mb/s的密钥产生速率。

**2. 纠缠型量子通信系统发展现状**

基于纠缠的DV-QKD主要包括Ekert-91协议和BBM92协议。2000年，维也纳大学和慕尼黑大学基于偏振纠缠光子对实现了改进型BB84协议，在360 m光纤上筛后密钥速率为400～800 b/s，量子误码率为3%。2002年，山西大学用EPR关联光束完成了连续变量量子密集编码和量子通信实验。2008年，新加坡国立大学基于偏振纠缠实现了Ekert-91协议，量子误码率为4%，安全密钥速率为200 b/s。2008年，NTT(Nippon Telegraph & Telephone)、NIST(National Institute of Standards and Technology)、Standford大学和NICT等联合团队实现了基于纠缠的BBM92 QKD协议，采用1.5 μm电信波段时间窗纠缠源、超导单光子探测器，在100 km光纤上8小时获得16 kb筛后密钥(0.56 b/s)。2009年，奥地利科学院和奥地利维也纳大学基于纠缠源完成超过300 km自由空间信道QKD验证。2014年，日本国家信息通信技术研究所(National Institute of information and Communications Technology，NICT)联合NEC等基于1550 nm时间窗量子比特、810 nm偏振量子比特混合纠缠源实现了修改的Ekert 91协议，在20 km光纤上获得的密钥产生速率为70～150 b/s。2020年，中科大等基于“墨子号”卫星实现了卫星纠缠分发的BBM92协议，两个地面站相距1120 km，密钥速率为0.12 b/s。近年来，中科大还实现了多个基于纠缠的设备无关量子密钥分发(DI-QKD)实验工作。

**3. 量子保密通信网络发展现状**

在21世纪初，量子保密通信展开了网络化实验，部分量子密钥分发实验网络如下：2002年由BBN公司、哈佛大学和波士顿大学建立的全球第一个QKD网络；2008年由41家研究和产业单位联合建立的SECOQC(Secure Communication based on Quantum Cryptography)网络；2009年由中国科学技术大学牵头建立的芜湖量子政务网；2010年由日本和欧盟国家建立的东京QKD网络；2016年由中国科学技术大学牵头建立的京沪干线；2017年由科大国盾量子和山东联通建立的济南政务网；2022年由科大国盾量子和中国电信等建立的合肥量子城域网。

需要说明的是，上述实验进展只是列举了个别例子，更多例子及进展可参见相关综述[12, 14]。可见，我国的量子通信虽然起步比较晚，但发展很快，近年来在卫星平台、通信距离、组网应用等方面达到了国际领先水平。

### 1.3.2 量子通信标准化进展

欧洲电信标准化协会(European Telecommunications Standards Institute，ETSI)较早地开展了量子密钥分发的标准化，于2008年成立了量子密钥分发行业规范组(Industry Specification Group，ISG)，致力于量子密码及相关量子技术的标准化，包括QKD系统接口、QKD系统及器件的光学特性和实现的安全要求，从而使QKD成为保护下一代通信系统的稳健的、可实施的方案。ETSI ISG QKD工作组发布了一系列标准和报告，如表1.1所示。

此外，ETSI还成立了量子安全密码(Quantum-Safe Cryptography，QSC)工作组，对量子安全的密码协议和实现考虑进行评估和推荐。

**表 1.1 ETSI 量子密钥分发相关标准**

| 序号 | 编号及版本 | 标准名称 | 发布时间 |
|---|---|---|---|
| 1 | ETSI GS QKD 002 V1.1.1 | 量子密钥分发：用例(Use Cases) | 2010 年 6 月 |
| 2 | ETSI GR QKD 003 V2.1.1 | 量子密钥分发：组件和内部接口(Components and Internal Interfaces) | 2018 年 3 月 |
| 3 | ETSI GS QKD 004 V2.1.1 | 量子密钥分发：应用接口 | 2020 年 8 月 |
| 4 | ETSI GS QKD 005 V1.1.1 | 量子密钥分发：安全性证明(Security Proofs) | 2010 年 12 月 |
| 5 | ETSI-GR QKD 007 V1.1.1 | 量子密钥分发：术语(Vocabulary) | 2018 年 12 月 |
| 6 | ETSI GS QKD 008 V1.1.1 | 量子密钥分发：QKD 模块安全性指标(QKD Module Security Specification) | 2010 年 12 月 |
| 7 | ETSI GS QKD 011 V1.1.1 | 量子密钥分发：器件特性：建立 QKD 系统光器件的特性 | 2016 年 5 月 |
| 8 | ETSI GS QKD 012 V1.1.1 | 量子密钥分发：QKD 安装(Deployment)中设备和通信信道参数 | 2019 年 2 月 |
| 9 | ETSI GS QKD 014 V1.1.1 | 量子密钥分发：基于 REST 的密钥传递 API 协议和数据格式 | 2019 年 2 月 |
| 10 | ETSI-GS QKD 015 V2.1.1 | 量子密钥分发：软件定义网络的控制接口 | 2022 年 4 月 |
| 11 | ETSI GS QKD 018 V1.1.1 | 量子密钥分发：软件定义网络的编排接口(Orchestration Interface) | 2022 年 4 月 |
| 12 | ETSI GS QKD 016 V1.1.1 | 成对制备和测量型量子密钥分发(QKD)模块的通用标准保护框架(PP) | 2023 年 4 月 |

国际电信联盟(International Telecommunication Union，ITU)第 13 研究组(Study Group 13，SG13)(未来网络)关注量子信息技术的网络方面，第 17 研究组(Study Group 17，SG17)(安全)关注其安全方面，同时还在 2019 年 9 月成立了面向网络的量子信息技术焦点组(ITU-T Focus Group on Quantum Information Technology for Networks，FG-QIT4N)，来研究面向网络的量子信息技术演进和应用、术语和用例等(2021 年 11 月发布了一系列技术报告)。ITU-T 已发布了一系列量子通信相关标准，包括 Y 系列(全球信息基础设施、互联协议方面、下一代网络、物理网和智慧城市：云计算)、X 系列(数据网络、开放系统通信和安全、量子通信)和 Q 系列(交换和信令、相关的测量和测试)，参见表 1.2。

**表 1.2 ITU 量子通信相关标准**

| 序号 | 编号 | 标 准 名 称 | 发布时间 |
|---|---|---|---|
| 1 | Y.3800 | 支持 QKD 的网络概述 | 2019 年 10 月 |
| 2 | Y.3801 | QKD 网络的功能要求 | 2020 年 4 月 |
| 3 | Y.3802 | QKD 网络——功能结构 | 2020 年 12 月 |
| 4 | Y.3803 | QKD 网络——密钥管理 | 2020 年 12 月 |
| 5 | Y.3804 | QKD 网络——控制和管理 | 2020 年 9 月 |
| 6 | Y.3805 | QKD 网络——SDN 控制 | 2021 年 12 月 |
| 7 | Y.3806 | QKD 网络——QoS 保证的要求 | 2021 年 9 月 |
| 8 | Y.3807 | QKD 网络——QoS 参数 | 2022 年 2 月 |
| 9 | Y.3808 | QKD 网络和安全存储网络集成框架 | 2022 年 2 月 |
| 10 | Y.3809 | QKD 网络部署中基于角色的模型 | 2022 年 2 月 |
| 11 | Y.3810 | QKD 网络互连——框架 | 2022 年 9 月 |
| 12 | Y.3811 | QKD 网络——QoS 保证的功能结构 | 2022 年 9 月 |
| 13 | X.1702 | 量子噪声随机数发生器结构 | 2019 年 11 月 |
| 14 | X.1710 | QKD 网络安全性框架 | 2020 年 10 月 |
| 15 | X.1712 | QKD 网络——密钥管理的安全性要求和测量 | 2021 年 10 月 |
| 16 | X.1714 | QKD 网络密钥合成和私钥供应(key combination and confidential key supply) | 2020 年 1 月 |
| 17 | X.1715 | QKD 网络和安全存储网络的集成安全性要求和测量 | 2022 年 7 月 |
| 18 | Q.4160 | QKD 网络的协议框架 | 2023 年 12 月 |
| 19 | Q.4161 | Ak 接口协议 | 2023 年 12 月 |
| 20 | Q.4162 | Kq-1 接口协议 | 2023 年 12 月 |
| 21 | Q.4163 | Kx 接口协议 | 2023 年 12 月 |
| 22 | Q.4164 | Ck 接口协议 | 2023 年 12 月 |

ITU 还讨论了机器学习在 QKD 网络中的应用，参见标准 Y.Sup70(ITU-T Y.3800 系列-量子密钥分发网络-机器学习的应用)。

国际标准化组织(International Organization for Standardization，ISO)和国际电工委员会(International Electro Technical Commission，IEC)的第 1 联合技术委员会(Joint Technical Committee，JTC 1)第 27 子委员会(Subcommittee，SC 27)于 2023 年 8 月发布了《ISO/IEC DIS 23837-1：信息安全——QKD 的安全要求、测试和评估方法——第 1 部分：要求》和《ISO/IEC DIS 23837-2：信息安全——QKD 的安全要求、测试和评估方法——第 2 部分：评估和测试方法》两个标准。

国际电气与电子工程师协会(Institute of Electrical and Electronics Engineers，IEEE)

于2016年启动了P1913软件定义量子通信项目，并从2018年开始研究量子计算定义及评价方法。

国际互联网研究任务组(Internet Research Task Force，IRTF)于2018年9月成立量子互联网研究组(Quantum Internet Research Group，QIRG)，2022年6月IETF发布了标准草案(Internet-Draft)“量子互联网应用场景”(Draft-Irtf-Qirg-Quantum-Internet-Use-Cases-13)，将应用分为量子密码、量子传感/计量和量子计算三类，给出了安全通信装置、具有隐私保护的安全量子计算和分布式量子计算三种应用场景，于2024年6月形成标准，编号RFC 9583，2022年8月提出了草案“量子互联网的结构原理”(Draft-Irtf-Qirg-Principles-11)，结构可分为控制面和数据面，基本网元包括终端节点、量子中继器(包括量子路由器和不参与控制面功能的量子中继器)、量子/经典链路、非量子节点等，于2023年3月形成标准，编号RFC 9340。

国内也启动了量子通信标准化的工作。中国通信标准化协会(China Communications Standards Association，CCSA)于2017年成立量子通信与信息技术标准特设任务组(ST7)，包括量子通信工作组(WG1)和量子信息处理工作组(WG2)。国家密码管理局也制定了相关标准。国内标准见表1.3。新的标准也将不断发布。

**表1.3 我国已发布的量子通信相关标准**

| 序号 | 编 号 | 标准名称 | 发布时间 |
|---|---|---|---|
| 1 | YD/T 3834.1—2021 | 量子密钥分发(QKD)系统技术要求 第1部分：基于诱骗态BB84协议的QKD系统 | 2021年3月 |
| 2 | YD/T 3834.2—2023 | 量子密钥分发(QKD)系统技术要求 第2部分：基于高斯调制相干态协议的QKD系统 | 2023年7月 |
| 3 | YD/T 3835.1—2021 | 量子密钥分发(QKD)系统测试方法 第1部分：基于诱骗态BB84协议的QKD系统 | 2021年3月 |
| 4 | YD/T 3835.2—2023 | 量子密钥分发(QKD)系统测试方法 第2部分：基于高斯调制相干态协议的QKD系统 | 2023年12月 |
| 5 | YD/T 3907.1—2022 | 基于BB84协议的量子密钥分发(QKD)用关键器件和模块 第1部分：光源 | 2022年9月 |
| 6 | YD/T 3907.2—2022 | 基于BB84协议的量子密钥分发(QKD)用关键器件和模块 第2部分：单光子探测器 | 2022年9月 |
| 7 | YD/T 3907.3—2021 | 基于BB84协议的量子密钥分发(QKD)用关键器件和模块 第3部分：量子随机数发生器(QRNG) | 2021年5月 |
| 8 | YD/T 3907.4—2024 | 基于BB84协议的量子密钥分发(QKD)用关键器件和模块 第4部分：诱骗态调制模块 | 2024年7月 |
| 9 | YD/T 4632—2023 | 量子密钥分发与经典光通信共纤传输技术要求 | 2023年12月 |
| 10 | YD/T 4301—2023 | 量子保密通信网络架构 | 2023年4月 |
| 11 | YD/T 4302.1—2023 | 量子密钥分发(QKD)网络 网络管理技术要求 第1部分：网络管理系统(NMS)功能 | 2023年4月 |

续表

| 序号 | 编　号 | 标 准 名 称 | 发布时间 |
|---|---|---|---|
| 12 | YD/T 4303—2023 | 基于IPSec协议的量子保密通信应用设备技术规范 | 2023年4月 |
| 13 | YD/T 4410.1—2023 | 量子密钥分发(QKD)网络 Ak 接口技术要求 第1部分：应用程序接口（API) | 2023年7月 |
| 14 | GB/T 42829—2023 | 量子保密通信应用基本要求 | 2023年8月 |
| 15 | GB/T 43692—2024 | 量子通信术语和定义 | 2024年3月 |
| 16 | GM/T 0108—2021 | 诱骗态BB84量子密钥分配产品技术规范 | 2022年5月 |
| 17 | GM/T 0114—2021 | 诱骗态BB84量子密钥分配产品检测规范 | 2022年5月 |
| 18 | T/CCSA 397—2022 | 支持量子波道的WDM系统技术要求 | 2022年8月 |

### 1.3.3 量子通信发展展望

**1. 量子保密通信工程化和标准化步伐加快**

经过40年的发展，基于QKD的量子保密通信已经由实验室走向实际应用，开始规模化布局。合肥市量子城域网QKD光纤链路已达1147 km，使政务网络、大数据平台实现了具有量子安全的数据传输能力。欧洲计划建设量子通信基础设施(Quantum Communication Infrastructure，QCI)，第一阶段计划2021—2028年建成量子安全的网络，第二阶段计划2029—2035年建成量子信息网络。量子保密通信如何与现有网络融合，如何为移动用户提供量子安全服务等仍需不断探索(国内运营商已推出了“量子密话业务”，但手机自身实现QKD尚需时日)。

为了降低成本、小型化、提高稳定性，并且能与现有通信系统融合，集成化或芯片化QKD是必由之路。集成QKD从编码芯片、解码芯片、光源芯片、光探测器芯片发展到单元线路的集成，针对集成QKD系统的安全性分析、光-电-光量子混合集成、新型QKD协议的集成仍在不断发展中[15-16]。

为了使不同企业之间的产品能在同一个网络上使用，且使更多企业和运营商参与量子保密通信设备的研发和应用中，标准化工作也在逐步推进和完善，这也为量子通信的广泛应用奠定了基础。

**2. 量子保密通信应用不断拓展**

量子保密通信最先应用在对安全性要求较高的行业，如国防、金融、电力等，随着QKD设备和组网成本的下降，其逐渐向其他领域扩展。在ITU量子信息技术焦点组的技术报告中，其用例包括智慧工厂、社会安全、医疗中心、安全的VoIP，可以和各种经典网络集成，如4G/5G，基于SDN的网络，区块链，时间敏感网络(Time-Sensitive Networking，TSN)等。随着QKD技术的发展和应用的深入，QKD有望成为未来信息基础设施的重要构成部分，为其提供无条件安全保证。

**3. 量子互联网技术不断成熟**

量子计算机从提出概念至今，已出现了基于超导约瑟夫森结(Josephson Junctions)、囚禁离子(Trapped Ion)、光晶格(Optical Lattices)、量子点(Quantum Dots)、核磁共振(Nuclear Magnetic Resonance，NMR)、电子自旋(Electrons-on-Helium)、腔量子电动力学(Cavity Quantum Electro Dynamics，CQED)、光子学等诸多方案，且已在玻色采样、随机线路采样等问题上表现了明显优势。众多企业和初创公司投身量子计算机的研究，IBM公司在2019年推出全球首台商用量子计算机IBM System One，并在2020年推出64量子体积的量子计算机。Google公司研发了53量子比特的超导量子芯片，霍尼韦尔也在2020年推出64量子体积的离子阱量子计算机。中国科学技术大学2020年构建了76个光子、100个模式的光量子计算机“九章”，实现了玻色采样；2021年他们又构造了113个光子、144模式的“九章二号”，进一步提高了波色采样的速度。同年，实现了62量子比特的超导量子计算机“祖冲之号”，随后又将其提升到66量子比特，实现对量子随机线路采样的快速求解。2023年推出的“九章三号”实现了对255个光子的操控。在解决组合优化等问题上，量子计算机(如加拿大D-Wave公司的量子退火机)也表现不俗。尽管目前仍处于含噪声中等规模的量子(NISQ)时代，但解决特定问题的专用量子处理器指日可待。除了量子计算机外，量子传感(如量子精密测量)、量子存储、量子中继等技术也获得了长足的发展，使得构造量子互联网成为可能。

**4. 新型量子通信协议不断发展**

尽管目前的QKD系统不断完善，光源(包括单光子源、弱相干光源与纠缠光源)脉冲重复频率、波长、功率稳定性不断提高，编码线路和解码线路的误差不断降低，探测器的探测效率、暗计数、重复频率等性能也在不断优化，后处理算法越来越高效，但研究人员仍在探索更高的性能，同时保证安全的新型协议或新的实现方式，如量子密钥基础设施(Quantum Key Infrastructure，QKI)[17]、基于光子数编码的MDI-QKD[18]和能够克服发送端调制器边信道的全无源QKD[19-21]等。

# 第2章

# 相关基础知识

量子通信建立在量子力学原理之上。本章主要讲述与量子通信相关的基础知识，包括量子力学的基本假设、未知量子态不可克隆定理、海森堡不确定性原理、密度算子、量子纠缠、相干态和连续变量量子纠缠等理论。

## 2.1 量子力学基本假设与相关原理

量子力学的基本假设是在研究量子力学过程中提出的公理性假设，由它们得出的结论或推论可进行严格证明或被实验结果所证实。量子力学的基本假设给出了研究量子力学的框架，是量子力学的基石，它把物理世界与量子力学的数学描述联系起来。这一节给出五个基本假设[22-27]。

### 2.1.1 状态空间假设与未知量子态不可克隆定理

**1. 状态空间假设**

在给出状态空间假设之前，先介绍一下希尔伯特(Hilbert)空间的概念。设 $V$ 为复数域 $\mathbf{C}$ 上的 $n$ 维线性空间，若在 $V$ 中任意两个向量 $\boldsymbol{\phi}$ 和 $\boldsymbol{\varphi}$(注：本章向量空间的元素、量子态都是向量，未按国际用黑斜体表示)，都存在唯一的数$(\phi, \varphi)$和它们对应，且满足下列关系：

(1) $(\phi, \phi)\geqslant 0$，当且仅当 $\phi=0$ 时，$(\phi, \phi)=0$；

(2) $(\phi, \varphi)=(\varphi, \phi)^*$；

(3) 对任意 $\varphi_1$、$\varphi_2$、$\phi\in V$，$a_1$、$a_2\in\mathbf{C}$，有$(a_1\varphi_1+a_2\varphi_2, \phi)=a_1(\varphi_1, \phi)+a_2(\varphi_2, \phi)$，则称$(\phi, \varphi)$为 $\phi$ 和 $\varphi$ 的内积，称 $V$ 为内积空间。

若选取 $V$ 的元素构成序列 $\phi_1, \phi_2, \cdots, \phi_s, \phi_t, \cdots$，当 $s$、$t\to\infty$时，$\phi_s$、$\phi_t$ 的距离趋于0，则称其为基本序列(也称为 Cauchy 序列)。若无限维($n\to\infty$)内积空间 $V$ 中每个基本序列均收敛于该空间中的一个元素，则称 $V$ 是完备的。显然，有限维内积空间是完备的。若内积空间按范数 $\|\phi\|=\sqrt{(\phi, \phi)}$ 完备，则称其为 Hilbert 空间。现在给出状态空间的假设。

**假设 1：** 任意一个孤立物理系统的状态都与 Hilbert 空间的一个单位向量相对应，这个单位向量称为状态向量。Hilbert 空间也称为状态空间。

上述假设与“微观粒子的状态可以由波函数完全描述”的叙述是一致的[22, 27]。这里用狄拉克引入的符号“$|\rangle$”(右矢，ket)表示系统的状态，其共轭转置符号为“$\langle|$”(左矢，bra)。可以用$|\psi\rangle$表示系统的一个量子态，对应 Hilbert 空间的一个向量。由 Hilbert 空间的性质，有以下叠加原理：

**量子态叠加原理：** 若$|\phi\rangle$和$|\varphi\rangle$是一个量子系统的两个可能的量子态，则它们的叠加态$|\psi\rangle=\alpha|\phi\rangle+\beta|\varphi\rangle$也是这个量子系统的一个可能的量子态。

再由单位向量假设，有$|\alpha|^2+|\beta|^2=1$。若$|\psi\rangle$的基矢为有限个时，可按基矢展开为

$$|\psi\rangle=\sum_{i=0}^{2^n-1}c_i|i\rangle \tag{2.1}$$

其中，系数为$c_i=\langle i|\psi\rangle$，且$\sum\limits_{i=0}^{2^n-1}|c_i|^2=1$。量子态叠加原理是量子通信和量子计算效率较高的直接原因：存储(或传输)一个量子态相当于存储(或传输)$2^n$个数；同样，对量子态执行 1 次运算，相当于并行执行$2^n$次运算。

在二维 Hilbert 空间中，基矢为$|0\rangle$和$|1\rangle$，则量子态$|\psi\rangle$可以写为$|\psi\rangle=\alpha|0\rangle+\beta|1\rangle$，其中，$\alpha$和$\beta$为复数，满足$|\alpha|^2+|\beta|^2=1$。

**2. 未知量子态不可克隆定理**

利用状态空间的线性性质，可以简单证明在量子信息中非常著名的单量子态不可克隆定理。1982 年，Wootters 和 Zurek 在 *Nature* 上发表了一篇论文《单量子态不可被克隆》，指出在量子力学中，不存在对一个未知量子态实现精确复制的物理过程，使得复制态与初始态完全相同，这就是量子态不可克隆定理。

**证明：** 设有输入量子态$|\psi\rangle$和$|\phi\rangle$，初始状态为标准纯态$|s\rangle$，假设存在复制操作$\boldsymbol{U}$，使得

$$\boldsymbol{U}(|\psi\rangle|s\rangle)=|\psi\rangle|\psi\rangle,\ \boldsymbol{U}(|\phi\rangle|s\rangle)=|\phi\rangle|\phi\rangle$$

对于二者的叠加态(复数$\alpha$和$\beta$满足$|\alpha|^2+|\beta|^2=1$)进行克隆，有

$$\begin{aligned}\boldsymbol{U}[(\alpha|\psi\rangle+\beta|\phi\rangle)|s\rangle]&=(\alpha|\psi\rangle+\beta|\phi\rangle)(\alpha|\psi\rangle+\beta|\phi\rangle)\\&=\alpha^2|\psi\rangle|\psi\rangle+\beta\alpha|\phi\rangle|\psi\rangle+\alpha\beta|\psi\rangle|\phi\rangle+\beta^2|\phi\rangle|\phi\rangle\end{aligned} \tag{2.2}$$

同样，根据线性空间性质，又有

$$\begin{aligned}\boldsymbol{U}[(\alpha|\psi\rangle+\beta|\phi\rangle)|s\rangle]&=\alpha\boldsymbol{U}(|\psi\rangle|s\rangle)+\beta\boldsymbol{U}(|\phi\rangle|s\rangle)\\&=\alpha|\psi\rangle|\psi\rangle+\beta|\phi\rangle|\phi\rangle\end{aligned} \tag{2.3}$$

显然，上述二者计算结果矛盾。所以未知量子态不可克隆。

也可以用下面的方法证明。

有两个量子系统：$A$——初始态$|\psi\rangle$为待克隆量子态；$B$——初始时处于标准纯态$|s\rangle$。克隆由$A$、$B$复合系统上一个幺正算子$\boldsymbol{U}$描述，即$\boldsymbol{U}(|\psi\rangle\otimes|s\rangle)=|\psi\rangle\otimes|\psi\rangle$对$\forall\ |\psi\rangle$成立。则对$|\phi\rangle\neq|\psi\rangle$，也有

$$\boldsymbol{U}(|\phi\rangle\otimes|s\rangle)=|\phi\rangle\otimes|\phi\rangle$$

根据$\boldsymbol{U}^\dagger\boldsymbol{U}=\boldsymbol{I}$，以及标准纯态$|s\rangle$满足$\langle s|s\rangle=\boldsymbol{I}$，对上式取内积

$$
\begin{aligned}
(\langle\phi|\otimes\langle s|)\boldsymbol{U}^{\dagger}\boldsymbol{U}(|\psi\rangle\otimes|s\rangle)=(\langle\phi|\otimes\langle\phi|)(|\psi\rangle\otimes|\psi\rangle) \\
\Leftrightarrow\langle\phi|\psi\rangle\langle s|s\rangle=\langle\phi|\psi\rangle\langle\phi|\psi\rangle \\
\Leftrightarrow\langle\phi|\psi\rangle=(\langle\phi|\psi\rangle)^{2}
\end{aligned}
\tag{2.4}
$$

可见，$\langle\phi|\psi\rangle=0$ 或者 $\langle\varphi|\psi\rangle=\boldsymbol{I}$，即两个态相正交或相等。

证毕

上述过程表明：成功率为1的量子克隆机只能克隆一对相互正交的量子态，即如果克隆过程可表示成一幺正演化，则幺正性要求当且仅当两个态相互正交时，才可以被相同的物理过程克隆，亦即非正交态不可克隆。

### 2.1.2 力学量算符假设与海森堡不确定性原理

**1. 力学量算符假设**

若 $\boldsymbol{A}$ 为算符，其共轭转置记为 $\boldsymbol{A}^{\dagger}$，若 $\boldsymbol{A}=\boldsymbol{A}^{\dagger}$，则称该算符是厄米的(Hermite)。假设2如下所述。

**假设2**：量子力学中，任意实验上可以观测的力学量可由一个线性厄米算符 $\boldsymbol{F}$ 描述。

与力学量相对应的线性厄米算符具有如下性质：

(1) 线性厄米算符的本征值为实数，其所有本征矢是完备的，且属于不同本征值的本征矢彼此正交。

(2) 力学量算符 $\boldsymbol{F}$ 的本征值即力学量允许的取值，只有当粒子处于本征态时，粒子的力学量具有确定值，即为该本征矢对应的本征值。

(3) 任何量子态 $|\psi\rangle$ 下，线性厄米算符的平均值 $\langle\boldsymbol{F}\rangle=\langle\psi|\boldsymbol{F}|\psi\rangle$ 必为实数。

量子力学中的力学量，如坐标、动量、角动量、能量等，都可对应一个算符。设定义在 $n$ 维 Hilbert 空间中的力学量具有 $n$ 个本征值 $f_i$(非简并，即每个本征值对应一个本征矢)，分别对应本征矢 $|\xi_i\rangle$，其中 $i=1, 2, \cdots, n$。由 $\{|\xi_i\rangle\}$ 的完备性可知，系统所处的任意量子态 $|\psi\rangle$ 均可展开为 $\{|\xi_i\rangle\}$ 中元素的线性叠加，即

$$
|\psi\rangle=\sum_{i}\alpha_{i}|\xi_{i}\rangle \tag{2.5}
$$

式中，$\alpha_i=\langle\psi|\xi_i\rangle$。

量子信息学中，经常会用到一组称为 Pauli 算符的力学量算符，定义如下：

$$
\boldsymbol{\sigma}_0=\begin{bmatrix}1 & 0\\ 0 & 1\end{bmatrix},\ \boldsymbol{\sigma}_x=\begin{bmatrix}0 & 1\\ 1 & 0\end{bmatrix},\ \boldsymbol{\sigma}_y=\begin{bmatrix}0 & -\mathrm{i}\\ \mathrm{i} & 0\end{bmatrix},\ \boldsymbol{\sigma}_z=\begin{bmatrix}1 & 0\\ 0 & -1\end{bmatrix}
$$

为方便起见，也记为

$$
\boldsymbol{I}=\begin{bmatrix}1 & 0\\ 0 & 1\end{bmatrix},\ \boldsymbol{X}=\begin{bmatrix}0 & 1\\ 1 & 0\end{bmatrix},\ \boldsymbol{Y}=\begin{bmatrix}0 & -\mathrm{i}\\ \mathrm{i} & 0\end{bmatrix},\ \boldsymbol{Z}=\begin{bmatrix}1 & 0\\ 0 & -1\end{bmatrix}
$$

**2. 海森堡不确定性原理**

设有两个力学量 $\boldsymbol{C}$ 和 $\boldsymbol{D}$，对同一系统进行观测，得到观测结果的标准差可表示为

$$
\begin{aligned}
|\Delta\boldsymbol{C}|=[\langle(\boldsymbol{C}-\langle\boldsymbol{C}\rangle)^{2}\rangle]^{\frac{1}{2}} \\
|\Delta\boldsymbol{D}|=[\langle(\boldsymbol{D}-\langle\boldsymbol{D}\rangle)^{2}\rangle]^{\frac{1}{2}}
\end{aligned}
\tag{2.6}
$$

对 $\forall\,|\phi\rangle$，有

$$|\Delta \boldsymbol{C}\Delta \boldsymbol{D}| \geqslant \frac{1}{2}|\langle\phi|[\boldsymbol{C},\boldsymbol{D}]|\phi\rangle| \tag{2.7}$$

此即海森堡不确定性原理。下面给予证明。

**证明：** 设 $\boldsymbol{A}$ 和 $\boldsymbol{B}$ 为厄米算符，$\boldsymbol{B}^{\dagger}\boldsymbol{A}^{\dagger}=\boldsymbol{BA}$（厄米性）。

$\langle\phi|\boldsymbol{AB}|\phi\rangle$表示 $\boldsymbol{A}|\phi\rangle$和 $\boldsymbol{B}|\phi\rangle$的内积，运算结果可以用复数表示，令$\langle\phi|\boldsymbol{AB}|\phi\rangle=x+\mathrm{i}y$，$x$、$y$ 为实数，有

$$\begin{aligned}(\langle\phi|\boldsymbol{AB}|\phi\rangle)^{\dagger} &= \langle\phi|\boldsymbol{B}^{\dagger}\boldsymbol{A}^{\dagger}|\phi\rangle=\langle\phi|\boldsymbol{BA}|\phi\rangle \\ &= (x+\mathrm{i}y)^{\dagger} \\ &= (x-\mathrm{i}y)\end{aligned} \tag{2.8}$$

即

$$\langle\phi|\boldsymbol{BA}|\phi\rangle=x-\mathrm{i}y \tag{2.9}$$

由式(2.8)和式(2.9)可得

$$\langle\phi|\boldsymbol{AB}-\boldsymbol{BA}|\phi\rangle=2\mathrm{i}y$$

$$\langle\phi|\boldsymbol{AB}+\boldsymbol{BA}|\phi\rangle=2x$$

定义算符 $\boldsymbol{A}$ 和 $\boldsymbol{B}$ 的对易子(commutator)为$[\boldsymbol{A},\boldsymbol{B}]=\boldsymbol{AB}-\boldsymbol{BA}$，定义反对易运算为$\{\boldsymbol{A},\boldsymbol{B}\}=\boldsymbol{AB}+\boldsymbol{BA}$，则

$$|\langle\phi|[\boldsymbol{A},\boldsymbol{B}]|\phi\rangle|^2+|\langle\phi|\{\boldsymbol{A},\boldsymbol{B}\}|\phi\rangle|^2=4|\langle\phi|\boldsymbol{AB}|\phi\rangle|^2$$

利用 Cauchy-Schwarz 不等式 $|\langle v|w\rangle|^2\leqslant\langle v|v\rangle\langle w|w\rangle$,可得：

$$|\langle\phi|\boldsymbol{AB}|\phi\rangle|^2\leqslant\langle\phi|\boldsymbol{A}^2|\phi\rangle\langle\phi|\boldsymbol{B}^2|\phi\rangle$$

所以

$$|\langle\phi|[\boldsymbol{A},\boldsymbol{B}]|\phi\rangle|^2\leqslant 4\langle\phi|\boldsymbol{A}^2|\phi\rangle\langle\phi|\boldsymbol{B}^2|\phi\rangle \tag{2.10}$$

令 $\boldsymbol{A}=\boldsymbol{C}-\langle\boldsymbol{C}\rangle$，$\boldsymbol{B}=\boldsymbol{D}-\langle\boldsymbol{D}\rangle$，有

$$\begin{aligned}\langle[\boldsymbol{A},\boldsymbol{B}]\rangle &= \langle(\boldsymbol{C}-\langle\boldsymbol{C}\rangle)(\boldsymbol{D}-\langle\boldsymbol{D}\rangle)-(\boldsymbol{D}-\langle\boldsymbol{D}\rangle)(\boldsymbol{C}-\langle\boldsymbol{C}\rangle)\rangle \\ &= \langle[\boldsymbol{C},\boldsymbol{D}]\rangle\end{aligned} \tag{2.11}$$

$\langle\phi|\boldsymbol{A}^2|\phi\rangle$是 $\boldsymbol{A}^2$ 的平均值，即 $\boldsymbol{C}$ 为测量结果的方差；$\langle\phi|\boldsymbol{B}^2|\phi\rangle$是 $\boldsymbol{B}^2$ 的平均值，即 $\boldsymbol{D}$ 为测量结果的方差。

由式(2.10)两边开根号，有

$$\Delta\boldsymbol{C}\Delta\boldsymbol{D}\geqslant\frac{1}{2}|\langle\phi|[\boldsymbol{C},\boldsymbol{D}]|\phi\rangle|$$

证毕

未知量子态不可克隆定理和海森堡不确定性原理是量子密码的理论基石。

### 2.1.3　量子态演化假设

量子态演化假设描述量子力学系统的状态随时间的变化规律。

**假设 3：** 封闭量子系统的演化可表示为

$$\mathrm{i}\hbar\frac{\mathrm{d}|\psi\rangle}{\mathrm{d}t}=\boldsymbol{H}|\psi\rangle \tag{2.12}$$

上述方程是由薛定谔(Schrödinger)发现的，所以称为薛定谔方程。式中，$\hbar=\frac{h}{2\pi}$，$h$ 称为 Planck 常数；$\boldsymbol{H}$ 是一个厄米算子，称为系统的哈密顿量(Hamiltonian)。

若系统的哈密顿量为常量，$t_0$ 时刻的初态为 $|\psi_0\rangle$，则通过求解方程(2.12)即可得到任意时刻 $t(t>t_0)$ 的量子态，即

$$|\psi(t)\rangle=\mathrm{e}^{-\frac{\mathrm{i}}{\hbar}\boldsymbol{H}(t-t_0)}|\psi_0\rangle \tag{2.13}$$

由式(2.13)可见，量子态 $|\psi(t)\rangle$ 的演化过程可以用一个算子 $\boldsymbol{U}(t_0,t)$ 来描述，即

$$|\psi(t)\rangle=\boldsymbol{U}(t_0,t)|\psi_0\rangle \tag{2.14}$$

式中，算子 $\boldsymbol{U}(t_0,t)$ 称为演化算子，其计算式为

$$\boldsymbol{U}(t_0,t)=\mathrm{e}^{-\frac{\mathrm{i}}{\hbar}\boldsymbol{H}(t-t_0)} \tag{2.15}$$

很明显，演化算子由薛定谔方程中的哈密顿量所决定。

### 2.1.4 测量假设

**1. 一般测量**

要从量子系统获得信息，必须对其进行测量，测量的结果与选择的测量算子有关。

**假设 4：** 对于一组测量算子 $\{\boldsymbol{M}_m\}$，其满足完备性要求 $\sum_m \boldsymbol{M}_m^{\dagger}\boldsymbol{M}_m=\boldsymbol{I}$，这些算子作用在被测系统状态空间上，可能的测量结果用 $m$ 表示。若测量前量子系统的态是 $|\psi\rangle$，则测量后得到结果 $m$ 的概率为

$$p(m)=\langle\psi|\boldsymbol{M}_m^{\dagger}\boldsymbol{M}_m|\psi\rangle \tag{2.16}$$

测量后系统的态为

$$\frac{\boldsymbol{M}_m|\psi\rangle}{\sqrt{\langle\psi|\boldsymbol{M}_m^{\dagger}\boldsymbol{M}_m|\psi\rangle}} \tag{2.17}$$

显然，完备性方程等价于所有可能结果的概率之和为 1，即

$$\sum_m p(m)=\sum_m\langle\psi|\boldsymbol{M}_m^{\dagger}\boldsymbol{M}_m|\psi\rangle=1 \tag{2.18}$$

上述测量称为一般测量。

对于量子态 $|\psi\rangle=\alpha|0\rangle+\beta|1\rangle$，定义测量算子 $\boldsymbol{M}_0=|0\rangle\langle 0|$ 和 $\boldsymbol{M}_1=|1\rangle\langle 1|$。这两个测量算子都是厄米算子，并且满足 $\boldsymbol{M}_0^2=\boldsymbol{M}_0$，$\boldsymbol{M}_1^2=\boldsymbol{M}_1$，还满足完备性方程

$$\boldsymbol{M}_0^{\dagger}\boldsymbol{M}_0+\boldsymbol{M}_1^{\dagger}\boldsymbol{M}_1=\boldsymbol{M}_0+\boldsymbol{M}_1=\boldsymbol{I}$$

则测量结果为 0 的概率是

$$p(0)=\langle\psi|\boldsymbol{M}_0^{\dagger}\boldsymbol{M}_0|\psi\rangle=\langle\psi|\boldsymbol{M}_0|\psi\rangle=|\alpha|^2$$

测量后系统的态为 $\frac{\boldsymbol{M}_0|\psi\rangle}{|\alpha|}=\frac{\alpha}{|\alpha|}|0\rangle$，由于 $\frac{\alpha}{|\alpha|}$ 的模为 1，因此系数可以忽略，测量后的态为 $|0\rangle$。

同样，测量结果为 1 的概率是

$$p(1)=\langle\psi|\boldsymbol{M}_1^{\dagger}\boldsymbol{M}_1|\psi\rangle=\langle\psi|\boldsymbol{M}_1|\psi\rangle=|\beta|^2$$

测量后系统的态为$\dfrac{M_1|\psi\rangle}{|\beta|}=\dfrac{\beta}{|\beta|}|1\rangle$。同样，$\dfrac{\beta}{|\beta|}$的模为 1，因此这个系数可以忽略，测量后的态为$|1\rangle$。

**2. 投影测量**

投影测量是一般测量的一个特例，它将量子系统的状态空间投影到测量算子的本征空间。在一般测量中，若测量操作对应的算子是厄米算子而且正交，即 $M_m^\dagger=M_m$，且当$m\neq m'$时，$M_m M_{m'}=0$；当 $m=m'$时，$M_m M_{m'}=M_m$，则称该量子测量为投影测量。

投影测量可以由被观测系统状态空间上的一个可观测量(厄米算子)$M$ 来描述。该可观测量具有谱分解

$$M=\sum_m mP_m \tag{2.19}$$

其中，$P_m$ 是在本征值$m$ 对应的本征空间上的投影算子。若本征值 $m$ 对应的本征矢为$|\xi_m\rangle$，则 $P_m=|\xi_m\rangle\langle\xi_m|$，测量结果对应于测量算子的本征值$m$。在测量态$|\psi\rangle$时，得到结果 $m$ 的概率为

$$p(m)=\langle\psi|P_m|\psi\rangle \tag{2.20}$$

测量后量子系统的态为$\dfrac{P_m|\psi\rangle}{\sqrt{p(m)}}$。

投影测量(可观测量)$M$ 的平均值为

$$\begin{aligned}\langle M\rangle&=\sum_m mp(m)=\sum_m m\langle\psi|P_m|\psi\rangle\\&=\langle\psi|\left(\sum_m mP_m\right)|\psi\rangle=\langle\psi|M|\psi\rangle\end{aligned} \tag{2.21}$$

则观测量 $M$ 对应的方差可写为

$$|\Delta(M)|^2=\langle(M-\langle M\rangle)^2\rangle=\langle M^2\rangle-\langle M\rangle^2 \tag{2.22}$$

例如，对量子态$|\phi\rangle=\dfrac{|0\rangle+|1\rangle}{\sqrt{2}}$进行投影测量。可观测量 $\sigma_z$ 的本征值是+1 和−1，相应的本征向量是$|0\rangle$和$|1\rangle$。测量算子 $\sigma_z$ 对态$|\phi\rangle$的投影，得到结果为+1 的概率是$\langle\phi|0\rangle\langle0|\phi\rangle=1/2$，得到结果为−1 的概率是$\langle\phi|1\rangle\langle1|\phi\rangle=1/2$。

**3. 半正定算子测量(Positive Operator Valued Measure，POVM)**

在一般测量中，定义 $E_m=M_m^\dagger M_m$，则易知 $E_m$ 是一个半正定算子，$\sum\limits_m E_m=I$，且

$$p(m)=\langle\psi|E_m|\psi\rangle \tag{2.23}$$

如果不关心测量后的量子态，算子集合 $E_m$ 足以确定不同测量结果的概率。算子 $E_m$ 称为该测量的 POVM 元，集合$\{E_m\}$称为 POVM。

可见，系统 $A$ 的一种 POVM 是一组能分解系统 $A$ 的单位算符 $I_A$ 的非负厄米算符系列$\{F_a, a=1, 2, \cdots, n\}$，$F_a^\dagger=F_a, {}_A\langle\psi|F_a|\psi\rangle_A\geqslant0$，$\sum\limits_{a=1}^n F_a=I_A$。其中，态$|\psi\rangle_A$是系统 $A$ 的任意态。

例如，假设在量子通信中，发送方发给接收方的量子态为$|\varphi_1\rangle=|0\rangle$或$|\varphi_2\rangle=\dfrac{|0\rangle+|1\rangle}{\sqrt{2}}$

之一，接收方进行 POVM 测量，其 POVM 元为

$$\begin{cases} \boldsymbol{E}_1 = \dfrac{\sqrt{2}}{1+\sqrt{2}}|1\rangle\langle 1| \\ \boldsymbol{E}_2 = \dfrac{\sqrt{2}}{1+\sqrt{2}} \dfrac{(|0\rangle - |1\rangle)(\langle 0| - \langle 1|)}{2} \\ \boldsymbol{E}_3 = 1 - \boldsymbol{E}_1 - \boldsymbol{E}_2 \end{cases} \tag{2.24}$$

这些半正定算子满足完备性关系 $\sum_m \boldsymbol{E}_m = I$。若收到的量子态为 $|\varphi_1\rangle = |0\rangle$，则进行 POVM$\{\boldsymbol{E}_1, \boldsymbol{E}_2, \boldsymbol{E}_3\}$测量。由于 $\boldsymbol{E}_1$ 使 $\langle\varphi_1|\boldsymbol{E}_1|\varphi_1\rangle=0$，因此得到算子 $\boldsymbol{E}_1$ 对应结果的概率是 0。所以，如果测量得到 $\boldsymbol{E}_1$ 的对应结果，接收方就可以确认自己收到的量子比特是 $|\varphi_2\rangle$。同理，如果测量得到 $\boldsymbol{E}_2$ 的对应结果，则可以确定自己收到的量子态是 $|\varphi_1\rangle$。然而，当接收方测量得到 $\boldsymbol{E}_3$ 的对应结果时，则不能确定自己收到的是哪个态。但是，不论接收方的测量结果如何，都不可能做出错误判断[25]。

### 2.1.5 复合系统假设

在量子信息系统中，常会遇到多粒子体系情形，或者称为多体系统、复合系统或系综(Ensemble)。复合系统的量子力学特性比较复杂，对于同种粒子(相同的静质量、电荷、自旋、磁矩等内禀属性)构成的全同粒子系，其哈密顿量对于任意两个粒子的交换是不变的，可观测量、量子态(波函数)均具有交换不变性，这就是全同性原理。一般来讲，对于由相互独立的子系统构成的复合系统，有如下假设：

**假设 5**：对于由两个以上不同物理系统(相互独立)组成的复合量子系统，其状态空间是分系统状态空间的张量积。设分系统 $i\,(i=1, 2, \cdots, n)$的状态为$|\varphi_i\rangle$，则整个复合系统的总状态为$|\varphi_1\rangle\otimes|\varphi_2\rangle\otimes\cdots\otimes|\varphi_n\rangle$。

若构成复合系统的子系统相互关联，其量子态不能写成各个子系统态的直积形式，则称为纠缠态(Entangled State)，详见 2.3 节。

## 2.2 密度算子

对于一个量子系统，若其态精确已知，则称其处于纯态(Pure State)。若量子系统以概率 $p_i$ 处于一组状态$|\psi_i\rangle$中的某一个，其中 $i$ 为下标，则称$\{p_i, |\psi_i\rangle\}$为一个纯态的系综(Ensemble of Pure State)，称此时量子系统处于混态(Mixed State)。处于混态的系统，其状态不完全已知，可以用密度算子对其进行描述。本节介绍密度算子的概念、性质和应用。

### 2.2.1 密度算子的概念与性质

量子系综$\{p_i, |\psi_i\rangle\}$的密度算子定义为

$$\boldsymbol{\rho} = \sum_i p_i |\psi_i\rangle\langle\psi_i| \tag{2.25}$$

密度算子也称为密度矩阵。若量子系统处于纯态$|\psi\rangle$，则密度算子为 $\boldsymbol{\rho}=|\psi\rangle\langle\psi|$。

密度算子 $\boldsymbol{\rho}$ 具有如下性质：

(1) $\boldsymbol{\rho}$ 是厄米的，由 $\boldsymbol{\rho}$ 的定义易知 $\boldsymbol{\rho}^\dagger=\boldsymbol{\rho}$。

(2) $\boldsymbol{\rho}$ 的迹等于 1。

**证明：**
$$\mathrm{tr}(\boldsymbol{\rho})=\sum_i p_i\mathrm{tr}(|\psi_i\rangle\langle\psi_i|)=\sum_i p_i\,||\psi_i\rangle|^2=\sum_i p_i=1$$
式中，$||\psi_i\rangle|$ 为态矢的长度，由假设 1 知态矢为单位向量。　　证毕

(3) $\boldsymbol{\rho}$ 是一个半正定算子。

**证明：** 对于状态空间中的任意向量 $|\varphi\rangle$，有
$$\langle\varphi|\boldsymbol{\rho}|\varphi\rangle=\sum_i p_i\langle\varphi|\psi_i\rangle\langle\psi_i|\varphi\rangle=\sum_i p_i|\langle\varphi|\psi_i\rangle|^2\geqslant 0$$
所以，$\boldsymbol{\rho}$ 是一个半正定算子。　　证毕

(4) $\mathrm{tr}(\boldsymbol{\rho}^2)\leqslant 1$，若 $\mathrm{tr}(\boldsymbol{\rho}^2)=1$，则量子系统处于纯态。

**证明：** 将 $\boldsymbol{\rho}$ 对角化，易得 $\mathrm{tr}(\boldsymbol{\rho}^2)\leqslant[\mathrm{tr}(\boldsymbol{\rho})]^2=1$。　　证毕

在一般情况下，厄米性使得密度算子为对角矩阵。性质(4)提供了判断纯态和混态的方法。

物理量 $\boldsymbol{M}$ 的平均值可写为
$$\langle\boldsymbol{M}\rangle=\langle\psi|\boldsymbol{M}|\psi\rangle=\mathrm{tr}(\boldsymbol{\rho M})\tag{2.26}$$
式(2.26)可由迹运算的性质($\mathrm{tr}(\boldsymbol{AB})=\mathrm{tr}(\boldsymbol{BA})$[28])得到
$$\mathrm{tr}(\langle\psi|\boldsymbol{M}|\psi\rangle)=\mathrm{tr}(|\psi\rangle\langle\psi|\boldsymbol{M})=\mathrm{tr}(\boldsymbol{\rho M})=\mathrm{tr}(\boldsymbol{M}|\psi\rangle\langle\psi|)=\mathrm{tr}(\boldsymbol{M\rho})\tag{2.27}$$
值得注意的是，两个不同的量子系综可能产生同一个密度矩阵，读者可自行验证。

### 2.2.2　量子力学假设的密度算子描述

使用密度算子的语言，可以重新描述量子力学的假设。

**1. 假设 1 的密度算子描述**

任何孤立物理系统的状态都对应 Hilbert 空间的一个单位向量，该系统由该状态空间上的密度算子完全描述。

**2. 假设 2 的密度算子描述**

量子力学中，任意实验上可以观测的力学量 $F$ 可由一个线性厄米算符 $\boldsymbol{F}$ 描述，该力学量的均值为 $\mathrm{tr}(\boldsymbol{\rho F})$。

**3. 假设 3 的密度算子描述**

一个封闭量子系统的演化可用酉算子 $\boldsymbol{U}$ 描述，若系统初态以概率 $p_i$ 处于状态 $|\psi_i\rangle$，则用密度算子可以将演化表示为
$$\boldsymbol{\rho}=\sum_i p_i|\psi_i\rangle\langle\psi_i|\rightarrow\sum_i p_i\boldsymbol{U}|\psi_i\rangle\langle\psi_i|\boldsymbol{U}^\dagger=\boldsymbol{U\rho U}^\dagger\tag{2.28}$$
薛定谔方程可写为
$$\begin{aligned}\mathrm{i}\hbar\frac{\partial\boldsymbol{\rho}}{\partial t}&=\sum_i\mathrm{i}\hbar p_i\left(\frac{\partial|\psi_i\rangle}{\partial t}\langle\psi_i|+|\psi_i\rangle\frac{\partial\langle\psi_i|}{\partial t}\right)\\&=\sum_i p_i(\boldsymbol{H}|\psi_i\rangle\langle\psi_i|-|\psi_i\rangle\langle\psi_i|\boldsymbol{H})\\&=\boldsymbol{H\rho}-\boldsymbol{\rho H}=[\boldsymbol{H},\boldsymbol{\rho}]\end{aligned}\tag{2.29}$$

其中，$\boldsymbol{\rho}=\sum_i p_i|\psi_i\rangle\langle\psi_i|$，$\boldsymbol{H}$ 为系统的哈密顿量，$[\boldsymbol{H},\boldsymbol{\rho}]=\boldsymbol{H\rho}-\boldsymbol{\rho H}$ 称为 $\boldsymbol{H}$ 和 $\boldsymbol{\rho}$ 的对易子。

**4. 假设 4 的密度算子描述**

对一个量子系统进行测量，测量算子为 $\boldsymbol{M}_m$，若系统以概率 $p_i$ 处于初始状态 $|\psi_i\rangle$，则当测量发生以后，得到结果 $m$ 的概率是

$$p(m|i)=\langle\psi_i|\boldsymbol{M}_m^\dagger\boldsymbol{M}_m|\psi_i\rangle=\mathrm{tr}(\boldsymbol{M}_m^\dagger\boldsymbol{M}_m|\psi_i\rangle\langle\psi_i|) \tag{2.30}$$

此时，量子态变为

$$|\psi_i^m\rangle=\frac{\boldsymbol{M}_m|\psi_i\rangle}{\sqrt{\langle\psi_i|\boldsymbol{M}_m^\dagger\boldsymbol{M}_m|\psi_i\rangle}} \tag{2.31}$$

由全概率公式，得到结果 $m$ 的概率是

$$\begin{aligned}p(m)&=\sum_i p(m|i)p_i=\sum_i p_i\mathrm{tr}(\boldsymbol{M}_m^\dagger\boldsymbol{M}_m|\psi_i\rangle\langle\psi_i|)\\&=\mathrm{tr}(\boldsymbol{M}_m^\dagger\boldsymbol{M}_m\boldsymbol{\rho})\end{aligned} \tag{2.32}$$

则结果为 $m$ 的量子态的密度算子为

$$\begin{aligned}\boldsymbol{\rho}_m&=\sum_i p(i|m)|\psi_i^m\rangle\langle\psi_i^m|=\sum_i p(i|m)\frac{\boldsymbol{M}_m|\psi_i\rangle\langle\psi_i|\boldsymbol{M}_m^\dagger}{\langle\psi_i|\boldsymbol{M}_m^\dagger\boldsymbol{M}_m|\psi_i\rangle}\\&=\sum_i p_i\frac{\boldsymbol{M}_m|\psi_i\rangle\langle\psi_i|\boldsymbol{M}_m^\dagger}{\mathrm{tr}(\boldsymbol{M}_m^\dagger\boldsymbol{M}_m\boldsymbol{\rho})}=\frac{\boldsymbol{M}_m\boldsymbol{\rho}\boldsymbol{M}_m^\dagger}{\mathrm{tr}(\boldsymbol{M}_m^\dagger\boldsymbol{M}_m\boldsymbol{\rho})}\end{aligned} \tag{2.33}$$

最后量子系统的密度算子为

$$\boldsymbol{\rho}=\sum_m p(m)\boldsymbol{\rho}_m \tag{2.34}$$

**5. 假设 5 的密度算子描述**

设系统 $A$ 的密度算子为 $\boldsymbol{\rho}_A$，系统 $B$ 的密度算子为 $\boldsymbol{\rho}_B$，它们构成的复合系统的密度算子为 $\boldsymbol{\rho}_{AB}$，若 $A$ 和 $B$ 独立，则有 $\boldsymbol{\rho}_{AB}=\boldsymbol{\rho}_A\otimes\boldsymbol{\rho}_B$。

### 2.2.3 约化密度算子

若有一个系综由两个子系统 $A$ 和 $B$ 组成，密度算子为 $\boldsymbol{\rho}_{AB}$，则子系统 $A$ 的约化密度算子(Reduced Density Operator)定义为

$$\boldsymbol{\rho}_A=\mathrm{tr}_B(\boldsymbol{\rho}_{AB}) \tag{2.35}$$

其中，$\mathrm{tr}_B$ 为在子系统 $B$ 上求偏迹。设一个复合量子系统处于状态 $\boldsymbol{\rho}_{AB}=\boldsymbol{\rho}\otimes\boldsymbol{\sigma}$，其中子系统 $A$ 的密度算子为 $\boldsymbol{\rho}$，子系统 $B$ 的密度算子为 $\boldsymbol{\sigma}$，则

$$\begin{aligned}\boldsymbol{\rho}_A&=\mathrm{tr}_B(\boldsymbol{\rho}\otimes\boldsymbol{\sigma})=\boldsymbol{\rho}\,\mathrm{tr}(\boldsymbol{\sigma})=\boldsymbol{\rho}\\\boldsymbol{\rho}_B&=\mathrm{tr}_A(\boldsymbol{\rho}\otimes\boldsymbol{\sigma})=\boldsymbol{\sigma}\,\mathrm{tr}(\boldsymbol{\rho})=\boldsymbol{\sigma}\end{aligned} \tag{2.36}$$

## 2.3 量子纠缠

量子纠缠被薛定谔称为是“量子力学的精髓”，是量子力学一种独特的性质。量子纠缠

是一种重要的资源，基于量子纠缠可以完成许多用经典资源无法完成的信息传输和处理任务[7]。本节给出量子纠缠的概念、判定、制备与检验、度量、纠缠交换与提纯。

## 2.3.1 Bell 不等式与量子纠缠态

这里先介绍 Bell 不等式[29]，再给出量子纠缠的概念。

**1. Bell 不等式**

1935 年，爱因斯坦(A. Einstein)、波多尔斯基(B. Podolsky)和罗森(N. Rosen)在《物理评论》(*Physical Review*)杂志上发表了一篇题为“Can Quantum-Mechanical Description of Physical Reality Be Considered Complete?”的论文，对量子力学的哥本哈根解释提出批评与挑战，举例说明了或然性和非定域性的“谬误”，后被称为 EPR 佯谬(Paradox)。EPR 论文的主要出发点是定域实在论，认为任何一个完备理论中的每一个要素(Element)对应一个物理实在(Reality)的要素，物理量对应物理实在的充分条件是不扰动系统而能够确定地预测其行为。而在量子力学中，当两个物理量对应的算子非对易时，一个物理量的知识妨碍(Preclude)另一个物理量的知识(海森堡不确定性原理)。据此，他们认为，要么①量子力学中波函数对物理实在的描述是不完备的，要么②当两个物理量的算符不对易时这两量不能同时都对应物理实在。然而，对于下述问题：基于另一个先前有交互的系统的测量结果来预测一个系统的行为，如果①不成立，则②也不成立。EPR 论文及波尔的答复论文是爱因斯坦和波尔(N. Bohr)对量子力学正确性的长期争论见证之一，引发了广泛的讨论与发展。

20 世纪 60 年代，贝尔(John S. Bell)进一步研究了 EPR 佯谬，于 1964 年在 *Physics* 上发表了论文“On the Einstein Podolsky Rosen Paradox”，随后引起了其他研究人员一系列的研究，表明任何满足定域性条件的物理理论都不能完全重现实验结果的量子概率分布(或量子力学预言的结果)，即 Bell 定理。同时，为了比较量子力学理论和定域隐变量理论，基于定域隐变量假设得出了著名的 Bell 不等式。若量子力学是正确的，则 Bell 不等式应该被违背(不成立)。持续的研究使 Bell 不等式有多种形式，这里介绍广泛使用的由 J. Clauser、M. Horne、A. Shimony 和 R. Holt 提出的 CHSH 不等式(根据他们姓氏首字母命名)。

设一个系综由成对的子系统构成，分别记为 1 和 2。每对子系统可用完备的态 $|\lambda\rangle$ 来表示，这里的完备是指 $|\lambda\rangle$ 含有该对系统自产生就有的所有属性，对应的状态空间为 $\boldsymbol{\Lambda}$，且假定产生一对子系统的模式(Mode)服从概率分布 $\Theta$，$\Theta$ 独立于每个子系统分隔开后各自的演化情况。令 $a$ 和 $a'$ 为在系统 1 上执行的测量，测量结果为 $s$，$s\in S_a=[-1,+1]$；令 $b$ 和 $b'$ 为在系统 2 上执行的测量，测量结果为 $t$，$t\in T_b=[-1,+1]$(这里的测量输出也可只取 $+1$ 或 $-1$)，则当系综量子态为 $|\lambda\rangle$ 时，采用 $a$ 测量系统 1 得到 $s$、采用 $b$ 测量系统 2 得到 $t$ 的概率为 $P_{a,b}(s,t|\lambda)$，满足归一性，即 $\sum\limits_{s\in S_a,\, t\in T_b} P_{a,b}(s,t|\lambda)=1$。可得边缘概率

$$
\begin{aligned}
P^1_{a,b}(s|\lambda) &= \sum_t P_{a,b}(s,t|\lambda) \\
P^2_{a,b}(t|\lambda) &= \sum_s P_{a,b}(s,t|\lambda)
\end{aligned}
\tag{2.37}
$$

令 $A_\lambda(a,b)$ 和 $B_\lambda(a,b)$ 分别是系综为 $|\lambda\rangle$ 时系统 1 和系统 2 上测量输出的期望值，即

$$A_\lambda(a, b) = \sum_{s \in S_a} s P^1_{a,b}(s|\lambda)$$

$$B_\lambda(a, b) = \sum_{t \in T_b} t P^2_{a,b}(t|\lambda) \tag{2.38}$$

测量结果乘积 $st$ 的期望值为

$$E_\lambda(a, b) = \sum_{s \in S_a,\, t \in T_b} st P_{a,b}(s, t|\lambda) \tag{2.39}$$

若考虑定域性，即对任何 $a$、$b$、$\lambda$，存在概率分布 $P^1_a(s|\lambda)$、$P^2_b(t|\lambda)$，有

$$P_{a,b}(s, t|\lambda) = P^1_a(s|\lambda) P^2_b(t|\lambda) \tag{2.40}$$

另一方面，按经典(非量子)理论，完备态可唯一确定任何实验的输出(而量子不确定关系体现量子态一般特性的不完备性(Incompleteness of the Usual Specification of State))，这也称为输出确定性(Outcome Determinism，OD)或实在性(Realism)。按照这个理论，对所有 $a$、$b$、$\lambda$、$s \in S_a$，$t \in T_b$，有 $P_{a,b}(s, t|\lambda) \in \{0, 1\}$，即概率 $P_{a,b}(s, t|\lambda)$ 取极值 0 或 1[24-25]。

若式(2.40)成立(定域性)，则由式(2.38)～(2.40)可得

$$E_\lambda(a, b) = A_\lambda(a) B_\lambda(b) \tag{2.41}$$

定义变量(也称为 Bell 参数)

$$S_\lambda(a, a', b, b') = |E_\lambda(a, b) + E_\lambda(a, b')| + |E_\lambda(a', b) - E_\lambda(a', b')| \tag{2.42}$$

若依概率 $\Theta$ 制备 $|\lambda\rangle$，相应地

$$S_\Theta(a, a', b, b') = |\langle E_\lambda(a, b)\rangle_\Theta + \langle E_\lambda(a, b')\rangle_\Theta| + |\langle E_\lambda(a', b)\rangle_\Theta - \langle E_\lambda(a', b')\rangle_\Theta| \tag{2.43}$$

由于任何随机变量均值的绝对值不大于其绝对值的均值，因此

$$S_\Theta(a, a', b, b') \leqslant \langle S_\lambda(a, a', b, b')\rangle \tag{2.44}$$

若满足定域性条件(式(2.41)成立)，结合式(2.42)，且 $A_\lambda(a)$，$A_\lambda(a') \in [-1, +1]$，则

$$\begin{aligned} S_\lambda(a, a', b, b') &= |A_\lambda(a)[B_\lambda(b) + B_\lambda(b')]| + \\ &\quad |A_\lambda(a')[B_\lambda(b) - B_\lambda(b')]| \\ &\leqslant |B_\lambda(b) + B_\lambda(b')| + |B_\lambda(b) - B_\lambda(b')| \\ &= 2\max(|B_\lambda(b)|, |B_\lambda(b')|) \end{aligned} \tag{2.45}$$

同样，$B_\lambda(b)$，$B_\lambda(b') \in [-1, 1]$，因此

$$S_\lambda(a, a', b, b') \leqslant 2$$

$$\langle S_\lambda(a, a', b, b')\rangle_\Theta \leqslant 2 \tag{2.46}$$

再根据式(2.44)，有

$$S_\Theta(a, a', b, b') \leqslant 2 \tag{2.47}$$

此即著名的 CHSH 不等式。

这里举例说明量子态可以违背式(2.47)[29]。若一对自旋-$\frac{1}{2}$的粒子处于纠缠态

$$|\psi^-\rangle = \frac{1}{\sqrt{2}}(|n+\rangle_1 |n-\rangle_2 - |n-\rangle_1 |n+\rangle_2) \tag{2.48}$$

$|n+\rangle$、$|n-\rangle$为 $\boldsymbol{n}$ 方向上自旋向上和自旋向下的两个本征态，用两个装置分别测量这两个粒子。若两个装置的轴对齐，则其测量结果必定相反；若测量轴分别为单位向量 $\boldsymbol{a}$ 和 $\boldsymbol{b}$，测量输出为±1，则输出乘积的期望值为

$$E_{\psi^-}(\boldsymbol{a}, \boldsymbol{b})=\langle\psi^-|\sigma_a^1\otimes\sigma_b^2|\psi^-\rangle=-\cos(\theta_{ab}) \tag{2.49}$$

式中，$\theta_{ab}=\theta_a-\theta_b$ 为向量 $\boldsymbol{a}$ 和 $\boldsymbol{b}$ 的夹角，算子 $\boldsymbol{\sigma}_a^1=\boldsymbol{\sigma}\cdot\boldsymbol{a}$，算子 $\boldsymbol{\sigma}_b^2=\boldsymbol{\sigma}\cdot\boldsymbol{b}$，$\boldsymbol{\sigma}$ 为 Pauli 算符向量(各分量分别为 $\boldsymbol{\sigma}_x$、$\boldsymbol{\sigma}_y$、$\boldsymbol{\sigma}_z$)，单位向量 $\boldsymbol{a}=[\sin\theta_a\cos\varphi_a \quad \sin\theta_a\sin\varphi_a \quad \cos\theta_a]^{\mathrm{T}}$，单位向量 $\boldsymbol{b}=[\sin\theta_b\cos\varphi_b \quad \sin\theta_b\sin\varphi_b \quad \cos\theta_b]^{\mathrm{T}}$，则

$$S_{\psi^-}=|\cos(\theta_{ab})+\cos(\theta_{ab'})|+|\cos(\theta_{a'b})-\cos(\theta_{a'b'})| \tag{2.50}$$

选择向量 $\boldsymbol{a}$、$\boldsymbol{a}'$、$\boldsymbol{b}$ 和 $\boldsymbol{b}'$，使得 $\theta_{b'}-\theta_a=\theta_a-\theta_b=\theta_b-\theta_{a'}=\phi$，可见 $\theta_{b'}-\theta_{a'}=3\phi$，则

$$S_{\psi^-}(\phi)=|2\cos(\phi)|+|\cos(\phi)-\cos(3\phi)| \tag{2.51}$$

若 $\phi=\pm\dfrac{\pi}{4}$，则

$$S_{\psi^-}\left(\frac{\pi}{4}\right)=2\sqrt{2}\approx 2.828$$

当两个粒子是偏振纠缠光子对时，$\phi=\pi/8$，对应的 $S$ 参数取最大值 2.828。可见在量子理论下 $S$ 参数的值违背了 CHSH 不等式。从 20 世纪 60 年代开始，大量的实验结果均违背了 Bell 不等式，验证了量子力学理论的正确性，也说明非定域关联的存在，即量子纠缠特性的确存在。2022 年诺贝尔物理学奖授予 Alain Aspect、John F. Clauser 和 Anton Zeilinger，以表彰他们基于纠缠光子的实验工作，验证了 Bell 不等式的违背结果以及在量子信息科学方面的先驱工作。

**2. 量子纠缠态的概念**

在给出量子纠缠态的定义之前，先看看相关态和不相关态、可分离态和不可分离态的概念。

1) 相关态和不相关态

两个系统 $A$ 和 $B$ 不相关是指由它们组成的复合系统的密度算子可以写成两个子系统密度算子的直积形式 $\boldsymbol{\rho}_{AB}=\boldsymbol{\rho}_A\otimes\boldsymbol{\rho}_B$ 或复合系统的态可写成子系统态的直积 $|\psi\rangle_{AB}=|\varphi\rangle_A\otimes|\varphi\rangle_B$，其中 $A$ 和 $B$ 均为确定态，称它们为不相关态。对于不相关态，经求偏迹后的约化密度矩阵分别是 $\boldsymbol{\rho}_A$ 和 $\boldsymbol{\rho}_B$。相关态指复合系统的量子态不能写成子系统量子态的直积形式。

2) 可分离态和不可分离态

可分离态是指复合系统的密度矩阵可以写成子系统不相关态直积的线性叠加，即

$$\boldsymbol{\rho}_{AB}=\sum_k p_k\boldsymbol{\rho}_A^k\otimes\boldsymbol{\rho}_B^k \tag{2.52}$$

其中，$\sum\limits_k p_k=1$。如一个简单的可分离态 $\boldsymbol{\rho}_{AB}=\boldsymbol{\rho}_A\otimes\boldsymbol{\rho}_B$，可分离态可以是纯态或混态。

不可分离态，即纠缠态，指所有不能写成可分离态形式的态，即两体系统的态不能简单地写成两个子系统态的直积形式 $|\phi\rangle_A\otimes|\phi\rangle_B$。纠缠态包括纠缠纯态和纠缠混态。

典型的纠缠态如两体纠缠态 Bell 态、三体纠缠态 GHZ 态。Bell 态共有 4 个，分别是

$$\begin{cases} |\psi^+\rangle_{AB} = \dfrac{|0\rangle_A|1\rangle_B + |1\rangle_A|0\rangle_B}{\sqrt{2}} \\ |\psi^-\rangle_{AB} = \dfrac{|0\rangle_A|1\rangle_B - |1\rangle_A|0\rangle_B}{\sqrt{2}} \\ |\phi^+\rangle_{AB} = \dfrac{|0\rangle_A|0\rangle_B + |1\rangle_A|1\rangle_B}{\sqrt{2}} \\ |\varphi^-\rangle_{AB} = \dfrac{|0\rangle_A|0\rangle_B - |1\rangle_A|1\rangle_B}{\sqrt{2}} \end{cases} \tag{2.53}$$

Bell 态是最简单的两体量子纠缠态，在测量前 $A$ 和 $B$ 处于不确定的状态，若对其中之一进行测量，则另一个的状态随之确定，即塌缩到确定态。

再举一个两体混态纠缠的例子。当 $f\neq 1/2$ 时，混态 $\boldsymbol{\rho}_{AB}=f|\psi^+\rangle_{AB}\langle\psi^+|+(1-f)|\phi^+\rangle_{AB}\langle\phi^+|(0<f<1)$ 是纠缠混态。

量子纠缠必然表现为粒子态之间的关联，但粒子态之间存在关联并不意味着它们处于纠缠态。例如，若系统 $A$ 和系统 $B$ 处于复合态 $|\uparrow\rangle_A|\uparrow\rangle_B$，即 $A$ 和 $B$ 自旋取向存在关联，但 $A$ 和 $B$ 都处于自旋确定态，它们之间不存在纠缠。对上述 Bell 态，若对子系统 $A$ 或 $B$ 求偏迹，所得子系统的密度算子为

$$\boldsymbol{\rho}_A = \mathrm{tr}_B(|\psi^\pm\rangle_{AB\,AB}\langle\psi^\pm|) = \frac{\boldsymbol{I}_A}{2} \tag{2.54}$$

$$\boldsymbol{\rho}_A = \mathrm{tr}_B(|\phi^\pm\rangle_{AB\,AB}\langle\phi^\pm|) = \frac{\boldsymbol{I}_A}{2} \tag{2.55}$$

Bell 态中的 $|0\rangle$ 与 $|1\rangle$ 可以分别代表电子的两个相反的自旋状态，或者光子的水平偏振与垂直偏振状态等。从整体来看，上述双粒子体系 $A$、$B$ 处于纯态(Bell 态)，若其中一个粒子的状态确定，则另一个粒子的状态随之确定。例如，处于状态 $|\phi^+\rangle$ 的一对光子 $AB$，若光子 $A$ 的状态为 $|0\rangle$，则不论光子 $B$ 与光子 $A$ 相距多远，光子 $B$ 的状态也随之确定为 $|0\rangle$。但从局部来看，由式(2.54)和式(2.55)知其约化密度算子都是 $\boldsymbol{I}/2$，单独测量光子 $A$ 或光子 $B$，测量结果为 $|0\rangle$ 和 $|1\rangle$ 的概率相同，都是 1/2。也就是说，单独测量其中任意一个光子都得不到整个体系的任何信息。

现在看看 GHZ(Greenberger-Horne-Zeilinger)态，$N$ 个两能级粒子($A$，$B$，…，$F$)的 GHZ 态为

$$|\psi\rangle_{AB\cdots F} = \frac{1}{\sqrt{2}}(|0\rangle_A|0\rangle_B\cdots|0\rangle_F - |1\rangle_A|1\rangle_B\cdots|1\rangle_F) \tag{2.56}$$

是最大纠缠态。四体 GHZ 态为

$$|\psi\rangle_{ABCD} = \frac{1}{\sqrt{2}}(|0000\rangle_{ABCD} - |1111\rangle_{ABCD})$$

$W$ 态也是一种纠缠态，如 $n$ 粒子 $W$ 态标准型为

$$|W\rangle_n = \frac{1}{\sqrt{n}}(|00\cdots1\rangle + |0\cdots10\rangle + \cdots + |10\cdots0\rangle)$$

### 2.3.2 量子纠缠的判定

在一般情况下，要判断一个给定的多体量子态是否为纠缠态，往往比较复杂。这里仅

给出两体纯态纠缠的 Schmidt 数判据[25-27, 30]。

**1. Schmidt 分解**

设$|\phi\rangle$是复合系统 $AB$ 的一个纯态，则存在系统 $A$ 的标准正交基$|i\rangle_A$ 和系统 $B$ 的标准正交基$|i'\rangle_B$，使得

$$|\phi\rangle=\sum_i \lambda_i |i\rangle_A |i'\rangle_B \tag{2.57}$$

其中，$\lambda_i$ 是满足 $\sum\limits_i \lambda_i^2=1$ 的非负实数，称为 Schmidt 系数。 基$|i\rangle_A$ 和$|i\rangle_B$ 分别称为 $A$ 和 $B$ 的 Schmidt 基，且非零 $\lambda_i$ 的个数称为状态$|\phi\rangle$ 的 Schmidt 数。

$A$ 和 $B$ 复合系统量子态$|\psi\rangle_{AB}$ 的 Schmidt 分解可以按如下步骤进行[30]：对复合系统的密度算子求偏基(约化)得到子系统密度算子，如 $\boldsymbol{\rho}_A=\mathrm{tr}_B(|\psi\rangle_{AB\,AB}\langle\psi|)$；将子系统 $A$ 的密度算子对角化，得到本征值 $p_i$ 和本征矢$|a_i\rangle$，根据该本征矢计算子系统 $B$ 的正交规范基$|b_i\rangle_B=\dfrac{1}{\sqrt{p_i}}{}_A\langle a_i|\psi\rangle_{AB}$(只对 $A$ 子系统求内积)，从而得到 Schmidt 分解$|\psi\rangle_{AB}=\sum\limits_i \sqrt{p_i}\,|a_i\rangle_A\otimes|b_i\rangle_B$，这里式(2.57) 中的$\lambda_i=\sqrt{p_i}$。

**2. 两体纯态纠缠判据**

两体纯态纠缠的 Schmidt 数判据：设$|\psi_{AB}\rangle$是由子系统 $A$ 和 $B$ 构成的量子系统的纯态，若其 Schmidt 数大于 1，则$|\psi_{AB}\rangle$是一个量子纠缠态。

**证明**：应用 Schmidt 分解式，可得

$$\begin{gathered}
|\psi_{AB}\rangle=\sum_i \sqrt{p_i}\,|i\rangle_A |i'\rangle_B,\ \boldsymbol{\rho}_{AB}=|\psi\rangle_{AB\,AB}\langle\psi| \\
\boldsymbol{\rho}_A=\sum_i p_i |i\rangle_{A\,A}\langle i|=\sum_i p_i\boldsymbol{\rho}_{Ai} \\
\boldsymbol{\rho}_B=\sum_i p_i |i'\rangle_{B\,B}\langle i'|=\sum_i p_i\boldsymbol{\rho}_{Bi}
\end{gathered}\tag{2.58}$$

利用等式$(\boldsymbol{F}\otimes\boldsymbol{G})(\boldsymbol{a}\otimes\boldsymbol{b})=(\boldsymbol{Fa})\otimes(\boldsymbol{Gb})$可得：

$$\begin{aligned}
\boldsymbol{\rho}_{AB}&=\Big(\sum_i \sqrt{p_i}\,|i\rangle_A\otimes|i'\rangle_B\Big)\Big(\sum_j \sqrt{p_j}\,{}_A\langle j|\otimes{}_B\langle j'|\Big) \\
&=\sum_{i,j}\sqrt{p_i p_j}\,|i\rangle_{A\,A}\langle j|\otimes|i'\rangle_{B\,B}\langle j'| \\
&=\sum_i p_i |i\rangle_{A\,A}\langle i|\otimes|i'\rangle_{B\,B}\langle i'|+\sum_{i\neq j}\sqrt{p_i p_j}\,|i\rangle_{A\,A}\langle j|\otimes|i'\rangle_{B\,B}\langle j'| \\
&=\sum_i p_i\boldsymbol{\rho}_{Ai}\otimes\boldsymbol{\rho}_{Bi'}+\sum_{i\neq j}\sqrt{p_i p_j}\,|i\rangle_{A\,A}\langle j|\otimes|i'\rangle_{B\,B}\langle j'|
\end{aligned}\tag{2.59}$$

当且仅当 Schmidt 分解式中的非零项只有一项(即式(2.59)中的第二个求和项不存在)，也就是 Schmidt 数等于 1 时，复合系统的态才能写成子系统态的直积形式，但定理的条件是 Schmidt 数大于 1，从而有

$$\boldsymbol{\rho}_{AB}\neq\sum_i p_i\boldsymbol{\rho}_{Ai}\otimes\boldsymbol{\rho}_{Bi} \tag{2.60}$$

满足量子纠缠态的定义，定理得证。

量子纠缠态的其他判据可参见参考文献[26]。

### 2.3.3 量子纠缠的制备与检验

量子纠缠存在于原子(基于腔量子电动力学)之间、离子(基于电磁 Paul 阱)之间、核自旋(基于核磁共振)之间和光子之间[31]，也存在于不同体系之间，如光子-原子等。而制备方法成熟、性能较好且应用广泛的是基于量子光学制备的纠缠。光学纠缠源包括单个光子之间的纠缠和相干光束的正交分量(Quadrature Components)之间的纠缠，本节讨论单光子纠缠态的制备，分量之间的纠缠见 2.4 节。

**1. 纠缠态的制备**

目前，自发参量下转换(Spontaneous Parametric Down-Conversion，SPDC)是应用较多的纠缠光子对产生方法。自发参量下转换过程指一束频率为 $w_p$ 的泵浦光通过非线性晶体后，基于晶体的非线性效应产生频率为 $w_i$ 的空闲光(Idler)和频率为 $w_s$ 的信号光(Signal)。空闲光和信号光在空间上的分布特性和非线性晶体的切割角度有关，不同的切角和泵浦光入射角产生的结果不同。SPDC 过程产生的双光子可以在时间、能量、空间与偏振等方面产生纠缠，常用的是制备偏振纠缠光子对。

自发参量下转换过程中泵浦光、信号光和空闲光满足能量守恒和动量守恒：

$$w_p = w_i + w_s$$

$$\boldsymbol{k}_p = \boldsymbol{k}_i + \boldsymbol{k}_s$$

其中，$\boldsymbol{k}_p$、$\boldsymbol{k}_i$、$\boldsymbol{k}_s$ 分别是泵浦光、空闲光和信号光的波矢。动量守恒也称为“相位匹配”条件。由于晶体的双折射效应使不同偏振的光在晶体内的折射率不同，可以使得在某些晶体中相位匹配得到满足。因此，选择合适的晶体可实现自发参量下转换。根据晶体相位匹配类型可以分为Ⅰ型相位匹配和Ⅱ型相位匹配。Ⅰ型相位匹配产生的两个光子偏振方向相同；Ⅱ型相位匹配产生的两个光子偏振方向垂直。实验表明：Ⅱ型相位匹配具有更好的收集效率和探测效率，适用于制备高亮度纠缠源[32]。

一种基于非共线(non-Collinear)的Ⅱ型匹配 SPDC 过程如图 2.1 所示，泵浦光入射到 BBO 晶体上，图中给出了泵浦光的方向(粗线)，晶体的光轴(未给出)与泵浦光方向有一定夹角。参量光在非共线匹配时的空间分布是两个相交的圆锥面，在观测面上的投影则是两个交叉的环(不一定是圆)。这样，在这两个相交点的方向上产生了一对偏振纠缠的双光子态[31]。

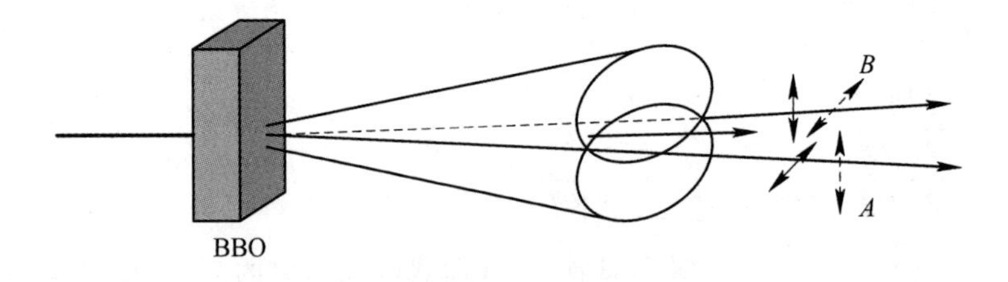


图 2.1 Ⅱ型非共线匹配 SPDC 示意图

经过Ⅱ型相位匹配最终形成的纠缠态可表示为

$$|\psi\rangle = \frac{1}{\sqrt{2}}(|H\rangle_A |V\rangle_B + e^{i\delta} |V\rangle_A |H\rangle_B) \tag{2.61}$$

这里，$V$ 和 $H$ 代表垂直和水平两个偏振态，$\delta$ 为两路的相位差，可进行相位补偿改变其相位。另

外，可在输出的一路上增加偏振控制光路，并进行相位补偿，实现任意 Bell 态的制备。

基于 SPDC 制备纠缠态中，除了 BBO 晶体外，常用的还有周期性极化磷酸氧钛钾晶体(Periodically Poled $KTiOPO_4$，PPKTP)。BBO 晶体非线性特性不如 KTP 晶体，但温度特性较优。一般地，利用 BBO 晶体参量下转换制备的纠缠光子对的亮度较低。而相比于 BBO 晶体的纠缠源，基于 Sagnac 环的 PPKTP 纠缠源具有如下特点：

(1) 纠缠光的产生效率和收集效率大幅提高，降低了对泵浦光功率的需求，因而亮度高；

(2) Sagnac 干涉环路径对称，使得纠缠源的相位控制更加可靠。

基于 PPKTP 实现纠缠的原理如图 2.2 所示。将 PPKTP 非线性晶体置于 Sagnac 干涉仪中，泵浦光脉冲起偏后，通过偏振控制器将偏振方向调整到 45°，通过二向分色镜(Dichroic Mirrors，DM)，再经 PBS 后有逆时针和顺时针两种路径：逆时针路径是垂直偏振光，通过半波片(HWP)后旋转为水平偏振光，然后泵浦 PPKTP 晶体；顺时针路径是经过 PBS 的水平光，直接泵浦 PPKTP 非线性晶体，则都将产生信号光(水平偏振)和空闲光(垂直偏振)，经过半波片发生偏振旋转。最后经过 PBS 后，产生纠缠光子对，其态为 $|\psi^+\rangle=\dfrac{|HV\rangle+|VH\rangle}{\sqrt{2}}$。若对下支路增加一个半波片实现偏振方向旋转 90°即可得到 $|\phi^+\rangle=\dfrac{|HH\rangle+|VV\rangle}{\sqrt{2}}$。

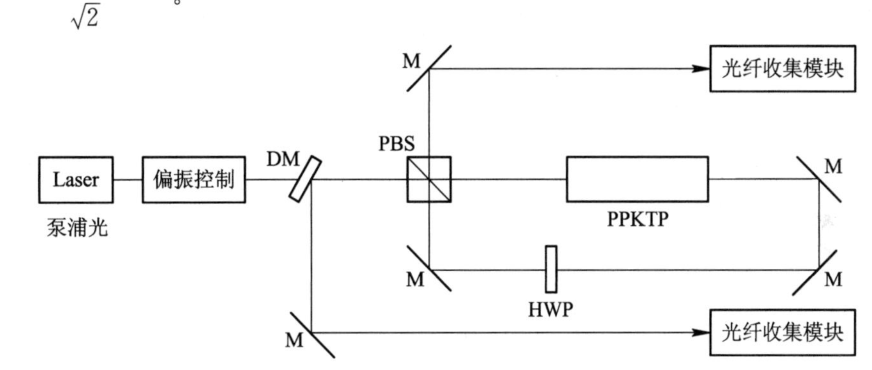


DM—分色镜；PBS—偏振分束器；M—镜子；HWP—半波片；
PPKTP—周期性极化磷酸氧钛钾晶体。

图 2.2　基于 PPKTP 实现纠缠的原理示例

**2. 量子纠缠态的检验**

如 2.3.1 小节所述，Bell 不等式是检验纠缠的常用方法。这里以偏振纠缠的光子对 Bell 态为例说明其检验方法。设 Alice 和 Bob 的偏振编码贝尔态为 $|\psi^-\rangle_{AB}=(|01\rangle-|10\rangle)_{AB}/\sqrt{2}$，图 2.3 为 Alice 和 Bob 端的测量设备。

由图 2.3(a)可知，Alice 端有三组测量基，分别是 $a_1^+/a_1^-$：0°/90°；$a_2^+/a_2^-$：22.5°/−67.5°；$a_3^+/a_3^-$：45°/−45°。由图 2.3(b)可知，Bob 端有三组测量基，分别是 $b_1^+/b_1^-$：22.5°/−67.5°；$b_2^+/b_2^-$：45°/−45°；$b_3^+/b_3^-$：67.5°/−22.5°。图 2.3(a)中有三组测量基，由分束器(BS)随机选择：探测器 1 和 2 测量 0°/90°；探测器 3 和 4 测量 22.5°/−67.5°，半波片 $HWP_1$ 使偏振方向旋转 67.5°；探测器 5 和 6 探测 45°/−45°，半波片 $HWP_2$ 使偏振方向

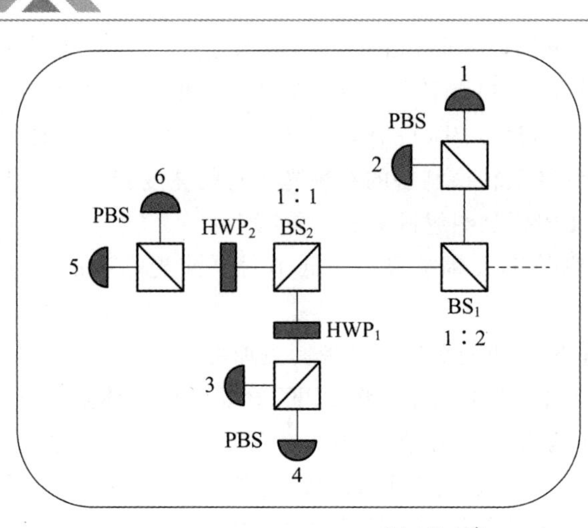


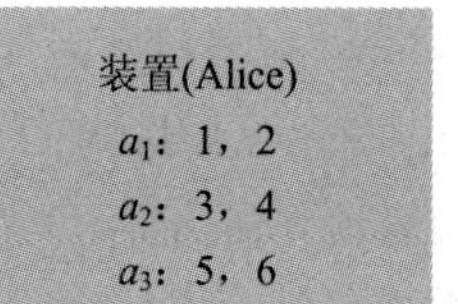


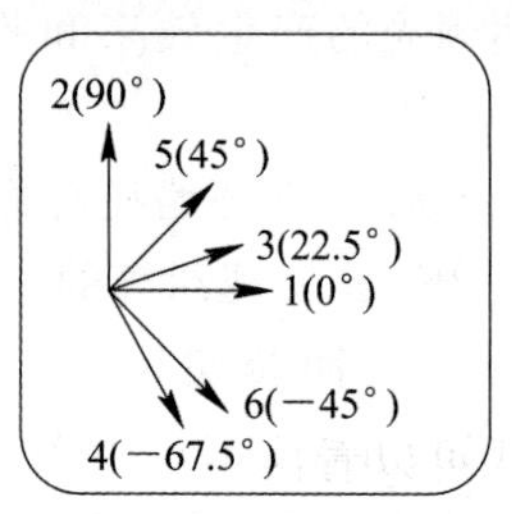


(a) Alice端

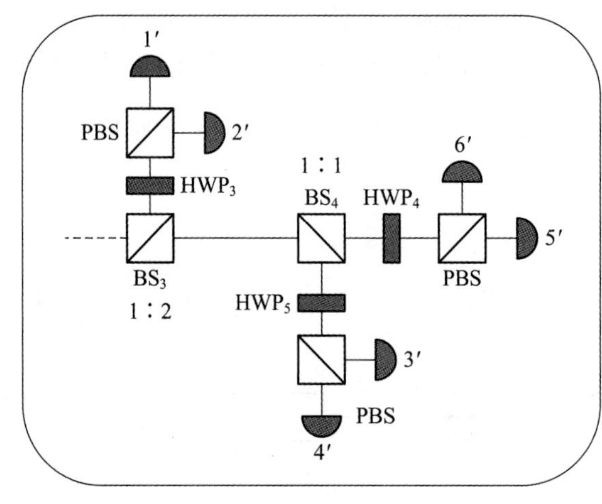


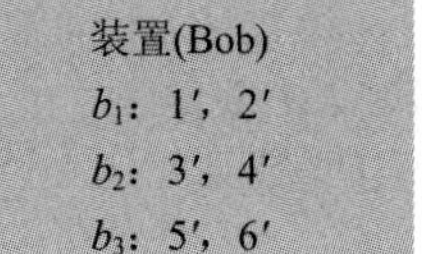


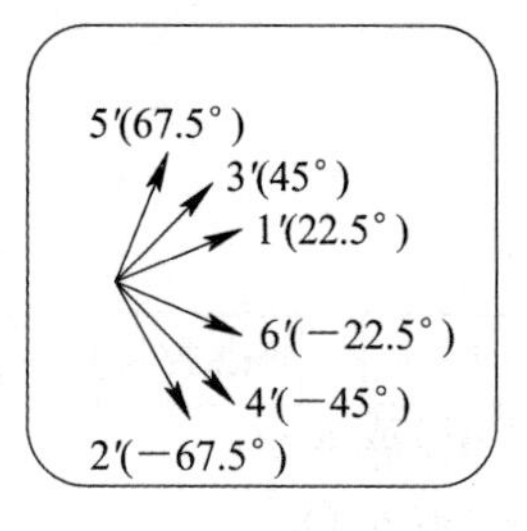


(b) Bob端

图 2.3 Alice端和Bob端的测量设备

旋转45°，PBS为偏振分束器，0°直接通过，90°被反射。图2.3(b)中有三组测量基：探测器1′和2′测量22.5°/−67.5°，半波片$HWP_3$使偏振方向旋转67.5°；探测器3′和4′测量45°/−45°，半波片$HWP_5$使得偏振方向旋转45°；探测器5′和6′探测67.5°/−22.5°，半波片$HWP_4$使偏振方向旋转22.5°。

这里以双方均采用45°/−45°这组测量基为例说明测量结果，45°基表示形式为

$$\cos 45^\circ |0\rangle + \sin 45^\circ |1\rangle = \frac{|0\rangle + |1\rangle}{\sqrt{2}}$$

−45°基表示形式为

$$\cos(-45^\circ)|0\rangle + \sin(-45^\circ)|1\rangle = \frac{|0\rangle - |1\rangle}{\sqrt{2}}$$

用这组基去测量处于Bell态$|\psi^-\rangle = \frac{|01\rangle - |10\rangle}{\sqrt{2}} = \frac{|0\rangle_A \otimes |1\rangle_B - |1\rangle_A \otimes |0\rangle_B}{\sqrt{2}}$的光子$A$和光子$B$。

可将 $|\psi^-\rangle=\dfrac{(|0\rangle_A\otimes|1\rangle_B-|1\rangle_A\otimes|0\rangle_B)}{\sqrt{2}}$ 在 $\left\{\dfrac{(|0\rangle+|1\rangle)}{\sqrt{2}},\ \dfrac{(|0\rangle-|1\rangle)}{\sqrt{2}}\right\}$ 这组基下展开：

$$
\begin{aligned}
|\psi^-\rangle &= \frac{|0\rangle_A\otimes|1\rangle_B-|1\rangle_A\otimes|0\rangle_B}{\sqrt{2}} \\
&= \frac{1}{\sqrt{2}}\left\{\left[\frac{|0\rangle_A+|1\rangle_A}{\sqrt{2}}\right]\otimes\left[\frac{|1\rangle_B-|0\rangle_A}{\sqrt{2}}\right]+\right. \\
&\quad \left.\left[\frac{|0\rangle_A-|1\rangle_A}{\sqrt{2}}\right]\otimes\left[\frac{|0\rangle_B+|1\rangle_B}{\sqrt{2}}\right]\right\}
\end{aligned}
$$

由上式可以看出，当 Alice 测得的结果是 $\dfrac{|0\rangle_A+|1\rangle_A}{\sqrt{2}}$ 时，Bob 的结果是 $\dfrac{|1\rangle_B-|0\rangle_B}{\sqrt{2}}$，或者当 Alice 测得的结果是 $\dfrac{|0\rangle_A-|1\rangle_A}{\sqrt{2}}$ 时，Bob 的结果是 $\dfrac{|0\rangle_B+|1\rangle_B}{\sqrt{2}}$，此时 Alice 和 Bob 的测量结果都是反关联(正交)的。

计算 Bell 参数如下：

$$
S=E(a_1,\ b_1)-E(a_1,\ b_3)+E(a_3,\ b_1)+E(a_3,\ b_3) \tag{2.62}
$$

其中：

$$
E(a_i,\ b_j)=P_{++}(a_i,\ b_j)+P_{--}(a_i,\ b_j)-P_{+-}(a_i,\ b_j)-P_{-+}(a_i,\ b_j)
$$

$P_{++}(a_i,\ b_j)$表示光子 $A$ 沿 $a_i$ 基测量、光子 $B$ 沿 $b_j$ 基测量，测量结果都为$+1$ 的概率，其他的类同。

图 2.4 给出了 Bell 测量中两方分别用到的测量基，Alice 测量基为 $a_1$(沿 $a_1^+/a_1^-$ 方向进行投影测量)或 $a_3$(沿 $a_3^+/a_3^-$ 方向进行投影测量)，Bob 的测量基为 $b_1$(沿 $b_1^+/b_1^-$ 方向进行投影测量)或 $b_3$(沿 $b_3^+/b_3^-$ 方向进行投影测量)。若测得 Alice 端光子的偏振方向是 $a_1^+$ 或 $a_3^+$ 时，则记结果为$+1$；反之，若测得 Alice 端光子的偏振方向是 $a_1^-$ 或 $a_3^-$ 时，则记结果为$-1$。Bob 端的测量结果同理。例如，$P_{++}(a_1,\ b_1)$表示 Alice 的测量基为 $a_1$，Bob 的测量基为 $b_1$，得到测量结果都为$+1$ 的概率。实际上，$P_{++}(a_1,\ b_1)$、$P_{+-}(a_1,\ b_1)$、$P_{-+}(a_1,\ b_1)$和 $P_{--}(a_1,\ b_1)$可通过测量统计获得。

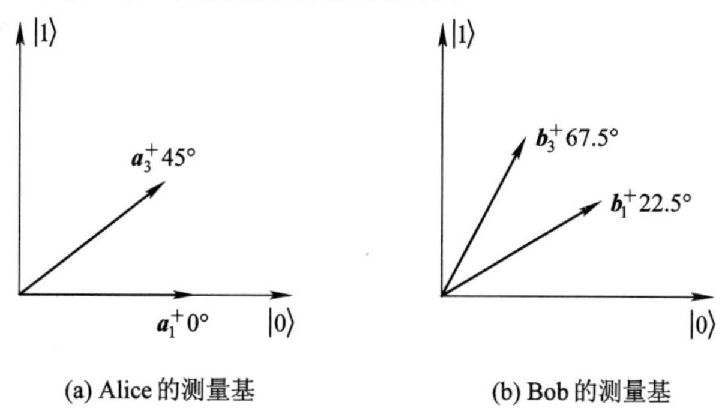


图 2.4　Bell 测量中双方用到的测量基

这里以纠缠态$|\psi^-\rangle$为例，给出 $S$ 参数的理论分析过程，即计算式(2.62)的值。根据投影测量理论：

$$P_{++}(a_1, b_1)=\frac{1}{2}|\langle a_1^+|0\rangle\langle b_1^+|1\rangle-\langle a_1^+|1\rangle\langle b_1^+|0\rangle|^2$$

$$=\frac{1}{2}\left|\cos 0\cos\frac{3\pi}{8}-\cos\frac{\pi}{2}\cos\frac{\pi}{8}\right|^2$$

$$=\frac{1}{2}\left|\sin\frac{\pi}{8}\right|^2=\frac{1}{2}\sin^2(\theta_{a_1^+}-\theta_{b_1^+})$$

$$P_{+-}(a_1, b_1)=\frac{1}{2}|\langle a_1^+|0\rangle\langle b_1^-|1\rangle-\langle a_1^+|1\rangle\langle b_1^-|0\rangle|^2$$

$$=\frac{1}{2}\left|\cos 0\cos\frac{\pi}{8}-\cos\frac{\pi}{2}\cos\frac{3\pi}{8}\right|^2=\frac{1}{2}\left|\cos\frac{\pi}{8}\right|^2$$

$$=\frac{1}{2}\cos^2(\theta_{a_1^+}-\theta_{b_1^+})$$

$$P_{-+}(a_1, b_1)=\frac{1}{2}|\langle a_1^-|0\rangle\langle b_1^+|1\rangle-\langle a_1^-|1\rangle\langle b_1^+|0\rangle|^2$$

$$=\frac{1}{2}\left|\cos\frac{\pi}{2}\cos\frac{3\pi}{8}-\cos 0\cos\frac{\pi}{8}\right|^2=\frac{1}{2}\left|\cos\frac{\pi}{8}\right|^2$$

$$=\frac{1}{2}\cos^2(\theta_{a_1^+}-\theta_{b_1^+})$$

$$P_{--}(a_1, b_1)=\frac{1}{2}|\langle a_1^-|0\rangle\langle b_1^-|1\rangle-\langle a_1^-|1\rangle\langle b_1^-|0\rangle|^2$$

$$=\frac{1}{2}\left|\cos\frac{\pi}{2}\cos\frac{\pi}{8}-\cos 0\cos\frac{3\pi}{8}\right|^2=\frac{1}{2}\left|\sin\frac{\pi}{8}\right|^2$$

$$=\frac{1}{2}\sin^2(\theta_{a_1^+}-\theta_{b_1^+})$$

所以

$$E(a_1, b_1)=P_{++}(a_1, b_1)+P_{--}(a_1, b_1)-P_{+-}(a_1, b_1)-P_{-+}(a_1, b_1)$$

$$=\sin^2(\theta_{a_1^+}-\theta_{b_1^+})-\cos^2(\theta_{a_1^+}-\theta_{b_1^+})$$

$$=-\cos[2(\theta_{a_1^+}-\theta_{b_1^+})]=-\cos\left(\frac{\pi}{4}\right)=-\frac{\sqrt{2}}{2}$$

同理，有

$$E(a_1, b_3)=P_{++}(a_1, b_3)+P_{--}(a_1, b_3)-P_{+-}(a_1, b_3)-P_{-+}(a_1, b_3)$$

$$=-\cos[2(\theta_{a_1^+}-\theta_{b_3^+})]=-\cos\left(\frac{3\pi}{4}\right)=\frac{\sqrt{2}}{2}$$

$$E(a_3, b_1)=P_{++}(a_3, b_1)+P_{--}(a_3, b_1)-P_{+-}(a_3, b_1)-P_{-+}(a_3, b_1)$$

$$=-\cos\left(\frac{\pi}{4}\right)=-\frac{\sqrt{2}}{2}$$

$$E(a_3, b_3)=P_{++}(a_3, b_3)+P_{--}(a_3, b_3)-P_{+-}(a_3, b_3)-P_{-+}(a_3, b_3)$$

$$=-\cos\left(\frac{\pi}{4}\right)=-\frac{\sqrt{2}}{2}$$

所以，理论上 $S=E(a_1, b_1)-E(a_1, b_3)+E(a_3, b_1)+E(a_3, b_3)=-2\sqrt{2}$，$|S|=2\sqrt{2}$。

## 2.3.4　量子纠缠的度量

为了定量描述纠缠态的纠缠程度，引入了纠缠度的概念。由于考察角度的不同，所引入的纠缠度的定义不同，分别有不同的用途，但它们都满足以下共同准则[26]：

（1）可分离态的纠缠度应为零(可分离态(Separable State)是指系统的状态可分解为若干个子系统状态的直积，这样的态称为可分离态)。

（2）对任一子系统(或处于纠缠的粒子之一)进行的任何局域幺正变换不应改变纠缠度。

（3）在各子系统的局域操作以及它们之间的经典通信等这一大类操作之下，表征整个系统量子特性的纠缠度不应增加。

（4）对于直积态，纠缠度应当是可加的。

这里给出四个纠缠度的定义[26]。

**1. 部分熵纠缠度**

两体纯态的部分熵纠缠度(the Partial Entropy of Entanglement)可以定义为

$$E_p(|\psi\rangle_{AB})=S(\boldsymbol{\rho}_A)=S(\boldsymbol{\rho}_B) \tag{2.63}$$

其中，$S(\boldsymbol{\rho}_A)$是冯・诺依曼(Von Neumann)熵，定义见第 3 章。对于任何可分离态$|\psi\rangle_{AB}$，其纠缠度 $E_{\mathrm{p}}=0$。对于具有最大纠缠度的 Bell 基，如 $|\phi^{+}\rangle_{AB}$，由于 $\boldsymbol{\rho}_A=\boldsymbol{\rho}_B=\boldsymbol{I}/2$，则 $E_{\phi^+}=\mathrm{lb}2=1$。一般情况下，若 $\boldsymbol{\rho}_A$ 的本征值为$\lambda_i$，则纠缠度可以表示为

$$E_p=S(\boldsymbol{\rho}_A)=-\sum_i \lambda_i \mathrm{lb}\lambda_i \tag{2.64}$$

两体混态的部分熵纠缠度可以用冯・诺依曼相对信息熵表示为

$$E_1=\frac{S(A:B)}{2}=\frac{S(\boldsymbol{\rho}_A)+S(\boldsymbol{\rho}_B)-S(\boldsymbol{\rho}_{AB})}{2} \tag{2.65}$$

其中，$S(A:B)$是粒子 $A$ 和 $B$ 的互信息。由于相对信息熵包含了经典的信息关联，因此它不是量子纠缠度较好的度量指标。

**2. 相对熵纠缠度**

对两体量子态 $\boldsymbol{\rho}_{AB}$，相对熵纠缠度(the Relative Entropy of Entanglement)$E_r(\boldsymbol{\rho}_{AB})$定义为：量子态 $\boldsymbol{\rho}_{AB}$ 对于全体可分离态的相对熵的最小值

$$E_r(\boldsymbol{\rho}_{AB})=\min S(\boldsymbol{\rho}_{AB}\,\|\,\boldsymbol{\sigma}_{AB})$$

其中，$S(\boldsymbol{\rho}_{AB}\,\|\,\boldsymbol{\sigma}_{AB})$为态$\boldsymbol{\rho}_{AB}$ 相对于可分离态$\boldsymbol{\sigma}_{AB}$ 的相对熵

$$S(\boldsymbol{\rho}_{AB}\,\|\,\sigma_{AB})=\mathrm{tr}\{\boldsymbol{\rho}_{AB}(\mathrm{lb}\boldsymbol{\rho}_{AB}-\mathrm{lb}\boldsymbol{\sigma}_{AB})\} \tag{2.66}$$

计算相对熵纠缠度的关键在于找出能使相对熵达到极小值的那个可分离态。

**3. 形成纠缠度**

对两体量子态 $\boldsymbol{\rho}_{AB}$，形成纠缠度(Entanglement of Formation)$E_f(\boldsymbol{\rho}_{AB})$的定义为

$$E_f(\boldsymbol{\rho}_{AB})=\min\sum_i p_i E_p(|\psi_i\rangle_{AB}) \tag{2.67}$$

其中，$\{p_i,\ |\psi_i\rangle_{AB}\}$是$\boldsymbol{\rho}_{AB}$ 的任一分解，即 $\boldsymbol{\rho}_{AB}=\sum_i p_i|\psi_i\rangle_{AB}\langle\psi_i|$，这里的分解只要求$|\psi_i\rangle_{AB}$ 是此两体的归一化纯态，不要求其一定是相互正交的。$E_p(|\psi_i\rangle_{AB})$ 是$|\psi_i\rangle_{AB}$ 的部分熵纠缠度。

两体系统 $\boldsymbol{\rho}_{AB}$ 形成的纠缠度 $E_f(\boldsymbol{\rho}_{AB})$是其所有可能分解的部分熵加权和的极小值。

**4. 可提纯纠缠度**

若 $N$ 份两体量子态 $\boldsymbol{\rho}_{AB}$ 为 Alice 和 Bob 所共享，Alice 和 Bob 通过 LOCC(Local Operations and Classical Communications，局域操作和经典通信)能够得到 EPR 对的个数最多为 $k(N)$，则可提纯纠缠度(Entanglement of Distillation)$D(\boldsymbol{\rho}_{AB})$定义为

$$D(\boldsymbol{\rho}_{AB}) = \lim \frac{k(N)}{N} \tag{2.68}$$

其中，LOCC 是 Alice 和 Bob 各自所作的局域测量与相互间的经典信息通信。需要注意的是，有的多粒子纠缠可以提纯，有的则不可以提纯。

对于两体纯态，Popescu 和 Rohrlich 已经证明：以上四种不同的纠缠度定义给出的纠缠度是相等的，即唯一的。但是，对于多体纯态和两体及多体混态，由上述各种定义计算出的纠缠度的数值大小可能不等，难以引入合理的纠缠度定义[26]。

## 2.3.5 纠缠交换与纠缠纯化

纠缠交换是一种用来将不同纠缠态中的粒子纠缠在一起的技术，它可以用于量子信息的远距离传输。纠缠交换技术没有经典对应，是一种独特的量子效应。由于量子信道的退相干作用，纠缠纯态会变成混态，随着传输距离的增加，量子态纠缠度逐渐降低。为了实现有效的量子通信和量子计算，必须进行纠缠纯化(Entanglement Purification)，即从纠缠度较低的量子系综中提取出纠缠度较高的子系综，或者从大量由于退相干导致纠缠度下降的纠缠粒子对的集合中，提取(Distill)较高纠缠度的纠缠粒子对子集[26, 31]。

**1. 纠缠交换**

纠缠交换技术的基本原理是将两对或多对纠缠比特经过某种量子操作(通常是 Bell 态测量)后，使相互独立的两个或多个粒子纠缠起来。对于两方纠缠而言，初始的纠缠粒子可以是两对纠缠光子，也可以是两个原子-光子纠缠对，对每个纠缠对中的光子进行 Bell 态测量，实现另外两个光子或者两个原子的纠缠。

这里以纠缠光子对为例说明纠缠交换的原理，如图 2.5 所示。设两对纠缠态为

$$|\psi^-\rangle_{12} = \frac{1}{\sqrt{2}}(|HV\rangle_{12} - |VH\rangle_{12})$$

$$|\psi^-\rangle_{34} = \frac{1}{\sqrt{2}}(|HV\rangle_{34} - |VH\rangle_{34})$$

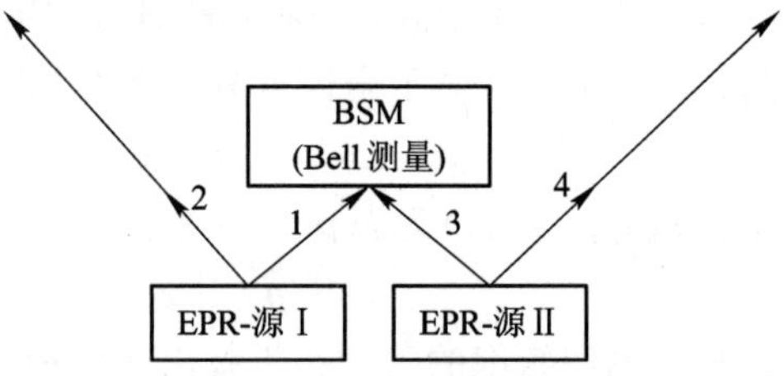

BSM (Bell测量)
EPR-源 I
EPR-源 II
1 2 3 4

图 2.5 纠缠交换原理示意图

其中，下标数字表示对应的光子编号，光子 1 和 2 是一对纠缠比特，光子 3 和 4 是一对纠缠比特。整个系统的量子态为

$$|\psi\rangle_{1234} = \frac{1}{2}\{|H\rangle_1|V\rangle_2 - |V\rangle_1|H\rangle_2\} \otimes \{|H\rangle_3|V\rangle_4 - |V\rangle_3|H\rangle_4\}$$

用 4 个 Bell 基对这 4 个粒子系统态重新表述

$$|\psi\rangle_{1234} = \frac{1}{2}\{|\psi^+\rangle_{13}|\psi^+\rangle_{24} - |\psi^-\rangle_{13}|\psi^-\rangle_{24} - |\phi^+\rangle_{13}|\phi^+\rangle_{24} - |\phi^-\rangle_{13}|\phi^-\rangle_{24}\}$$

如图2.5所示，对Alice的光子1和Bob的光子3进行Bell态测量，根据叠加原理，若得到1和3的Bell态，则2和4塌缩到相应的纠缠态上。这样，相互独立的两个光子2和4就成为了一对纠缠比特，在它们之间构成了一个纠缠信道，可以利用量子隐形传态传输量子信息。

**2. 纠缠纯化**

纠缠纯化也叫纠缠浓缩(Concentration)或纠缠蒸馏(Distillation)。一般来说，纯化操作所用的手段是适当的局部操作和经典通信。这里，举例说明采用局域POVM测量来实现纯化的原理[26]。

设原系综由许多纯EPR对构成，其密度算子为$\boldsymbol{\rho}_{AB}=|\psi^-\rangle_{AB}\langle\psi^-|$，其中每个EPR对中的粒子$A$和$B$分别属于空间分隔的Alice和Bob。由于退相干的影响，系综变成了纠缠混态

$$\boldsymbol{\rho}_{AB}=(1-x)|\psi^-\rangle_{AB}\langle\psi^-|+x|11\rangle_{AB}\langle 11| \quad x\in[0,1] \tag{2.69}$$

初始时刻，$x=0$。

当$x=1$时，EPR对的纯态系综消失，可以计算$\boldsymbol{\rho}_{AB}$和$\boldsymbol{\rho}_{AB}^2$的迹：

$$\begin{aligned}\operatorname{tr}(\boldsymbol{\rho}_{AB})&=\operatorname{tr}\left[(1-x)\frac{1}{2}(|01\rangle-|10\rangle)(\langle 01|-\langle 10|)+x|11\rangle\langle 11|\right]\\&=\operatorname{tr}\left[(1-x)\frac{1}{2}(|01\rangle\langle 01|-|10\rangle\langle 01|-|01\rangle\langle 10|+|10\rangle\langle 10|)+x|11\rangle\langle 11|\right]\\&=(1-x)+x\\&=1\end{aligned} \tag{2.70}$$

$$\begin{aligned}\operatorname{tr}(\boldsymbol{\rho}_{AB}^2)&=\operatorname{tr}\left[\frac{(1-x)^2}{4}(|01\rangle\langle 01|+|10\rangle\langle 10|+|01\rangle\langle 01|+|10\rangle\langle 10|)+x^2|11\rangle\langle 11|\right]\\&=1-2x+2x^2\leqslant 1\end{aligned} \tag{2.71}$$

读者也可根据式(2.62)计算Bell参数，进而可确定违背CHSH不等式的$S$的取值范围为($2<S\leqslant 2\sqrt{2}$)。现在具体看看基于POVM的纯化过程：

(1) 对Alice和Bob拥有的粒子分别实施同一组POVM。

$$\boldsymbol{A}_1^i=\alpha^2|0\rangle_i\langle 0|+\beta^2|1\rangle_i\langle 1|,\ i=A,B$$

$$\boldsymbol{A}_2^i=\beta^2|0\rangle_i\langle 0|+\alpha^2|1\rangle_i\langle 1|,\ i=A,B$$

其中，$\alpha^2+\beta^2=1$，$\alpha$、$\beta\in(0,1)$，并且有$\sqrt{\boldsymbol{A}_1^i}=\alpha|0\rangle_i\langle 0|+\beta|1\rangle_i\langle 1|$。

(2) 当Alice和Bob的测量都得到$\boldsymbol{A}_1$对应的结果时，则保留这对粒子，否则舍弃。此后系综状态成为

$$\begin{aligned}\boldsymbol{\rho}_{AB}^{(s)}&=\frac{\sqrt{A_1^A}\sqrt{A_1^B}\boldsymbol{\rho}_{AB}\sqrt{A_1^B}\sqrt{A_1^A}}{\operatorname{tr}(\sqrt{A_1^A}\sqrt{A_1^B}\boldsymbol{\rho}_{AB}\sqrt{A_1^B}\sqrt{A_1^A})}\\&=\frac{1}{\beta^2\{(1-x)\alpha^2+x\beta^2\}}\times\{\alpha^2\boldsymbol{P}_{00}+\alpha\beta\boldsymbol{P}_{01}+\beta\alpha\boldsymbol{P}_{10}+\beta^2\boldsymbol{P}_{11}\}\times\\&\quad\left\{\frac{1}{2}(1-x)[(|01\rangle-|10\rangle)(\langle 01|-\langle 10|)]+x|11\rangle\langle 11|\right\}\times\\&\quad\{\alpha^2\boldsymbol{P}_{00}+\alpha\beta\boldsymbol{P}_{01}+\beta\alpha\boldsymbol{P}_{10}+\beta^2\boldsymbol{P}_{11}\}\\&=\frac{(1-x)\alpha^2|\psi^-\rangle_{AB}\langle\psi^-|+x\beta^2|11\rangle_{AB}\langle 11|}{(1-x)\alpha^2+x\beta^2}\end{aligned} \tag{2.72}$$

式中，$\boldsymbol{P}_{00}=|00\rangle\langle 00|$，$\boldsymbol{P}_{01}=|01\rangle\langle 01|$，$\boldsymbol{P}_{10}=|10\rangle\langle 10|$，$\boldsymbol{P}_{11}=|11\rangle\langle 11|$。可见，$\alpha$ 值越大，在测量-选择之后，子系综的状态越趋于纯态 $|\psi^-\rangle$，即纯化操作效率越高。但此时成功的概率为

$$\begin{aligned} p &= \mathrm{tr}\left(\sqrt{A_1^A}\sqrt{A_1^B}\boldsymbol{\rho}_{AB}\sqrt{A_1^B}\sqrt{A_1^A}\right) \\ &= \mathrm{tr}\{(\alpha^2|0\rangle_A\langle 0|+\beta^2|1\rangle_A\langle 1|)(\alpha^2|0\rangle_B\langle 0|+\beta^2|1\rangle_B\langle 1|)\times \\ &\quad [(1-x)|\psi^-\rangle_{AB}\langle\psi^-|+x|11\rangle_{AB}\langle 11|]\} \\ &= \mathrm{tr}\{(1-x)[\alpha^2\beta^2P_{01}+\beta^2\alpha^2P_{10}]|\psi^-\rangle_{AB}\langle\psi^-|+x\beta^4P_{11}|11\rangle_{AB}\langle 11|\} \\ &= \beta^2\{(1-x)\alpha^2+x\beta^2\} \end{aligned} \tag{2.73}$$

由此可知，纯化操作设计效率越高，成功的概率就越低。在实际操作时，需在二者之间作出权衡。此外，纠缠纯化还可基于局域受控非门操作等方法来实现[26]。

## 2.4 光场的量子态

量子信息技术中，量子态是信息的承载者。在 2.3 节讲述了量子纠缠态，本节给出量子信息中用到的其他光场量子态，包括电磁场的量子化，Fock 态(光子数态)、高斯态、相干态、压缩态，以及连续变量量子纠缠态。

### 2.4.1 电磁场的量子化

光量子作为飞行量子比特(Flying Qubit)在量子信息中有着重要作用，是量子态的主要载体。经过一个多世纪的发展，人们已经从认识光的波粒二象性发展到通过光量子操控实现挑战经典计算能力极限的光量子计算阶段。为了研究光量子的特性，如干涉、光与原子的相互作用等，可将辐射场的每个模(Mode)与一个量化的简单谐振子(Harmonic Oscillator)对应，即电磁场量子化[33-35, 49]。另一方面，辐射场的量子化也不断被实验证实[33]。

根据麦克斯韦方程，无源区的电场强度 $\boldsymbol{E}$ 和磁场强度 $\boldsymbol{H}$ 满足下述关系

$$\nabla\times\boldsymbol{H}=\frac{\partial\boldsymbol{D}}{\partial t} \tag{2.74}$$

$$\nabla\times\boldsymbol{E}=-\frac{\partial\boldsymbol{B}}{\partial t} \tag{2.75}$$

$$\nabla\cdot\boldsymbol{B}=0 \tag{2.76}$$

$$\nabla\cdot\boldsymbol{D}=0 \tag{2.77}$$

式中，$\boldsymbol{D}$ 为电位移矢量，$\boldsymbol{B}$ 为磁感应强度。$\boldsymbol{B}=\mu\boldsymbol{H}$，$\boldsymbol{D}=\varepsilon\boldsymbol{E}$，$\varepsilon$ 为介电常数，$\mu$ 为磁导率，在自由空间，$\mu=\mu_0$，$\varepsilon=\varepsilon_0$，真空中的光速 $c=\frac{1}{\sqrt{\mu_0\varepsilon_0}}$。

由式(2.74)～式(2.77)，及

$$\nabla\times(\nabla\times\boldsymbol{E})=\nabla(\nabla\cdot\boldsymbol{E})-\nabla^2\boldsymbol{E} \tag{2.78}$$

可得波动方程

$$\nabla^2 \boldsymbol{E} - \frac{1}{c^2}\frac{\partial^2 \boldsymbol{E}}{\partial t} = 0 \tag{2.79}$$

考虑自由空间长度为 $L$ 的谐振腔，对于偏振方向为 $\boldsymbol{x}$ 方向的线偏振光，其电场可由腔的正规模(Normal Mode)展开为[33]

$$E_x(z, t) = \sum_j A_j q_j(t)\sin(k_j z) \tag{2.80}$$

其中，$q_j(t)$是第 $j$ 个谐振模的幅度，波数 $k_j = j\pi/L$，$j=1, 2, 3, \cdots$

$$A_j = \left(\frac{2\omega_j^2 m_j}{V\varepsilon_0}\right)^{\frac{1}{2}} \tag{2.81}$$

式中，$\omega_j = j\pi c/L$ 为谐振腔的本征频率，$V=LA$($A$ 是谐振腔横截面面积)为谐振腔体积，$m_j$ 是常数，具有质量维度(Dimension of Mass)，它可以将单模电磁场的动力学问题与简单谐振子的动力学问题对应起来。等效机械谐振子质量为 $m_j$，坐标为 $q_j$。此时，谐振腔中的磁场强度可写为

$$H_y = \sum_j A_j \left(\frac{\dot{q}_j(t)\varepsilon_0}{k_j}\right)\cos(k_j z) \tag{2.82}$$

式中，$\dot{q}_j(t)$是 $q_j(t)$对时间的导数，定义 $p_j(t) = m_j \dot{q}_j(t)$为第 $j$ 个模的动量(后面为简便起见，省掉了时间 $t$)，场的经典哈密顿量(能量)为

$$\boldsymbol{H} = \frac{1}{2}\int_v (\varepsilon_0 E_x^2 + \mu_0 H_y^2) = \frac{1}{2}\sum_j \left(m_j \omega_j^2 q_j^2 + \frac{p_j^2}{m_j}\right) \tag{2.83}$$

式(2.83)表示辐射场的哈密顿量是各独立谐振子能量之和。如果将 $q_j$ 和 $p_j$ 用算子$\boldsymbol{q}_j$ 和 $\boldsymbol{p}_j$ 来表示，且其满足对易关系

$$[\boldsymbol{q}_j, \boldsymbol{p}_{j'}] = \mathrm{i}\hbar \boldsymbol{\delta}_{jj'}, \quad [\boldsymbol{q}_j, \boldsymbol{q}_{j'}] = [\boldsymbol{p}_j, \boldsymbol{p}_{j'}] = \boldsymbol{0}$$

进而引入量子光学中常用的湮灭算子(Annihilation Operator)$\boldsymbol{a}_j$ 和产生算子(Creation Operator)$\boldsymbol{a}_j^\dagger$，定义为

$$\boldsymbol{a}_j = \frac{\mathrm{e}^{\mathrm{i}\omega_j t}}{\sqrt{2m_j \hbar\omega_j}}(m_j\omega_j \boldsymbol{q}_j + \mathrm{i}\boldsymbol{p}_j) \tag{2.84}$$

$$\boldsymbol{a}_j^\dagger = \frac{\mathrm{e}^{-\mathrm{i}\omega_j t}}{\sqrt{2m_j \hbar\omega_j}}(m_j\omega_j \boldsymbol{q}_j - \mathrm{i}\boldsymbol{p}_j) \tag{2.85}$$

式(2.83)对应的量子哈密顿量可表示为

$$\boldsymbol{H} = \hbar \sum_j \boldsymbol{\omega}_j \left(\boldsymbol{a}_j^\dagger \boldsymbol{a}_j + \frac{1}{2}\right) \tag{2.86}$$

$\boldsymbol{a}_j^\dagger$ 和 $\boldsymbol{a}_j$ 满足下述对易关系

$$[\boldsymbol{a}_j, \boldsymbol{a}_{j'}^\dagger] = \boldsymbol{\delta}_{jj'}, \quad [\boldsymbol{a}_j, \boldsymbol{a}_{j'}] = [\boldsymbol{a}_j^\dagger, \boldsymbol{a}_{j'}^\dagger] = 0$$

因此利用 $\boldsymbol{a}_j^\dagger$ 和 $\boldsymbol{a}_j$，电场和磁场算符可分别表示为

$$\boldsymbol{E}_x(z, t) = \sum_j \varsigma_j (\boldsymbol{a}_j \mathrm{e}^{-\mathrm{i}\omega_j t} + \boldsymbol{a}_j^\dagger \mathrm{e}^{\mathrm{i}\omega_j t})\sin(k_j z) \tag{2.87}$$

$$\boldsymbol{H}_y(z, t) = -\mathrm{i}\varepsilon_0 c \sum_j \varsigma_j (\boldsymbol{a}_j \mathrm{e}^{-\mathrm{i}\omega_j t} - \boldsymbol{a}_j^\dagger \mathrm{e}^{\mathrm{i}\omega_j t})\cos(k_j z) \tag{2.88}$$

其中，$\varsigma_j = \sqrt{\dfrac{\hbar\omega_j}{\varepsilon_0 V}}$，$c$ 为真空中的光速。

上述过程实现有限长度一维谐振腔中辐射场的量子化，对于开放自由空间的电磁场也可以实现量子化[33]，即

$$\boldsymbol{E}(\boldsymbol{r},t)=\sum_j \hat{\in}_j\vartheta_j\left[\boldsymbol{a}_j\mathrm{e}^{-\mathrm{i}\omega_j t+\mathrm{i}\boldsymbol{k}_j\cdot\boldsymbol{r}}+\boldsymbol{a}_j^{\dagger}\mathrm{e}^{\mathrm{i}\omega_j t-\mathrm{i}\boldsymbol{k}_j\cdot\boldsymbol{r}}\right] \tag{2.89}$$

$$\boldsymbol{H}(\boldsymbol{r},t)=\frac{1}{\mu_0}\sum_j \frac{\boldsymbol{k}_j\times\hat{\in}_j}{\omega_j}\vartheta_j\left[\boldsymbol{a}_j\mathrm{e}^{-\mathrm{i}\omega_j t+\mathrm{i}\boldsymbol{k}_j\cdot\boldsymbol{r}}+\boldsymbol{a}_j^{\dagger}\mathrm{e}^{\mathrm{i}\omega_j t-\mathrm{i}\boldsymbol{k}_j\cdot\boldsymbol{r}}\right] \tag{2.90}$$

其中，$\boldsymbol{k}_j$ 为波矢量，$\hat{\in}_j$ 为单向极化矢量，$\vartheta_j=\sqrt{\dfrac{\hbar\omega_j}{2\varepsilon_0 V}}$。

## 2.4.2 Fock 态、高斯态、相干态和压缩态的概念

这里介绍几个具体的光场量子态，分别为 Fock 态（亦称福克态）、高斯态（Gaussian State）、相干态（Coherent State）和压缩态（Squeezed State）[33, 36-37]。

**1. Fock 态**

在 2.4.1 小节给出的电磁场量子化过程中，考虑了多模场的情形。为叙述方便，本节只考虑单模电磁场情形。设电磁场角频率为 $\omega$，产生算子为 $\boldsymbol{a}^{\dagger}$，湮灭算子为 $\boldsymbol{a}$，则其哈密顿量为

$$\boldsymbol{H}=\hbar\omega\left(\boldsymbol{a}^{\dagger}\boldsymbol{a}+\frac{1}{2}\right) \tag{2.91}$$

令哈密顿量本征值为 $E_n$，对应的本征态为 $|n\rangle$，即

$$\boldsymbol{H}\,|n\rangle=E_n\,|n\rangle \tag{2.92}$$

对式(2.92)两边作 $\boldsymbol{a}$ 运算(左边)，由于 $[\boldsymbol{a},\boldsymbol{a}^{\dagger}]=1$，结合式(2.91)，整理后可得

$$\boldsymbol{Ha}\,|n\rangle=(E_n-\hbar\omega)\boldsymbol{a}\,|n\rangle \tag{2.93}$$

令 $|n-1\rangle=\dfrac{1}{\alpha_n}\boldsymbol{a}\,|n\rangle$，$E_{n-1}=E_n-\hbar\omega$，常数 $\alpha_n$ 可由归一化条件确定，即 $\langle n-1|n-1\rangle=1$，则有 $\boldsymbol{H}\,|n-1\rangle=E_{n-1}\,|n-1\rangle$。重复上述过程 $n$ 次，有

$$\boldsymbol{Ha}\,|0\rangle=(E_0-\hbar\omega)\boldsymbol{a}\,|0\rangle \tag{2.94}$$

$E_0$ 为基态能量，$E_0-\hbar\omega$ 为能量本征值，但能量不能低于 $E_0$，则 $\boldsymbol{a}\,|0\rangle=0$，$|0\rangle$ 为真空态（Vacuum State），则由式(2.91)和式(2.92)可得

$$\boldsymbol{H}\,|0\rangle=\hbar\omega\left(0+\frac{1}{2}\,|0\rangle\right)=E_0\,|0\rangle$$

即 $E_0=\dfrac{1}{2}\hbar\omega$。因此

$$E_n=\left(n+\frac{1}{2}\right)\hbar\omega \tag{2.95}$$

根据式(2.91)和式(2.92)，$\boldsymbol{a}^{\dagger}\boldsymbol{a}\,|n\rangle=n\,|n\rangle$，定义光子数算符 $\boldsymbol{n}=\boldsymbol{a}^{\dagger}\boldsymbol{a}$，有

$$\boldsymbol{n}\,|n\rangle=n\,|n\rangle \tag{2.96}$$

根据归一化条件

$$\langle n-1|n-1\rangle=\frac{1}{|\alpha_n|^2}\langle n|\boldsymbol{a}^{\dagger}\boldsymbol{a}|n\rangle=\frac{n}{|\alpha_n|^2}\langle n|n\rangle=\frac{n}{|\alpha_n|^2}=1 \tag{2.97}$$

若令 $\alpha_n \geqslant 0$，故 $\alpha_n = \sqrt{n}$，则

$$\boldsymbol{a} | n \rangle = \sqrt{n} | n-1 \rangle \tag{2.98}$$

式(2.92)两边分别作用 $\boldsymbol{a}^{\dagger}$ 算子(左边)，同理可得

$$\boldsymbol{H}\boldsymbol{a}^{\dagger} | n \rangle = (E_n + \hbar\omega)\boldsymbol{a}^{\dagger} | n \rangle \tag{2.99}$$

与上述步骤类似，可得

$$\boldsymbol{a}^{\dagger} | n \rangle = \sqrt{n+1} | n+1 \rangle \tag{2.100}$$

采用递归策略，有

$$| n \rangle = \frac{(\boldsymbol{a}^{\dagger})^n}{\sqrt{n!}} | 0 \rangle \tag{2.101}$$

此时，称 $| n \rangle$ 为 Fock 态或光子数态(Photon Number State)，其构成一组完备基，即 $\sum_{n=0}^{\infty} | n \rangle \langle n | = 1$。

**2. 高斯态**

对于含有 $N$ 个模的电磁场，由式(2.84)和式(2.85)可知，与湮灭算符和产生算符存在对应的场正则算符 $\boldsymbol{q}_j$、$\boldsymbol{p}_j$，$j=1, 2, \cdots, N$。这里引入广义正则算符(采用散粒噪声单位(Shot-Noise Unit，SNU))，为方便起见，仍采用原来的字符表示，其与湮灭算符和产生算符的关系如下：

$$\boldsymbol{a}_j = \frac{1}{2}(\boldsymbol{q}_j + \mathrm{i}\boldsymbol{p}_j),\ \boldsymbol{a}_j^{\dagger} = \frac{1}{2}(\boldsymbol{q}_j - \mathrm{i}\boldsymbol{p}_j),\ \boldsymbol{q}_j = \boldsymbol{a}_j + \boldsymbol{a}_j^{\dagger},\ \boldsymbol{p}_j = -\mathrm{i}(\boldsymbol{a}_j - \boldsymbol{a}_j^{\dagger})$$

定义向量 $\boldsymbol{x} = [\boldsymbol{q}_1, \boldsymbol{p}_1, \cdots, \boldsymbol{q}_N, \boldsymbol{p}_N]^{\mathrm{T}}$，则 Weyl 算子为[36]

$$\boldsymbol{W}_y(\xi) = \exp(\mathrm{i}\boldsymbol{x}^{\mathrm{T}}\boldsymbol{\Omega}\xi)$$

式中，$\xi$ 为 $2N$ 维实数向量，即 $\xi \in \mathbf{R}^{2N}$，矩阵 $\boldsymbol{\Omega} = \bigoplus_{k=1}^{N} \boldsymbol{\Lambda} = \begin{bmatrix} \boldsymbol{\Lambda} & & \\ & \ddots & \\ & & \boldsymbol{\Lambda} \end{bmatrix}$，其中 $\boldsymbol{\Lambda} = \begin{bmatrix} 0 & 1 \\ -1 & 0 \end{bmatrix}$，则量子态密度算子对应的 Wigner 特征函数为

$$\chi(\boldsymbol{\xi}) = \mathrm{tr}[\rho \boldsymbol{W}_y(\xi)]$$

则 Wigner 函数(特征函数的傅里叶变换)为

$$\boldsymbol{W}_g(x) = \frac{1}{(2\pi)^{2N}} \int_{\mathbf{R}^{2N}} \exp(-\mathrm{i}\boldsymbol{x}^{\mathrm{T}}\boldsymbol{\Omega}\boldsymbol{\xi}) \chi(\xi) \mathrm{d}^{2N}\boldsymbol{\xi} \tag{2.102}$$

其中，变量 $x$ 为正则算子 $\boldsymbol{x}$ 的本征值。此时 Wigner 函数与系统的量子态相对应。若 Wigner 特征函数是高斯函数，则对应量子态为高斯态，此时[36]

$$\chi(\boldsymbol{\xi}) = \exp\left[-\frac{1}{2}\boldsymbol{\xi}^{\mathrm{T}}(\boldsymbol{\Omega}\boldsymbol{V}\boldsymbol{\Omega}^{\mathrm{T}})\boldsymbol{\xi} - \mathrm{i}(\boldsymbol{\Omega}\bar{x})^{\mathrm{T}}\boldsymbol{\xi}\right] \tag{2.103}$$

其中，$\bar{x}$ 为算子 $\boldsymbol{x}$ 的均值，即 $\bar{x} = \langle \boldsymbol{x} \rangle = \mathrm{tr}(\boldsymbol{x}\boldsymbol{\rho})$，$\boldsymbol{V}$ 为态的协方差矩阵，其元素为

$$\boldsymbol{V}_{ij} = \frac{1}{2}\langle (\boldsymbol{x}_i - \langle \boldsymbol{x}_i \rangle)(\boldsymbol{x}_j - \langle \boldsymbol{x}_j \rangle) + (\boldsymbol{x}_j - \langle \boldsymbol{x}_j \rangle)(\boldsymbol{x}_i - \langle \boldsymbol{x}_i \rangle) \rangle$$

一个典型的高斯态是真空态，即光子数为 0 时的光子数态，为湮灭算子零本征值对应的本征态，即 $\boldsymbol{a} | 0 \rangle = | 0 \rangle$。真空态的协方差矩阵为单位阵，即位置和动量算符的方差等于

1，此时噪声即量子散粒噪声(Quantum Shot Noise)。

**3. 相干态**

相干态$|\alpha\rangle$为湮灭算子$\boldsymbol{a}$的本征态，其本征值为$\alpha$，即

$$\boldsymbol{a}|\alpha\rangle=\alpha|\alpha\rangle \tag{2.104}$$

定义移位运算(Displacement Operator)$\boldsymbol{D}(\alpha)=\exp(\alpha\boldsymbol{a}^{\dagger}-\alpha^{*}\boldsymbol{a})$，其中$\alpha$为复数。通过对真空态进行移位操作，即可得到相干态$|\alpha\rangle=\boldsymbol{D}(\alpha)|0\rangle$。相干态可由光子数态表示

$$|\alpha\rangle=\mathrm{e}^{-\frac{|\alpha|^{2}}{2}}\sum_{n=0}^{\infty}\frac{\alpha^{n}}{\sqrt{n!}}|n\rangle \tag{2.105}$$

将式(2.101)代入式(2.105)，可得

$$|\alpha\rangle=\mathrm{e}^{-\frac{|\alpha|^{2}}{2}}\mathrm{e}^{\alpha a^{\dagger}}|0\rangle \tag{2.106}$$

相干态$|\alpha\rangle$的平均光子数为光子数算符的均值$\langle\alpha|\boldsymbol{a}^{\dagger}\boldsymbol{a}|\alpha\rangle=|\alpha|^{2}$。当光子数为$n$时的概率为

$$p_{n}=|\langle n|\alpha\rangle|^{2}=\frac{\langle n\rangle^{2}}{n!}\mathrm{e}^{-\langle n\rangle} \tag{2.107}$$

可见，光子数$n$服从泊松分布，均值$\langle n\rangle=|\alpha|^{2}$。

在连续变量量子信息中，有一类 QKD 协议采用热态(Thermal State)，这里简单给出其定义。由于热态的 Wigner 函数是高斯形式，因此它也属于高斯态[36]，其均值为 0、协方差矩阵$\boldsymbol{V}=(2\bar{n}+1)\boldsymbol{I}$，平均光子数为[35]

$$\bar{n}=\frac{1}{\exp[\hbar\omega/(K_{\mathrm{B}}T)]-1}$$

其中，$K_{\mathrm{B}}$为玻尔兹曼常数，$T$为温度，$\omega$为频率。注意，热态(又叫热光场态)为混态[35]。

**4. 压缩态**

这里先引入正则分量算子(Quadrature Operator)$\boldsymbol{X}$和$\boldsymbol{Y}$[33, 38]：$\boldsymbol{X}=\frac{\boldsymbol{q}}{2}$，$\boldsymbol{Y}=\frac{\boldsymbol{p}}{2}$。此时，由式(2.89)量子化电场可写为

$$\boldsymbol{E}=2\sqrt{\frac{\hbar\omega}{2\varepsilon_{0}V}}\,\hat{\epsilon}_{m}[\boldsymbol{X}\cos(\omega t-\boldsymbol{k}\cdot\boldsymbol{r})+\boldsymbol{Y}\sin(\omega t-\boldsymbol{k}\cdot\boldsymbol{r})] \tag{2.108}$$

其中，$\hat{\epsilon}_{m}$为单位极化向量。压缩态可由扩展的湮灭算子(Generalized Annihilation Operator)来定义[38]

$$\boldsymbol{A}=\boldsymbol{S}(\zeta)\boldsymbol{a}\boldsymbol{S}^{\dagger}(\zeta) \tag{2.109}$$

其中，$\boldsymbol{S}(\zeta)=\exp\left[\frac{1}{2}(\zeta^{*}\boldsymbol{a}^{2}-\zeta\boldsymbol{a}^{+2})\right]$为压缩算子，$\zeta=r\mathrm{e}^{i\theta}$为压缩参数。式(2.109)可进一步写为

$$\boldsymbol{A}=\boldsymbol{a}\cosh r+\boldsymbol{a}^{\dagger}\mathrm{e}^{i\theta}\sinh r \tag{2.110}$$

$\boldsymbol{A}$满足$[\boldsymbol{A},\boldsymbol{A}^{\dagger}]=1$，则单模压缩态$|\alpha,\zeta\rangle$为$\boldsymbol{A}$的本征矢，即

$$\boldsymbol{A}|\alpha,\zeta\rangle=(\alpha\cosh r+\alpha^{*}\mathrm{e}^{i\theta}\sinh r)|\alpha,\zeta\rangle \tag{2.111}$$

在相空间上，压缩态可看作真空态先从圆被压缩成椭圆，倾斜$\theta/2$，再在相空间上移位$\alpha$。

## 2.4.3　连续变量量子纠缠态

**1. 概念**

如 2.3 节所述，两个离散变量系统 $A$ 和 $B$，分别对应 Hilbert 空间 $\boldsymbol{H}_A$ 和 $\boldsymbol{H}_B$，若这两个系统的复合态 $\boldsymbol{\rho}_{AB}$ 是可分离态，则有

$$\boldsymbol{\rho}_{AB} = \sum_k p_k \boldsymbol{\rho}_A^k \otimes \boldsymbol{\rho}_B^k \tag{2.112}$$

其中，$p_k \geqslant 0$，$\sum_k p_k = 1$，$\boldsymbol{\rho}_A^k \in \boldsymbol{H}_A$，$\boldsymbol{\rho}_B^k \in \boldsymbol{H}_B$，$\boldsymbol{\rho}_{AB} \in \boldsymbol{H}_A \otimes \boldsymbol{H}_B$。显然，此时复合态可由作用于子系统 $A$ 和子系统 $B$ 上的局域操作和经典通信制备。若式(2.112)不成立，则称 $\boldsymbol{\rho}_{AB}$ 为纠缠态。

为进一步推广到有限维的情形，引入部分转置(Partial Transpose，PT)运算[39]。设两体系统的任一量子态为$(\boldsymbol{\rho}_{AB})_{m\mu,n\nu}$，拉丁字母代表子系统 $A(1\leqslant m, n\leqslant d_A)$，希腊字母代表子系统 $B(1\leqslant \mu, \nu\leqslant d_B)$，则部分转置定义为子系统 $B$ 的转置(希腊字母下标的互换)，即 PT：$(\boldsymbol{\rho}_{AB})_{m\mu,n\nu} \rightarrow (\boldsymbol{\rho}_{AB})_{m\nu,n\mu}$。当 $\mathrm{PT}(\boldsymbol{\rho}_{AB})\geqslant 0$ 时，则称 $\boldsymbol{\rho}_{AB}$ 为半正定部分转置(Positive Partial Transpose，PPT)态，可以证明[39]：当 $\boldsymbol{\rho}_{AB}$ 是可分离态时，则 $\mathrm{PT}(\boldsymbol{\rho}_{AB})\geqslant 0$。

上述结论可推广到连续变量两组份量子系统[40]。对于两个模 $A$ 和 $B$ 构成的连续变量两体态(或两组分态)$\boldsymbol{\rho}_{AB}$，采用 2.4.2 小节定义的 Wigner 函数 $\boldsymbol{W}(\xi)$，其中 $\boldsymbol{\xi}^{\mathrm{T}}=[\boldsymbol{q}_A, \boldsymbol{p}_A, \boldsymbol{q}_B, \boldsymbol{p}_B]$。在相空间上，转置定义为时间反转(Time Reversal)或镜像反射(Mirror Reflection)，即改变动量算符的符号。可见，部分转置是局部时间反转，改变一个子系统的动量符号。因此，作用在 $\boldsymbol{\rho}_{AB}$ 上的 PT 运算 $\mathrm{PT}(\boldsymbol{\rho}_{AB})$等效于 Wigner 函数 $W(\xi)$在相空间 $\boldsymbol{H}$ 上的部分镜像反射 $\boldsymbol{W}(\xi)\rightarrow\boldsymbol{W}(\boldsymbol{\Lambda}\xi)$，其中 $\boldsymbol{\Lambda}=\boldsymbol{I}\oplus\boldsymbol{\sigma}_z$，$\boldsymbol{I}$ 是单位阵。若相干态的相关矩阵(Correlation Matrix，即 2.4.2 小节定义的协方差矩阵)为 $\boldsymbol{V}$，则 PT 变换后相关矩阵为 $\boldsymbol{V\Lambda V}$。由此，可分离态具有以下特性[40]。

若 $\boldsymbol{\rho}_{AB}$ 为可分离态，则

$$\boldsymbol{V\Lambda V} + \frac{i}{2}\boldsymbol{J}^{(2)} \geqslant 0 \tag{2.113}$$

其中，$\boldsymbol{J}^{(2)} = \bigoplus_{k=1}^{2}\boldsymbol{J}$，$\boldsymbol{J} = \begin{bmatrix} 0 & 1 \\ -1 & 0 \end{bmatrix}$。

对于连续变量两体纠缠态，这里介绍另一种判定方法[41]。对于由 $A$ 和 $B$ 构成的两体系统，其正则分量算符为 $\boldsymbol{q}_A$、$\boldsymbol{p}_A$、$\boldsymbol{q}_B$、$\boldsymbol{p}_B$，定义两个算符 $\boldsymbol{L}(s)=|s|\boldsymbol{q}_A+s^{-1}\boldsymbol{q}_B$，$\boldsymbol{M}(s)=|s|\boldsymbol{p}_A-s^{-1}\boldsymbol{p}_B$，其中，$s\in\mathbf{R}\backslash 0$。令 $\Delta\boldsymbol{L}(s)=\boldsymbol{L}(s)-\langle\boldsymbol{L}(s)\rangle$，$\Delta\boldsymbol{M}(s)=\boldsymbol{M}(s)-\langle\boldsymbol{M}(s)\rangle$。$\boldsymbol{L}(s)$和 $\boldsymbol{M}(s)$的方差为$\langle[\Delta\boldsymbol{L}(s)]^2\rangle$，$\langle[\Delta\boldsymbol{M}(s)]^2\rangle$。若存在 $s\in\mathbf{R}\backslash 0$，使得

$$\langle[\Delta\boldsymbol{L}(s)]^2\rangle + \langle[\Delta\boldsymbol{M}(s)]^2\rangle < s^2 + s^{-2} \tag{2.114}$$

则 $\boldsymbol{\rho}_{AB}$ 为纠缠态。

**2. 双模压缩真空态**

在连续变量隐形传态、连续变量 QKD 中常用到一种称为双模压缩真空(Two-Mode Squeezed-Vacuum，TMSV)态的纠缠态。它是一种两组份高斯态，其 Wigner 函数为

$$W_{\mathrm{TMSV}}(\xi)=\frac{1}{\pi^{2}}\exp\left[-\frac{\boldsymbol{\xi}^{\mathrm{T}}\mathbf{V}_{\mathrm{TMSV}}(r)^{-1}\xi}{2}\right] \tag{2.115}$$

其中，$\boldsymbol{\xi}^{\mathrm{T}}=[\boldsymbol{q}_A, \boldsymbol{p}_A, \boldsymbol{q}_B, \boldsymbol{p}_B]$，协方差矩阵 $\mathbf{V}_{\mathrm{TMSV}}(r)=\frac{1}{2}\begin{bmatrix}\cosh(2r)\boldsymbol{I} & \sinh(2r)\boldsymbol{\sigma}_z \\ \sinh(2r)\boldsymbol{\sigma}_z & \cosh(2r)\boldsymbol{I}\end{bmatrix}$，$r$ 为压缩因子，当 $r\to+\infty$ 时，TMSV 态为理想的 EPR 纠缠态。

TMSV 态还可以写为[36]

$$|r\rangle_{\mathrm{TMSV}}=\sqrt{1-\lambda^{2}}\sum_{n=0}^{\infty}(-\lambda)^{n}|n\rangle_{a}|n\rangle_{b} \tag{2.116}$$

其中，$\lambda=\tanh(r)$，$|n\rangle$ 为光子数态。

**3. 实验举例**

这里举一个例子说明连续变量纠缠态的制备过程。2001 年，C. Silberhorn 等基于 Sagnac 光纤干涉计制备了连续变量 EPR 纠缠态[42]。其实验装置原理如图 2.6 所示，锁模 $Cr^{4+}$：YAG 激光器产生中心波长为 1505 nm、重复频率为 163 MHz 的光脉冲，最大平均功率为 95 mW，脉宽(FWHM)为 130 fs。将这些脉冲注入 Sagnac 干涉环中，包括了 8 m 长保偏光纤和分束器。保偏光纤在 1505 nm 波长上双折射拍长(Beat Length)为 1.95 mm，支持 $s$ 和 $p$ 两个偏振态。基于光纤的 Kerr 非线性效应，分束器输出的强脉冲和弱脉冲在Sagnac 环中的传播特性，产生了两个独立的幅度压缩光束 $s$ 和 $p$。随后经 50/50 分束器产生 EPR 纠缠对 $\boldsymbol{a}$ 和 $\boldsymbol{b}$。其中 G 为梯度折射率透镜(Gradient index Lens)。

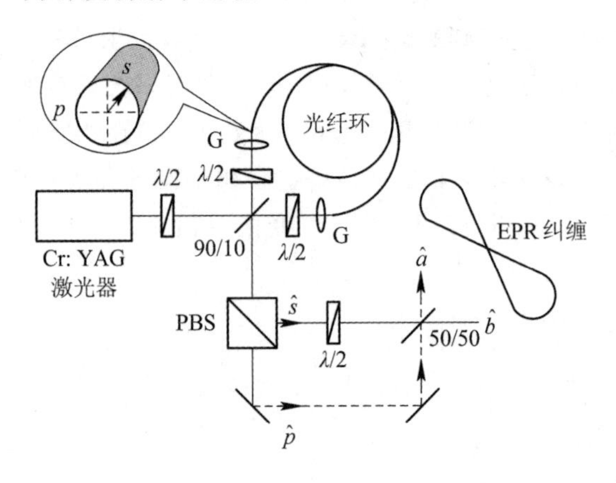


图 2.6 连续变量 EPR 纠缠实验原理

实验得到两束光正则分量中，分别测试估计幅度分量和的方差 $V_{\mathrm{sum}}^{+}$、相位分量差的方差 $V_{\mathrm{diff}}^{-}$，可得 $V_{\mathrm{sum}}^{+}+V_{\mathrm{diff}}^{-}=0.80\pm0.03<2$，满足式(2.114)的纠缠判定标准($s=1$)。此外，文献[43]中也演示了一种制备连续变量量子纠缠态的方法，借助于光学参量振荡器(OPO)和位于环腔中的非线性晶体(KTP 晶体)即可产生纠缠光。

# 第 3 章

# 量子比特与量子线路基础

量子比特是量子信息制备、传输和处理(计算)的基本单元。本章主要讲述量子比特的概念、冯·诺依曼熵、量子比特的逻辑运算(量子门)和量子线路的概念、典型量子算法及线路实现，为后续量子通信、量子编码线路设计打下基础。

## 3.1 量子比特及图形化表示

比特(bit)是对经典信息进行表示、存储、传输和处理的基本单位。通信中的信息往往可以构成字符集，每个字符可用二进制比特串表示。字符集中每个字符出现的频率可用其对应概率表示。另外，在通信中，接收方事先并不知道发送方发送的信息内容，因而也是概率性地接收消息。在量子通信理论中，这些特性仍然满足。在量子信息中，二维 Hilbert 空间中也对应量子比特(Quantum Bit，简记为 qubit 或 qbit)的概念，一般来讲，量子比特是一个叠加态，其表示、存储、传输和处理信息的能力随量子比特数目的增加而呈指数级增长。

### 3.1.1 量子比特的概念

#### 1. 量子比特的定义

20 世纪中期，克劳德·艾尔伍德·香农(Claude Elwood Shannon)给出了定量描述信息不确定性的方法，提出了信息量的概念。若消息 $x$ 的概率分布为 $p(x)$，则该消息携带的信息量为

$$I(x) = -\mathrm{lb}\,p(x) \quad (\mathrm{bit}) \tag{3.1}$$

其中，lb 表示以 2 为底的对数。信息量的单位是比特。若二进制符号 0 和 1 出现的概率相等，均为 1/2，则每个符号携带的信息量为 $I(0)=I(1)=-\mathrm{lb}\left(\frac{1}{2}\right)=1$ 比特，表明符号等概率时 0 或 1 所携带的信息量均为 1 比特；若符号 0 出现的概率为 1/4，符号 1 出现的概率为 3/4，则符号 0 携带的信息量为 $I(0)=-\mathrm{lb}\left(\frac{1}{4}\right)=2$ 比特，而符号 1 携带的信息量为 $I(1)=$

$-\mathrm{lb}\left(\frac{3}{4}\right)=0.415$ 比特。

从物理角度讲，二进制比特对应一个二态系统，在某个时刻只能处在一种可能的状态上，即要么处在 0 态上，要么处在 1 态上，这是由经典物理的决定性理论决定的。因此可用两个可区分的态来表示符号 0 和 1，如电压的高低、信号的有无、脉冲的强弱等都可以实现这两个状态，但不同的物理信号有不同的特性，因而在不同物理实现的通信系统中，这两个状态有不同的物理描述。

与经典比特描述信号可能的状态相类似，量子信息中引入了“量子比特”的概念。量子比特描述量子态，因而具有量子态的属性。若二维 Hilbert 空间中的本征向量(基矢)为 $|0\rangle$ 和 $|1\rangle$，则其上的任意量子态 $|\psi\rangle$ 为一个二进制量子比特，可以表示为

$$|\psi\rangle=\alpha|0\rangle+\beta|1\rangle \tag{3.2}$$

其中，$\alpha$ 和 $\beta$ 为复数，并且满足 $|\alpha|^2+|\beta|^2=1$。与经典比特不同的是：量子比特可能处于量子态 $|0\rangle$，也可能处于量子态 $|1\rangle$，还可能处于叠加态 $\alpha|0\rangle+\beta|1\rangle$。

Hilbert 空间的基矢不是唯一的，一个量子比特也可以用不同的基矢表示，如定义 $|+\rangle$ 和 $|-\rangle$：$|+\rangle=\frac{1}{\sqrt{2}}(|0\rangle+|1\rangle)$，$|-\rangle=\frac{1}{\sqrt{2}}(|0\rangle-|1\rangle)$，则

$$|\psi\rangle=\frac{1}{\sqrt{2}}(\alpha+\beta)|+\rangle+\frac{1}{\sqrt{2}}(\alpha-\beta)|-\rangle \tag{3.3}$$

与经典比特不同的是，在经典信息中，0 和 1 的等概率是指要么出现 0 和要么出现 1 的概率相等。而在量子信息中，量子系统处于量子态 $|0\rangle$ 和 $|1\rangle$ 的等概率是指在某种测量方式下，得到结果 $|0\rangle$ 或 $|1\rangle$ 的概率相等。

$|\psi\rangle$ 作为一个基本量子比特，物理上可以用各种不同的物理客体实现，如光子的偏振、电子的自旋、原子的两个稳定的能级等。

**2. 量子比特的性质**

量子比特具有如下性质：

1) 不可精确测量性

量子比特的不可精确测量性可由量子态的海森堡不确定性原理直接得到。

2) 不可克隆性

量子比特的不可克隆性可由单量子态不可克隆定理直接得到。

3) 不可区分性

若两个量子比特 $|\psi\rangle$ 和 $|\varphi\rangle$ 内积的模 $|\langle\psi|\varphi\rangle|=\cos\theta$，其中 $\theta$ 是两个量子比特的夹角，$0<\theta<\pi/2$，且 $\cos\theta\neq 0$，则称这两个量子比特是不可区分的(参见第 2 章)。这里定义不可区分度 $D$

$$D=|\langle\psi|\varphi\rangle|=\cos\theta \tag{3.4}$$

显然 $0\leqslant D\leqslant 1$。若 $D=0$，表示这两个量子比特正交，完全可区分；若 $D=1$，表示这两个量子比特完全不可区分。若两个量子比特不可区分，说明任何操作或测量都不能获得精确的结果。

**3. 复合量子比特**

复合量子比特用来描述由多粒子体系构成的量子系统。复合量子比特是指由 $n$ 个二元量子比特复合而成的量子比特，对应 $2^n$ 维 Hilbert 空间，共有 $2^n$ 个本征向量，可表示为

$$|\psi\rangle = a_1|0_1 0_2 \cdots 0_n\rangle + a_2|0_1 0_2 \cdots 1_n\rangle + \cdots + a_{2^m}|0_1 0_2 \cdots 1_{n-m+1} \cdots 1_n\rangle + \cdots + a_{2^n}|1_1 1_2 \cdots 1_n\rangle \tag{3.5}$$

其中，$m \leqslant n$，不同的脚标表示不同的二元量子比特，在物理上对应于不同的粒子。

**4. 高维量子比特**

二维量子比特的基是由比特 0 和 1 组成的。高维量子比特是一个 $d$ 维希尔伯特空间，可以用 $d$ 个正交基矢量的线性组合来表示

$$|\psi\rangle = \sum_{k=0}^{d-1} \alpha_k |k\rangle \tag{3.6}$$

其中，系数 $\alpha_k$ 满足 $|\alpha_0|^2 + |\alpha_1|^2 + \cdots + |\alpha_{d-1}|^2 = 1$。当 $d=3$ 时，称为三进制量子比特(Qutrit)。

$$|\psi^3\rangle = a_0|0\rangle + a_1|1\rangle + a_2|2\rangle \tag{3.7}$$

而三进制双基量子比特可以表示为

$$\begin{aligned}|\psi_2^3\rangle = &a_{00}|00\rangle + a_{01}|01\rangle + a_{02}|02\rangle + a_{10}|10\rangle + a_{11}|11\rangle + \\ &a_{12}|12\rangle + a_{20}|20\rangle + a_{21}|21\rangle + a_{22}|22\rangle\end{aligned} \tag{3.8}$$

其中，上标 3 表示进制，下标 2 表示双基，系数 $a_{ij}$ 满足 $\sum_{i,j=0}^{2} |a_{ij}|^2 = 1$。

### 3.1.2 Bloch 球

量子比特可以用 Bloch 球来图形化表示。为此，将式(3.2)所示的量子比特用角度 $\gamma$、$\theta$、$\varphi$ 作为参数表示为

$$|\psi\rangle = e^{i\gamma}\left(\cos\frac{\theta}{2}|0\rangle + e^{i\varphi}\sin\frac{\theta}{2}|1\rangle\right) \tag{3.9}$$

其中，$\gamma$、$\theta$、$\varphi$ 都是表示角度的实数，这些参数构成一个球坐标系。$e^{i\gamma}$ 为全局相因子，由量子力学公设 3(测量公设)可知它在物理上是不可测量的，也就是说，无论有没有这个相因子，都表示同一个量子态。所以，量子态的角度表示可以简写为

$$|\psi\rangle = \cos\frac{\theta}{2}|0\rangle + e^{i\varphi}\sin\frac{\theta}{2}|1\rangle \tag{3.10}$$

由 $\theta$、$\varphi$ 可以绘制 Bloch 球，如图 3.1 所示。Bloch 球面上的每一个点代表二维 Hilbert 空间中的一个矢量，即一个基本量子比特。Bloch 球表明二维 Hilbert 空间中的量子比特有无穷多个。

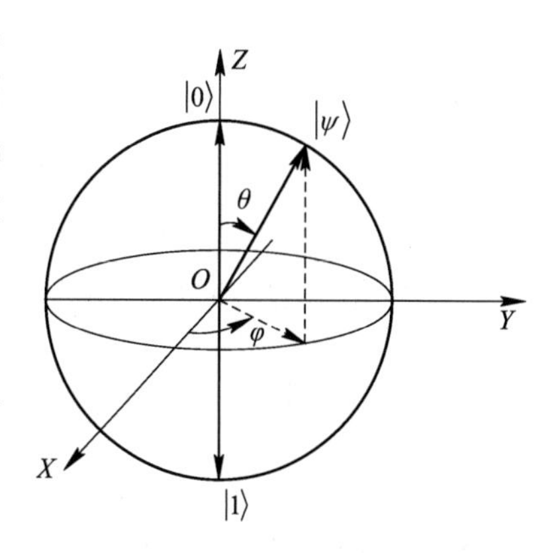

图 3.1　Bloch 球

由 Bloch 球可见，量子比特的基矢是 Bloch 球的两极，而任意量子比特是 Bloch 球上的一个几何点，该几何点与 $Z$ 轴间的夹角为 $\theta$，而该几何点在 $XY$ 平面上的投影与 $X$ 轴间的夹角为 $\varphi$。图中画出了几个特殊的量子比特对应的几

何点，容易算出这些几何点(量子比特)所对应的参数 $\varphi$ 和 $\theta$ 的值。

Bloch 球上量子态对应的空间向量也可表示为 $\boldsymbol{n}=(\sin\theta\cos\varphi,\ \sin\theta\sin\varphi,\ \cos\theta)$，密度算子可表示为

$$\begin{aligned}\rho(n) &= \begin{bmatrix}\cos\dfrac{\theta}{2}\\ e^{i\varphi}\sin\dfrac{\theta}{2}\end{bmatrix}\begin{bmatrix}\cos\dfrac{\theta}{2} & e^{-i\varphi}\sin\dfrac{\theta}{2}\end{bmatrix}\\ &=\frac{1}{2}\boldsymbol{I}+\frac{1}{2}\begin{bmatrix}\cos\theta & e^{-i\varphi}\sin\theta\\ e^{i\varphi}\sin\theta & -\cos\theta\end{bmatrix}\\ &=\frac{1}{2}\boldsymbol{I}+\frac{1}{2}\left\{\sin\theta\cos\varphi\begin{bmatrix}0 & 1\\ 1 & 0\end{bmatrix}+\sin\theta\sin\varphi\begin{bmatrix}0 & -i\\ i & 0\end{bmatrix}+\cos\theta\begin{bmatrix}1 & 0\\ 0 & -1\end{bmatrix}\right\}\\ &=\frac{1}{2}(\boldsymbol{I}+\boldsymbol{n}\cdot\boldsymbol{\sigma})\end{aligned}\tag{3.11}$$

其中，$\boldsymbol{I}$ 为单位矩阵，Pauli 算符向量 $\boldsymbol{\sigma}=(\boldsymbol{\sigma}_X,\ \boldsymbol{\sigma}_Y,\ \boldsymbol{\sigma}_Z)$。

若对式(3.10)所示的量子态分别执行 $\boldsymbol{\sigma}_X$、$\boldsymbol{\sigma}_Y$、$\boldsymbol{\sigma}_Z$ 测量，可得测量结果的均值为

$$\langle\psi|\boldsymbol{\sigma}_X|\psi\rangle=\langle\psi|\begin{bmatrix}0 & 1\\ 1 & 0\end{bmatrix}|\psi\rangle=\sin\theta\cos\varphi$$

$$\langle\psi|\boldsymbol{\sigma}_Y|\psi\rangle=\langle\psi|\begin{bmatrix}0 & -i\\ i & 0\end{bmatrix}|\psi\rangle=\sin\theta\sin\varphi$$

$$\langle\psi|\boldsymbol{\sigma}_Z|\psi\rangle=\langle\psi|\begin{bmatrix}1 & 0\\ 0 & -1\end{bmatrix}|\psi\rangle=\cos\theta$$

可见，结果为 Bloch 球上的投影测量分别为三个坐标，也可以理解为测量后处于三个基态(对应于三个坐标方向)的概率。

利用 Bloch 球可以方便地表示量子态的演化，在量子计算和量子信息中具有重要的作用。

## 3.2 冯·诺依曼熵

量子系统采用冯·诺依曼(Von Neumann)熵描述量子信息不确定性的测度，这里给出冯·诺依曼熵的概念和性质，并给出联合熵、相对熵、条件熵和互信息的概念[25, 44]。

### 3.2.1 冯·诺依曼熵的概念和计算

#### 1. 冯·诺依曼熵的定义和性质

设量子系统的密度算符(或密度矩阵)为 $\boldsymbol{\rho}$，则量子系统携带的信息量可用冯·诺依曼熵来描述：

$$S(\boldsymbol{\rho})=-\mathrm{tr}(\boldsymbol{\rho}\,\mathrm{lb}\boldsymbol{\rho})\tag{3.12}$$

式中，“tr(　)”表示求迹。可见，由于信源是量子系统，冯·诺依曼熵用密度算子来计算，而香农熵用概率分布来计算。

冯·诺依曼熵具有如下性质：

(1) 冯·诺依曼熵非负，对于纯态 $S(\boldsymbol{\rho})=0$。

(2) 对维数为 $d$ 的 Hilbert 空间，当系统处于最大混态 $I/d$ 时，$S(\boldsymbol{\rho})$达到最大值 $\mathrm{lb}d$。

(3) $S(\boldsymbol{\rho})$具有酉变换下的不变性，即

$$S(\boldsymbol{\rho})=S(\boldsymbol{U\rho U}^{\dagger}) \tag{3.13}$$

(4) $S(\boldsymbol{\rho})$是凹(Concave)的，也就是说给定一组正数 $\lambda_i$（且 $\sum_i \lambda_i=1$）和密度算子 $\boldsymbol{\rho}_i$，有

$$S\left(\sum_{i=1}^{k}\lambda_i\boldsymbol{\rho}_i\right)\geqslant\sum_{i=1}^{k}\lambda_i S(\boldsymbol{\rho}_i) \tag{3.14}$$

(5) $S(\boldsymbol{\rho})$是可加的，对两个独立的系统 $A$ 和 $B$，其密度矩阵分别为 $\boldsymbol{\rho}_A$、$\boldsymbol{\rho}_B$，有

$$S(\boldsymbol{\rho}_A\otimes\boldsymbol{\rho}_B)=S(\boldsymbol{\rho}_A)+S(\boldsymbol{\rho}_B) \tag{3.15}$$

若 $\boldsymbol{\rho}_A$、$\boldsymbol{\rho}_B$ 是复合系统密度矩阵 $\boldsymbol{\rho}_{AB}$ 的约化密度矩阵，则有

$$|S(\boldsymbol{\rho}_A)-S(\boldsymbol{\rho}_B)|\leqslant S(\boldsymbol{\rho}_{AB})\leqslant S(\boldsymbol{\rho}_A)+S(\boldsymbol{\rho}_B) \tag{3.16}$$

式(3.16)中，左边的不等式称为 Araki-Lieb 不等式[44]，右边的不等式称作次可加性(Subadditivity)不等式[25]。

(6) 冯·诺依曼熵是强次可加的，给定三个 Hilbert 空间 $A$、$B$、$C$，有

$$\begin{gathered}S(\boldsymbol{\rho}_A)+S(\boldsymbol{\rho}_B)\leqslant S(\boldsymbol{\rho}_{AC})+S(\boldsymbol{\rho}_{BC})\\ S(\boldsymbol{\rho}_{ABC})+S(\boldsymbol{\rho}_B)\leqslant S(\boldsymbol{\rho}_{AB})+S(\boldsymbol{\rho}_{BC})\end{gathered} \tag{3.17}$$

**2. 冯·诺依曼熵的计算**

下面求解冯·诺依曼熵[45]。由于密度算子是半正定的，则它具有下述谱分解：

$$\boldsymbol{\rho}=\sum_j\lambda_j|x_j\rangle\langle x_j| \tag{3.18}$$

其中，$|x_j\rangle$为相互正交归一的特征向量，$\lambda_j$ 为$\boldsymbol{\rho}$ 的实非负特征值。由于密度算子的迹为1，则$\sum_j\lambda_j=1$。对密度矩阵对角化，相应矩阵元为

$$\begin{aligned}\boldsymbol{\rho}'_{ij}&=\langle x_i|\left(\sum_k\lambda_k|x_k\rangle\langle x_k|\right)|x_j\rangle=\sum_k\lambda_k\langle x_i|x_k\rangle\langle x_k|x_j\rangle\\&=\sum_k\lambda_k\boldsymbol{\delta}_{ik}\boldsymbol{\delta}_{kj}=\lambda_i\boldsymbol{\delta}_{ij}\end{aligned} \tag{3.19}$$

则对角化密度矩阵(也是 $\boldsymbol{\rho}$ 的相似矩阵)为

$$\boldsymbol{\rho}\sim\begin{bmatrix}\lambda_1 & 0 & \cdots & 0\\ 0 & \lambda_2 & \cdots & 0\\ \vdots & \vdots & & \vdots\\ 0 & 0 & \cdots & \lambda_n\end{bmatrix}$$

接下来看 $\boldsymbol{\rho}\mathrm{lb}\boldsymbol{\rho}$ 的对角化。对任意一个可对角化的算子 $\boldsymbol{U}$，其相似对角阵的对角元素非负，则算子 $\boldsymbol{U}\ln\boldsymbol{U}$ 对角化后的对角元素为$(\boldsymbol{U}\ln\boldsymbol{U})_{ii}=\boldsymbol{U}_{ii}\ln\boldsymbol{U}_{ii}$[45]。为了说明这一点，引入线性算子 $\boldsymbol{V}$，满足 $\boldsymbol{V}=\ln\boldsymbol{U}$，即

$$\boldsymbol{U}=\exp(\boldsymbol{V})=\sum_{n=0}^{\infty}\frac{\boldsymbol{V}^n}{n!} \tag{3.20}$$

既然$\boldsymbol{U}$ 可对角化，则$\boldsymbol{V}^n$ 可对角化。令$\boldsymbol{U}_{ii}=\exp(\boldsymbol{V}_{ii})$，或者$\boldsymbol{V}_{ii}=\ln\boldsymbol{U}_{ii}$，则矩阵$\boldsymbol{W}=\boldsymbol{UV}=\boldsymbol{U}\ln\boldsymbol{U}$

也可对角化，且其对角化后对角线元素为$\boldsymbol{W}_{ii}=\boldsymbol{U}_{ii}\boldsymbol{V}_{ii}=\boldsymbol{U}_{ii}\ln\boldsymbol{U}_{ii}$。

由上可以得到$\boldsymbol{\rho}\ln\boldsymbol{\rho}$对角化后的对角元$(\boldsymbol{\rho}\ln\boldsymbol{\rho})_{ii}=\boldsymbol{\rho}_{ii}\ln\boldsymbol{\rho}_{ii}$当然也适用于以2为底的对数，即

$$\boldsymbol{\rho}\,\mathrm{lb}\,\boldsymbol{\rho}\sim\begin{bmatrix}\lambda_1\mathrm{lb}\lambda_1 & 0 & \cdots & 0\\ 0 & \lambda_2\mathrm{lb}\lambda_2 & \cdots & 0\\ \vdots & \vdots & & \vdots\\ 0 & 0 & \cdots & \lambda_n\mathrm{lb}\lambda_n\end{bmatrix}\tag{3.21}$$

由于相似矩阵与原矩阵具有相同的迹，则冯·诺依曼熵为

$$S(\boldsymbol{\rho})=-\mathrm{tr}(\boldsymbol{\rho}\,\mathrm{lb}\,\boldsymbol{\rho})=-\sum_{i=1}^{n}\lambda_i\mathrm{lb}\lambda_i\tag{3.22}$$

可见将求冯·诺依曼熵转换为求香农熵。

现在举一个例子说明冯·诺依曼熵的计算。设一个量子系统以概率2/3处于态$|0\rangle$，依概率1/3处于$|-\rangle$态，则其密度算子为

$$\begin{aligned}\boldsymbol{\rho}&=\frac{2}{3}|0\rangle\langle 0|+\frac{1}{3}|-\rangle\langle -|\\&=\frac{2}{3}\begin{bmatrix}1\\0\end{bmatrix}\begin{bmatrix}1 & 0\end{bmatrix}+\frac{1}{3}\cdot\frac{1}{2}\begin{bmatrix}1\\-1\end{bmatrix}\begin{bmatrix}1 & -1\end{bmatrix}\\&=\frac{1}{6}\begin{bmatrix}5 & -1\\-1 & 1\end{bmatrix}\end{aligned}$$

其特征值为$\lambda_1=\dfrac{(3+\sqrt{5})}{6}$，$\lambda_2=\dfrac{(3-\sqrt{5})}{6}$。其对角密度矩阵为

$$\boldsymbol{\rho}'=\frac{1}{6}\begin{bmatrix}3+\sqrt{5} & 0\\0 & 3-\sqrt{5}\end{bmatrix}$$

则

$$\begin{aligned}S(\boldsymbol{\rho}')&=-\mathrm{tr}(\boldsymbol{\rho}'\mathrm{lb}\boldsymbol{\rho}')\\&=-\left(\frac{3+\sqrt{5}}{6}\mathrm{lb}\,\frac{3+\sqrt{5}}{6}+\frac{3-\sqrt{5}}{6}\mathrm{lb}\,\frac{3-\sqrt{5}}{6}\right)\\&=0.55\end{aligned}$$

由于密度算子$\boldsymbol{\rho}$经过酉变换$\boldsymbol{T}$，得到$\boldsymbol{\rho}'=\boldsymbol{T}\boldsymbol{\rho}\boldsymbol{T}^{\dagger}$，由诺依曼熵的性质(3)有

$$S(\boldsymbol{\rho})=S(\boldsymbol{\rho}')$$

### 3.2.2 联合熵、相对熵、条件熵和互信息

**1. 联合熵**

如果由两个子系统$A$和$B$组成的复合系统的密度算子为$\boldsymbol{\rho}_{AB}$，则子系统$A$和$B$的联合熵为

$$S(\boldsymbol{\rho}_{AB})=-\mathrm{tr}(\boldsymbol{\rho}_{AB}\mathrm{lb}\boldsymbol{\rho}_{AB})\tag{3.23}$$

联合熵和子系统的熵满足次可加性，见3.2.1节冯·诺依曼熵的性质。

**2. 相对熵**

若两个系统的密度算子分别是 $\boldsymbol{\rho}_A$ 和 $\boldsymbol{\rho}_B$，则 $\boldsymbol{\rho}_A$ 到 $\boldsymbol{\rho}_B$ 的相对熵定义为

$$S(\boldsymbol{\rho}_A \parallel \boldsymbol{\rho}_B) = \mathrm{tr}[\boldsymbol{\rho}_A(\mathrm{lb}\boldsymbol{\rho}_A - \mathrm{lb}\boldsymbol{\rho}_B)] \tag{3.24}$$

量子相对熵非负，即 $S(\boldsymbol{\rho}_A \parallel \boldsymbol{\rho}_B) \geqslant 0$，当 $\boldsymbol{\rho}_A = \boldsymbol{\rho}_B$ 时取等号。量子相对熵表示定义在同一 Hilbert 空间上两个量子态的区分能力。

**3. 条件熵**

量子条件熵定义为

$$S(\boldsymbol{\rho}_A | \boldsymbol{\rho}_B) = S(\boldsymbol{\rho}_{AB}) - S(\boldsymbol{\rho}_B) \tag{3.25}$$

量子条件熵可能为负数，这说明对于量子系统，两个子系统的复合系统可能比单个系统具有更好的确定性。例如，对于像量子纠缠态这样的复合系统，态是完全确定的，而分系统态却处于混态、完全不确定，这在经典系统上找不到对应。如果两个子系统 $A$ 和 $B$ 不相关，即

$$S(\boldsymbol{\rho}_{AB}) = S(\boldsymbol{\rho}_A) + S(\boldsymbol{\rho}_B)$$

则

$$S(\boldsymbol{\rho}_A | \boldsymbol{\rho}_B) = S(\boldsymbol{\rho}_A),\ S(\boldsymbol{\rho}_B | \boldsymbol{\rho}_A) = S(\boldsymbol{\rho}_B)$$

**4. 互信息**

量子互信息定义为

$$S(\boldsymbol{\rho}_A ; \boldsymbol{\rho}_B) = S(\boldsymbol{\rho}_A) + S(\boldsymbol{\rho}_B) - S(\boldsymbol{\rho}_{AB}) \tag{3.26}$$

量子互信息为复合系统 $\boldsymbol{\rho}_{AB}$ 与两个子系统直积态的相对熵[44]，即

$$S(\boldsymbol{\rho}_A ; \boldsymbol{\rho}_B) = S(\boldsymbol{\rho}_{AB} \parallel \boldsymbol{\rho}_A \otimes \boldsymbol{\rho}_B) \tag{3.27}$$

### 3.2.3 Holevo 界

量子态为随机的量子系统称为随机量子系统。如果一个随机量子系统以概率 $p_i$ 处于随机混态 $|\psi_i\rangle$，对应密度算子为 $\boldsymbol{\rho}_i$，$i=0, 1, \cdots, n$，则整个系统的密度算子为 $\langle\boldsymbol{\rho}\rangle = \sum_i p_i \boldsymbol{\rho}_i$。此时，信源字符序列集合为 $X$。可以证明，冯·诺依曼熵是密度算子 $\boldsymbol{\rho}_i$ 的凹函数[45]，即 $\langle S(\boldsymbol{\rho})\rangle \leqslant S(\langle\boldsymbol{\rho}\rangle)$，也可表示为

$$\sum_i p_i S(\boldsymbol{\rho}_i) \leqslant S\Big(\sum_i p_i \boldsymbol{\rho}_i\Big) \tag{3.28}$$

实际上，令 $|x_i^k\rangle$ 和 $\lambda_i^k$ 分别为密度算子 $\boldsymbol{\rho}_i$ 的本征态和本征值，则密度算符 $\boldsymbol{\rho}_i$ 的对角矩阵元 $(\boldsymbol{\rho}_i)_{kk} = \boldsymbol{\lambda}_i^k$。对于任意的 $i$、$k$，有

$$\begin{aligned}
\sum_j p_j \boldsymbol{\rho}_j |x_i^k\rangle &= \Big(\sum_{j,l} p_j \lambda_j^l |x_j^l\rangle\langle x_j^l|\Big)|x_i^k\rangle \\
&= \sum_{j,l} p_j \lambda_j^l |x_j^l\rangle\langle x_j^l | x_i^k\rangle \\
&= \sum_{j,l} p_j \lambda_j^l |x_j^l\rangle \boldsymbol{\delta}_{ij}\boldsymbol{\delta}_{kl} \\
&= p_i \lambda_i^k |x_i^k\rangle
\end{aligned} \tag{3.29}$$

可见，$|x_i^k\rangle$ 和 $p_i\lambda_i^k$ 是 $\langle\boldsymbol{\rho}\rangle = \sum_j p_j \boldsymbol{\rho}_j$ 的本征向量和本征值，从而 $\{|x_i^k\rangle\}$ 是 $\langle\boldsymbol{\rho}\rangle$ 的一组

正交规范基，$\langle\boldsymbol{\rho}\rangle$ 的对角矩阵元为 $\langle\boldsymbol{\rho}\rangle_{kk}=p_i\lambda_i^k$，且 $(\mathrm{lb}\langle\boldsymbol{\rho}\rangle)_{kk}=\mathrm{lb}(p_i\lambda_i^k)$。由上述结果，可得

$$\begin{aligned}S(\langle\boldsymbol{\rho}\rangle)&=-\mathrm{tr}(\langle\boldsymbol{\rho}\rangle\mathrm{lb}\langle\boldsymbol{\rho}\rangle)\\&=-\sum_k\Big[\big(\sum_i p_i\boldsymbol{\rho}_i\big)_{kk}\big(\mathrm{lb}\big(\sum_j p_j\boldsymbol{\rho}_j\big)_{kk}\big)\Big]\\&=-\sum_{i,k}[p_i(\boldsymbol{\rho}_i)_{kk}(\mathrm{lb}\langle\boldsymbol{\rho}\rangle_{kk})]\\&=-\sum_{i,k}[p_i\lambda_i^k\mathrm{lb}(p_i\lambda_i^k)]\\&=-\sum_{i,k}[\lambda_i^k p_i\mathrm{lb}p_i]-\sum_{i,k}[p_i\lambda_i^k\mathrm{lb}\lambda_i^k]\\&=-\sum_i p_i\mathrm{lb}p_i\sum_k\lambda_i^k+\sum_i\Big[p_i\big(-\sum_k\lambda_i^k\mathrm{lb}\lambda_i^k\big)\Big]\\&=H(X)+\sum_i p_iS(\boldsymbol{\rho}_i)\end{aligned}\tag{3.30}$$

所以 $S\big(\sum_i p_i\boldsymbol{\rho}_i\big)=H(X)+\sum_i p_iS(\boldsymbol{\rho}_i)$。在推导过程中，假设算子集 $\{\boldsymbol{\rho}_i\}$ 支持正交规范子空间。若不满足的话，信源熵 $H(X)$ 为上界，此时

$$S\big(\sum_i p_i\boldsymbol{\rho}_i\big)\leqslant H(X)+\sum_i p_iS(\boldsymbol{\rho}_i)\tag{3.31}$$

为方便起见，也可以用 $\boldsymbol{\rho}$ 代替 $\langle\boldsymbol{\rho}\rangle$，则 $S(\boldsymbol{\rho})-\sum_i p_iS(\boldsymbol{\rho}_i)\leqslant H(X)$。

若把信源字符(量子态)通过量子信道发送给信宿，信宿对收到的量子态进行测量，结果为 $Y$。对测量进行优化，最大能获取的信息 $I(X;Y)$ 满足以下关系：

$$I(X;Y)\leqslant S(\boldsymbol{\rho})-\sum_i p_iS(\boldsymbol{\rho}_i)=\chi\tag{3.32}$$

式中，$\chi=S(\boldsymbol{\rho})-\sum_i p_iS(\boldsymbol{\rho}_i)$ 称为 Holevo 界。下面给出证明[25, 45]。

**证明**：为了证明 Holevo 界，这里引入三个系统 $P$、$Q$ 和 $M$，其中，$P$ 表示制备系统，$Q$ 表示信源传输量子态至信宿的系统，$M$ 表示信宿的测量装置。系统 $P$ 的正交规范基为 $|i\rangle$，$i=1, 2, \cdots, n$。$M$ 的基为 $|j\rangle$，$j=1, 2, \cdots, n$。设复合系统的初态为

$$\boldsymbol{\rho}^{PQM}=\sum_i p_i|i\rangle\langle i|\otimes\boldsymbol{\rho}_i\otimes|0\rangle\langle 0|$$

即信源以概率 $p_i$ 制备 $\boldsymbol{\rho}_i$，并传送给信宿，而信宿测量设备初态为 $|0\rangle$。引入量子操作 $\varepsilon$，对 $Q$ 进行运算元为 $\{\boldsymbol{E}_j\}$ 的 POVM，并将测量结果存于系统 $M$ 中，测量后复合系统的量子态用 $\boldsymbol{\rho}^{Q'M'}$ 表示，即

$$\boldsymbol{\rho}^{Q'M'}=\varepsilon(\boldsymbol{\rho}_i\otimes|0\rangle\langle 0|)=\sum_j\sqrt{\boldsymbol{E}_j}\boldsymbol{\rho}_i\sqrt{\boldsymbol{E}_j}\otimes|j\rangle\langle j|\tag{3.33}$$

由于起始时测量系统 $M$ 与 $P$、$Q$ 不相关，因此 $S(P;Q)=S(P;Q,M)$，其中 $S(P;Q)$ 表示 $P$、$Q$ 之间的互信息。由于量子运算不会增加 $P$ 和 $QM$ 之间的互信息，则有 $S(P;Q,M)\geqslant S(P';Q',M')$。而且丢弃系统不会增加互信息，即 $S(P';Q',M')\geqslant S(P';M')$。综合以上结果，有

$$S(P';M')\leqslant S(P;Q)\tag{3.34}$$

由于 $\boldsymbol{\rho}^{PQ}=\sum_i p_i|i\rangle\langle i|\otimes\boldsymbol{\rho}_i=\sum_i p_i(|i\rangle\langle i|\otimes\boldsymbol{\rho}_i)$，因此由式(3.30)可得

$$S(P,Q)=H(X)+\sum_i p_i S(\boldsymbol{\rho}_i)$$

又因为 $S(P)=H(X)$，$S(Q)=S(\boldsymbol{\rho})$，可得

$$S(P;Q)=S(P)+S(Q)-S(P,Q)=S(\boldsymbol{\rho})-\sum_i p_i S(\boldsymbol{\rho}_i) \tag{3.35}$$

$\varepsilon$ 作用后系统的量子态可写为

$$\boldsymbol{\rho}^{P'Q'M'}=\sum_{ij} p_i|i\rangle\langle i|\otimes\sqrt{\boldsymbol{E}_j}\boldsymbol{\rho}_i\sqrt{\boldsymbol{E}_j}\otimes|j\rangle\langle j| \tag{3.36}$$

对 $Q'$ 求偏迹，可得

$$\boldsymbol{\rho}^{P'M'}=\sum_{ij} p(i,j)|i\rangle\langle i|\otimes|j\rangle\langle j| \tag{3.37}$$

式中，$p(i,j)=p_i p(j|i)=p_i\mathrm{tr}(\boldsymbol{\rho}_i\boldsymbol{E}_j)=p_i\mathrm{tr}(\sqrt{\boldsymbol{E}_j}\boldsymbol{\rho}_i\sqrt{\boldsymbol{E}_j})$，此时，测量后 $P'$ 和 $M'$ 的复合态为

$$|\psi\rangle_{P'M'}=\sum_{i,j}\sqrt{p(i,j)}|i\rangle|j\rangle$$

因此

$$S(P',M')=H(X,Y),\ S(P';M')=I(X;Y) \tag{3.38}$$

根据式(3.34)、式(3.35)和式(3.38)即可得式(3.32)。　　证毕

由上可见，Holevo 界满足

$$I(X;Y)\leqslant\chi\leqslant H(X) \tag{3.39}$$

下面通过一个例子来看 Holevo 界。设发送端制备两个正交态 $|0\rangle=[1\quad 0]^{\mathrm{T}}$ 和 $|1\rangle=[0\quad 1]^{\mathrm{T}}$，两个态出现的概率分别为 $p$ 和 $1-p$，则密度算子为

$$\boldsymbol{\rho}=p|0\rangle\langle 0|+(1-p)|1\rangle\langle 1|=\begin{bmatrix}p & 0\\ 0 & 1-p\end{bmatrix}$$

则由式(3.22)可得冯·诺依曼熵为

$$S(\boldsymbol{\rho})=-[p\,\mathrm{lb}p-(1-p)\mathrm{lb}(1-p)]$$

可见，Holevo 界为 Shannon 熵，即 $\chi=H(X)$。若发送端的两个量子态分别为 $|0\rangle=[1\quad 0]^{\mathrm{T}}$ 和 $|+\rangle=[\cos\theta\quad \sin\theta]^{\mathrm{T}}$，令两者等概率出现，则发送端量子态的密度矩阵为

$$\boldsymbol{\rho}=\frac{1}{2}|0\rangle\langle 0|+\frac{1}{2}|+\rangle\langle +|=\frac{1}{2}\begin{bmatrix}1+\cos^2\theta & \cos\theta\sin\theta\\ \cos\theta\sin\theta & \sin^2\theta\end{bmatrix}$$

计算其本征值，为 $\lambda_1=\cos^2\dfrac{\theta}{2}$，$\lambda_2=1-\lambda_1=\sin^2\dfrac{\theta}{2}$，则冯·诺依曼熵为

$$S(\boldsymbol{\rho})=H_2\left(\cos^2\frac{\theta}{2}\right)$$

又 $S(|0\rangle\langle 0|)=S(|+\rangle\langle +|)=0$，则 Holevo 界为

$$\chi=S(\boldsymbol{\rho})=H_2\left(\cos^2\frac{\theta}{2}\right)$$

当 $\theta\neq\dfrac{\pi}{2}$ 时，Holevo 界小于 1。可见，当信源量子态非正交时，可获取的最大信息小于 1 bit。

# 3.3 量子门与量子线路

与经典比特一样，在量子比特上也可以定义逻辑运算，即所谓的量子门。由于量子比特对应量子态，即 Hilbert 空间的单位向量，因此量子门要比经典门丰富得多。门操作对应量子态的改变，这可以用量子运算来描述。本节介绍几种典型的量子比特门。

## 3.3.1 单量子比特门

**1. Pauli-*X* 门(*X* 门)**

Pauli-$X$ 门把量子态 $\alpha|0\rangle+\beta|1\rangle$ 中 $|0\rangle$ 和 $|1\rangle$ 位置互换，也称为比特翻转变到新量子态 $\alpha|1\rangle+\beta|0\rangle$，可称为非门，其对应操作(或运算)可写为

$$\boldsymbol{X}=\begin{bmatrix}0 & 1\\1 & 0\end{bmatrix}$$

可以把量子态 $\alpha|0\rangle+\beta|1\rangle$ 写成矢量形式 $[\alpha \quad \beta]^{\mathrm{T}}$，则经过量子非门操作后的输出为

$$\boldsymbol{X}\begin{bmatrix}\alpha\\\beta\end{bmatrix}=\begin{bmatrix}\beta\\\alpha\end{bmatrix}$$

量子非门满足 $\boldsymbol{X}^{\dagger}\boldsymbol{X}=\boldsymbol{I}$。

**2. Pauli-*Y* 门(*Y* 门)**

Pauli-$Y$ 门将量子态 $|0\rangle$ 变为 $\mathrm{i}|1\rangle$，将态 $|1\rangle$ 变为 $-\mathrm{i}|0\rangle$，从而将 $\alpha|0\rangle+\beta|1\rangle$ 变为 $\mathrm{i}\alpha|1\rangle-\mathrm{i}\beta|0\rangle$。Pauli-$Y$ 门对应的算子为

$$\boldsymbol{Y}=\begin{bmatrix}0 & -\mathrm{i}\\\mathrm{i} & 0\end{bmatrix}$$

**3. Pauli-*Z* 门(*Z* 门)**

Pauli-$Z$ 门对 $|0\rangle$ 不进行任何变化，将 $|1\rangle$ 变为 $-|1\rangle$，也称为相位翻转，从而将 $\alpha|0\rangle+\beta|1\rangle$ 变为 $\alpha|0\rangle-\beta|1\rangle$。Pauli-$Z$ 门对应的算子为

$$\boldsymbol{Z}=\begin{bmatrix}1 & 0\\0 & -1\end{bmatrix}$$

**4. Hadamard 门(*H* 门)**

Hadamard 门把 $|0\rangle$ 变为 $\dfrac{|0\rangle+|1\rangle}{\sqrt{2}}$，把 $|1\rangle$ 变为 $\dfrac{|0\rangle-|1\rangle}{\sqrt{2}}$。Hadamard 门对应的酉算子为

$$\boldsymbol{H}=\frac{1}{\sqrt{2}}\begin{bmatrix}1 & 1\\1 & -1\end{bmatrix}$$

由于 $\boldsymbol{H}^2=\boldsymbol{I}$，所以经过连续两次 Hadamard 门等于没有进行任何操作。

**5. 相位门(*S* 门)**

相位门将 $\alpha|0\rangle+\beta|1\rangle$ 变为 $\alpha|0\rangle+\mathrm{i}\beta|1\rangle$，其酉算子为

$$S=\begin{bmatrix}1 & 0\\0 & \mathrm{i}\end{bmatrix}$$

**6. $\frac{\pi}{8}$门($T$门)**

$T$门给本征态$|1\rangle$增加相位$\frac{\pi}{4}$，对应的算子为

$$T=\begin{bmatrix}1 & 0\\0 & \mathrm{e}^{\frac{\mathrm{i}\pi}{4}}\end{bmatrix}$$

可见，$S=T^2$，$Z=S^2$。

除了上述几个单量子比特门外，常用的还有$X$-旋转门、$Y$旋转门和$Z$旋转门，其对应的算符分别为

$$R_X=\begin{bmatrix}\cos\frac{\theta}{2} & -\mathrm{i}\sin\frac{\theta}{2}\\-\mathrm{i}\sin\frac{\theta}{2} & \cos\frac{\theta}{2}\end{bmatrix},\ R_Y=\begin{bmatrix}\cos\frac{\theta}{2} & -\sin\frac{\theta}{2}\\\sin\frac{\theta}{2} & \cos\frac{\theta}{2}\end{bmatrix},\ R_Z=\begin{bmatrix}\mathrm{e}^{-\frac{\mathrm{i}\theta}{2}} & 0\\0 & \mathrm{e}^{\frac{\mathrm{i}\theta}{2}}\end{bmatrix}$$

其作用是将量子比特在 Bloch 球上沿 $X$、$Y$、$Z$ 轴旋转角度$\theta$。沿任意方向$n$旋转$\theta$，对应算符为$R_n(\theta)=\mathrm{e}^{-\mathrm{i}\theta n\cdot\frac{\sigma}{2}}$[25]，其中$\sigma=(\sigma_X, \sigma_Y, \sigma_Z)$。值得一提的是，任一单量子比特门可分解为 1 个$Y$旋转门和 2 个$Z$旋转门，即

$$U=\mathrm{e}^{\mathrm{i}\alpha}R_Z(\beta)R_Y(\gamma)R_Z(\delta) \tag{3.40}$$

其中，$\alpha$，$\beta$，$\gamma$ 和$\delta$为实数。这可以在 Bloch 球上观察向量对应点的旋转获得。

### 3.3.2　多量子比特门

典型多量子比特门有受控非门(CNOT 门)、交换门(SWAP 门)、Toffoli 门。

**1. 受控非门(CNOT 门)**

CNOT 门为两比特量子门，其作用为：若控制量子比特(Control Qubit)$|c\rangle$置为 0，则目标量子比特(Target Qubit)$|t\rangle$保持不变；若控制量子比特置为 1，则目标量子比特将翻转，即 $|00\rangle\to|00\rangle$，$|01\rangle\to|01\rangle$，$|10\rangle\to|11\rangle$，$|11\rangle\to|10\rangle$，也可写为 $|c, t\rangle\to|c, c\oplus t\rangle$。对应的酉算子为

$$U_{\mathrm{CN}}=\begin{bmatrix}1 & 0 & 0 & 0\\0 & 1 & 0 & 0\\0 & 0 & 0 & 1\\0 & 0 & 1 & 0\end{bmatrix}$$

CNOT 门可用图形表示，如图 3.2 所示。

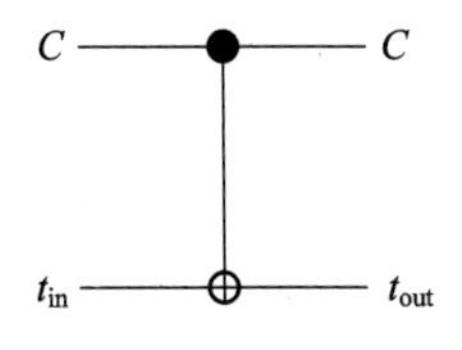

图 3.2　CNOT 门

**2. 交换门(SWAP 门)**

交换门可实现两个输入量子比特的值相互交换输出，即$|x, y\rangle\to|y, x\rangle$，其对应的酉算子为

$$U_{\mathrm{SWAP}}=\begin{bmatrix}1&0&0&0\\0&0&1&0\\0&1&0&0\\0&0&0&1\end{bmatrix}$$

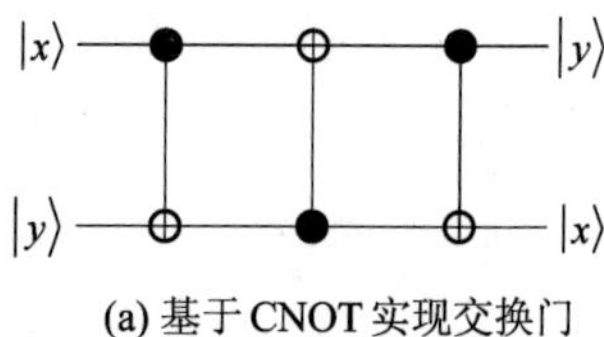

(a) 基于CNOT实现交换门

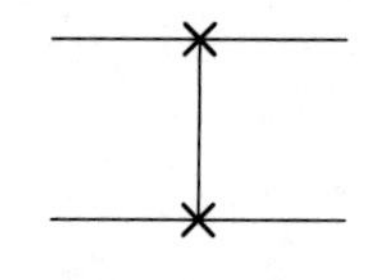
(b) 交换门符号

图 3.3　交换门

交换门可由三个 CNOT 门实现，如图 3.3(a)所示，其表示形式如图 3.3(b)所示。简单说明如下：

$$\begin{aligned}|x, y\rangle&=(\alpha_x|0\rangle+\beta_x|1\rangle)(\alpha_y|0\rangle+\beta_y|1\rangle)\\&=\alpha_x\alpha_y|00\rangle+\alpha_x\beta_y|01\rangle+\beta_x\alpha_y|10\rangle+\beta_x\beta_y|11\rangle\\&\xrightarrow{\mathrm{CNOT}_1}\alpha_x\alpha_y|00\rangle+\alpha_x\beta_y|01\rangle+\beta_x\alpha_y|11\rangle+\beta_x\beta_y|10\rangle\\&\xrightarrow{\mathrm{CNOT}_2}\alpha_x\alpha_y|00\rangle+\alpha_x\beta_y|11\rangle+\beta_x\alpha_y|01\rangle+\beta_x\beta_y|10\rangle\\&\xrightarrow{\mathrm{CNOT}_3}\alpha_x\alpha_y|00\rangle+\alpha_x\beta_y|10\rangle+\beta_x\alpha_y|01\rangle+\beta_x\beta_y|11\rangle\\&=(\alpha_y|0\rangle+\beta_y|1\rangle)(\alpha_x|0\rangle+\beta_x|1\rangle)=|y, x\rangle\end{aligned}\tag{3.41}$$

**3. Toffoli 门**

Toffoli 门又称为受控-受控-非门(CCNOT)，它包含两个控制量子比特和一个目标量子比特，只有两个控制比特均为 1 时，才对目标量子比特执行非操作，如图 3.4 所示。

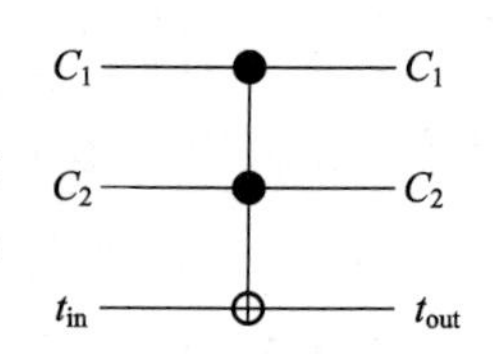

图 3.4　Toffoli 门

多量子比特门很多，基本上是单量子比特门和双量子比特门的扩展。

### 3.3.3　通用门集

量子线路的通用门集指任意量子线路均可由一组逻辑门构成(每个逻辑门可重复利用)，这组门的集合称为通用门集(Universal Gate Set)。

量子线路的一种通用门集为{$\boldsymbol{H}$, $\boldsymbol{S}$, $\boldsymbol{T}$, CNOT}，下面给予证明。

**证明：** 分为三步。

(1) 任意 $N\times N$ 的酉阵 $\boldsymbol{U}$ 可由一组酉阵 $\boldsymbol{V}_i$ 的乘积构造，其中

$$\boldsymbol{V}_i=\begin{bmatrix}1&0&\cdots&&&0\\0&1&\cdots&&&0\\\vdots&&&a&b&\vdots\\&&&c&d&\\0&&\cdots&&&1\end{bmatrix}\tag{3.42}$$

$\boldsymbol{V}_i$ 中除 2×2 的子阵外为单位矩阵，称为两级酉阵(Two-Level Unitaries)。这是由于对任意两元向量$[x\ y]^{\mathrm{T}}$，存在一个酉算子，使得

$$\begin{bmatrix}a&b\\c&d\end{bmatrix}\begin{bmatrix}x\\y\end{bmatrix}=\begin{bmatrix}\sqrt{|x|^2+|y|^2}\\0\end{bmatrix}\tag{3.43}$$

成立。此时，有

$$\begin{bmatrix}a&b\\c&d\end{bmatrix}=\frac{1}{\sqrt{|x|^2+|y|^2}}\begin{bmatrix}x^*&y^*\\-y&x\end{bmatrix}\tag{3.44}$$

“ * ”为共轭符号。由此，对 $N$ 维向量$(\xi_1, \xi_2, \cdots, \xi_N)^{\mathrm{T}}$，可连续执行 $N-1$ 个两级酉运算($N\times N$ 矩阵)$\boldsymbol{V}_1, \boldsymbol{V}_2, \cdots, \boldsymbol{V}_{N-1}$，可得

$$[\boldsymbol{V}_{N-1} \quad \cdots \quad \boldsymbol{V}_1]\begin{bmatrix}\xi_1\\ \xi_2\\ \vdots\\ \xi_N\end{bmatrix}=\begin{bmatrix}\sqrt{\langle\xi|\xi\rangle}\\ 0\\ \vdots\\ 0\end{bmatrix} \tag{3.45}$$

其中，$\boldsymbol{V}_1$ 使得 $\xi_N=0$，以此类推，直至 $\xi_2=0$。对于 $N\times N$ 酉矩阵 $\boldsymbol{U}$，其逆矩阵为

$$\boldsymbol{U}^{\dagger}=\begin{bmatrix}\xi_1 & \xi_2' & \cdots & \xi_N'\\ \vdots & \vdots & & \vdots\\ \xi_N & \cdots & \cdots & 1\end{bmatrix} \tag{3.46}$$

先寻找酉算子 $\boldsymbol{V}_1, \boldsymbol{V}_2, \cdots, \boldsymbol{V}_{N-1}$，将 $\boldsymbol{U}^{\dagger}$ 的第一列变为$[1 \quad 0 \quad \cdots \quad 0]^{\mathrm{T}}$。此时，由于 $\boldsymbol{V}_{N-1}\cdots\boldsymbol{V}_2\boldsymbol{V}_1\boldsymbol{U}^{\dagger}$是酉算子，根据酉算子的特性(与共轭转置乘积为单位阵)，故第一行应为$[1 \quad 0 \quad \cdots \quad 0]$，则新的矩阵为

$$\boldsymbol{V}_{N-1}\cdots\boldsymbol{V}_2\boldsymbol{V}_1\boldsymbol{U}^{\dagger}=\begin{bmatrix}1 & 0 & \cdots & 0\\ 0 & & & \\ \vdots & & (\boldsymbol{U}')^{\dagger} & \\ 0 & & & \end{bmatrix} \tag{3.47}$$

$\boldsymbol{U}'$为$(N-1)\times(N-1)$的酉阵，重复上述过程可得$\dfrac{N(N-1)}{2}$个两级酉阵 $\boldsymbol{V}_i$，使得

$$\boldsymbol{V}_{\frac{N(N-1)}{2}}\cdots\boldsymbol{V}_1\boldsymbol{U}^{\dagger}=\boldsymbol{I} \tag{3.48}$$

即

$$\boldsymbol{U}=\boldsymbol{V}_{\frac{N(N-1)}{2}}\cdots\boldsymbol{V}_1 \tag{3.49}$$

(2) 任意两级酉算子可由 CNOT 门和单量子比特门实现。对 $n$ 量子比特系统，$N=2^n$。对前述两级酉算子，其线路可表示为多量子比特受控门(即 Controlled-Controlled-⋯-Contronlled Gate)，如图 3.5 所示。

对应酉阵为

$$\boldsymbol{V}=\begin{bmatrix}1 & 0 & \cdots & 0 & 0\\ 0 & & & & \\ \vdots & \vdots & & & \\ 0 & 0 & \cdots & a & b\\ 0 & 0 & \cdots & c & d\end{bmatrix} \tag{3.50}$$

$$\boldsymbol{W}=\begin{bmatrix}a & b\\ c & d\end{bmatrix}$$

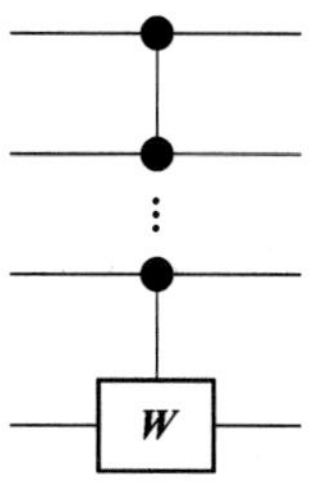

图 3.5　多比特受控 $\boldsymbol{W}$ 门

这里引入辅助量子比特，由 Toffoli 门和受控 $\boldsymbol{W}$ 门构造图 3.5 的线路。取 $n=5$ 时，线路如图 3.6 所示。

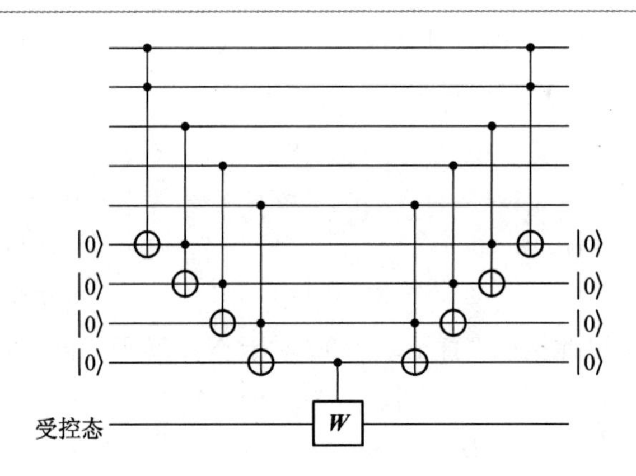


图 3.6　$n=5$ 时多比特受控 $\boldsymbol{W}$ 门实现线路

受控 $\boldsymbol{W}$ 门可由 CNOT 门和单比特门构建，如图 3.7 所示。图中 $\boldsymbol{CBA}=\boldsymbol{I}$，$\boldsymbol{CXBXA}=\boldsymbol{W}$，Toffoli 门也可由 CNOT 门和单量子比特门实现，如图3.8 所示。

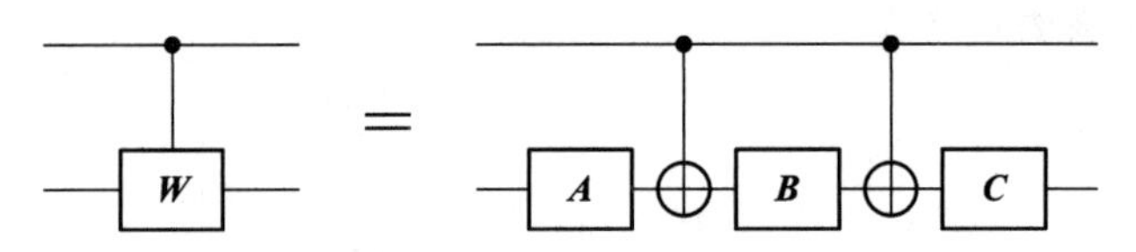


图 3.7　受控 $\boldsymbol{W}$ 门的等效线路

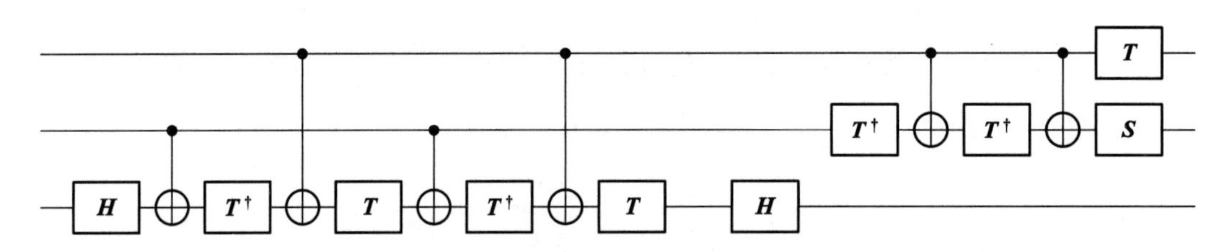


图 3.8　Toffoli 门的等效线路

图 3.8 中的 $\boldsymbol{S}$ 门、$\boldsymbol{T}$ 门分别为 3.3.1 节中的相位门和 $\pi/8$ 门。由此得到酉阵 $\boldsymbol{V}$ 的实现线路。

(3) 基矢置换。这里要说明式(3.49)中的 $\boldsymbol{V}_1$，$\boldsymbol{V}_2$，…，$\boldsymbol{V}_{\frac{N(N-1)}{2}}$ 可转化为式(3.50)的 $\boldsymbol{V}$ 算子矩阵。由两级酉阵 $\boldsymbol{V}_i$ 的定义可见，对于作用在任意两个仅有一个比特不同的两个基上的运算可由类似于图 3.6 所示线路实现。对于相邻基矢 $|i\rangle$ 和 $|i+1\rangle$ 有存在大于 1 个比特不同的情形(如 $|011\rangle$ 和 $|100\rangle$ 有三个比特不同)，可通过一系列 CNOT 门进行置换(Permuting)来变为仅有一个比特不同的两个基矢。当执行完受控 $\boldsymbol{U}$ 门后，进行反置换即可。可见每一个两级酉门可以分解为基矢置换、Controlled$^{n-1}$-$\boldsymbol{U}$ 门和反置换门。

综上，{$\boldsymbol{H}$、$\boldsymbol{S}$、$\boldsymbol{T}$、CNOT}是一组通用门集。　　证毕

上述方法中，对一个 $n$ 量子比特线路，需要 $O(2^{2n})$ 个两级酉门，每个两级酉门又需要 $O(n)$ 个 CNOT 门和单量子比特门，整个线路复杂度为 $O(n2^{2n})$。上述通用门集可简化为{CNOT，$\boldsymbol{H}$，$\boldsymbol{T}$}，由于 $\boldsymbol{S}=\boldsymbol{T}^2$。当然也存在其他通用门集，如{CNOT，Toffoli，$\boldsymbol{H}$，$\boldsymbol{S}$}等。

### 3.3.4　量子线路

将量子门用量子导线(Quantum Wire)连接起来形成量子线路，量子线路的实际结构、量子门的类型和数量，及其连接方式由量子线路对应的酉算子确定。广义上讲，量子线路是指一系列对量子比特的操作，包括作用在量子比特上的量子运算和同时执行的实时经典计算，通常为一组有序量子门、测量和重置(Reset)操作，其中部分操作基于实时经典计算的结果或数据。图 3.9 给出了一个量子线路的例子。

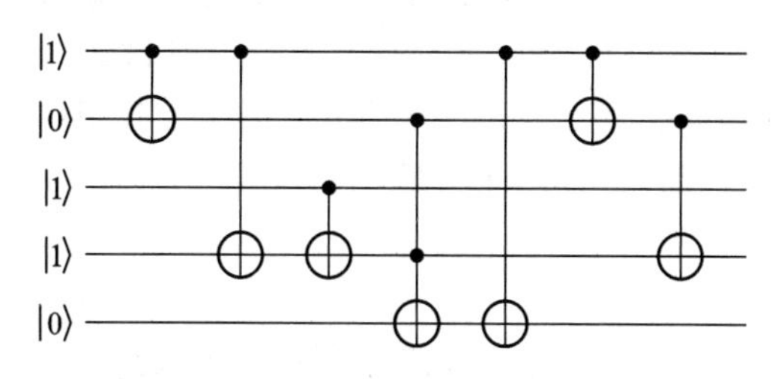


图 3.9　量子线路示例

**1. 量子线路分析**

我们可以把量子线路的输入态表示成直积形式，根据并行运行的门操作分析其整体运算，图 3.9 所示的线路中，若输入为 $|1\rangle|0\rangle|1\rangle|1\rangle|0\rangle$，有

$$\begin{aligned}|1\rangle|0\rangle|1\rangle|1\rangle|0\rangle &\xrightarrow{\text{CNOT}_{12}} |1\rangle|1\rangle|1\rangle|1\rangle|0\rangle \xrightarrow{\text{CNOT}_{14}} |1\rangle|1\rangle|1\rangle|0\rangle|0\rangle \\ &\xrightarrow{\text{CNOT}_{34}} |1\rangle|1\rangle|1\rangle|1\rangle|0\rangle \xrightarrow{\text{CCNOT}_{245}} |1\rangle|1\rangle|1\rangle|1\rangle|1\rangle \\ &\xrightarrow{\text{CNOT}_{15}} |1\rangle|1\rangle|1\rangle|1\rangle|0\rangle \xrightarrow{\text{CNOT}_{12}} |1\rangle|0\rangle|1\rangle|1\rangle|0\rangle \\ &\xrightarrow{\text{CNOT}_{24}} |1\rangle|0\rangle|1\rangle|1\rangle|0\rangle \end{aligned} \tag{3.51}$$

式中，每个箭头表示执行 1 次门操作，图中的门都是按时间顺序执行的。

由于门可以表示成酉算子，则量子线路等效于酉算子。图 3.10 是一个 Bell 态制备线路。

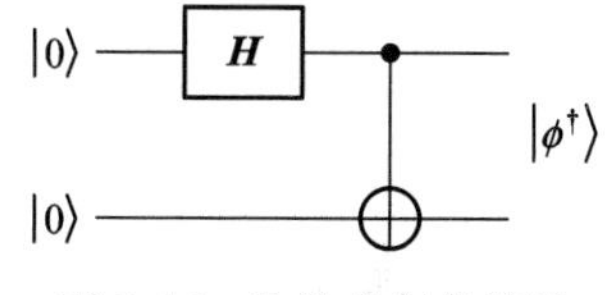


图 3.10　Bell 态制备线路

**2. 量子线路的指标**

量子线路通常有以下几个指标：

1) 深度(Depth)

量子线路中，一个时间步(Time Step)是指一次量子运算，该次运算包括了在一个或多个量子比特上可以瞬时并行执行的所有量子门。量子线路的深度是指执行量子线路所必需的最大连续时间步数。可见，图 3.9 线路的深度为 7。

2) 宽度(Width)

量子线路的宽度指执行量子计算的量子比特数目，也称为量子线路的大小(Size)。图

3.9 线路的宽度为 5。

3）密度(Density)

量子线路的密度指线路中每一步运算并行执行的门的个数，最大密度指并行执行的门的最大个数。图 3.9 线路的最大密度为 1。

4）门的个数

可分别统计不同种类门的个数，包括单量子比特门、多量子比特门、受控门、SWAP 门等。此外还可统计测量和神谕(Oracle)的个数，有的量子线路中会出现神谕运算，常用黑盒代替，如后面的 3.4.2 节中的 Grover 算法中就有一个神谕运算。

此外，还有一个称为线路连通性(Circuit Connectivity)的指标，是指为将量子线路分割为两个或更多个独立的子线路而必须去除的最小两比特门数。

## 3.4 量子算法举例

量子算法基于量子态叠加及纠缠特性，在解决特定问题上具有明显优势，目前已发展了很多量子算法。本节介绍具有广泛影响的 Deutsch-Jozsa 算法[46]、Grover 算法和 Shor 算法。

### 3.4.1 Deutsch-Jozsa 算法

先看下述问题：设有布尔(Boolean)函数 $f$，作用于二进制比特串 $x_0$，$x_1$，…，$x_n$ 上($x_n \in \{0, 1\}$)，$f(x_0, x_1, \cdots, x_n)$可以是常函数(Constant Function)或平衡函数(Balanced Function)。常函数指对任意输入，对应输出恒为 0 或 1。平衡函数指一半输入对应的输出为 0，另一半输入对应的输出为 1。问题是如何判断 $f$ 函数是平衡函数还是常函数。若采用经典算法，需要通过多次计算进行判断，最坏情况下，对于长度为 $n$ 比特串，需计算 $2^{n-1}+1$ 次，若结果一致，则为常函数。若结果不一致，则为平衡函数。而采用 Deutsch-Jozsa 算法仅需 1 次运算即可完全确定 $f(x)$的属性。

假定存在量子运算 $\boldsymbol{U}_f$，使得

$$|x\rangle|y\rangle \xrightarrow{\boldsymbol{U}_f} |x\rangle|y \oplus f(x)\rangle \tag{3.52}$$

“$\oplus$”为模 2 加。Deutsch-Jozsa 算法量子线路如图 3.11 所示。

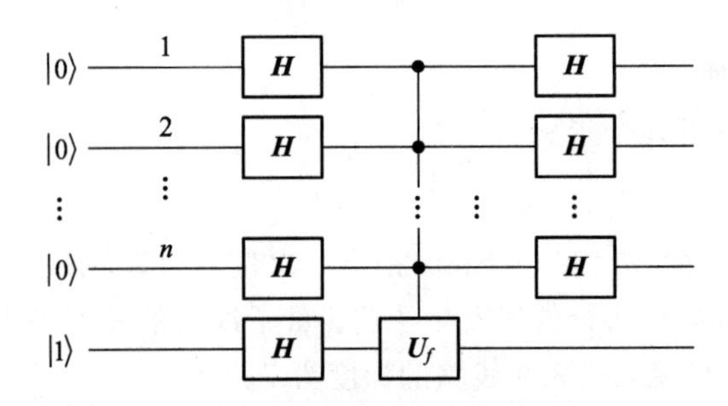


图 3.11 Deutsch-Jozsa 算法原理图

Deutsch-Jozsa 算法大体步骤如下：

(1) 制备两个量子寄存器，第一个为 $n$ 量子比特寄存器，初值为 $|0\rangle^{\otimes n}$，第 2 个为单量子比特寄存器，初值为 $|1\rangle$，则系统初态 $|\psi_0\rangle=|0\rangle^{\otimes n}|1\rangle$。

(2) 对所有 $n+1$ 个量子比特执行 $\boldsymbol{H}$ 门运算，得

$$|\psi_1\rangle=\frac{1}{\sqrt{2^{n+1}}}\sum_{x=0}^{2^n-1}|x\rangle(|0\rangle-|1\rangle) \tag{3.53}$$

(3) 执行受控 $\boldsymbol{U}_f$ 门操作，得

$$\begin{aligned}|\psi_2\rangle&=\frac{1}{\sqrt{2^{n+1}}}\sum_{x=0}^{2^n-1}|x\rangle[|f(x)\rangle-|1\oplus f(x)\rangle]\\&=\frac{1}{\sqrt{2^{n+1}}}\sum_{x=0}^{2^n-1}(-1)^{f(x)}|x\rangle(|0\rangle-|1\rangle)\end{aligned} \tag{3.54}$$

式中应用了 $f(x)=0$ 或 1。

(4) 对第一个量子寄存器中的每一个量子比特都执行 $\boldsymbol{H}$ 门运算(不考虑第二个单量子比特寄存器)，有

$$\begin{aligned}|\psi_3\rangle&=\frac{1}{2^n}\sum_{x=0}^{2^n-1}(-1)^{f(x)}\otimes_{n=0}^{2^n-1}[|0\rangle+(-1)^{x_n}|1\rangle]=\frac{1}{2^n}\sum_{x=0}^{2^n-1}(-1)^{f(x)}\sum_{y=0}^{2^n-1}(-1)^{x\cdot y}|y\rangle\\&=\frac{1}{2^n}\sum_{y=0}^{2^n-1}\left[\sum_{x=0}^{2^n-1}(-1)^{f(x)}(-1)^{x\cdot y}\right]|y\rangle\end{aligned} \tag{3.55}$$

式中，第一行中的 $x_n$ 为 $x$ 转为二进制数后第 $n$ 个比特值，$y$ 同样，则 $x\cdot y=x_0y_0+x_1y_1+\cdots+x_{n-1}y_{n-1}$，按序乘积之和。

(5) 测量第一个量子寄存器，获得 $|0\rangle^{\otimes n}$ 的概率为

$$p_0=\left|\frac{1}{2^n}\sum_{x=0}^{2^n-1}(-1)^{f(x)}\right|^2 \tag{3.56}$$

若 $p_0=1$，则 $f(x)$ 为常数；若 $p_0=0$，则 $f(x)$ 为平衡函数。也就是说，寄存器 1 的所有量子比特测量结果均为 0 时，$f(x)$ 为常函数；若量子比特不全为 0 时，$f(x)$ 为平衡函数。

特别地，对 $n=1$ 时，称上述算法为 Deutch 算法，此时 $|\varphi_0\rangle=|0\rangle|1\rangle$。

$$|\varphi_1\rangle=\frac{1}{2}(|0\rangle+|1\rangle)(|0\rangle-|1\rangle) \tag{3.57}$$

经过 $\boldsymbol{U}_f$ 运算后，得

$$\begin{aligned}|\varphi_2\rangle&=\frac{1}{2}[|0\rangle(|0\rangle-|1\oplus f(0)\rangle)+|1\rangle(|f(1)\rangle-|1\oplus f(1)\rangle)]\\&=\frac{1}{2}[(-1)^{f(0)}|0\rangle+(-1)^{f(1)}|1\rangle](|0\rangle-|1\rangle)\end{aligned} \tag{3.58}$$

对第一个量子比特执行 $\boldsymbol{H}$ 门

$$\begin{aligned}|\varphi_3\rangle&=\frac{1}{2\sqrt{2}}\{[(-1)^{f(0)}(|0\rangle+|1\rangle)+(-1)^{f(1)}(|0\rangle-|1\rangle)](|0\rangle-|1\rangle)\}\\&=\frac{1}{2\sqrt{2}}\{[(-1)^{f(0)}+(-1)^{f(1)}]|0\rangle+[(-1)^{f(0)}-(-1)^{f(1)}]|1\rangle\}(|0\rangle-|1\rangle)\end{aligned} \tag{3.59}$$

可见，若 $f(x)$是常函数，则第一个比特为$|0\rangle$；若 $f(x)$是平衡函数，则第一个量子比特为$|1\rangle$。因而，采用 $\boldsymbol{Z}$ 基测量第一个量子比特即可获知结果。

由上述过程可见，算法的优势在于受控 $\boldsymbol{U}_f$门的输入为叠加态$\frac{1}{\sqrt{2}}(|0\rangle-|1\rangle)$。

### 3.4.2 Grover 算法

1997 年，L. K. Grover 提出了一种在非结构化数据库中搜索特定数据的方法[47]。对于 $N$ 个数据集合中有 $M$ 个解的情形，复杂度从经典的 $O(N)$变为量子算法的 $O(\sqrt{N/M})$。Grover 算法可以用于量子交换网络的路由规划，对称密码体系中密钥搜索(密码解析)等。这里的非结构化数据指数据的排序是不确定的或未知的。非结构化数据的搜索问题可以表述为：对于有 $N$ 个数据的集合 $x=\{x_1, x_2, \cdots, x_N\}$，给定布尔函数 $f: x\rightarrow\{0, 1\}$，目的是在 $x$ 中寻找数据 $x^*$，使得 $f(x^*)=1$。

Grover 算法的原理如图 3.12 所示，其中 $N=2^n$。

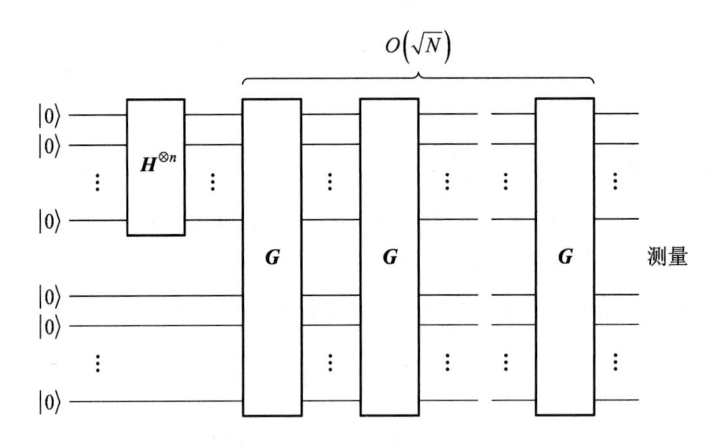


图 3.12 Grover 算法的原理

先对 $n$ 量子比特初态$|0\rangle^{\otimes n}$ 的每量子比特进行 $\boldsymbol{H}$ 变换，得到

$$|\varphi\rangle=\frac{1}{\sqrt{N}}\sum_{x=0}^{N-1}|x\rangle \tag{3.60}$$

随后进行 Grover 迭代($\boldsymbol{G}$)计算，最后进行测量得到结果。每个 Grover 迭代见图 3.13。工作过程如下[25, 47]：

(1) 执行 Oracle 运算 $\boldsymbol{O}$。酉算子 $\boldsymbol{O}$ 定义为$|x\rangle\xrightarrow{\boldsymbol{O}}(-1)^{f(x)}|x\rangle$，可见若 $x$ 是要找的解，则$|x\rangle$的相位增加 $\pi$。

(2) 给 $n$ 量子比特数据施加 $\boldsymbol{H}$ 变换 $\boldsymbol{H}^{\otimes n}$。

(3) 对非$|0\rangle$量子比特，施加相移 $\pi$，即$|x\rangle\rightarrow-|x\rangle$。

(4) 再次进行 $\boldsymbol{H}^{\otimes n}$ 运算。

上述(2)～(4)步的运算可写为

$$\boldsymbol{H}^{\otimes n}(2|0\rangle\langle 0|-\boldsymbol{I})\boldsymbol{H}^{\otimes n}=2|\varphi\rangle\langle\varphi|-\boldsymbol{I} \tag{3.61}$$

则

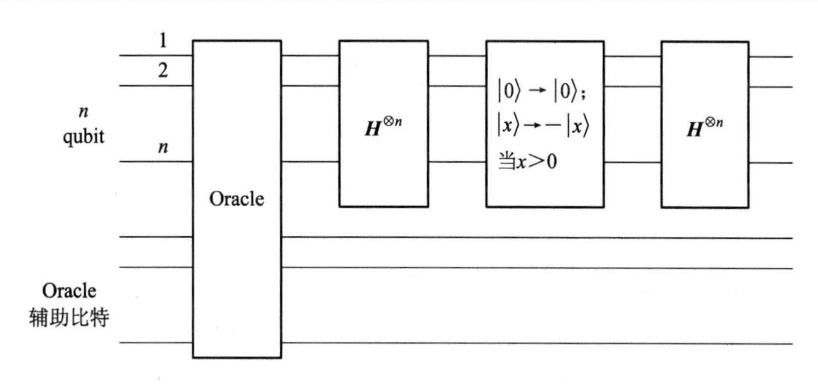


图 3.13　Grover 算法中的 Grover 迭代操作

$$\boldsymbol{G}=(2|\varphi\rangle\langle\varphi|-\boldsymbol{I})\boldsymbol{O} \tag{3.62}$$

为了看 Grover 迭代算子的作用，令搜索问题解的集合为 $S_G$($M$ 个解)，定义

$$|\alpha\rangle=\frac{1}{\sqrt{N-M}}\sum_{x\notin S_G}|x\rangle \tag{3.63}$$

$$|\beta\rangle=\frac{1}{\sqrt{M}}\sum_{x\in S_G}|x\rangle \tag{3.64}$$

则初态$|x\rangle$可表示为

$$|\varphi\rangle=\sqrt{\frac{N-M}{N}}|\alpha\rangle+\sqrt{\frac{M}{N}}|\beta\rangle \tag{3.65}$$

根据算子 $\boldsymbol{O}$ 的定义，有

$$\boldsymbol{O}\left(\sqrt{\frac{N-M}{N}}|\alpha\rangle+\sqrt{\frac{M}{N}}|\beta\rangle\right)=\sqrt{\frac{N-M}{N}}|\alpha\rangle-\sqrt{\frac{M}{N}}|\beta\rangle \tag{3.66}$$

可见运算 $\boldsymbol{O}$ 使得$|\varphi\rangle$向量沿$|\alpha\rangle$翻转。若前后夹角为 $\theta$，则 $\cos\frac{\theta}{2}=\sqrt{\frac{N-M}{N}}$，同样，$2|\varphi\rangle\langle\varphi|-I$ 使得 $\boldsymbol{O}|\varphi\rangle$在$|\alpha\rangle$和$|\beta\rangle$定义的平面沿$|\varphi\rangle$再次翻转，如图 3.14 所示，两次翻转使得$|\varphi\rangle$变为

$$\boldsymbol{G}|\varphi\rangle=\cos\frac{3\theta}{2}|\alpha\rangle+\sin\frac{3\theta}{2}|\beta\rangle \tag{3.67}$$

结果如图 3.14 所示。可见，每个 $\boldsymbol{G}$ 迭代使得$|\varphi\rangle$旋转 $\theta$，连续执行 $\boldsymbol{G}$ 操作 $k$ 次，则

$$\boldsymbol{G}^k|\varphi\rangle=\cos\left(\frac{2k+1}{2}\theta\right)|\alpha\rangle+\sin\left(\frac{2k+1}{2}\theta\right)|\beta\rangle \tag{3.68}$$

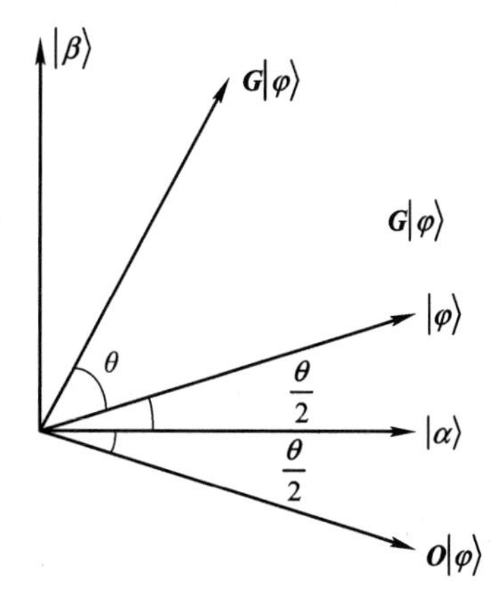


图 3.14　Grover 迭代 $G$ 示意

态矢越来越接近$|\beta\rangle$，此时基于$|\alpha\rangle$、$|\beta\rangle$的测量会以很高的概率得到$|\beta\rangle$，即得到解。

下面分析 Grover 算法的迭代次数[25]。由 $\sin\frac{\theta}{2}=\sqrt{M/N}$ 可知，初态$|\varphi\rangle$旋转角度 $\arccos(\sqrt{M/N})$到达$|\beta\rangle$，迭代次数 $C$ 约为 $C=\lceil\arccos\sqrt{M/N}/\theta\rceil$，其中$\lceil\quad\rceil$为向上取整，$\arccos(\sqrt{M/N})\leqslant\pi/2$，则有 $C\leqslant\lceil\pi/(2\theta)\rceil$。设 $M\leqslant N/2$，有

$$\frac{\theta}{2} \geqslant \sin\frac{\theta}{2} = \sqrt{\frac{M}{N}} \tag{3.69}$$

从而可得 $C$ 的上界为

$$C \leqslant \left\lceil \frac{\pi}{4}\sqrt{\frac{N}{M}} \right\rceil \tag{3.70}$$

因此，Grover 搜索算法的复杂度为 $O(\sqrt{N/M})$。

这里举例说明 Grover 算法迭代过程。若一个系统有 $N=2^3=8$ 个态，要查找的态为 $|x_0\rangle=|011\rangle$，则该 3 量子比特系统的态可写为

$$|x\rangle = \alpha_0|000\rangle + \alpha_1|001\rangle + \alpha_2|010\rangle + \alpha_3|011\rangle + \alpha_4|100\rangle + \alpha_5|101\rangle + \alpha_6|110\rangle + \alpha_7|111\rangle \tag{3.71}$$

其中，$\sum_{i=0}^{7}\alpha_i^2=1$。设输入的初始态为 $|000\rangle$，执行 $\boldsymbol{H}^{\otimes 3}$ 后，态变为 $|\varphi\rangle=\boldsymbol{H}^{\otimes 3}|000\rangle=\frac{1}{2\sqrt{2}}\sum_{x=0}^{7}|x\rangle$。需要执行的 Grover 迭代次数为 $\frac{\pi}{4}\sqrt{8}\approx 2.22$，取值 2。

第 1 轮：先执行 $\boldsymbol{O}$ 计算

$$|\varphi'\rangle = \frac{1}{2\sqrt{2}}(|000\rangle + |001\rangle + |010\rangle - |011\rangle + \cdots + |111\rangle) \tag{3.72}$$

再执行

$$\begin{aligned}(2|\varphi\rangle\langle\varphi| - I)\,|\varphi'\rangle &= (2|\varphi\rangle\langle\varphi| - I)\left(|\varphi\rangle - \frac{2}{2\sqrt{2}}|011\rangle\right) \\ &= \frac{1}{2}|\varphi\rangle + \frac{1}{\sqrt{2}}|011\rangle \\ &= \frac{1}{4\sqrt{2}}\sum_{x=0,\,x\neq 3}^{7}|x\rangle + \frac{5}{4\sqrt{2}}|011\rangle\end{aligned} \tag{3.73}$$

第 2 轮后：量子态为

$$(2|\varphi\rangle\langle\varphi| - I)\left(\frac{1}{2}|\varphi\rangle - \frac{3}{2\sqrt{2}}|011\rangle\right) = -\frac{1}{8\sqrt{2}}\sum_{x=0,\,x\neq 3}^{7}|x\rangle + \frac{11}{8\sqrt{2}}|011\rangle \tag{3.74}$$

此时，测量系统得到正确解的概率为 $\left(\frac{11}{8\sqrt{2}}\right)^2\approx 94.5\%$。

### 3.4.3 Shor 算法

1994 年，Peter Shor 提出了一个大数因子分解的量子算法[4]，大大降低了因数分解的复杂度，使经典 RSA 公钥密码算法面临严峻的威胁，这也是量子保密通信引起关注的原因之一。本节简要介绍 Shor 算法的原理。

**1. 因数分解转化为求阶问题**

若 $M$ 为要分解的数(在密码学上是两个大质数的乘积，一般是奇数，若是偶数就直接得到因子 2)，对于任意一个数 $x(1<x<M)$，且 $x$ 与 $M$ 无公因数，$x$ 的阶(order)定义为：

满足 $x^r=1$(模 $M$)的最小正整数 $r$，称为 $x$ 在模为 $M$ 时的阶。也就是说，$x^r-1$ 是 $M$ 的整数倍。若 $x^m=M(m\geqslant 2)$，则 $x$ 是 $M$ 的因子。否则，当 $r$ 为偶数时，有

$$(x^{r/2}+1)(x^{r/2}-1)=0 \bmod M \tag{3.75}$$

则 $x^{r/2}+1$ 与 $M$ 的最大公约数(Greatest Common Divisor，GCD)，或 $x^{r/2}-1$ 与 $M$ 的最大公约数是 $M$ 的一个因数。例如，$M=15$，$x=7$，则 $r$ 从 1 取值见表 3.1。

**表 3.1　求阶举例**($M=15$)

| $r$ | 1 | 2 | 3 | 4 | 5 | 6 | 7 |
|---|---|---|---|---|---|---|---|
| $7^r$ | 7 | 49 | 343 | 2 401 | 16 807 | 117 649 | 823 543 |
| $7^r \bmod 15$ | 7 | 4 | 13 | 1 | 7 | 4 | 13 |

可见阶为 4，则 $(7^2+1)(7^2-1)=160\times 15$。因为 GCD(50，15)=5，GCD(48，15)=3，所以 15=5×3。由表 3.1 可见，求阶 $r$ 等价于寻找 $x^r \bmod M$ 的周期。这里，若 $r$ 为奇数或 $x^{r/2}=M-1(\bmod M)$，则重新选取 $x$，重新执行上述过程直至确定 $r$。

由上述过程可以看出，因数分解问题转化为在模 $M$ 下求 $x$ 的阶的问题，或者求解函数 $x^r \bmod M$ 的周期问题。然而在 $M$ 非常大时(例如为 2048 位二进制数)，利用经典算法求阶是一个困难问题。下面介绍 Shor 算法，它基于量子傅里叶变换(Quantum Fourier Transform，QFT)及相位估计算法。

**2. 量子傅里叶变换**

在经典信号处理中，离散傅里叶变换是把序列 $x_0$，$x_1$，…，$x_{N-1}$ 变为 $y_0$，$y_1$，…，$y_{N-1}$，即

$$y_k=\frac{1}{\sqrt{N}}\sum_{j=0}^{N-1}x_j\mathrm{e}^{\frac{\mathrm{i}2\pi jk}{N}} \tag{3.76}$$

量子傅里叶变换是将一组正交规范基(Orthonormal Basis)上的量子态进行如下变换：

$$\sum_{j=0}^{N-1}x_j|j\rangle \rightarrow \sum_{k=0}^{N-1}y_k|k\rangle \tag{3.77}$$

$y_k$ 是 $x_j$ 的(经典)离散傅里叶变换。对于基矢 $|j\rangle$ 的变换可表示为

$$|j\rangle \rightarrow \frac{1}{\sqrt{N}}\sum_{k=0}^{N-1}\mathrm{e}^{\frac{\mathrm{i}2\pi jk}{N}}|k\rangle \tag{3.78}$$

若 $N=2^n$，$j$ 的二进制形式为 $(j_1j_2\cdots j_n)_2$，为方便起见后面叙述中省去下标 2，即

$$j=j_12^{n-1}+j_22^{n-2}+\cdots+j_n2^0 \tag{3.79}$$

二进制小数

$$0.j_lj_{l+1}\cdots j_m=j_l2^{-1}+j_{l+1}2^{-2}+\cdots+j_m2^{-(m-l+1)} \tag{3.80}$$

由此，$|j\rangle$ 的 QFT 可写为

$$|j_1j_2\cdots j_n\rangle \rightarrow \frac{1}{2^{\frac{n}{2}}}(|0\rangle+\mathrm{e}^{\mathrm{i}2\pi 0.j_n}|1\rangle)(|0\rangle+\mathrm{e}^{\mathrm{i}2\pi 0.j_{n-1}j_n}|1\rangle)\cdots(|0\rangle+\mathrm{e}^{\mathrm{i}2\pi 0.j_1j_2\cdots j_n}|1\rangle) \tag{3.81}$$

式(3.81)容易验证。将式(3.78)中的 $k$ 也用二进制表示，其右边可以写为

$$\frac{1}{2^{\frac{n}{2}}}(|00\cdots00\rangle + e^{i\cdot 2\pi\cdot 0.j_1j_2\cdots j_n}|00\cdots01\rangle + e^{i\cdot 2\pi\cdot 0.j_2j_3\cdots j_n}|00\cdots10\rangle +$$

$$e^{i\cdot 2\pi\cdot 0.j_2j_3\cdots j_n}e^{i\cdot 2\pi\cdot 0.j_1j_2\cdots j_n}|00\cdots11\rangle + \cdots +$$

$$e^{i\cdot 2\pi\cdot 0.j_n}e^{i\cdot 2\pi\cdot 0.j_{n-1}j_n}\cdots e^{i\cdot 2\pi\cdot 0.j_1j_2\cdots j_n}|11\cdots11\rangle) \tag{3.82}$$

式中，二进制数中的整数部分由于前面有常数 2π 直接省去。将式(3.81)右面的乘积形式写成和式，与(3.82)式完全一致。由式(3.81)即可给出 QFT 的量子线路，如图 3.15 所示。

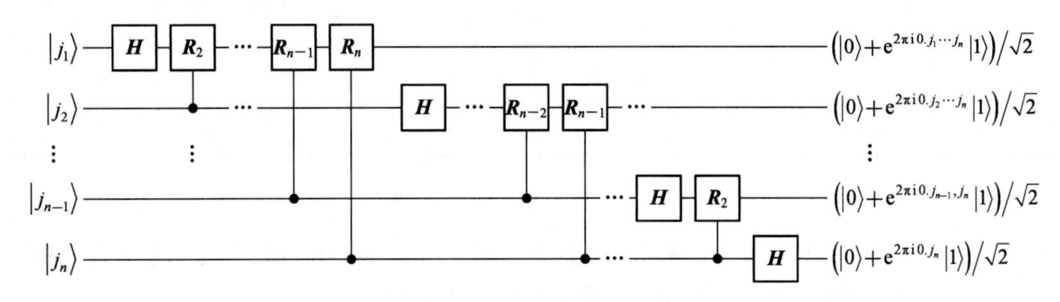


图 3.15 QFT 量子线路

图 3.15 中，$\boldsymbol{H}$ 是 Hadamard 门，$\boldsymbol{R}_k\,(k=2,\ 3,\ \cdots,\ n)$是旋转算子 $\boldsymbol{R}_k=\begin{bmatrix}1 & 0\\0 & e^{i2\pi/2^k}\end{bmatrix}$。容易验证，每路输出态如图 3.15 所示。注意这里的输出可通过变换门变为自下而上输出，从而与式(3.81)一致。

**3. 相位估计**

设酉算子 $\boldsymbol{U}$ 的特征向量为$|u\rangle$，特征值为 $e^{i2\pi\varphi}$，$\varphi$ 是需要估计的相位参数。假定存在一个量子线路，能实现量子态$|u\rangle$的制备且执行受控 $\boldsymbol{U}^{2^j}$ 运算($j$ 为非负整数)，后面将给出其具体要求和原理。量子相位估计线路如图 3.16 所示，图中有两个寄存器，第一个寄存器含有 $t$ 个量子比特，初始化为$|0\rangle$；第二个寄存器初态为$|u\rangle$。先对第一个寄存器的态$|0\rangle$执行 $H$ 变换，再执行受控 $\boldsymbol{U}^{2^j}$ 运算。

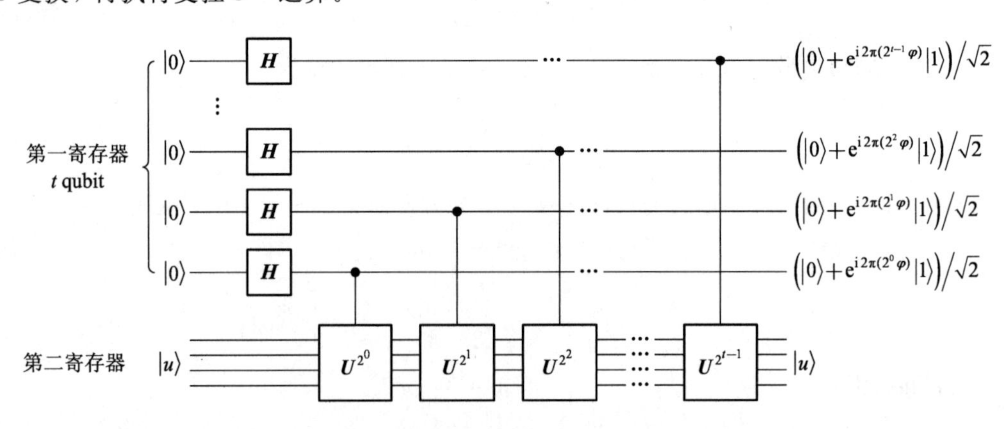


图 3.16 量子相位估计第一步

受控 $\boldsymbol{U}$ 门 $\boldsymbol{C}_U$ 的作用如下：

$$\begin{aligned}\boldsymbol{C}_U[(|0\rangle+|1\rangle)|u\rangle]&=\boldsymbol{C}_U[|0\rangle|u\rangle]+\boldsymbol{C}_U[|1\rangle|u\rangle]\\&=|0\rangle|u\rangle+|1\rangle U|u\rangle\\&=|0\rangle|u\rangle+|1\rangle \mathrm{e}^{\mathrm{i}2\pi\varphi}|u\rangle\\&=(|0\rangle+\mathrm{e}^{\mathrm{i}2\pi\varphi}|1\rangle)|u\rangle\end{aligned}\tag{3.83}$$

则图 3.16 所示的量子相位估计输出量子态为

$$\frac{1}{2^{\frac{t}{2}}}(|0\rangle+\mathrm{e}^{\mathrm{i}2\pi2^{t-1}\varphi}|1\rangle)(|0\rangle+\mathrm{e}^{\mathrm{i}2\pi2^{t-2}\varphi}|1\rangle)\cdots(|0\rangle+\mathrm{e}^{\mathrm{i}2\pi2^{0}\varphi}|1\rangle)|u\rangle\tag{3.84}$$

若相位 $\varphi$ 可表示为 $\varphi=0.\varphi_1\varphi_2\cdots\varphi_t$，则式(3.84)可写为

$$\frac{1}{2^{\frac{t}{2}}}(|0\rangle+\mathrm{e}^{\mathrm{i}2\pi0.\varphi_t}|1\rangle)(|0\rangle+\mathrm{e}^{\mathrm{i}2\pi0.\varphi_{t-1}\varphi_t}|1\rangle)\cdots(|0\rangle+\mathrm{e}^{\mathrm{i}2\pi0.\varphi_1\varphi_2\cdots\varphi_t}|1\rangle)|u\rangle\tag{3.85}$$

对上述输出态进行逆量子傅里叶变换，结合图 3.15 可见输出为 $|\varphi_1\varphi_2\cdots\varphi_t\rangle$，取 $\boldsymbol{Z}$ 基逐比特测量可得到 $\varphi$(注意两者顺序是反的，图 3.16 的输出由下而上对应于图 3.15 由上而下的输出态)。这里选取 $t$ 使得满足 $2^t>M^2$ 的最小整数。第二寄存器的量子比特数 $L=\lceil \mathrm{lb}M\rceil$。$t$ 的取值也可表示为 $t=2L+1+\left\lceil \mathrm{lb}\left(2+\frac{1}{2\varepsilon}\right)\right\rceil$，其中 $\varepsilon$ 表示最大的相位估计失败概率[25]。

**4. 量子求阶算法**

基于相位估计可得到量子求阶算法。设 $y$ 为长为 $L$ 的二进制比特序列，对于求阶算法选定的 $x$，若算子 $\boldsymbol{U}$ 满足：

$$\boldsymbol{U}|y\rangle=|xy(\mathrm{mod}\,M)\rangle\ (0\leqslant y\leqslant M-1)\tag{3.86}$$

则量子态

$$|u_s\rangle=\frac{1}{\sqrt{r}}\sum_{k=0}^{r-1}\exp\left[\frac{-2\pi\mathrm{i}sk}{r}\right]|x^k\,\mathrm{mod}\,M\rangle\ (0\leqslant s\leqslant r-1)\tag{3.87}$$

是算子 $\boldsymbol{U}$ 的本征态，这是因为

$$\boldsymbol{U}|u_s\rangle=\frac{1}{\sqrt{r}}\sum_{k=0}^{r-1}\exp\left[\frac{-2\pi\mathrm{i}sk}{r}\right]|x^{k+1}\,\mathrm{mod}\,M\rangle=\exp\left[\frac{2\pi\mathrm{i}s}{r}\right]|u_s\rangle\tag{3.88}$$

式中用到了下述关系：

$$\exp\left[-\frac{\mathrm{i}2\pi s}{r}(r-1)\right]|x^r\,\mathrm{mod}\,M\rangle=\exp\left[\frac{\mathrm{i}2\pi s}{r}\right]|1\rangle\tag{3.89}$$

相应的本征值为 $\exp[\mathrm{i}2\pi s/r]$，$0\leqslant s\leqslant r-1$。通过量子相位估计可得到 $s/r$。根据前面所述相位估计算法，一是要制备态 $|u_s\rangle$；二是实现受控 $\boldsymbol{U}^{2^j}$ 运算。由于

$$\begin{aligned}\frac{1}{\sqrt{r}}\sum_{s=0}^{r-1}|u_s\rangle&=\frac{1}{\sqrt{r}}\sum_{s=0}^{r-1}\frac{1}{\sqrt{r}}\sum_{k=0}^{r-1}\exp\left(-\frac{2\pi\mathrm{i}sk}{r}\right)|x^k(\mathrm{mod}\,M)\rangle\\&=\frac{1}{r}\sum_{s=0}^{r-1}\sum_{k=0}^{r-1}\exp\left(-\frac{2\pi\mathrm{i}sk}{r}\right)|x^k(\mathrm{mod}\,M)\rangle\\&=\sum_{k=0}^{r-1}\delta_{0k}|x^k(\mathrm{mod}\,M)\rangle\\&=|1\rangle\end{aligned}\tag{3.90}$$

故有：

$$\boldsymbol{U}^j\,|1\rangle=\boldsymbol{U}^j\,\frac{1}{\sqrt{r}}\sum_{s=0}^{r-1}|u_s\rangle \tag{3.91}$$

在式(3.86)中，令 $y=1$，迭代执行 $\boldsymbol{U}$ 运算，有

$$\begin{aligned}|x^j(\bmod M)\rangle&=\boldsymbol{U}^j\,|1\rangle\\&=\frac{1}{\sqrt{r}}\sum_{s=0}^{r-1}U^j\,|u_s\rangle\\&=\frac{1}{\sqrt{r}}\sum_{s=0}^{r-1}\exp\left(\frac{2\pi \mathrm{i}sj}{r}\right)|u_s\rangle\end{aligned} \tag{3.92}$$

对于图 3.16 所示的受控 $\boldsymbol{U}^{2^j}$ 运算，若控制态($t$ 量子比特)为 $|z\rangle$，受控态为 $|y\rangle$(在式(3.86)中定义)，则

$$\begin{aligned}|z\rangle|y\rangle&\rightarrow|z\rangle\boldsymbol{U}^{z_t2^{t-1}}\cdots\boldsymbol{U}^{z_12^0}\,|y\rangle\\&=|z\rangle\,|x^{z_t2^{t-1}}\cdots x^{z_12^0}\,y(\bmod M)\rangle\\&=|z\rangle\,|x^z y(\bmod M)\rangle\end{aligned} \tag{3.93}$$

可见，受控 $\boldsymbol{U}^{2^j}$ 运算目标位的输出为 $|x^z y(\bmod M)\rangle$。取 $|y\rangle=|1\rangle$，则求阶(周期)算法量子线路如图 3.17 所示。图中，$f(j)=x^j(\bmod M)$ 称为模指数函数(Modular Exponentiation Function)，这一受控运算称为模指数运算。

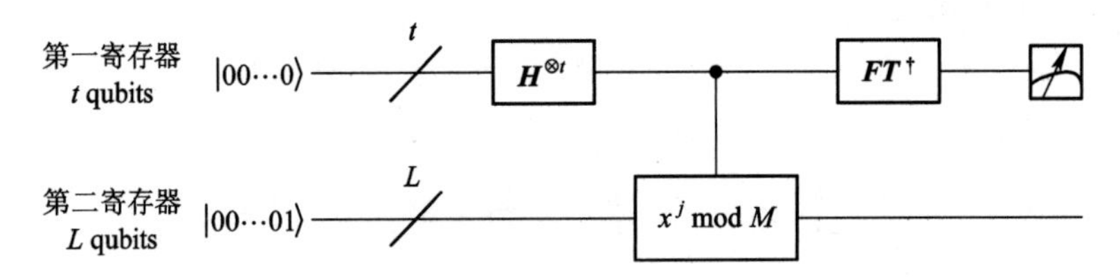


图 3.17 求阶量子线路

由图 3.17 可见，结合式(3.90)(第二行)，输入态可表示为

$$|00\cdots00\rangle\,|00\cdots01\rangle=|0\rangle^{\otimes t}\,\frac{1}{r}\sum_{s=0}^{r-1}\sum_{k=0}^{r-1}\exp\left(-\frac{2\pi \mathrm{i}sk}{r}\right)|x^k(\bmod M)\rangle \tag{3.94}$$

经过 $\boldsymbol{H}$ 变换后，变为

$$\frac{1}{2^{\frac{t}{2}}}\sum_{j=0}^{2^t-1}|j\rangle\,\frac{1}{r}\sum_{s=0}^{r-1}\sum_{k=0}^{r-1}\exp\left(-\frac{2\pi \mathrm{i}sk}{r}\right)|x^k(\bmod M)\rangle \tag{3.95}$$

经过模指数运算(受控 $\boldsymbol{U}^{2^j}$ 运算)，由式(3.93)，并应用模指数函数的周期性，量子态变为

$$\frac{1}{2^{\frac{t}{2}}}\sum_{j=0}^{2^t-1}|j\rangle\,\frac{1}{r}\sum_{s=0}^{r-1}\sum_{k=0}^{r-1}\exp\left(\frac{2\pi \mathrm{i}sj}{r}-\frac{2\pi \mathrm{i}sk}{r}\right)|x^k(\bmod M)\rangle \tag{3.96}$$

测量第二寄存器，若其量子态为 $|x^k(\bmod M)\rangle$，则此时系统的量子态为

$$\frac{1}{r}\sum_{s=0}^{r-1}\left[\frac{1}{2^{\frac{t}{2}}}\sum_{j=0}^{2^t-1}\exp\left(\frac{2\pi \mathrm{i}sj}{r}\right)|j\rangle\right]\exp\left[-\frac{2\pi \mathrm{i}sk}{r}\right]|x^k(\bmod M)\rangle \tag{3.97}$$

对第一寄存器执行逆量子傅里叶变换，则量子态变为

$$\frac{1}{r}\sum_{s=0}^{r-1}|\widetilde{s/r}\rangle\exp\left(-\frac{2\pi isk}{r}\right)|x^k \bmod M\rangle \tag{3.98}$$

其中，$\widetilde{s/r}=2^t\cdot s/r$，测量第一寄存器可得 $\widetilde{s/r}$，进而得到 $s/r$。执行连分式运算，从而得到 $r$，实现因数分解。整个算法的复杂度为 $O(L^3)$，主要是模指数运算。例如，得到 $s/r=0.010110=\frac{22}{64}$，而

$$\frac{22}{64}=\frac{1}{2+\frac{20}{22}}=\frac{1}{2+\frac{1}{1+\frac{1}{10}}}\approx\frac{1}{3}$$

所以 $r=3$。

需要说明的是，由于求阶算法得到的 $\widetilde{s/r}$ 存在误差，因而 Shor 算法得到的 $r$ 需要验证是否能够实现因式分解，不能分解的话可重新选择 $x$，再次执行算法。

# 第4章

# 量子信道

本章主要介绍量子通信信道的相关内容，包括：量子信道模型，重点是算子和模型；特定量子信道模型，有比特翻转信道、相位翻转信道、退偏振信道、幅值阻尼信道、相位阻尼信道和玻色高斯信道等；光纤量子信道的损耗、偏振模色散，以及量子信号和经典数据在单根光纤中的传输；自由空间量子信道的基本传输特性；量子信道的容量等。

## 4.1 量子信道模型

从传输介质上讲，量子信道和经典通信系统中的信道没有大的区别。如光量子信道，包括光纤量子信道和自由空间量子信道。但是量子通信系统中采用微观粒子的量子态作为信息载体，这些量子态在信道中的传输服从量子力学的规律，必须借鉴量子力学的方法来研究。对于光量子来说，大多依据量子光学中的分析方法。

以光量子的传输为例，可以采用偏振、相位、频率或正则分量携载信息，单光子波包在信道中传输时，损耗、频率色散、非均匀介质(光纤中为双折射)引起的偏振模色散等影响量子态的保真度，严重时使量子态退相干，或使纠缠特性丧失(退纠缠)。

一般地，将携带信息的光量子(或相干光)脉冲称为系统(System)，将信道中的其他因素称为环境或噪声。关于量子系统与噪声相互作用的研究已经发展起来了许多方法，如量子朗之万方程(Quantum Langevin Equation)、相空间(Phase Space)方法、主方程(Master Equation)法、量子随机差分方程方法和量子马尔科夫过程等[48, 25-26]。在量子信息领域，也发展了多种方法，如酉变换模型、测量算子模型、算子和模型等。其中，应用较广的是超算子(Superoperator)模型，也称为算子和表示(Operation-Sum Representation)。本节重点介绍算子和表示及其应用。

### 4.1.1 量子信道的酉变换模型和测量算子模型

若信道输入量子态的密度算子为 $\boldsymbol{\rho}$，输出量子态的密度算子为 $\boldsymbol{\rho}'$，则量子信道可表述为映射：

$$\boldsymbol{\rho}'=\boldsymbol{\varepsilon}(\boldsymbol{\rho}) \tag{4.1}$$

即经过信道后，$\boldsymbol{\rho}$ 映射为 $\boldsymbol{\rho}'$。

**1. 量子信道的酉变换模型**

若信道对量子态的变换可用酉算子 $\boldsymbol{U}$ 表示，则称 $\boldsymbol{\varepsilon}(\boldsymbol{\rho})=\boldsymbol{U}\boldsymbol{\rho}\boldsymbol{U}^{\dagger}$ 为信道的酉变换模型，经过信道后输入态 $|\varphi\rangle$ 变为输出态 $\boldsymbol{U}|\varphi\rangle$。输入/输出过程如图 4.1 所示，其中，酉变换可以用量子线路来实现(见 3.3.4 节)。

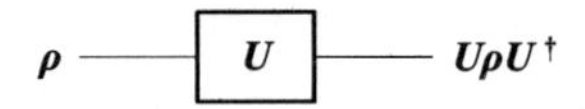


图 4.1 封闭量子系统的酉变换

这里的酉变换表示适合于封闭量子系统(其动力学演化过程可由薛定谔方程表征)。实际上，系统一般处于开放环境，为开放量子系统，往往受到环境的影响。对于开放量子系统，可以将携带信息的系统与环境构成一个封闭量子系统(量子系综)，这样系综的映射(也可称为演化)可以用酉变换表示。进而通过对系综输出密度算子求偏迹可获得原系统的输出，如图 4.2 所示，系统密度算子为 $\boldsymbol{\rho}$，环境用 $\boldsymbol{\rho}_{\text{env}}$ 表示，系统输出为 $\boldsymbol{\varepsilon}(\boldsymbol{\rho})$。

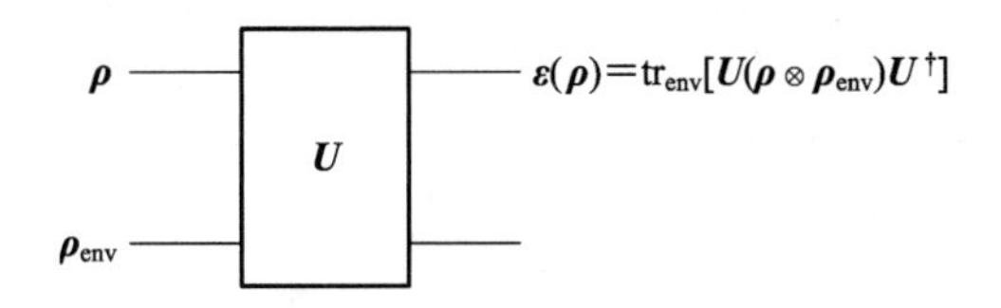


图 4.2 开放量子系统的组成

系统与环境复合系统的输入态为直积 $\boldsymbol{\rho}\otimes\boldsymbol{\rho}_{\text{env}}$，经过 $\boldsymbol{U}$ 变换后，通过对环境做偏迹，可得到主系统的态，即

$$\boldsymbol{\varepsilon}(\boldsymbol{\rho})=\text{tr}_{\text{env}}[\boldsymbol{U}(\boldsymbol{\rho}\otimes\boldsymbol{\rho}_{\text{env}})\boldsymbol{U}^{\dagger}] \tag{4.2}$$

这种方法虽然便于理解系统在量子信道与环境的交互过程，但往往数学表达式比较复杂，不易应用。

**2. 量子信道的测量算子模型**

若将信道对量子态的作用看作测量，且测量算子为 $\boldsymbol{M}_m$，则根据量子力学的测量公设信道输出为

$$\boldsymbol{\varepsilon}_m(\boldsymbol{\rho})=\boldsymbol{M}_m\boldsymbol{\rho}\boldsymbol{M}_m^{\dagger} \tag{4.3}$$

此即为用测量算子描述的信道模型。系统在测量后的态为 $\dfrac{\boldsymbol{\varepsilon}_m(\boldsymbol{\rho})}{\text{tr}(\boldsymbol{\varepsilon}_m(\boldsymbol{\rho}))}$，获得这个结果的概率为 $p(m)=\text{tr}[\boldsymbol{\varepsilon}_m(\boldsymbol{\rho})]$(见 2.1 节)。

## 4.1.2 量子信道的公理化表述

量子信道的公理化表述相比前面的方法较为抽象，但适用范围更广。如前所述，量子信道 $\varepsilon$ 定义为从输入空间 $Q_1$ 的密度算子集合到输出空间 $Q_2$ 的密度算子集合的一个映射，该映射具有如下性质[25]：

**公理 1：** 当初始态为 $\boldsymbol{\rho}$ 时，$\text{tr}[\boldsymbol{\varepsilon}(\boldsymbol{\rho})]$表示映射输出结果 $\boldsymbol{\varepsilon}(\boldsymbol{\rho})$出现的概率，$0\leqslant\text{tr}[\varepsilon(\boldsymbol{\rho})]\leqslant1$。

**公理 2：**$\boldsymbol{\varepsilon}$ 为密度算子集合上的一个凸线性映射，即对概率分布 $\{P_i\}$，有

$$\boldsymbol{\varepsilon}\left(\sum_i p_i \boldsymbol{\rho}_i\right) = \sum_i p_i \varepsilon(\boldsymbol{\rho}_i) \tag{4.4}$$

**公理 3：**$\boldsymbol{\varepsilon}$ 为全正定(Completely Positive)映射，即如果算子 $\boldsymbol{\varepsilon}$ 将 $Q_1$ 上的密度算子映射到 $Q_2$ 上的密度算子，则 $\boldsymbol{\varepsilon}(\boldsymbol{A})$ 对任意半正定(positive)算子 $\boldsymbol{A}$ 必为是半正定的。进而，引入一个任意维的辅助系统 $R$，有下述结论：映射 $(\boldsymbol{I}\otimes\boldsymbol{\varepsilon})(\boldsymbol{A})$ 对复合系统 $RQ_1$ 上的任意半正定算子 $\boldsymbol{A}$ 必为半正定，其中 $\boldsymbol{I}$ 表示辅助系统 $R$ 上的单位映射。

公理 1 说明 $\boldsymbol{\varepsilon}$ 不一定是保迹(Trace-Preserving)的量子运算(因为对于输入态有 $\mathrm{tr}[\boldsymbol{\rho}]=1$)。例如，设在单量子比特的 $\boldsymbol{Z}$ 基上进行投影测量，算子 $|0\rangle\langle 0|$ 和 $|1\rangle\langle 1|$ 为两个对应的投影算子，即 $\boldsymbol{\varepsilon}_0(\boldsymbol{\rho})\equiv|0\rangle\langle 0|\boldsymbol{\rho}|0\rangle\langle 0|$，$\boldsymbol{\varepsilon}_1(\boldsymbol{\rho})\equiv|1\rangle\langle 1|\boldsymbol{\rho}|1\rangle\langle 1|$。得到各自结果的概率分别是 $\mathrm{tr}[\boldsymbol{\varepsilon}_0(\boldsymbol{\rho})]$ 和 $\mathrm{tr}[\boldsymbol{\varepsilon}_1(\boldsymbol{\rho})]$，测量后的量子态表示为 $\boldsymbol{\varepsilon}(\boldsymbol{\rho})/\mathrm{tr}[\varepsilon(\boldsymbol{\rho})]$。如果映射的结果为确定值，量子运算为保迹量子运算，即 $\mathrm{tr}[\boldsymbol{\varepsilon}(\boldsymbol{\rho})]=\mathrm{tr}[\boldsymbol{\rho}]=1$，即 $\varepsilon$ 提供了量子信道的完整描述。另一方面，如果存在 $\boldsymbol{\rho}$ 使 $\mathrm{tr}[\boldsymbol{\varepsilon}(\boldsymbol{\rho})]<1$ 成立，则量子运算是非保迹的(non-Trace-Preserving)，即仅 $\boldsymbol{\varepsilon}$ 不能提供系统中可能出现的过程的完整描述，可能还会出现其他测量输出。

公理 2 起源于对量子信道的物理实现性要求。设量子信道的输入 $\boldsymbol{\rho}$ 是从量子系综 $\{p_i, \boldsymbol{\rho}_i\}$ 中随机选择的一个态，也即 $\boldsymbol{\rho}=\sum_i p_i\boldsymbol{\rho}_i$，则信道的输出态为 $\boldsymbol{\varepsilon}(\boldsymbol{\rho})/\mathrm{tr}[\boldsymbol{\varepsilon}(\boldsymbol{\rho})]=\boldsymbol{\varepsilon}(\boldsymbol{\rho})/p(\boldsymbol{\varepsilon})$，对应于系综 $\{p(i|\boldsymbol{\varepsilon}), \boldsymbol{\varepsilon}(\boldsymbol{\rho}_i)/\mathrm{tr}[\boldsymbol{\varepsilon}(\boldsymbol{\rho}_i)]\}$ 中的一个态，其中 $\{p(i|\boldsymbol{\varepsilon})\}$ 是信道映射为 $\varepsilon$ 时、制备量子态为 $\boldsymbol{\rho}_i$ 的概率。因此，要求

$$\boldsymbol{\varepsilon}(\boldsymbol{\rho}) = p(\boldsymbol{\varepsilon})\sum_i p(i|\boldsymbol{\varepsilon})\frac{\boldsymbol{\varepsilon}(\boldsymbol{\rho}_i)}{\mathrm{tr}[\boldsymbol{\varepsilon}(\boldsymbol{\rho}_i)]} \tag{4.5}$$

式中，$p(\boldsymbol{\varepsilon})=\mathrm{tr}[\boldsymbol{\varepsilon}(\boldsymbol{\rho})]$ 是由映射 $\boldsymbol{\varepsilon}$ 作用在输入 $\boldsymbol{\rho}$ 上的概率。根据 Bayes 定理，有

$$p(i|\boldsymbol{\varepsilon}) = p(\boldsymbol{\varepsilon}|i)\frac{p_i}{p(\boldsymbol{\varepsilon})} = \frac{\mathrm{tr}[\boldsymbol{\varepsilon}(\boldsymbol{\rho}_i)]p_i}{p(\boldsymbol{\varepsilon})} \tag{4.6}$$

即得到公理 2 的结论[25]。

公理 3 也起源于一个重要的物理要求。它不仅要求若 $\boldsymbol{\rho}$ 有效，则 $\boldsymbol{\varepsilon}(\boldsymbol{\rho})$ 也必须是有效的密度矩阵(除去归一化考虑)，而且若 $\boldsymbol{\rho}=\boldsymbol{\rho}_{RQ}$ 是 $R$ 和 $Q$(这里令 $Q_1=Q_2=Q$)复合系统密度矩阵、$\boldsymbol{\varepsilon}$ 仅作用在 $Q$ 上，则 $\boldsymbol{\varepsilon}(\boldsymbol{\rho}_{RQ})$ 仍然是复合系统有效的密度矩阵(除去归一化考虑)。

这三个公理等价于系统-环境相互作用模型，参见下述定理[25]。

**定理：**映射 $\boldsymbol{\varepsilon}$ 满足公理 1、2 和 3，当且仅当对一个算子集 $\{\boldsymbol{E}_i\}$ 满足

$$\boldsymbol{\varepsilon}(\boldsymbol{\rho}) = \sum_i \boldsymbol{E}_i\boldsymbol{\rho}\boldsymbol{E}_i^\dagger \tag{4.7}$$

算子集能将输入 Hilbert 空间映射到输出 Hilbert 空间，且 $\sum_i \boldsymbol{E}_i^\dagger\boldsymbol{E}_i \leqslant \boldsymbol{I}$。

**证明：** 设 $\boldsymbol{\varepsilon}(\boldsymbol{\rho})=\sum_i \boldsymbol{E}_i\boldsymbol{\rho}\boldsymbol{E}_i^\dagger$。$\varepsilon$ 显然是线性的(公理 2)，所以为检验 $\boldsymbol{\varepsilon}$ 是一个量子信道，只需证明它完全正定(公理 3)。令 $\boldsymbol{A}$ 为作用于复合系统 $RQ$ 状态空间上的任意半正定算子，令 $|\psi\rangle$ 为 $RQ$ 的一个态。定义 $|\psi_i\rangle\equiv(\boldsymbol{I}_R\otimes\boldsymbol{E}_i^\dagger)|\psi\rangle$，同时，根据算子 $\boldsymbol{A}$ 的半正定性，有

$$\langle\psi|(\boldsymbol{I}_R\otimes\boldsymbol{E}_i)\boldsymbol{A}(\boldsymbol{I}_R\otimes\boldsymbol{E}_i^\dagger)|\psi\rangle = \langle\psi_i|\boldsymbol{A}|\psi_i\rangle \geqslant 0 \tag{4.8}$$

对式(4.8)两边的 $i$ 求和，可得

$$\langle\psi|(\boldsymbol{I}\otimes\boldsymbol{\varepsilon})(\boldsymbol{A})|\psi\rangle = \sum_i\langle\psi_i|A|\psi_i\rangle \geqslant 0 \tag{4.9}$$

因此，对任一半正定算子 $\boldsymbol{A}$，算子$(\boldsymbol{I}\otimes\boldsymbol{\varepsilon})(\boldsymbol{A})$如所要求那样也是半正定的。而要求 $\sum_i \boldsymbol{E}_i^\dagger \boldsymbol{E}_i \leqslant \boldsymbol{I}$ 保证概率均小于或等于1。这就完成了充分条件证明，下面看必要性。

进而，设 $\varepsilon$ 满足公理1、2和3。目标是为 $\varepsilon$ 找到一个算子和表示。设辅助系统 $R$ 与原量子系统 $Q$ 具有相同维数，令$|i_R\rangle$和$|i_Q\rangle$分别为 $R$ 和 $Q$ 的正交基。为方便起见，对两个基采用同一下标 $i$，这在 $R$ 和 $Q$ 维数相同时肯定可以满足。定义系统 $RQ$ 的联合态$|\alpha\rangle$为

$$|\alpha\rangle \equiv \sum_i |i_R\rangle|i_Q\rangle \tag{4.10}$$

这里，态$|\alpha\rangle$可看作系统 $R$ 和 $Q$ 上的一个最大纠缠态(还需乘上归一化因子)。进而，在系统 $RQ$ 的状态空间上定义算子 $\boldsymbol{\sigma}$ 为

$$\boldsymbol{\sigma} \equiv (\boldsymbol{I}_R \otimes \boldsymbol{\varepsilon})(|\alpha\rangle\langle\alpha|) \tag{4.11}$$

可以认为 $\boldsymbol{\sigma}$ 是量子运算 $\boldsymbol{\varepsilon}$ 作用到系统 $RQ$ 处于最大纠缠态的一个粒子上(系统 $Q$)的结果，算子 $\boldsymbol{\sigma}$ 可用来完全表征量子运算 $\boldsymbol{\varepsilon}$。也就是说，分析 $\boldsymbol{\varepsilon}$ 对 $Q$ 的作用，等价于分析 $\boldsymbol{\sigma}$ 对 $Q$ 与其他系统的最大纠缠态上的作用。

下面看看如何从 $\boldsymbol{\sigma}$ 来恢复 $\boldsymbol{\varepsilon}$ 的。令 $|\psi\rangle=\sum_j \psi_j|j_Q\rangle$ 为系统 $Q$ 的任一态，定义 $R$ 的对应态$|\tilde{\psi}\rangle$为

$$|\tilde{\psi}\rangle \equiv \sum_j \psi_j^* |j_R\rangle$$

注意到(只对辅助系统进行操作(投影测量或求偏迹))

$$\begin{aligned}\langle\tilde{\psi}|\boldsymbol{\sigma}|\tilde{\psi}\rangle &= \langle\tilde{\psi}|\Big(\sum_{ij}|i_R\rangle\langle j_R|\otimes\boldsymbol{\varepsilon}(|i_Q\rangle\langle j_Q|)\Big)|\tilde{\psi}\rangle \\ &= \sum_{ij}\psi_i\psi_j^*\boldsymbol{\varepsilon}(|i_Q\rangle\langle j_Q|) \\ &= \boldsymbol{\varepsilon}(|\psi\rangle\langle\psi|)\end{aligned} \tag{4.12}$$

令 $\boldsymbol{\sigma}=\sum_i |s_i\rangle\langle s_i|$，即对 $\boldsymbol{\sigma}$ 的一种分解，向量$|s_i\rangle$不必归一化。定义映射

$$E_i(|\psi\rangle) \equiv \langle\tilde{\psi}|s_i\rangle \tag{4.13}$$

易知该映射是线性映射，所以 $\boldsymbol{E}_i$ 是 $Q$ 状态空间上的一个线性算子。进而，有

$$\sum_i \boldsymbol{E}_i|\psi\rangle\langle\psi|E_i^\dagger = \sum_i\langle\tilde{\psi}|s_i\rangle\langle s_i|\tilde{\psi}\rangle = \langle\tilde{\psi}|\boldsymbol{\sigma}|\tilde{\psi}\rangle = \varepsilon(|\psi\rangle\langle\psi|) \tag{4.14}$$

因此，对 $Q$ 中的所有纯态$|\psi\rangle$，有

$$\boldsymbol{\varepsilon}(|\psi\rangle\langle\psi|) = \sum_i \boldsymbol{E}_i|\psi\rangle\langle\psi|\boldsymbol{E}_i^\dagger \tag{4.15}$$

应用凸线性属性，可以导出

$$\boldsymbol{\varepsilon}(\boldsymbol{\rho}) = \sum_i \boldsymbol{E}_i\boldsymbol{\rho}\boldsymbol{E}_i^\dagger$$

同时，由公理1可以得 $\sum_i \boldsymbol{E}_i^\dagger\boldsymbol{E}_i \leqslant \boldsymbol{I}$，从而使 $\mathrm{tr}[\boldsymbol{\varepsilon}(\boldsymbol{\rho})]$ 为概率值(即 $0\leqslant \mathrm{tr}[\boldsymbol{\varepsilon}(\boldsymbol{\rho})]\leqslant 1$)。证毕

需要说明：上述证明过程中，算子的维数可根据上下文确定是否需要用单位算子扩展，或者算子具体作用到哪一个子系统($R$ 或者 $Q$)。式(4.7)是量子信道的算子和表示。

### 4.1.3 量子信道的算子和模型

本节介绍算子和表示的基本概念与量子信道的算子和表示。

**1. 量子信道的算子和模型**

令$|e_k\rangle$为有限维环境状态空间上的标准正交基，密度算子$\boldsymbol{\rho}_{\text{env}}=|e_0\rangle\langle e_0|$为环境初始态，且为纯态，则式(4.2)可写为

$$\boldsymbol{\varepsilon}(\boldsymbol{\rho})=\sum_k\langle e_k|\boldsymbol{U}[\boldsymbol{\rho}\otimes|e_0\rangle\langle e_0|]\boldsymbol{U}^\dagger|e_k\rangle=\sum_k\boldsymbol{E}_k\boldsymbol{\rho}\boldsymbol{E}_k^\dagger \tag{4.16}$$

式中，$\boldsymbol{E}_k=\langle e_k|\boldsymbol{U}|e_0\rangle$为主系统(Principle System)状态空间上的一个算子，式(4.16)称为信道映射$\boldsymbol{\varepsilon}$的算子和表示。算子$\{\boldsymbol{E}_k\}$称为$\boldsymbol{\varepsilon}$的运算元，满足完备性关系(Completeness Relation)，即

$$\mathrm{tr}[\boldsymbol{\varepsilon}(\boldsymbol{\rho})]=\mathrm{tr}\Big(\sum_k\boldsymbol{E}_k\boldsymbol{\rho}\boldsymbol{E}_k^\dagger\Big)=\mathrm{tr}\Big(\sum_k\boldsymbol{E}_k^\dagger\boldsymbol{E}_k\boldsymbol{\rho}\Big)=1$$

完备性关系对所有$\boldsymbol{\rho}$都成立，故

$$\sum_k\boldsymbol{E}_k^\dagger\boldsymbol{E}_k=\boldsymbol{I} \tag{4.17}$$

满足这个约束的量子信道称为保迹量子信道。对非保迹量子信道，即$\sum_k\boldsymbol{E}_k^\dagger\boldsymbol{E}_k\leqslant\boldsymbol{I}$。在4.1.2节推导式(4.7)(也是式(4.16))时假定信道输入和输出空间相同(均为$Q$)。对于输入/输出不同的情形，若复合系统$AB$初始处于未知量子态$\boldsymbol{\rho}$，与其相交互的复合系统$CD$初始处于标准态$|0\rangle$，作用算子为酉算子$\boldsymbol{U}$。在交互作用后，丢弃系统$A$和$D$，留下系统$BC$的态$\boldsymbol{\rho}'$。则可以证明[25]，对一组从系统$AB$状态空间映射到系统$CD$状态空间的线性算子$\boldsymbol{E}_k$，且$\sum_k\boldsymbol{E}_k\boldsymbol{E}_k^\dagger=\boldsymbol{I}$，则映射$\boldsymbol{\varepsilon}(\boldsymbol{\rho})=\boldsymbol{\rho}'$满足式(4.16)。可见算子和表示可以方便地表示系统的动力学演化过程，不需考虑环境的具体表达式。

接下来看看式(4.16)的物理含义，设酉变换$\boldsymbol{U}$以后，在基$|e_k\rangle$下对环境进行测量，这一测量仅影响环境的量子态，而不改变主系统的态。令$\boldsymbol{\rho}_k$为结果$k$出现时主系统量子态，根据测量公设有

$$\begin{aligned}\boldsymbol{\rho}_k&\propto\mathrm{tr}_E[|e_k\rangle\langle e_k|\boldsymbol{U}(\boldsymbol{\rho}\otimes|e_0\rangle\langle e_0|)\boldsymbol{U}^\dagger|e_k\rangle\langle e_k|]\\&=\langle e_k|\boldsymbol{U}(\boldsymbol{\rho}\otimes|e_0\rangle\langle e_0|)\boldsymbol{U}^\dagger|e_k\rangle=\boldsymbol{E}_k\boldsymbol{\rho}\boldsymbol{E}_k^\dagger\end{aligned} \tag{4.18}$$

归一化$\boldsymbol{\rho}_k$，有

$$\boldsymbol{\rho}_k=\frac{\boldsymbol{E}_k\boldsymbol{\rho}\boldsymbol{E}_k^\dagger}{\mathrm{tr}(\boldsymbol{E}_k\boldsymbol{\rho}\boldsymbol{E}_k^\dagger)} \tag{4.19}$$

可见，得出结果$k$的概率为

$$P(k)=\mathrm{tr}[|e_k\rangle\langle e_k|\boldsymbol{U}(\boldsymbol{\rho}\otimes|e_0\rangle\langle e_0|)\boldsymbol{U}^\dagger|e_k\rangle\langle e_k|]=\mathrm{tr}(\boldsymbol{E}_k\boldsymbol{\rho}\boldsymbol{E}_k^\dagger) \tag{4.20}$$

所以

$$\boldsymbol{\varepsilon}(\boldsymbol{\rho})=\sum_k p(k)\boldsymbol{\rho}_k=\sum_k\boldsymbol{E}_k\boldsymbol{\rho}\boldsymbol{E}_k^\dagger \tag{4.21}$$

由(4.20)可见，量子信道映射的作用等价于给输入$\boldsymbol{\rho}$，输出随机地以概率$\mathrm{tr}(\boldsymbol{E}_k\boldsymbol{\rho}\boldsymbol{E}_k^\dagger)$变为$\dfrac{\boldsymbol{E}_k\boldsymbol{\rho}\boldsymbol{E}_k^\dagger}{\mathrm{tr}(\boldsymbol{E}_k\boldsymbol{\rho}\boldsymbol{E}_k^\dagger)}$。

**2. 算子和模型与测量**

对于开放量子系统，若系统-环境的酉变换算符用$\boldsymbol{U}$表示，且环境的一组基矢为$|e_k\rangle$，则运算元为

$$\boldsymbol{E}_k \equiv \langle e_k | \boldsymbol{U} | e_0 \rangle \tag{4.22}$$

设主系统 $Q$ 初始处于态 $\boldsymbol{\rho}$，假设 $Q$ 和环境 $E$ 初始时独立，且 $E$ 开始时处于态 $\boldsymbol{\sigma}$，则系统复合态的初态为 $\boldsymbol{\rho}_{QE}=\boldsymbol{\rho}\otimes\boldsymbol{\sigma}$。假设系统依据酉算子 $\boldsymbol{U}$ 来交互作用，在酉交互后，在复合系统上执行投影测量 $\boldsymbol{P}_m$。这里定义一个特殊的投影算子 $\boldsymbol{P}_0\equiv\boldsymbol{I}$，即实际上不进行测量，此时对应测量结果 $m=0$。如图 4.3 所示，对应于测量结果 $m$，复合系统 $QE$ 的最终态为

$$\frac{\boldsymbol{P}_m \boldsymbol{U}(\boldsymbol{\rho}\otimes\boldsymbol{\sigma})\boldsymbol{U}^\dagger \boldsymbol{P}_m}{\mathrm{tr}\{\boldsymbol{P}_m \boldsymbol{U}(\boldsymbol{\rho}\otimes\boldsymbol{\sigma})\boldsymbol{U}^\dagger \boldsymbol{P}_m\}} \tag{4.23}$$

对环境 $E$ 取迹，则主系统 $Q$ 最终量子态为

$$\frac{\mathrm{tr}_E\{\boldsymbol{P}_m \boldsymbol{U}(\boldsymbol{\rho}\otimes\boldsymbol{\sigma})\boldsymbol{U}^\dagger \boldsymbol{P}_m\}}{\mathrm{tr}\{\boldsymbol{P}_m \boldsymbol{U}(\boldsymbol{\rho}\otimes\boldsymbol{\sigma})\boldsymbol{U}^\dagger \boldsymbol{P}_m\}} \tag{4.24}$$

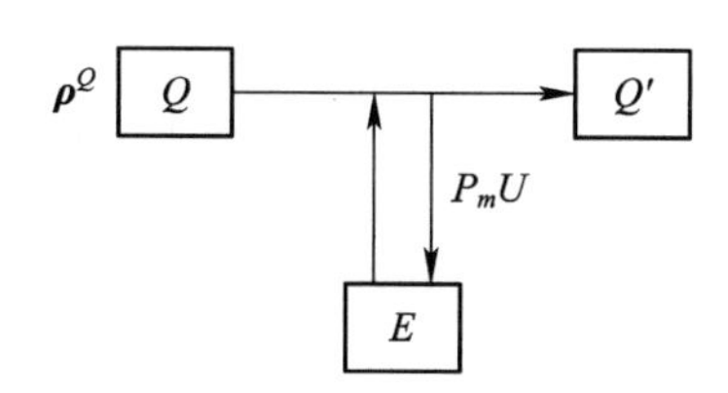


图 4.3　量子信道的主系统-环境模型

定义映射

$$\varepsilon_m(\boldsymbol{\rho}) \equiv \mathrm{tr}_E\{\boldsymbol{P}_m \boldsymbol{U}(\boldsymbol{\rho}\otimes\boldsymbol{\sigma})\boldsymbol{U}^\dagger \boldsymbol{P}_m\} \tag{4.25}$$

于是主系统 $Q$ 的最终态为 $\boldsymbol{\varepsilon}_m(\boldsymbol{\rho})/\mathrm{tr}(\boldsymbol{\varepsilon}_m(\boldsymbol{\rho}))$，其中，$\mathrm{tr}(\boldsymbol{\varepsilon}_m(\boldsymbol{\rho}))$ 为得到测量结果 $m$ 的概率。设 $\boldsymbol{\sigma}$ 可分解为 $\boldsymbol{\sigma}=\sum_j q_j |j\rangle\langle j|$，对环境 $E$ 引入正交规范基 $|e_k\rangle$，由于

$$\begin{aligned}\boldsymbol{\varepsilon}_m(\boldsymbol{\rho}) &= \sum_{jk} q_j \mathrm{tr}_E\{|e_k\rangle\langle e_k|\boldsymbol{P}_m \boldsymbol{U}(\boldsymbol{\rho}\otimes|j\rangle\langle j|)\boldsymbol{U}^\dagger \boldsymbol{P}_m |e_k\rangle\langle e_k|\} \\ &= \sum_{jk} E_{jk}\boldsymbol{\rho}E_{jk}^\dagger\end{aligned} \tag{4.26}$$

其中，$E_{jk}\equiv\sqrt{q_j}\langle e_k|\boldsymbol{P}_m\boldsymbol{U}|j\rangle$，该方程是式(4.16)的推广。它在确知环境 $E$ 的初态 $\boldsymbol{\sigma}$ 和主系统 $Q$ 与 $E$ 之间动力学过程的前提下，为计算 $\boldsymbol{\varepsilon}_m$ 的算子和表示中的算子提供了一种可行方法[2]。

前面已经看到，量子信道(交互量子系统)可以用算子和表示。相反，给定一组算子 $\{\boldsymbol{E}_k\}$，存在酉演化或投影测量对应的环境-系统的动力学过程，即对任一具有运算元 $\{\boldsymbol{E}_k\}$、保迹或非保迹量子运算 $\boldsymbol{\varepsilon}$，必存在起始于纯态 $|e_0\rangle$ 的环境 $E$，以及由酉算子 $\boldsymbol{U}$ 和 $E$ 上的投影算子 $\boldsymbol{P}$ 所表征的动力学过程，使得有

$$\boldsymbol{\varepsilon}(\boldsymbol{\rho}) = \mathrm{tr}_E\{\boldsymbol{P}\boldsymbol{U}(\boldsymbol{\rho}\otimes|e_0\rangle\langle e_0|)\boldsymbol{U}^\dagger\boldsymbol{P}\} \tag{4.27}$$

这里仅说明当 $\boldsymbol{\varepsilon}(\boldsymbol{\rho})$ 为保迹量子运算时，目的是寻找合适的 $\boldsymbol{U}$ 算子模拟这一过程，其中，$\boldsymbol{\varepsilon}(\boldsymbol{\rho})$ 的算子和表示中算子元 $\boldsymbol{E}_k$ 满足完备性关系：$\sum_k \boldsymbol{E}_k^\dagger\boldsymbol{E}_k=\boldsymbol{I}$。令 $|e_k\rangle$ 为 $E$ 的一个正交基，且与算子 $\boldsymbol{E}_k$ 的下标 $k$ 一一对应。定义算子 $\boldsymbol{U}$，它对形如 $|\psi\rangle|e_k\rangle$ 的态具有如下作用：

$$\boldsymbol{U}|\psi\rangle|e_0\rangle \equiv \sum_k \boldsymbol{E}_k|\psi\rangle|e_k\rangle \tag{4.28}$$

其中，$|e_0\rangle$ 是环境的某个标准态。对于主系统的任意态 $|\psi\rangle$ 和 $|\varphi\rangle$，根据完备性关系，有

$$\langle\psi|\langle e_0|\boldsymbol{U}^\dagger\boldsymbol{U}|\varphi\rangle|e_0\rangle = \sum_k\langle\psi|\boldsymbol{E}_k^\dagger\boldsymbol{E}_k|\varphi\rangle = \langle\psi|\varphi\rangle \tag{4.29}$$

因此，算子 $\boldsymbol{U}$ 可被扩展为作用于复合系统的整个状态空间的酉算子。容易验证

$$\mathrm{tr}_E\{\boldsymbol{U}(\boldsymbol{\rho}\otimes|e_0\rangle\langle e_0|)\boldsymbol{U}^\dagger\}=\sum_k \boldsymbol{E}_k\boldsymbol{\rho}\boldsymbol{E}_k^\dagger \tag{4.30}$$

所以，这个模型是具有算子元 $\boldsymbol{E}_k$ 的量子运算 $\varepsilon$ 的一个实现。

对于非保迹量子信道的系统-环境模型也可构造酉算子，详见参考文献[2]。给定一组量子运算 $\{\boldsymbol{\varepsilon}_m\}$，其和 $\sum_m \boldsymbol{\varepsilon}_m$ 是保迹的，即 $1=\sum_m p(m)=\mathrm{tr}\left\{\left(\sum_m \boldsymbol{\varepsilon}_m\right)\boldsymbol{\rho}\right\}$，则可构造一个测量模型对应于这组量子运算。对每个 $m$，令 $\boldsymbol{E}_{mk}$ 为 $\boldsymbol{\varepsilon}_m$ 的一组运算元。现引入环境 $E$，其正交规范基 $|m, k\rangle$ 与运算元一一对应。与前面构造方法类似，定义算子 $\boldsymbol{U}$，使

$$\boldsymbol{U}|\psi\rangle|e_0\rangle=\sum_{mk}\boldsymbol{E}_{mk}|\psi\rangle|m, k\rangle \tag{4.31}$$

定义环境 $E$ 上的投影算子 $\boldsymbol{P}_m\equiv\sum_k|m, k\rangle\langle m, k|$，在 $\boldsymbol{\rho}\otimes|e_0\rangle\langle e_0|$ 上执行 $\boldsymbol{U}$，则测量 $\boldsymbol{P}_m$ 将以概率 $\mathrm{tr}(\boldsymbol{\varepsilon}_m(\boldsymbol{\rho}))$ 得到结果 $m$，且主系统测量后的态为 $\boldsymbol{\varepsilon}_m(\boldsymbol{\rho})/\mathrm{tr}(\boldsymbol{\varepsilon}_m(\boldsymbol{\rho}))$。

除了前述方法外，量子信道还可以用 Choi 矩阵表示。如前所述，量子信道是输入 Hilbert 空间 $H_A$ 到输出 Hilbert 空间 $H_B$ 的映射 $\boldsymbol{\varepsilon}$。若输入 Hilbert 空间的维数为 $d$，其正交规范基为 $|i\rangle$。

Choi 矩阵 $\boldsymbol{\Lambda}$ 定义为

$$\boldsymbol{\Lambda}=\sum_{i, j=0}^{d-1}|i\rangle\langle j|\otimes\boldsymbol{\varepsilon}(|i\rangle\langle j|) \tag{4.32}$$

Choi 矩阵还可表示为

$$\boldsymbol{\Lambda}=(\boldsymbol{I}\otimes\boldsymbol{\varepsilon})|\Phi^\dagger\rangle\langle\Phi^\dagger| \tag{4.33}$$

其中，$\boldsymbol{I}$ 是单位矩阵，$|\Phi^\dagger\rangle$ 为非归一化 Bell 态，即 $|\Phi^\dagger\rangle=\sum_i|i\rangle\otimes|i\rangle$。采用 Choi 矩阵，量子信道可表示为

$$\boldsymbol{\varepsilon}(\boldsymbol{\rho})=\mathrm{Tr}_{H_A}[(\boldsymbol{\rho}^{\mathrm{T}}\otimes\boldsymbol{I}_{H_B})\boldsymbol{\Lambda}] \tag{4.34}$$

也可用张量分量来表示

$$\boldsymbol{\varepsilon}(\boldsymbol{\rho})_{mn}=\sum_{\mu, \nu}\boldsymbol{\Lambda}_{\mu m, \nu n}\boldsymbol{\rho}_{\mu\nu} \tag{4.35}$$

信道的 Choi 矩阵表示可用于信道层析成像等方面。

## 4.2 特定量子信道模型

本节给出几个具体的量子噪声信道模型[24-25, 30]，包括比特翻转信道、相位翻转信道、退偏振信道、幅值阻尼信道、相位阻尼信道和玻色量子高斯信道。

### 4.2.1 比特翻转信道

比特翻转信道将量子比特以概率 $(1-p)$ 从 $|0\rangle$ 变换到 $|1\rangle$（或者相反），其运算元为

$$\boldsymbol{E}_0=\sqrt{p}\boldsymbol{I}=\sqrt{p}\begin{bmatrix}1 & 0\\0 & 1\end{bmatrix},\ \boldsymbol{E}_1=\sqrt{1-p}\boldsymbol{\sigma}_x=\sqrt{1-p}\begin{bmatrix}0 & 1\\1 & 0\end{bmatrix}$$

代入式(4.16)，则比特翻转信道的算子和形式为

$$\boldsymbol{\varepsilon}(\boldsymbol{\rho})=p\boldsymbol{\rho}+(1-p)\boldsymbol{\sigma}_x\boldsymbol{\rho}\boldsymbol{\sigma}_x \tag{4.36}$$

### 4.2.2 相位翻转信道

相位翻转信道具有运算元

$$\boldsymbol{E}_0=\sqrt{p}\boldsymbol{I}=\sqrt{p}\begin{bmatrix}1 & 0\\0 & 1\end{bmatrix},\ \boldsymbol{E}_1=\sqrt{1-p}\boldsymbol{\sigma}_Z=\sqrt{1-p}\begin{bmatrix}1 & 0\\0 & -1\end{bmatrix}$$

代入式(4.16)，相位翻转信道的算子和形式可写为

$$\boldsymbol{\varepsilon}(\boldsymbol{\rho})=p\boldsymbol{\rho}+(1-p)\boldsymbol{\sigma}_Z\boldsymbol{\rho}\boldsymbol{\sigma}_Z \tag{4.37}$$

相位反转信道的作用，体现在 Bloch 球面上，使得球面沿 $x$-$y$ 平面收缩，而比特翻转信道使得 Bloch 球面沿 $y$-$z$ 平面收缩。

比特-相位翻转信道具有运算元

$$\boldsymbol{E}_0=\sqrt{p}\boldsymbol{I}=\sqrt{p}\begin{bmatrix}1 & 0\\0 & 1\end{bmatrix},\ \boldsymbol{E}_1=\sqrt{1-p}\boldsymbol{\sigma}_Y=\sqrt{1-p}\begin{bmatrix}0 & -i\\i & 0\end{bmatrix}$$

比特-相位翻转信道使得 Bloch 球面沿 $x$-$z$ 平面收缩，信道映射为

$$\boldsymbol{\varepsilon}(\boldsymbol{\rho})=p\boldsymbol{\rho}+(1-p)\boldsymbol{\sigma}_Y\boldsymbol{\rho}\boldsymbol{\sigma}_Y \tag{4.38}$$

### 4.2.3 退偏振信道

退偏振信道是指量子比特以概率 $p$ 退偏振，即被完全混态 $\boldsymbol{I}/2$ 所代替，以概率$(1-p)$保持不变。则量子系统经过退偏振信道后的态可表示为

$$\boldsymbol{\varepsilon}(\boldsymbol{\rho})=\frac{p\boldsymbol{I}}{2}+(1-p)\boldsymbol{\rho} \tag{4.39}$$

对任意 $\boldsymbol{\rho}$ 有：

$$\frac{\boldsymbol{I}}{2}=\frac{\boldsymbol{\rho}+\boldsymbol{\sigma}_X\boldsymbol{\rho}\boldsymbol{\sigma}_X+\boldsymbol{\sigma}_Y\boldsymbol{\rho}\boldsymbol{\sigma}_Y+\boldsymbol{\sigma}_Z\boldsymbol{\rho}\boldsymbol{\sigma}_Z}{4} \tag{4.40}$$

将式(4.40)代入式(4.39)，得

$$\boldsymbol{\varepsilon}(\boldsymbol{\rho})=\left(1-\frac{3p}{4}\right)\boldsymbol{\rho}+\frac{p}{4}(\boldsymbol{\sigma}_X\boldsymbol{\rho}\boldsymbol{\sigma}_X+\boldsymbol{\sigma}_Y\boldsymbol{\rho}\boldsymbol{\sigma}_Y+\boldsymbol{\sigma}_Z\boldsymbol{\rho}\boldsymbol{\sigma}_Z) \tag{4.41}$$

即退偏振信道具有运算元$\left\{\sqrt{1-\frac{3p}{4}}\boldsymbol{I},\ \frac{\sqrt{p}\sigma_X}{2},\ \frac{\sqrt{p}\sigma_Y}{2},\ \frac{\sqrt{p}\sigma_Z}{2}\right\}$。式(4.41)也可以写为

$$\boldsymbol{\varepsilon}(\boldsymbol{\rho})=(1-p)\boldsymbol{\rho}+\frac{p}{3}(\boldsymbol{\sigma}_X\boldsymbol{\rho}\boldsymbol{\sigma}_X+\boldsymbol{\sigma}_Y\boldsymbol{\rho}\boldsymbol{\sigma}_Y+\boldsymbol{\sigma}_Z\boldsymbol{\rho}\boldsymbol{\sigma}_Z) \tag{4.42}$$

即态 $\boldsymbol{\rho}$ 以概率 $1-p$ 保持不变，以概率 $p/3$ 分别被算子 $\boldsymbol{\sigma}_X$、$\boldsymbol{\sigma}_Y$ 和 $\boldsymbol{\sigma}_Z$ 作用(发生演化 $\boldsymbol{\sigma}_X$、$\boldsymbol{\sigma}_Y$ 和 $\boldsymbol{\sigma}_Z$)。退极化信道可以推广到维数大于 2 的量子系统。对于 $d$ 维量子系统，退偏振信道以概率 $p$ 用完全混态 $\boldsymbol{I}/d$ 代替，否则就保持不变。相应的量子信道模型为

$$\boldsymbol{\varepsilon}(\boldsymbol{\rho})=\frac{p\boldsymbol{I}}{d}+(1-p)\boldsymbol{\rho} \tag{4.43}$$

### 4.2.4 幅值阻尼信道

幅值阻尼(Amplitude Damping)信道的运算元为

$$\boldsymbol{E}_0=\begin{bmatrix}1 & 0\\ 0 & \sqrt{1-\gamma}\end{bmatrix},\ \boldsymbol{E}_1=\begin{bmatrix}0 & \sqrt{\gamma}\\ 0 & 0\end{bmatrix} \tag{4.44}$$

其中，参数 $\gamma$ 是指丢失一个光子的概率。

$\boldsymbol{E}_1$ 把 $|1\rangle$ 态变到 $|0\rangle$ 态，对应于丢失一个能量量子到环境的物理过程。$\boldsymbol{E}_0$ 运算保持 $|0\rangle$ 态不变，但 $|1\rangle$ 态的幅值减小。若主系统和环境均为谐波振荡器，主系统与环境产生交互作用，Hamilton 量为

$$\boldsymbol{H}=\chi(\boldsymbol{a}^{\dagger}\boldsymbol{b}+\boldsymbol{b}^{\dagger}\boldsymbol{a}) \tag{4.45}$$

其中，$\boldsymbol{a}$ 和 $\boldsymbol{b}$ 分别为两个谐波振荡器的湮没算子。令 $\boldsymbol{U}=\exp(-\mathrm{i}\boldsymbol{H}\Delta t)$，令 $\boldsymbol{b}^{\dagger}\boldsymbol{b}$ 的本征态为 $|k_b\rangle$，同时选取真空态 $|0_b\rangle$ 为环境的初态，则运算元 $\boldsymbol{E}_k=\langle k_b|\boldsymbol{U}|0_b\rangle$ 为

$$\boldsymbol{E}_k=\sum_n\sqrt{\binom{n}{k}}\sqrt{(1-\gamma)^{n-k}\gamma^k}\,|n-k\rangle\langle n| \tag{4.46}$$

其中，$\gamma=1-\cos^2(\chi\Delta t)$ 为丢失单个量子能量的概率，而 $|n\rangle$ 为 $\boldsymbol{a}^{\dagger}\boldsymbol{a}$ 的本征态(参见 2.4 节光子数态的概念)。可以证明运算元 $\boldsymbol{E}_k$ 可定义一个保迹量子运算。对单量子比特态

$$\boldsymbol{\rho}=\begin{pmatrix}a & b\\ b^* & c\end{pmatrix} \tag{4.47}$$

经过幅值阻尼信道后，态变为[25]

$$\boldsymbol{\varepsilon}(\boldsymbol{\rho})=\begin{bmatrix}1-(1-\gamma)(1-a) & b\sqrt{1-\gamma}\\ b^*\sqrt{1-\gamma} & c(1-\gamma)\end{bmatrix} \tag{4.48}$$

### 4.2.5 相位阻尼信道

设量子比特 $|\varphi\rangle=a|0\rangle+b|1\rangle$，在其上作用旋转运算 $\boldsymbol{R}_z(\theta)$，其中旋转角 $\theta$ 随机，由与环境的交互作用所引起的。$\boldsymbol{R}_z$ 运算称为相位振动(Phase Kick)。假定 $\theta$ 服从均值为 0、方差为 $2\lambda$ 的高斯分布，则相位阻尼(Phase Damping)信道输出密度算子为[25]：

$$\boldsymbol{\rho}=\frac{1}{\sqrt{4\pi\lambda}}\int_{-\infty}^{\infty}\boldsymbol{R}_z(\theta)|\psi\rangle\langle\psi|\boldsymbol{R}_z^{\dagger}(\theta)\mathrm{e}^{-\theta^2/4\lambda}\mathrm{d}\theta=\begin{bmatrix}|a|^2 & ab^*\mathrm{e}^{-\lambda}\\ a^*b\mathrm{e}^{-\lambda} & |b|^2\end{bmatrix} \tag{4.49}$$

随机相位振动会使密度矩阵非对角元的期望值随时间呈指数衰减至 0。考虑两个谐波振荡器的交互作用，其交互 Hamilton 量为

$$\boldsymbol{H}=\chi\boldsymbol{a}^{\dagger}\boldsymbol{a}(\boldsymbol{b}+\boldsymbol{b}^{\dagger}) \tag{4.50}$$

令 $\boldsymbol{U}=\exp(-\mathrm{i}\boldsymbol{H}\Delta t)$，仅考虑振荡器 $a$ 的 $|0\rangle$ 和 $|1\rangle$ 态作为主系统，并设环境振荡器初始时处于 $|0\rangle$ 态，对环境 $b$ 取迹，得到运算元 $\boldsymbol{E}_k=\langle k_b|\boldsymbol{U}|0_b\rangle$，分别为

$$\boldsymbol{E}_0=\begin{bmatrix}1 & 0\\ 0 & \sqrt{1-\lambda}\end{bmatrix},\ \boldsymbol{E}_1=\begin{bmatrix}0 & 0\\ 0 & \sqrt{\lambda}\end{bmatrix} \tag{4.51}$$

其中，$\lambda=1-\cos^2(\chi\Delta t)$ 为系统中光子被散射的概率(没有能量损失)，与幅值阻尼的效果类似，$\boldsymbol{E}_0$ 保持 $|0\rangle$ 态不变，但会减小 $|1\rangle$ 态幅值；然而，不像幅值阻尼，运算元 $\boldsymbol{E}_1$ 会破坏 $|0\rangle$ 态，并减小 $|1\rangle$ 态的幅值但不会将其改变为 $|1\rangle$ 态。

可以证明，退偏振信道和相位阻尼信道是酉演化，而幅值阻尼信道不是酉演化。

### 4.2.6 玻色量子高斯信道

玻色量子高斯信道是连续变量量子通信系统的一类信道。令 $\boldsymbol{\rho}_{\text{in}}$ 表示输入态的密度算子，则量子信道是将输入态映射为输出态 $\boldsymbol{\rho}_{\text{out}}$：

$$\boldsymbol{\rho}_{\text{in}} \mapsto \boldsymbol{\rho}_{\text{out}} = \boldsymbol{C}[\boldsymbol{\rho}_{\text{in}}] \tag{4.52}$$

玻色量子高斯信道可表示为

$$\boldsymbol{\rho}_{\text{out}} = \boldsymbol{C}[\boldsymbol{\rho}_{\text{in}}] = \int_C \boldsymbol{D}(z)\boldsymbol{\rho}_{\text{in}}\boldsymbol{D}^{\dagger}(z)p(z)\mathrm{d}^2 z \tag{4.53}$$

式中，平移算符 $\boldsymbol{D}(z) = \mathrm{e}^{z\boldsymbol{a}^{\dagger} - z^{*}\boldsymbol{a}}$，$\boldsymbol{a}^{\dagger}$、$\boldsymbol{a}$ 分别为系统的产生算子和湮灭算子，$p(z) = \exp(-|z|^2/N_C)/\pi N_C$，$N_C$ 为信道噪声方差(即平均光子数)。若输入为高斯态，其密度算子为[37]

$$\boldsymbol{\rho}_{\text{in}} = \frac{1}{\pi N}\int_C \mathrm{e}^{-\frac{|\alpha|^2}{N}} |\alpha\rangle\langle\alpha| \mathrm{d}^2\alpha \tag{4.54}$$

处于高斯态的光脉冲的光子数服从泊松分布，平均光子数为 $N$。有以下定理。

**定理**：对于玻色量子高斯信道，如果输入为高斯态，其方差为 $N$，则经过信道映射后的输出态也为高斯态，且其方差(平均光子数)变为 $N+N_C$，即

$$\boldsymbol{\rho}_{\text{out}} = \frac{1}{\pi(N+N_C)}\int_C \mathrm{e}^{-\frac{|z|^2}{N+N_C}} |z\rangle\langle z| \mathrm{d}^2 z$$

## 4.3 光纤量子信道

在实际光纤量子通信系统中，光学元器件，如光分束器、波片、移相器均可看作对量子态作酉变换。但是在长距离光纤中，由于损耗、频率色散(Chromatic Dispersion, CD)和偏振模色散(Polarization Mode Dispersion, PMD)等因素影响着量子特性，加之外界环境，如温度、磁场、应力等因素的影响对量子态表现为非酉变换，限制了单光子脉冲的传输效率和量子通信系统的性能。

光量子信道中的频率色散包括材料色散和波导色散，对于光量子脉冲，因其占有一定的带宽(线宽)，必然存在群速率色散(Group Velocity Dispersion, GVD)，从而导致脉冲展宽。通过良好的设计，可以有效地控制光纤频率色散，本节主要讨论光纤量子信道的损耗和偏振模色散。

### 4.3.1 光纤量子信道的损耗

光纤量子信道的损耗包括吸收损耗、散射损耗、弯曲损耗和微弯损耗等[50-51]。

**1. 吸收损耗**

吸收损耗包括本征吸收损耗(紫外吸收损耗、红外吸收损耗)和杂质吸收损耗。紫外吸收是由原子跃迁引起的，对于掺锗的单模光纤，紫外吸收损耗与纤芯掺锗的重量百分比及光量子波长有关。红外吸收是由分子振动引起的，与光量子波长有关。杂质吸收包括金属

离子吸收、氢氧根离子($OH^-$)吸收和其他杂质吸收损耗，金属离子吸收与其他杂质吸收可忽略。$OH^-$ 吸收损耗可根据吸收谱线的峰值和位置采用高斯拟合法建立其衰减系数模型。

**2. 散射损耗**

散射损耗包括瑞利散射、布里渊散射和拉曼散射带来的损耗。

瑞利散射是由纤芯折射率小尺度随机不均匀性所引起的散射，与纤芯折射率、光弹性系数(Photoelastic Coefficient)、等温热压缩率(Isothermal Compressibility)、玻尔兹曼常数及波长有关。

布里渊散射是光信号在光纤中传播时，与声波场低频声子(声学声子)之间相互作用产生的一种非弹性散射，它与玻尔兹曼常数、绝对温度、光纤弹性张量系数、光纤材料密度和光纤中的声速有关。

拉曼散射是一种非弹性散射，主要源于光场与媒质中分子(光学声子)振动和旋转之间的非线性相互作用引起的散射，包括受激拉曼散射和自发拉曼散射两种。拉曼散射损耗与Sellmeier能量、摩尔体积、局部结构的维数、每个分子单元独立振动模式的个数、键长、主拉曼模的有效质量和频率、温度有关。

**3. 弯曲损耗**

由传输线理论可知，非连续传输线必然会产生散射(辐射)损耗。弯曲损耗与纤芯半径、光纤弯曲的曲率半径、纤芯和包层折射率等有关。

**4. 微弯损耗**

微弯损耗是由随机微弯引起的模式耦合导致的光纤辐射损耗，它是在光纤加工过程中造成的。随机微弯是光纤芯曲率半径的重复性小规模波动。微弯损耗与纤芯和包层折射率、纤芯半径和光纤外径、光纤形变相关长度、光斑大小、径向传播常数等有关。

此外，还有连接损耗，指光缆接头的损耗。

上述各种因素可用衰减常数 $\alpha$ 来表述，单位是 dB/km，即每公里衰减 $\alpha$dB。若信道长度为 $L$，则单光子脉冲的通过率 $t_f$ 为

$$t_f = 10^{-\frac{\alpha L}{10}} \tag{4.55}$$

当波长为 1330 nm 时，$\alpha \approx 0.34$ dB/km。当波长为 1550 nm 时，$\alpha \approx 0.2$ dB/km(超低损耗光纤可达 0.16 dB/km)。光纤信道的损耗和接收机探测器的噪声(主要是暗计数)决定了量子通信系统所能达到的距离。

光纤量子信道的损耗也可以用 4.2 节中介绍的幅值阻尼信道模型表示。量子态的密度算子可用 Bloch 向量和 Pauli 算子表示[25]：

$$\boldsymbol{\rho} = \frac{1}{2}(\boldsymbol{I} + \boldsymbol{\omega} \cdot \boldsymbol{\sigma}) \tag{4.56}$$

式中，$\boldsymbol{I}$ 为单位向量，$\boldsymbol{\omega}$ 为三维实向量，$\boldsymbol{\sigma} = \boldsymbol{a}_x\boldsymbol{\sigma}_x + \boldsymbol{a}_y\boldsymbol{\sigma}_y + \boldsymbol{a}_z\boldsymbol{\sigma}_z$，$\boldsymbol{a}_x$、$\boldsymbol{a}_y$、$\boldsymbol{a}_z$ 为单位向量。量子信道的映射可写为[52]

$$\boldsymbol{\varepsilon}(\boldsymbol{\rho}) = \omega_0 \boldsymbol{I} + (\boldsymbol{t} + \boldsymbol{T}\boldsymbol{\omega}) \cdot \boldsymbol{\sigma} \tag{4.57}$$

式中，$\boldsymbol{t}$ 为三维列向量，$\boldsymbol{T}$ 为 $3 \times 3$ 矩阵。对幅值阻尼信道，$\boldsymbol{t} = [0 \quad 0 \quad \gamma]^{\mathrm{T}}$，

$$\boldsymbol{T}=\begin{bmatrix}\sqrt{1-\gamma} & & \\ & \sqrt{1-\gamma} & \\ & & 1-\gamma\end{bmatrix}$$

则

$$\boldsymbol{\varepsilon}(\boldsymbol{\rho})=\frac{1}{2}\boldsymbol{I}+\sqrt{1-\gamma}\omega_x\boldsymbol{\sigma}_x+\sqrt{1-\gamma}\omega_y\boldsymbol{\sigma}_y+[\gamma+(1-\gamma)\omega_z]\boldsymbol{\sigma}_z \tag{4.58}$$

即 Bloch 向量的映射为

$$(\omega_x, \omega_y, \omega_z)\rightarrow(\sqrt{1-\gamma}\omega_x, \sqrt{1-\gamma}\omega_y, [\gamma+(1-\gamma)\omega_z])$$

### 4.3.2　光纤量子信道的偏振模色散

偏振模色散是由于光量子偏振态在光纤快轴和慢轴方向的分量传输特性不同，导致偏振态发生变化(偏振旋转或退偏振)和脉冲特性改变(如脉宽展宽)的现象。导致光纤偏振模色散的因素主要有纤芯椭圆度(纤芯的几何各向异性)、应力(作用在光纤轴上的横向力)、弯曲(光缆铺设造成)、张力(纵向牵引与弯曲)和扭曲(外力作用)[51, 53]。通常多种因素同时存在，而且往往是动态变化的，建模比较复杂。

**1. 光纤中偏振态的变化分析**

光量子脉冲的偏振态在光纤中的变化可用琼斯矩阵来表述，根据获得的双折射参数(两个正交的主偏振方向相移常数差 $\Delta\beta$)，可得到对应的琼斯矩阵，进而可以由输入偏振态计算得到相应输出偏振态。

若光纤的线双折射用相位延迟矩阵 $\boldsymbol{M}$ 来表征，圆双折射用旋转矩阵 $\boldsymbol{R}(\varsigma)$表示，$\varsigma$表示光纤快轴与 $x$ 轴(水平偏振方向)的夹角，则[51, 53]：

$$\boldsymbol{R}(\varsigma)=\begin{bmatrix}\cos\varsigma & -\sin\varsigma\\ \sin\varsigma & \cos\varsigma\end{bmatrix},\ \boldsymbol{M}=\mathrm{e}^{-\mathrm{i}\theta}\begin{bmatrix}1 & 0\\ 0 & \mathrm{e}^{-\mathrm{i}\Delta\theta}\end{bmatrix}$$

式中，$\theta$ 为沿 $x$ 轴方向振动的偏振光在光纤上的相位延迟，$\Delta\theta$ 为光纤上 $y$ 和 $x$ 方向偏振光的相位差，则 $\Delta\theta=\Delta\beta\cdot L$。令 $E_x$ 和 $E_y$ 为输入偏振(电场)分量，$E'_x$ 和 $E'_y$ 为输出分量，则

$$\begin{bmatrix}E'_x\\ E'_y\end{bmatrix}=\boldsymbol{R}(\varsigma)\cdot\boldsymbol{M}\cdot\boldsymbol{R}(-\varsigma)\cdot\begin{bmatrix}E_x\\ E_y\end{bmatrix} \tag{4.59}$$

定义琼斯矩阵 $\boldsymbol{T}=\boldsymbol{R}(\varsigma)\cdot\boldsymbol{M}\cdot\boldsymbol{R}(-\varsigma)$。偏振模色散可由 PMD 系数来表述，在 ITU-T G.650.2(《单模光纤和光缆统计和非线性相关属性定义与测试方法》)中定义如下：设两个主偏振态之间的群时延差，即差分群时延(Differential Group Delay，DGD)为 $\delta\tau(\nu)$，$\nu$ 为光量子脉冲的中心频率，在频率 $\nu_1$ 和 $\nu_2$ 之间的平均 DGD 为

$$\langle\boldsymbol{\delta\tau}\rangle=\frac{\int_{\nu_1}^{\nu_2}\delta\tau(\nu)\mathrm{d}\nu}{\nu_2-\nu_1} \tag{4.60}$$

PMD 系数 $\xi=\langle\boldsymbol{\delta\tau}\rangle/\sqrt{L}$，其中，$L$ 为光缆长度(单位是 km)，通常 PMD 系数的单位是 $\mathrm{ps}/\sqrt{\mathrm{km}}$。

**2. 光纤纤芯椭圆度引起的双折射**

这里以由光纤非圆形纤芯的几何各向异性引入的线性双折射为例，给出双折射计算方

法。若 $a$ 和 $b$ 分别表示椭圆纤芯的半短轴和半长轴，则其椭圆度参数 $\varepsilon$ 定义为 $\varepsilon=1-a/b$。设椭圆形纤芯引起的双折射的快轴和慢轴分别对应于椭圆的长轴和短轴，则椭圆形纤芯引起的双折射可表示为[54]：

$$\Delta\beta_{\text{ell}}=\varepsilon n_1 k_0 \Delta^2 G(V) \tag{4.61}$$

其中，$\Delta=\dfrac{n_1-n_2}{n_1}$是纤芯折射率 $n_1$ 和包层折射率 $n_2$ 之间的相对折射率差，波传播常数 $k_0=\dfrac{2\pi}{\lambda_0}$，函数 $G(V)$ 为

$$G(V)=\frac{W^2}{V^4}\left[U^2+(U^2-W^2)\left[\frac{J_0(U)}{J_1(U)}\right]^2+UW^2\left[\frac{J_0(U)}{J_1(U)}\right]^3\right] \tag{4.62}$$

式(4.61)、式(4.62)中的波导参数定义为 $U=a\sqrt{n_1^2k_0^2-\beta^2}$，$W=a\sqrt{\beta^2-n_2^2k_0^2}$，$V=\sqrt{U^2+W^2}=ak_0\sqrt{n_1^2-n_2^2}$，其中 $a$ 是纤芯半径，$J_0$，$J_1$ 是第一类贝塞尔函数，$\beta$ 是相移常数。根据双折射可得到琼斯矩阵，进而得到偏振态的变化。

### 4.3.3 光量子信号和数据在单根光纤中的传输

在早期量子密钥分发系统中，光量子信号往往单独采用一根光纤(即暗光纤(Dark Fiber))传输，性能虽好但成本较高。显然，将光量子信号与业务数据信号在同一根光纤中传输比较经济，但是强光信号对单光子信号的影响较大，主要体现在强光对光量子的干扰、拉曼散射等非线性效应的影响。早在 1997 年，英国电信的 Townsend 团队已经报道了采用波分复用技术使量子密钥分发(1300 nm)和经典光(1550 nm)共享单模光纤的实验[55]。截至目前有大量共纤传输的实验结果，包括实验室和外场实际运营的光纤信道[14]。

实际测试表明瞬时拉曼散射(Spontaneous Raman Scattering)会导致 QKD 距离下降[56]，图 4.4 分别给出了最终密钥率与经典信道功率、滤波器带宽和信道间隔之间的关系，这里采用差分相移 QKD。可以看出，经典光的存在明显导致 QKD 距离缩短，在接收经典信号功率－26 dBm 时，距离缩短约 10 km；滤波器的带宽越窄，越能有效降低干扰的影响，增加通信距离，使其接近无经典信道时的结果；经典量子信道间隔越大，距离越远。总的来看，QKD 安全通信距离降低约 20%。

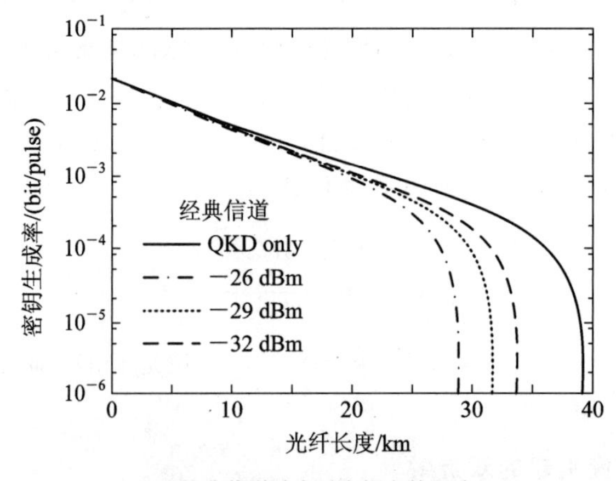


(a) 经典信道功率对密钥率的影响

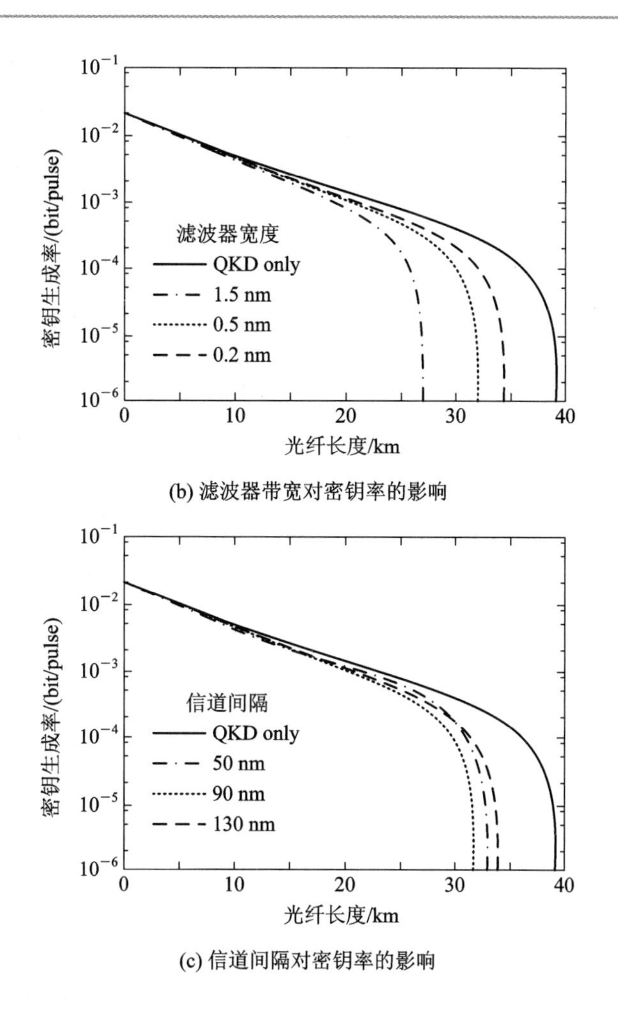


(b) 滤波器带宽对密钥率的影响

(c) 信道间隔对密钥率的影响

图 4.4　不同情形下 QKD 系统密钥产生率随光纤长度的变化

2012 年，A. J. Shields 团队公布了 QKD 与经典通信信号共纤传输实测结果和解决建议[57]。实验系统构成如图 4.5 所示，Alice 端包括量子发射机、数据收发机和同步单元，量子发射机的组成如图 4.5(b)所示，由波长为 1550 nm、重复频率为 1 GHz 的激光器、强度调制器、相位调制器及衰减器等构成；Bob 端包括量子接收机、数据收发机、同步单元和衰减器，量子接收机包括偏振控制器、相位调制器、移相器和探测器(SD-APD)。量子发射和接收部分均包含非对称 M-Z 干涉仪，采用相位编码的量子密钥分发方案。

光量子信号、同步和数据采用粗波分复用器复用在一根光纤传输，数据信道的速率为 1.25 Gb/s，数据光波长为 1611 nm。虽然进行 QKD 的光子和数据传输采用的光波长不同，但是由于拉曼散射等非线性作用导致的光子与量子信号频谱重叠，因而采用滤波不可能完全滤除。图 4.6 显示了后向散射的拉曼噪声谱，光纤长度为 80 km，发射功率为 0 dBm。瑞利散射的光幅度比拉曼散射光幅度约高 4 个数量级，不过瑞利散射光子的波长与激光器波长相同，可由使用 CWDM1551 nm 通带的量子单元所滤除，如图 4.6 所示。

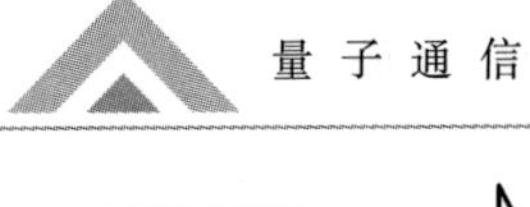


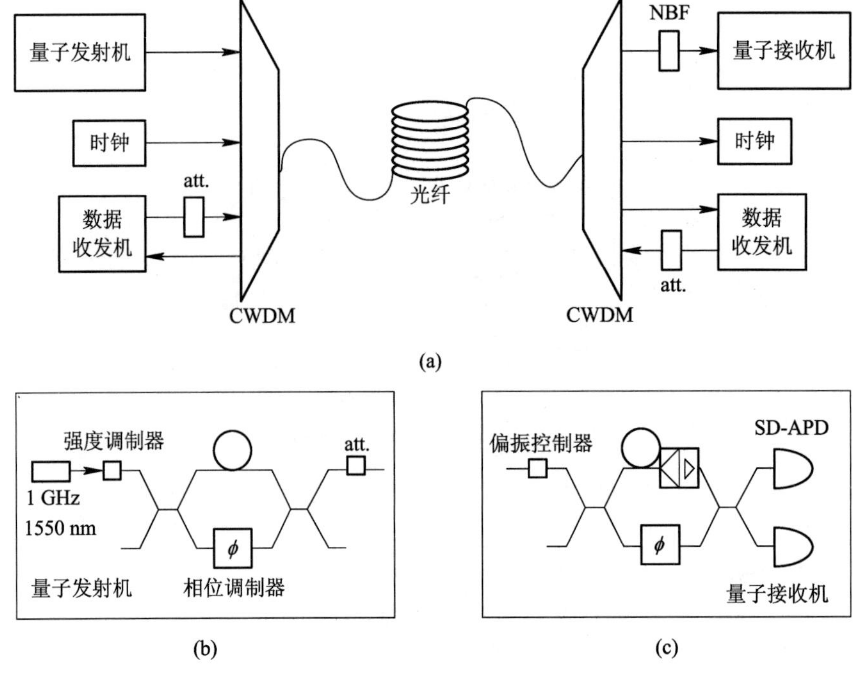


图 4.5　A. J. Shields 团队的实验装置

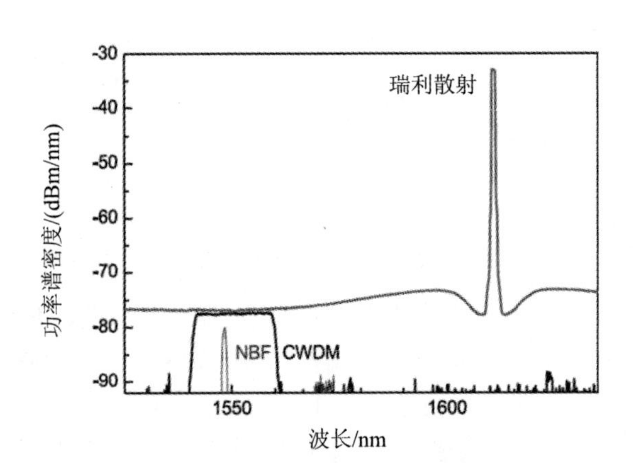


图 4.6　后向散射的拉曼噪声谱

图 4.7 给出了不同波长的光进入到量子信号 1551 nm 通带的功率，图中是在接收端 CWMD 器件之后测量得到的，前向散射是指 Alice 侧发出的光，后向散射是指 Bob 侧发出的光。可见前向散射和后向散射随着距离的增加特性明显不同，在距离较长时后向散射占主要地位。图中实线是理论结果。

通过分析拉曼光子到达探测器的随机特性，可提高量子信号与拉曼噪声的信噪比，进而采用时间过滤(Temporal Filtering)技术可使信噪比提高 10 倍。图 4.6 也给出了同时经过 CWDM 滤波和窄带滤波器(Narrow Bandwidth Filter，NBF)滤波后的谱。最后给出实验得到密钥生成率和量子误码率，如图 4.8 所示。

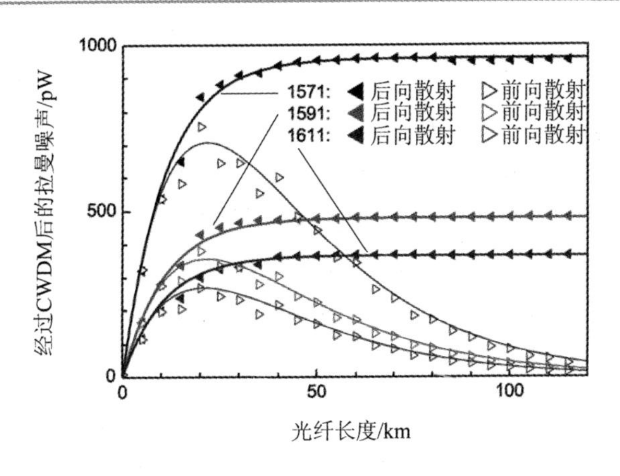


图 4.7 到达量子接收机的拉曼噪声功率

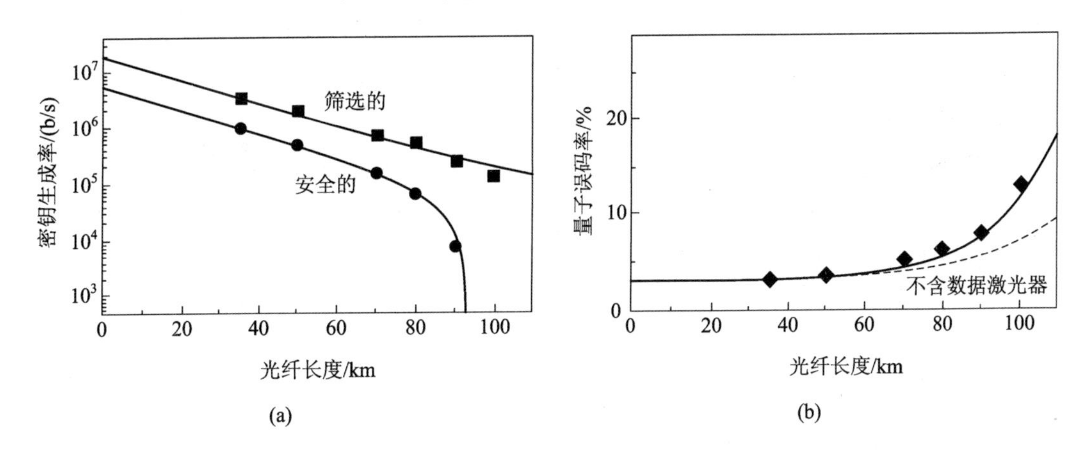


图 4.8 量子密钥分发系统的性能

除了应用单模光纤和波分复用实现经典量子共纤传输外，近年来也有采用多芯光纤(Multi-Core Fiber，MCF)或者少模光纤(Few-Mode Fiber，FMF)等空分复用(Space-Division Multiplexing，SDM)技术实现共纤传输的实验[14]，前者将经典、量子信号分别在不同纤芯里传输(存在芯间串扰)，后者采用不同的光波模式，如量子信号和经典信号分别采用 $LP_{01}$ 模和 $LP_{02}$ 模。

## 4.4 自由空间量子信道

由于光纤信道存在损耗，因此其通信距离受限。而基于自由空间信道的量子通信，在机动性方面具有一定的优势，特别是基于卫星平台可实现上千公里的无中继量子密钥分发和量子隐形传态，从而使得实现天地一体化广域量子通信网络成为可能。一般来说，大气信道不受双折射效应影响，同时不受地形、铺设成本等的影响。但因气象条件、地理位置、地形、高度等诸多因素不同，故光量子在大气信道中的传输特性会发生变化。本节首先介绍自由空间量子信道的特点，其次介绍其传输特性，给出传输系数的概率分布。

### 4.4.1 自由空间量子信道的特点

在自由空间量子信道上，大气分子(氮、氧、二氧化碳、水蒸气、臭氧等)、湍流(特定条件下的空气流动)和气溶胶(由尘埃、烟粒、微生物、植物的孢子和花粉等固体微粒，以及云雾滴、冰晶和雨雪等粒子构成)会对光量子产生损耗和色散，影响光量子的传输率与量子态(如偏振方向)。信道中的噪声及杂散光会使探测器产生背景计数，导致误码。还需注意的是，大气信道处于不停的变化和运动状态，属于随机介质。

**1. 大气吸收和散射损耗**

大气对光量子的损耗主要为吸收损耗和散射损耗。吸收损耗是指大气中某些气体分子吸收激光，如水蒸气和 $CO_2$。$O_2$ 和 $CH_4$ 等气体也吸收激光，但其含量少，对星地斜程大气信道可以忽略。$O_3$ 的吸收能力虽然较强，但是在海拔 20 km 以下，其吸收非常小，也可忽略不计。因此，主要考虑水蒸气和 $CO_2$ 气体。散射损耗是指气溶胶的散射损耗，与能见度密切相关。另外，气象条件也会造成损耗，如阵雨、沙尘暴引起的大气损耗等。

**2. 湍流的影响**

由于大气温度、密度、气压和风速的微小变化，处于随机运动状态的涡旋不断产生和消亡，各种尺度的涡旋连续分布叠加，从而形成湍流。大气湍流中折射率非均匀变化，会导致光在大气中传输时的结构参数随机变化，造成光束扩展、光束漂移、光强闪烁、光斑抖动等，降低光量子的传输效率，并使接收端光斑发生畸变，光束质量变差。对于地面大气信道，上述各种因素都会对光量子的传输造成影响。对卫星-地面站的下行星地信道而言，当光量子到达大气层时，光束截面尺寸远大于湍流涡旋尺度，光束漂移可忽略，主要考虑损耗和光束扩展效应。

**3. 孔径损耗**

由于发射光学天线有一定的发散角，接收光学天线口径有限，因此由传输距离引起的孔径损耗是自由空间量子信道最大的损耗来源。

**4. 量子态的变化**

在自由空间传输的单光子不可避免地与大气粒子发生相互作用，会遇到多次散射。单光子每被散射一次会产生一次退偏振，传输方向也发生改变。在经过与大气粒子的多次散射作用后，单光子的偏振方向会发生旋转，且单光子可能被散射出探测器的口径之外。对量子通信系统而言，光量子脉冲及量子态发生改变，使保真度下降，从而增加了系统误码率。

### 4.4.2 自由空间量子信道的传输特性

**1. 自由空间量子信道的光量子传输系数**

由 4.4.1 节的分析及电磁波传播方程，自由空间信道光量子传输系数可表示为

$$T=G_t\eta_\alpha\eta_{\text{tur}}L_{\text{fs}}G_r \tag{4.63}$$

式中，$G_t$ 为发射光学天线的增益，可以表示为 $G_t=\dfrac{16}{(\theta_D)^2}$，$\theta_D$ 为激光发散角(单位为 rad)；

$\eta_a$ 为大气吸收及散射导致的损耗；$\eta_{tur}$ 为大气湍流引起的损耗；$L_{fs}$ 为自由空间的距离损耗，可以表示为 $L_{fs}=\dfrac{\lambda^2}{(4\pi L)^2}$，$L$ 为通信距离，$\lambda$ 是光波长；$G_r$ 为接收光学系统的增益，可以表示为 $G_r=\dfrac{(\pi D_r)^2}{\lambda^2}$，$D_r$ 为接收光学天线直径。

**2. 涨落-损耗信道传输系数分布**

若只考虑由弱湍流和光源不稳定引起的大气信道随机涨落特性，信道可看作涨落损耗信道(Fluctuating-Loss Channel)，这里讨论该条件下传输系数的概率分布[58]。

1) 涨落-损耗信道

若 $\boldsymbol{a}_{in}$ 和 $\boldsymbol{a}_{out}$ 为输入场和输出场的湮灭算子，则它们之间的关系为

$$\boldsymbol{a}_{out}=T\boldsymbol{a}_{in}+\sqrt{1-T^2}\,\boldsymbol{c} \tag{4.64}$$

其中，$T$ 为传输系数，是一正实数，$0\leqslant T\leqslant 1$，$\boldsymbol{c}$ 表示环境模，处于真空态。这里不考虑相位相消的情形。对于涨落-损耗信道，$T$ 为一随机变量。

信道的量子态输入/输出关系可写为

$$P_{out}(\alpha)=\int_0^1 \mathrm{d}T p(T)\frac{1}{T^2}P_{in}\left(\frac{\alpha}{T}\right) \tag{4.65}$$

式中，$P_{in}(\alpha)$和 $P_{out}(\alpha)$分别为输入/输出的 $P$ 表示(Glauber-Sudarshan $P$ Representation)[48]，它与密度算子 $\boldsymbol{\rho}$ 的关系为

$$P(\alpha)=\frac{1}{\pi^2}\int_{-\infty}^{+\infty} d^2\beta\Phi(\beta)\mathrm{e}^{\alpha\beta^*-\alpha^*\beta} \tag{4.66}$$

式中：

$$\Phi(\beta)=\mathrm{tr}[\boldsymbol{\rho}\exp(\boldsymbol{a}^{\dagger}\beta)\exp(-\boldsymbol{a}\beta^*)] \tag{4.67}$$

为特征函数。

当然，输入/输出函数也可用其他函数表示，如 Wigner 函数。

2) 孔径传输系数

对于吸收较弱的信道，波束漫射(Beam Wandering)损耗起主要作用，这是由接收端光的有限孔径导致的。若光脉冲由 $n$ 个不同波数 $k$ 的高斯波束叠加而成，从源沿 $Z$ 轴传输到距离源为 $z_{ap}$ 的孔径平面，且假设波束偏离由光源调整不准和弱湍流引起，则可以认为波束注入孔径平面时中心偏离为正态分布。波束中心偏离孔径中心距离为 $r$，如图 4.9 所示。

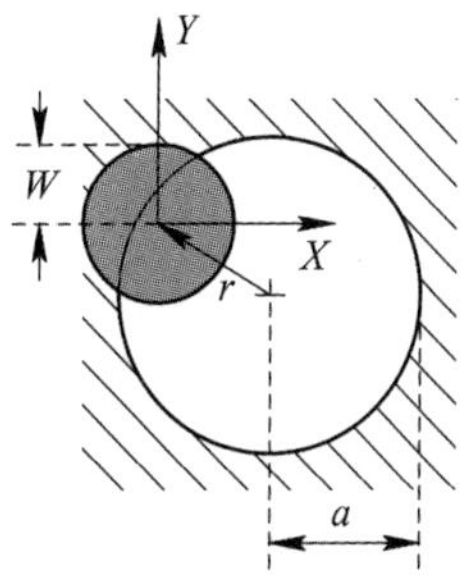

图 4.9 波束中心与孔径中心示意图

令传输系数的平方为传输效率，则高斯波束的传输效率为

$$T^2(k)=\int_A \mathrm{d}x\mathrm{d}y\,|U(x,y,z_{ap};k)|^2 \tag{4.68}$$

式中，$A$ 是孔径开口区域，$U(x,y,z_{ap};k)$是在 $XY$ 平面上归一化的高斯波束。传输系数 $T(k)$近似等于式(4.65)中的脉冲传输系数，即 $T\approx T(k_0)$，$k_0$ 是载波波数。对于孔径平面上光斑半径为 $W$ 的高斯波束，其传输效率可由不完全 Weber 积分给出，即

$$T^2 = \frac{2}{\pi W^2} e^{-2\frac{r^2}{W^2}} \int_0^a d\rho \rho e^{-2\frac{\rho^2}{W^2}} I_0\left(\frac{4}{W^2} r\rho\right) \tag{4.69}$$

式中，$a$ 是孔径半径，$I_n$ 为修正 Bessel 函数。不完全 Weber 积分定义为

$$\widetilde{Q}_n(x, z) = (2x)^{-n-1} e^x \int_0^z dt t^{n+1} \exp\left(-\frac{x^2}{4x}\right) I_n(t) \tag{4.70}$$

则式(4.69)也可写为

$$T^2 = e^{-4\frac{r^2}{W^2}} \widetilde{Q}_0\left(2\frac{r^2}{W^2}, 4\frac{ra}{W^2}\right) \tag{4.71}$$

为了评估传输系数的概率分布，式(4.69)可近似为

$$T^2 = T_0^2 \exp\left[-\left(\frac{r}{R}\right)^\lambda\right] \tag{4.72}$$

式中，$T_0$ 是给定波束光斑半径 $W$ 时的最大传输系数，$\lambda$ 是形状参数，$R$ 是尺度参数。常数 $T_0$、$\lambda$ 和 $R$ 可以按下面步骤获得：将传输函数看作偏离半径 $r$ 的函数，即 $T^2(r)$。对于式(4.69)，可计算出 $T^2(0)$、$T^2(a)$、$\left.\frac{dT^2(r)}{dr}\right|_{r=a}$。由条件 $T^2(0)=T_0^2$，可得

$$T_0^2 = 1 - \exp\left(-2\frac{a^2}{W^2}\right) \tag{4.73}$$

$\lambda$ 和 $R$ 可由 $T^2$ 和其在 $a$ 点的微分得到：

$$\lambda = 8\frac{a^2}{W^2} \cdot \frac{\exp\left(-\frac{4a^2}{W^2}\right) I_1\left(\frac{4a^2}{W^2}\right)}{1 - \exp\left(-\frac{4a^2}{W^2}\right) I_0\left(\frac{4a^2}{W^2}\right)} \times \left\{\ln\left[\frac{2T_0^2}{1 - \exp\left(-\frac{4a^2}{W^2}\right) I_0\left(\frac{4a^2}{W^2}\right)}\right]\right\}^{-1} \tag{4.74}$$

$$R = a\left\{\ln\left[\frac{2T_0^2}{1 - \exp(-4a^2/W^2) I_0(4a^2/W^2)}\right]\right\}^{-\frac{1}{\lambda}} \tag{4.75}$$

图 4.10 给出了传输系数 $T^2(r)$ 与 $r$ 的关系，当 $W=0.23a$ 时，最大相对均方误差为 1.85%。

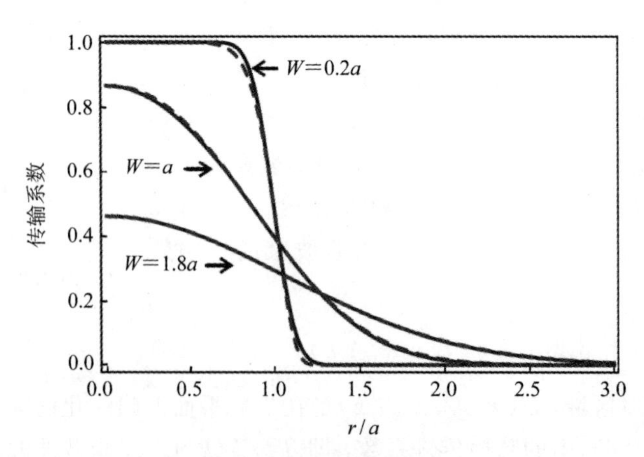


图 4.10　传输系数与 $r$ 的关系

3）传输系数的概率分布

假定光束中心位置围绕偏离孔径中心为 $d$ 的点服从方差为 $\sigma^2$ 的正态分布。当仅考虑由于辐射源调整不完美引起的波束漫射时，方差 $\sigma^2 \approx \sigma_v^2 z^2$，$\sigma_v^2$ 为源偏离角的方差；同样，仅考虑弱大气湍流时，$\sigma^2 \approx 1.919 C_n^2 z^3 (2W_0)^{-\frac{1}{3}}$，其中，$C_n^2$ 为折射率结构常数，$W_0$ 为辐射源处的光束光斑半径。一般情况下，这两个方差可以直接相加。

基于以上假定，波束偏离距离 $r$ 的涨落服从参数为 $d$ 和 $\sigma$ 的 Rice 分布。若传输系数用式(4.72)近似，则其概率分布服从负对数广义莱斯分布(log-Negative Generalized Rice Distribution)，即

$$P(T) = \frac{2R^2}{\sigma^2 \lambda T}\left(2\ln\frac{T_0}{T}\right)^{\frac{2}{\lambda}-1} I_0\left[\frac{Rd}{\sigma^2}\left(2\ln\frac{T_0}{T}\right)^{\frac{1}{\lambda}}\right]\exp\left\{-\frac{1}{2\sigma^2}\left[R^2\left(2\ln\frac{T_0}{T}\right)^{\frac{2}{\lambda}}+d^2\right]\right\} \tag{4.76}$$

其中，$T \in [0, T_0]$。当 $T$ 取其他值时，$P(T)=0$。

当波束在孔径中心涨落时，$d=0$，概率简化为负对数(log-Negative)Weibull 分布，即

$$P(T) = \frac{2R^2}{\sigma^2 \lambda T}\left(2\ln\frac{T_0}{T}\right)^{\frac{2}{\lambda}-1}\exp\left[-\frac{1}{2\sigma^2}R^2\left(2\ln\frac{T_0}{T}\right)^{\frac{2}{\lambda}}\right] \tag{4.77}$$

其中，$T \in [0, T_0]$。当 $T$ 取其他值时，$P(T)=0$。

式(4.76)和式(4.77)表示的传输系数分布在 $T=0$ 和 $T=T_0$ 时存在奇点(Singularities)，由于采样数据和采样时间段有限，难以实验观测。因此，定义尾分布(Tail Distribution)为

$$\overline{F}(T) = \int_T^1 \mathrm{d}T' P(T') \tag{4.78}$$

其表示传输系数超过 $T$ 值的概率。不同光斑半径 $W$ 下的结果如图 4.11 所示，图中实线表示 $d=0$ 时的结果，虚线表示 $d=\sigma$ 时的结果。

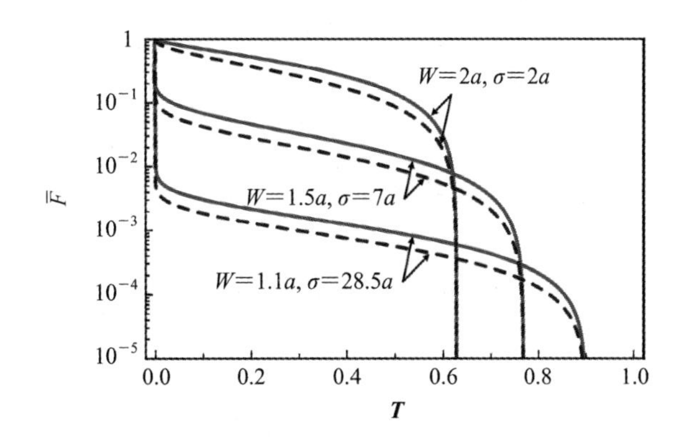


图 4.11 不同波束光斑半径 $W$ 下的尾分布

分析表明：$T$ 较大时的尾分布对保持光的非经典性(如纠缠特性)非常重要，所以尾分布可以衡量量子协议的可行性[58]。此外，研究结果表明，在相同损耗数值的情况下，大气损耗起伏对量子纠缠性保持却比预想的(具有相同损耗数值的其他信道)要好些。

在具体分析自由空间量子通信系统时，可以借鉴大气光通信、空间光通信信道模型，但也要考虑量子通信自身关注的重点。

# 4.5 量子信道的容量

量子信道可以传输经典信息(如用二维 Hilbert 空间本征态承载信息“0”和“1”),也可传输量子信息(如用量子叠加态承载的信息);承载信息的可以是一般的相干光脉冲,也可以是量子纠缠态(或者在纠缠态的辅助下实现传输)。因此,量子信道容量通常包括以下几类:① 经典容量;② 纠缠辅助经典容量;③ 量子容量;④ 秘密经典容量(Secret Classical Capacity)[59]。本节对这几类容量进行简要介绍。

## 4.5.1 经典容量

经典信息论中,信道容量是指通过噪声信道渐进无差错传输信息(Asymptotically Error-Free Transmission of Information)的速率上限[59]。对于离散无记忆信道(信源消息字符串的每一个字符在信道中独立传输),若输入消息字符串为 $X(X_1, X_2, \cdots, X_n)$,输出消息字符串为 $Y(Y_1, Y_2, \cdots, Y_n)$,则信道容量

$$C = \max_X I(X; Y) \tag{4.79}$$

其中,$I(X; Y)$为发送方和接收方的互信息。信道容量是在输入字符所有可能的分布下互信息的最大值,也就是说,在发送端最优编码和接收端最佳检测时,可发送的最大信息比特长度为 $nC$。

最简单的量子信道为经典-量子信道,即输入为经典信号、输出为量子信号(量子态),设 $x$ 为输入信号,对应量子态为 $\boldsymbol{\rho}_x$,信道可表示为 $x \to \boldsymbol{\rho}_x$。例如,可令 $x=0, 1$,$\boldsymbol{\rho}_1$ 为相干态,$\boldsymbol{\rho}_0$ 为真空态。在信道输出端测量算子为 $\boldsymbol{E}_y$,则输入 $x$、输出 $y$ 的条件概率为 $p(y|x)=\mathrm{tr}(\boldsymbol{\rho}_x \boldsymbol{E}_y)$。长度为 $n$ 的消息字符串中的每个字符独立传输(该信道称为无记忆信道),若输入变量为 $X^{(n)}$,存在噪声时的测量算子为 $\widetilde{E}^{(n)}$,测量输出为 $Y^{(n)}$,则信道容量为

$$C_c^{(n)} = \max_{X^{(n)}, \widetilde{E}^{(n)}} I[X^{(n)}; Y^{(n)}] \tag{4.80}$$

此时,$C_c^{(n)} > nC_c^{(1)}$。而在无记忆经典信道下,长度为 $n$ 的字符串的信道容量满足下属关系:

$$C^{(n)} = \max_{X^{(n)}} I[X^{(n)}; Y^{(n)}] = nC$$

这是由于对于量子无记忆信道,输出端可采用纠缠测量,传输的经典信息可以是严格超可加的(Strictly Superadditive)。此时,量子信道 ε 的经典容量为

$$C_c(\boldsymbol{\varepsilon}^{\otimes n}) = \lim_{n \to \infty} \frac{C_c^{(n)}}{n} \tag{4.81}$$

其中:

$$C_c^{(n)} = \max_{\{p_x, \boldsymbol{\rho}_x\}} \chi(\boldsymbol{\varepsilon}^{\otimes n}) \tag{4.82}$$

当 $n=1$ 时,有

$$C_c = \max_{\{p_x, \boldsymbol{\rho}_x\}} \chi(\boldsymbol{\varepsilon}) = \max_{\{p_x, \boldsymbol{\rho}_x\}} \left\{ S\left[\boldsymbol{\varepsilon}\left(\sum_x p_x \boldsymbol{\rho}_x\right)\right] - \sum_x p_x S[\boldsymbol{\varepsilon}(\boldsymbol{\rho}_x)] \right\} \tag{4.83}$$

其中,$\chi(\varepsilon)$为 Holevo 界(参见 3.2.3 节)。式(4.81)、式(4.83)也称为 Holevo-Schumacher-

Westmoreland(HSW)定理。其证明参见文献[25,60]。

### 4.5.2 纠缠辅助经典容量

设空间分离的两个量子系统 $A$(发送方)和 $B$(接收方)处于纠缠态 $\boldsymbol{\rho}_{AB}$。典型的纠缠辅助量子通信系统，如建立在纠缠态上的超密编码(Superdense Coding)。纠缠辅助经典容量可表示为[61]

$$C_{c,ea}(\boldsymbol{\varepsilon})=\max_{\zeta}\{S(\boldsymbol{\rho})+S[\boldsymbol{\varepsilon}(\boldsymbol{\rho})]-S[(\boldsymbol{\varepsilon}\otimes\boldsymbol{I})(\zeta)]\} \tag{4.84}$$

其中，$\zeta$ 为两方(或两组份)纠缠纯态，$\boldsymbol{\rho}$ 为系统 $A$ 的密度算子，对子系统 $B$ 求偏迹得到 $\boldsymbol{\rho}$。$S[(\boldsymbol{\varepsilon}\otimes\boldsymbol{I})(\zeta)]$为 $A$ 和 $B$ 联合熵，这样式(4.84)右边为 $A$ 和 $B$ 的量子互信息，即

$$C_{c,ea}(\boldsymbol{\varepsilon})=\max_{\zeta}\{S(A;B)\} \tag{4.85}$$

纠缠辅助经典容量具有可加性。

纠缠辅助量子容量是指在纠缠态辅助下且没有经典通信、无差错传输量子比特的最大速率。对量子隐形传态(见5.1节)和量子密集编码(见1.1节)，纠缠辅助量子容量为[61]

$$C_{q,ea}=\frac{C_{ea}(\varepsilon)}{2} \tag{4.86}$$

### 4.5.3 量子容量

当信道传输量子信息时，即信道可表示为 $\boldsymbol{\rho}\rightarrow\boldsymbol{\varepsilon}(\boldsymbol{\rho})$。信道的量子容量是信道传输量子信息的可达率上确界。信道的量子容量取决于输入量子态子空间最大维数，且这些量子态能被渐进无差错的传输。量子容量可表示为[59]

$$C_q=\lim_{n\to\infty}\frac{1}{n}\max_{\boldsymbol{\rho}^{(n)}}I_c(\boldsymbol{\rho}^{(n)},\boldsymbol{\varepsilon}^{\otimes n}) \tag{4.87}$$

其中，$I_c(\boldsymbol{\rho},\boldsymbol{\varepsilon})$为态 $\boldsymbol{\rho}$ 通过信道 $\boldsymbol{\varepsilon}$ 后的相干信息，即

$$I_c(\boldsymbol{\rho},\boldsymbol{\varepsilon})=\max\{S[\boldsymbol{\varepsilon}(\boldsymbol{\rho})]-S[\boldsymbol{\rho},\boldsymbol{\varepsilon}(\boldsymbol{\rho})],0\} \tag{4.88}$$

式中，$S[\boldsymbol{\rho},\boldsymbol{\varepsilon}(\boldsymbol{\rho})]$为 $\boldsymbol{\rho}$ 和 $\boldsymbol{\varepsilon}(\boldsymbol{\rho})$的联合熵。

### 4.5.4 秘密经典容量

如果经典信息在量子信道 $\varepsilon_{BE}$ 中传输时存在窃听者，发送方 $A$ 以概率$\{p_x\}$制备量子态$\{\boldsymbol{\rho}_A^x\}$，接收方 $B$ 和窃听者 $E$ 收到的量子态分别为$\{\boldsymbol{\rho}_B^x\}$和$\{\boldsymbol{\rho}_E^x\}$，则秘密经典容量可表示为[59]

$$C_{sc}(\varepsilon_{BE})=\lim_{n\to\infty}\frac{1}{n}\max_{p^{(n)},\Sigma^{(n)}}[\chi(\{p_i^{(n)}\},\{\boldsymbol{\rho}_{B^{(n)}}^i\})-\chi(\{p_i^{(n)}\},\{\boldsymbol{\rho}_{E^{(n)}}^i\})] \tag{4.89}$$

式中，$n$ 为消息长度，有限状态集 $\Sigma^{(n)}=\{\boldsymbol{\rho}_{A^{(n)}}^i\}$，概率分布 $p^{(n)}=\{p_i^{(n)}\}$，$\boldsymbol{\rho}_{B^{(n)}}^i=\varepsilon_B^{\otimes n}[\boldsymbol{\rho}_{A^{(n)}}^i]$，$\boldsymbol{\rho}_{E^{(n)}}^i=\boldsymbol{\varepsilon}_E^{\otimes n}[\boldsymbol{\rho}_{A^{(n)}}^i]$，$\chi(\cdot)$为 Holevo 界。

量子信道容量已经有大量的研究结果，但仍处于不断研究当中。

# 第5章

# 量子隐形传态

量子隐形传态是实现长距离量子态传输和构建量子互联网的关键技术。本章讨论量子隐形传态的原理与实验、可控量子隐形传态、多量子比特的隐形传态、连续变量量子隐形传态和远程量子态制备。

## 5.1 量子隐形传态的原理

我们已知，量子态是 Hilbert 空间的一个单位向量，如果要用经典方法将携带信息的量子态从一方传输到另一方，须预先准确知道这个量子态，例如，其本征展开式各项的系数，将这些系数传给接收方，接收方进行重新制备，即可获得发端的量子态。但由量子测量公设可知，对于维数确定的 Hilbert 空间，需要大量测量和概率统计才能近似确定这个态，这显然是不经济的(实际上，未知量子态不可克隆定理告诉我们，直接对一个量子态作完全克隆是不可能的)。当直接传输量子态时，通常采用单光子或弱相干光来承载。然而，信道噪声会对传输的量子态造成很大的影响(可能退相干)，需要同时配置信道补偿线路，修正信道的影响。幸运的是，1993 年 Bennett 等人提出了“量子隐形传态”方案，并在 1997 年得到了实验验证，从而使得基于纠缠态传输未知量子态成为可能，也提供了量子网络中量子信息传输的方式。

### 5.1.1 量子隐形传态原理

本节以光量子及光子 EPR 纠缠态为例来说明量子隐形传态的基本原理。如图 5.1 所示，EPR 纠缠源产生纠缠光子对 2 和 3，将它们分别分发给发送方 Alice(持有光子 2)和接收方 Bob(持有光子 3)，即 Alice 和 Bob 具有一条纠缠信道。

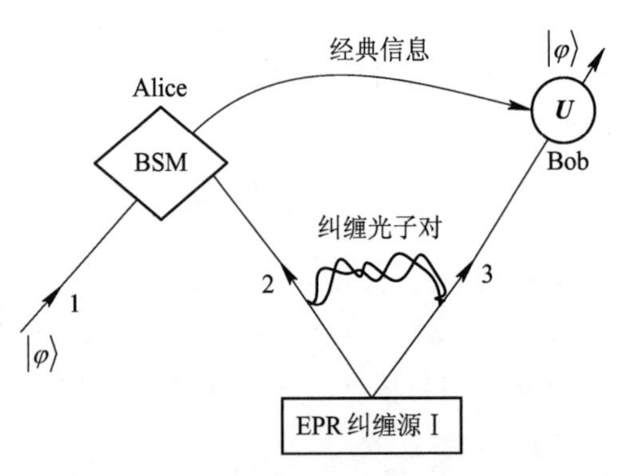

图 5.1 量子隐形传态原理示意图

Alice 将要传输的量子信息为 $|\varphi\rangle_1=\alpha|0\rangle_1+\beta|1\rangle_1$，$|0\rangle$和$|1\rangle$是两个正交基，$\alpha$ 和

$\beta$ 是满足 $|\alpha|^2+|\beta|^2=1$ 的两个未知复数。光子2和3处于Bell态：

$$|\phi^+\rangle_{23}=\frac{1}{\sqrt{2}}(|00\rangle_{23}+|11\rangle_{23}) \tag{5.1}$$

则三个光子的联合态可写为

$$\begin{aligned}|\Psi\rangle_{123}&=(\alpha|0\rangle_1+\beta|1\rangle_1)\otimes\frac{1}{\sqrt{2}}(|00\rangle_{23}+|11\rangle_{23})\\&=\frac{1}{2}[|\phi^+\rangle_{12}(\alpha|0\rangle_3+\beta|1\rangle_3)+|\phi^-\rangle_{12}(\alpha|0\rangle_3-\beta|1\rangle_3)+\\&\quad|\psi^+\rangle_{12}(\alpha|1\rangle_3+\beta|0\rangle_3)+|\psi^-\rangle_{12}(\alpha|1\rangle_3-\beta|0\rangle_3)]\end{aligned} \tag{5.2}$$

Alice在贝尔基下测量她所拥有的两个光子1和2的态，也称为Bell态测量(Bell State Measurement，BSM)，分别以概率1/4获得四个可能的结果，此时光子3也处于对应的态，如表5.1所示。

**表5.1　Bell态测量结果及对应的酉变换**

| 光子1和2的BSM结果 | 光子3所处的状态 | 酉变换 $\boldsymbol{U}$ |
|---|---|---|
| $\|\phi^+\rangle_{12}$ | $(\alpha\|0\rangle_3+\beta\|1\rangle_3)$ | $\boldsymbol{\sigma}_I$ |
| $\|\phi^-\rangle_{12}$ | $(\alpha\|0\rangle_3-\beta\|1\rangle_3)$ | $\boldsymbol{\sigma}_z$ |
| $\|\psi^+\rangle_{12}$ | $(\alpha\|1\rangle_3+\beta\|0\rangle_3)$ | $\boldsymbol{\sigma}_x$ |
| $\|\psi^-\rangle_{12}$ | $(\alpha\|1\rangle_3-\beta\|0\rangle_3)$ | $\boldsymbol{\sigma}_z\boldsymbol{\sigma}_x$ |

然后，Alice将她的Bell态测量结果通过经典信道发给Bob，Bob根据Alice的测量结果采取相应的 $\boldsymbol{U}$ 变换即可恢复出要传送的量子态，如表5.1所示。由此，实现了量子态的传输，Alice不需知道要发送的量子态。

由前面讲述的量子隐形传态的过程可以看出，量子隐形传态有别于经典信息传输，它是量子通信特有的一种信息传输方式。关于量子隐形传态，有下面两点需要强调。

**1. 量子隐形传态不是克隆**

量子隐形传态中，基于收发双方之间的纠缠光子对，对承载未知量子态的粒子和发送方手中的一个纠缠粒子进行联合Bell态测量，由于纠缠粒子对具有量子非局域关联特性，未知量子态的全部量子信息就会“转移”到接收者手中的纠缠粒子上，接收者只要根据发端Bell基测量结果这一经典信息，对他拥有的纠缠光子量子态进行相应酉变换，就可以使他手中的纠缠光子处于与发端传输的未知量子态完全相同的量子态上。也就是说，光子1的量子态在光子3上复现，但不意味着克隆，因为此时光子1和光子2经Bell态测量后发现原来处于确定的Bell态(四个中的任一个)，测量后塌缩了，所以不是克隆(副本不存在了)。

**2. 量子隐形传态不能实现超光速通信**

由上述过程可见，在Alice进行Bell态测量后，只有将测量结果传给Bob，Bob才可以通过相应酉变换获得发端量子态。正是因为测量结果这一经典信息需要通过经典通信手段传输，所以量子隐形传态受经典通信速率的制约，不可能超过光速。

## 5.1.2　基于单量子比特测量的量子隐形传态

不采用Bell态测量，只采用单量子比特测量，理论上也可以实现隐形传态，如图5.2

所示。

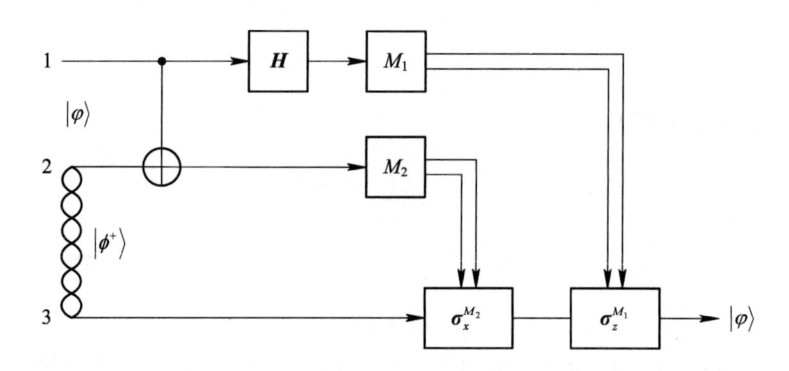


图 5.2 基于 **Z** 基测量的量子隐形传态

由图中的线路可见，3 个光子的复合态演化过程为

$$
\begin{aligned}
|\Psi\rangle_{123} &= (\alpha|0\rangle_1+\beta|1\rangle_1)\otimes\frac{1}{\sqrt{2}}(|00\rangle_{23}+|11\rangle_{23}) \\
&= \frac{1}{\sqrt{2}}(\alpha|000\rangle+\alpha|011\rangle+\beta|100\rangle+\beta|111\rangle)_{123} \\
&\xrightarrow{\text{CNOT}_{1,2}} \frac{1}{\sqrt{2}}(\alpha|000\rangle+\alpha|011\rangle+\beta|110\rangle+\beta|101\rangle)_{123} \\
&\xrightarrow{\boldsymbol{H}_1} \frac{1}{2}[|00\rangle(\alpha|0\rangle+\beta|1\rangle)+|10\rangle(\alpha|0\rangle-\beta|1\rangle) \\
&\qquad |01\rangle(\alpha|1\rangle+\beta|0\rangle)+|11\rangle(\alpha|1\rangle-\beta|0\rangle)]_{123}
\end{aligned}
\tag{5.3}
$$

Alice 在 **Z** 基下对光子 1 和光子 2 进行测量，分别以概率 1/4 获得四个可能的结果，此时光子 3 也处于对应的态，如表 5.2 所示。

**表 5.2 Z 基测量结果及对应的酉变换**

| 光子 1 和 2 测量结果 $M_1M_2$ | 光子 3 所处的状态 | 酉变换 **U** |
|---|---|---|
| 00 | $\alpha\|0\rangle+\beta\|1\rangle$ | $\boldsymbol{\sigma}_I$ |
| 01 | $\alpha\|1\rangle+\beta\|0\rangle$ | $\boldsymbol{\sigma}_x$ |
| 10 | $\alpha\|0\rangle-\beta\|1\rangle$ | $\boldsymbol{\sigma}_z$ |
| 11 | $\alpha\|1\rangle-\beta\|0\rangle$ | $\boldsymbol{\sigma}_z\boldsymbol{\sigma}_x$ |

然后，Alice 将她的测量结果通过经典信道发给 Bob，Bob 根据 Alice 的测量结果采取相应的 **U** 变换即可恢复出要传送的量子态，如表 5.2 所示。由此，只采用 **Z** 基测量也能实现量子态的传输，但是采用了 CNOT 门和 **H** 门运算。

### 5.1.3 可控量子隐形传态

可控量子隐形传态指通信双方量子隐形传态过程受第三方的控制，第三方通过公布相应的信息决定接收方能否恢复发端的量子态。这往往靠三粒子纠缠态实现。如图 5.3 所示，采用一种 GHZ 态。

$$
|\Psi\rangle_{123}=\frac{1}{2}(|000\rangle+|110\rangle+|011\rangle+|101\rangle)_{123} \tag{5.4}
$$

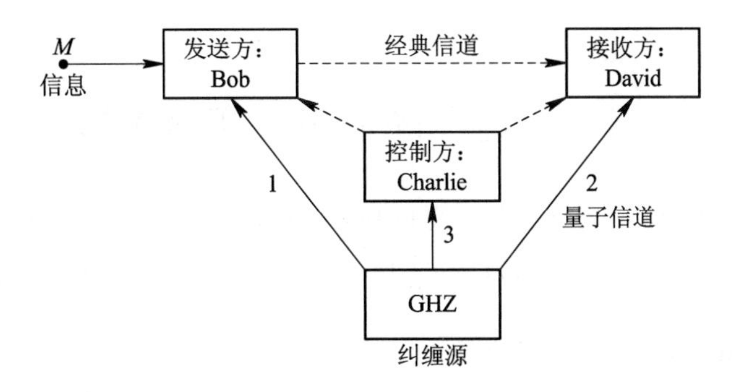


图 5.3　可控量子隐形传态

则 4 粒子态可写为

$$|\Psi\rangle_{m123}=(\alpha|0\rangle+\beta|1\rangle)_m\otimes\frac{1}{2}(|000\rangle+|110\rangle+|011\rangle+|101\rangle)_{123} \quad (5.5)$$

Charlie 采用 $\boldsymbol{Z}$ 基测量自己的粒子，分别得到

$$|0\rangle_3:\quad |\Phi\rangle_{M12}={}_3\langle 0|\Psi\rangle_{M123}=(\alpha|0\rangle+\beta|1\rangle)_M\otimes\frac{1}{\sqrt{2}}(|00\rangle+|11\rangle)_{12}$$

$$|1\rangle_3:\quad |\Phi'\rangle_{M12}={}_3\langle 1|\Psi\rangle_{M123}=(\alpha|0\rangle+\beta|1\rangle)_M\otimes\frac{1}{\sqrt{2}}(|01\rangle+|10\rangle)_{12}$$

整理后可得

$$|\Phi\rangle_{M12}=\frac{1}{2}[|\phi^+\rangle_{M1}(\alpha|0\rangle+\beta|1\rangle)_2+|\phi^-\rangle_{M1}(\alpha|0\rangle-\beta|1\rangle)_2+ \\ |\psi^+\rangle_{M1}(\alpha|1\rangle+\beta|0\rangle)_2+|\psi^-\rangle_{M1}(\alpha|1\rangle-\beta|0\rangle)_2] \quad (5.6)$$

$$|\Phi'\rangle_{M12}=\frac{1}{2}[|\phi^+\rangle_{M1}(\alpha|1\rangle+\beta|0\rangle)_2+|\phi^-\rangle_{M1}(\alpha|1\rangle-\beta|0\rangle)_2+ \\ |\psi^+\rangle_{M1}(\alpha|0\rangle+\beta|1\rangle)_2+|\psi^-\rangle_{M1}(\alpha|0\rangle-\beta|1\rangle)_2] \quad (5.7)$$

Charlie 将粒子 $M$ 和 1 的 Bell 态测量结果告诉 David，David 进行相应酉变换即可获得 Bob 发送的量子态，如表 5.3 所示。可见，只有获知 Charlie 的正确结果，才能获得正确的量子态。因此，隐形传态成功与否受到 Charlie 的控制。

**表 5.3　测量结果与 David 的酉变换**

| Charlie 测量结果 | Bob 测量结果 | 酉变换 $\boldsymbol{U}$ |
|---|---|---|
| $\|0\rangle$ | $\|\phi^+\rangle$ | $\boldsymbol{\sigma}_I$ |
| $\|0\rangle$ | $\|\psi^+\rangle$ | $\boldsymbol{\sigma}_x$ |
| $\|0\rangle$ | $\|\phi^-\rangle$ | $\boldsymbol{\sigma}_z$ |
| $\|0\rangle$ | $\|\psi^-\rangle$ | $\mathrm{i}\boldsymbol{\sigma}_Y$ |
| $\|1\rangle$ | $\|\phi^+\rangle$ | $\boldsymbol{\sigma}_x$ |
| $\|1\rangle$ | $\|\psi^+\rangle$ | $\boldsymbol{\sigma}_I$ |
| $\|1\rangle$ | $\|\phi^-\rangle$ | $\mathrm{i}\boldsymbol{\sigma}_Y$ |
| $\|1\rangle$ | $\|\psi^-\rangle$ | $\boldsymbol{\sigma}_z$ |

## 5.2 量子隐形传态实验进展

1997年，首个量子隐形传态实验获得成功，随后，在自由空间和光纤量子信道方面均获得巨大发展，目前，基于卫星平台已经实现了地面与卫星平台之间的量子隐形传态。

### 5.2.1 基于光量子的隐形传态实验

从5.1节的原理看，量子隐形传态过程包括纠缠制备、纠缠分发、纠缠测量、经典信息传送和量子变换五个阶段。

(1) 纠缠制备：系统通过纠缠制备得到一个纠缠光子对——光子2和光子3；

(2) 纠缠分发：系统把纠缠光子对2和3分别传送给Alice和Bob，这样在他们两人之间就建立了一个纠缠信道；

(3) 纠缠测量：Alice对由光子1和光子2组成的量子系统进行测量，使得光子3的量子态发生了相应的改变；

(4) 经典信息传送：Alice将测量结果通过经典信道发给Bob；

(5) 量子变换：Bob收到Alice的测量结果后，对光子3做适当的$\boldsymbol{U}$变换操作，即可得到要传递的量子态。整个过程不需要传送光子1，Alice的信息通过纠缠光子对2和3传给了Bob。

首个量子隐形传态实验如图5.4所示[62]。图中，泵浦激光的脉冲宽度为200 fs，重复频率为76 MHz，通过参量下转换过程得到波长为788 nm(带宽4 nm，相干时间520 fs)的纠缠光子对2和3，处于Bell态$|\psi^-\rangle_{23}$。泵浦脉冲经反射后再次经过非线性晶体，则产生另一对纠缠光子1和4，光子1承载待传输的量子态，初始偏振态由偏振控制器(Pol)制备，

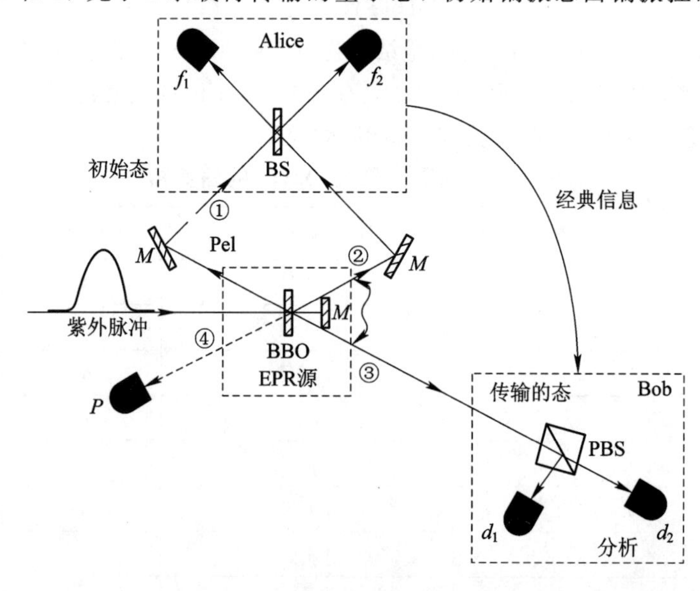


图5.4 单光子偏振态的量子隐形传输实验

光子 4 用作触发指示，通过探测光子 4 可以确定光子 1 的产生。Alice 处的分束器(BS)实现光子 1 和 2 的干涉，并进行 Bell 态测量。

实验中，光子 1 的偏振方向调整到 45°。若测得光子 1 和 2 的纠缠态为 $|\psi^-\rangle_{12}$，则光子 3 也应处于 45°偏振态。Bob 处的偏振分束器可分离 45°($d_2$ 探测)和−45°偏振态($d_1$ 探测)，实验中成功探测到了探测器 $f_1$、$f_2$ 和 $d_2$ 的三重符合(即三个探测器同时有计数)，则表明完成了隐形传态操作。该实验还验证了 0 度、90°、−45°线偏振以及圆偏振量子态的有效传输。

自从第一个量子隐形传态在实验室内成功实现后，研究人员逐渐将实验扩展到室外大气信道和光纤信道。大气信道的距离可达 100 km，通过主动实时前馈控制，采用频率无关(Frequency-Uncorrelated)的偏振纠缠光子对、纠缠辅助的时钟同步和超低噪声单光子探测器，地面自由空间信道量子隐形传态的距离可提高到 143 km。基于光纤信道的量子隐形传态已达到 30 km，同时在实际的电信网络中进行了实验，并且在城域光纤网络中得到验证。

2017 年报道的基于"墨子"号卫星的地星量子隐形传态实验，采用高亮度纠缠源(纠缠光子对产生速率为 5.9 Mpair/s)、高带宽高精度捕获、瞄准和跟踪系统，克服了上行链路大气湍流的影响，距离在 500～1400 km 之间(相应损耗为 41～52 dB)，6 个相互无偏基(Mutually Unbiased Bases)输入态的传输平均保真度为 0.80±0.01。这些实验为实现广域覆盖的量子互联网奠定了基础。

需要指出的是，量子隐形传态的关键技术之一是 Bell 态测量，依靠线性光学的手段并不能完全辨识所有四个 Bell 态，这大大限制了传态效率。研究人员提出了用弱交叉 Kerr 非线性等手段，能够实现完全分辨四个 Bell 态，但需要实验验证。

量子隐形传态从早期的单量子比特传态、多量子比特传态、高维量子态传输以及量子门的传态发展到量子传态网络等。

### 5.2.2　不同系统之间的量子隐形传态

量子隐形传态可用于系统间接口，实现不同物理系统之间量子态的传送。2006 年首次报道了光和铯原子构成的系综之间的量子隐形传态[63]，实验原理如图 5.5 所示。图中，最初铯原子被泵浦到的能级为 $F=4$、$m_F=4$ 的基态(如图 5.5 左上角所示)，偏振方向为 $Y$ 的强光脉冲("in")送入 Bob 处的装置中，与原子产生纠缠；然后，光脉冲到达 Alice，与电光调制器(EOM)产生的相干光脉冲在分束器(BS)上干涉，其两路输出均接一个偏振分束器(PBS)和两个探测器，进行偏振 Bell 态测量；将测量结果告知 Bob，Bob 据此用射频磁场脉冲调整原子自旋态，实现量子隐形传态。

随着研究的深入，后来的光子与原子比特隐形传态实验中增加了存储能力。另外，基于自旋-光子之间的纠缠，采用量子隐形传态可将光子携带的量子信息传输到半导体量子点的电子自旋态上。光子的偏振态也可传给固态量子存储器，掺杂稀土离子的晶体上存储的光子与另一个电信波长的光子建立纠缠，后者与另一个携带信息的光子进行 Bell 态测量，从而使信息传给存储器。借助于光子-声子之间的纠缠，可将光子的偏振叠加态传送给两个微机械谐振子(Micromechanical Oscillators)的声子叠加态，即光机(Optomechanical)量子隐形传态。

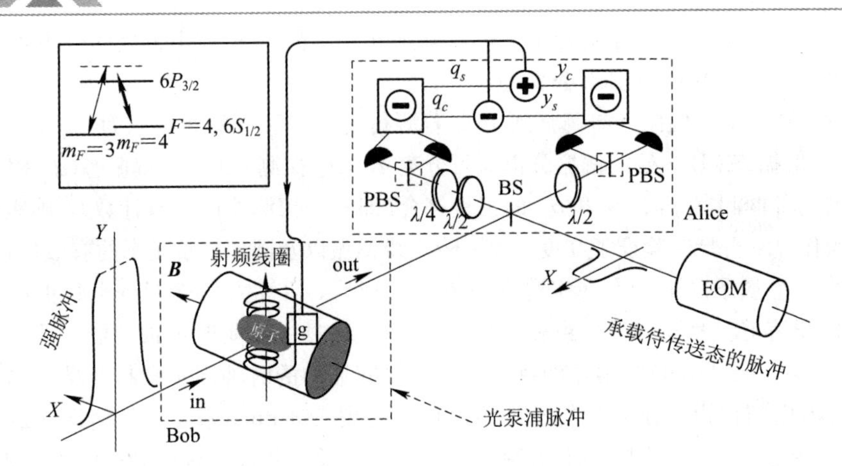


图 5.5 光子与铯原子之间的量子隐形传态实验

## 5.2.3 量子门的隐形传态

基于量子隐形传态的思想，可将本地量子门操作扩展到远程量子门操作，称为量子门的隐形传态，也称为非局域量子门(Nonlocal Quantum Gate)。图 5.6 给出了 CNOT 门的远程传态，两个节点共享纠缠对 $|\phi^+\rangle$，执行完本地 CONT 门之后，分别进行 $\boldsymbol{Z}$ 基测量和 $\boldsymbol{X}$ 基测量，用测量结果(“0”或“1”)控制 $\boldsymbol{X}$ 门与 $\boldsymbol{Z}$ 门操作。易验证：位于两个节点的数据量子比特实现了受控非操作，$|\psi_1\rangle$为控制量子比特，$|\psi_2\rangle$为受控量子比特。

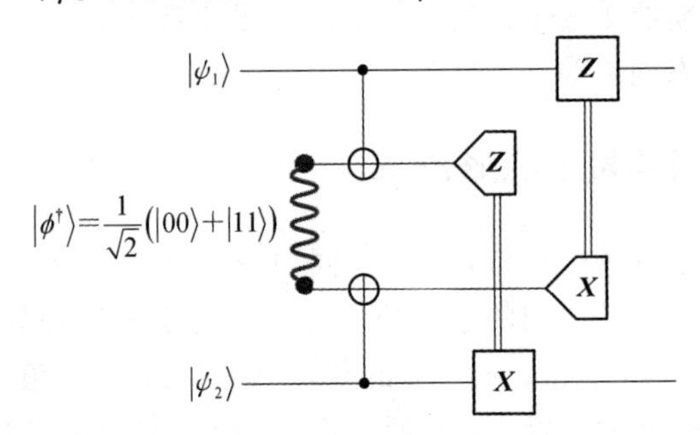


图 5.6 CNOT 门隐形传态(非局域 CNOT 门)

## 5.2.4 基于量子隐形传态的量子网络

可以预计，量子互联网将会把分布在全球的量子处理器、量子传感器、量子通信节点和用户连接在一起。量子互联网的基础是资源(量子比特或纠缠态)分发，量子远程传态是实现这一目标的重要手段。

图 5.7 给出了三个节点合作实现远程传态的一个实验[64]，时间窗(Time-Bin)纠缠源在 Bob 处，Bell 态测量由 Charlie 实现，将 Alice 的量子态传给 Bob，其中 Alice 和 Charlie 之间用长为 22 km 的单模光纤连接，Bob 和 Charlie 之间用长为 11 km 的单模光纤连接，Bob 处用长为 11 km 的单模光纤连接测量设备(测量收到量子态的保真度)，这样发送-接收距离为 44 km。

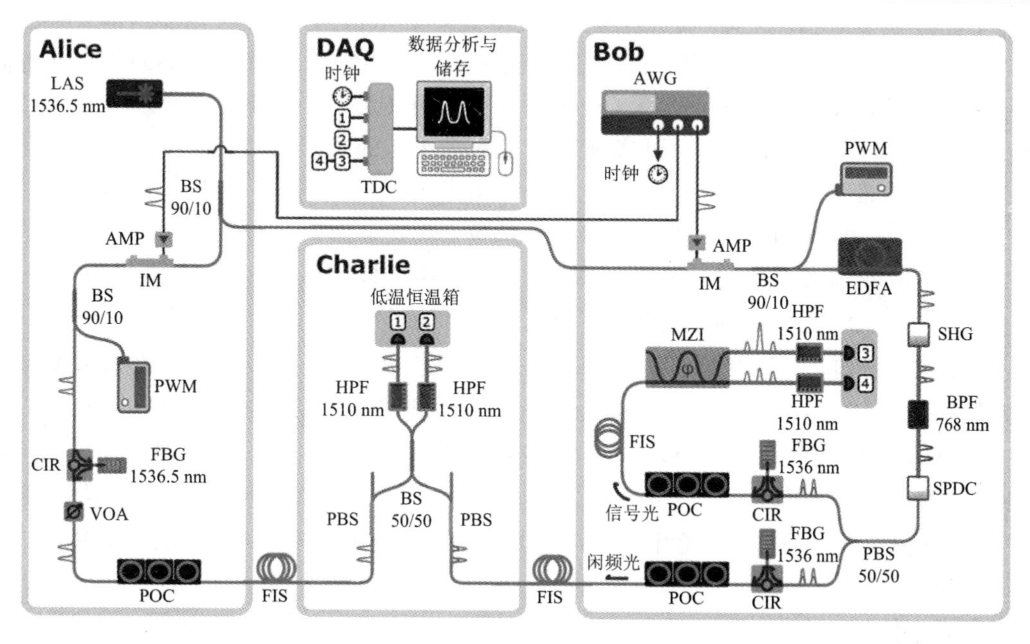


图 5.7　三节点合作实现量子远程传态

在 Alice 处，激光器产生波长为 1536.5 nm 的连续波激光，送入铌酸锂强度调制器(IM)。任意波型发生器(Arbitrary-Waveform Generator，AWG)每周期产生一个或两个间隔 2 nm 的脉冲，脉宽(FWHM)为 65 ps，经增益为 27 dB 的放大器(AMP)放大后驱动强度调制器 IM，产生消光比为 22 dB 的光脉冲。分束比为 90/10 的分束器(BS)取出一部分光经功率监视器(Power Monitor，PWM)反馈以保持固定的消光比。随后再经中心波长为 1536.5 nm、带宽为 2 GHz 的光纤布拉格光栅(FBG)滤波器过滤，确保与纠缠源产生的光脉冲在谱域不可区分。Alice 光脉冲经可变光衰减器(Variable Optical Attenuator，VOA)衰减到单光子级，再由偏振控制器(Polarization Controller，POC)以及 Charlie 处的 PBS 调整偏振态。最终，时间量子比特为 $|A\rangle=\gamma|e\rangle_A+\sqrt{1-\gamma^2}\,|l\rangle_A$，其中 $|e\rangle$ 态早于 $|l\rangle$ 态 2 ns，实数 $\gamma$ 可取 1，0，$1/\sqrt{2}$，以分别实现 $|e\rangle_A$，$|l\rangle_A$，$|+\rangle_A=(|e\rangle_A+|l\rangle_A)/\sqrt{2}$，时间窗宽度为 800 ps。

在 Bob 处，与 Alice 处相似，连续波激光器与任意波形发生器(AWG)驱动的强度调制器(IM)产生脉宽为 65 ps 的单脉冲或两脉冲(间隔 2 ns)，分束器(BS)和功率监视器(PWM)确保 20 dB 的消光比。掺铒光纤放大器(EDFA)提升脉冲功率以实现纠缠光子对的产生率。EDFA 放大的脉冲输入 0 型周期极化铌酸锂(Type-0 Periodically Poled Lithium Niobate，PPLN)波导进行二阶谐波生成(Second Harmonic Generation，SHG)，对脉冲实现频率上转换为波长 768.25 nm，残余的波长为 1536.5 nm 的光被消光比大于 80 dB 的 768 nm 带通滤波器(BPF)滤除。然后，再经采用Ⅱ型周期极化铌酸锂(PPLN)波导的瞬时参数下变换器(SPDC)，产生光子对 $|ee\rangle_B$ 或 $|\varphi^+\rangle_B=(|ee\rangle_B+|ll\rangle_B)/\sqrt{2}$(由输入脉冲而定)。产生的两个光子由偏振分束器(PBS)分为两路，环形器(CIR)和光纤布拉格光栅(FBG)用来实现频谱过滤。空闲(idler)模式的光子发往 Charlie 进行 Bell 态测量。信号(Signal)模式的光子留在本地，经马赫-曾德尔干涉仪 MZI(臂长差 2 ns)后，由超导纳米线

单光子探测器(SNSPD)探测，高通滤波器(High-Pass Filter，HPF)用于滤除剩余的768.25 nm波长的光。时间-数字转换器(TDC)和数据采集(Data AcQuisition，DAQ)系统获得测量结果。SNSPD安装在低温恒温箱(Cryostat)中，工作温度为0.8 K，探测效率为76%～85%，暗计数率2～3 Hz，从而可实现传过来的量子态的投影测量，也可测量纠缠态及HOM测量(校准系统)。

在Charlie处，来自Alice和Bob的光子在50/50分束器(均采用保偏光纤)处进行干涉，两路输出经带通滤波后，由SNSPD探测，DAQ记录到达时刻。若测得$|\psi^-\rangle_{AB}=(|el\rangle_{AB}-|le\rangle_{AB})/\sqrt{2}$，则Bob得到$i\boldsymbol{\sigma}_y|A\rangle$。

实验结果表明，当平均光子数为$\mu_A=3.53\times10^{-2}$时，$|e\rangle_A$，$|l\rangle_A$远程传输时的保真度为95%±1%和96%±1%(不连接光纤)；当平均光子数为$\mu_A=9.5\times10^{-3}$时，$|e\rangle_A$，$|l\rangle_A$的保真度为98%±1%和98%±2%(连接44 km光纤)。可见，光纤损耗并没有降低保真度。对于平均光子数为$\mu_A=9.38\times10^{-3}$的态$|+\rangle_A$，保真度为84.9%±0.5%(不连接光纤)和79.3%±2.9%(连接光纤)，此时保真度的下降应为光纤的偏振模色散所致[64]。

## 5.3 多量子比特的隐形传态

本节依次介绍两粒子量子隐形传态、多粒子(以三粒子为例)量子隐形传态。

### 5.3.1 两粒子量子隐形传态

两比特复合系统的隐形传态可借助于多粒子纠缠态或多个两粒子纠缠态。本节以后者为例说明其原理及实现(以光子偏振态为例)[65]。

如图5.8所示，设Alice要发送的未知量子态为

$$|\varphi\rangle_{12}=\alpha|HH\rangle_{12}+\beta|HV\rangle_{12}+\gamma|VH\rangle_{12}+\delta|VV\rangle_{12}$$

其中，$|H\rangle$和$|V\rangle$为光子的水平和垂直偏振态，$\alpha$、$\beta$、$\gamma$、$\delta$为复数且满足$|\alpha|^2+|\beta|^2+|\gamma|^2+|\delta|^2=1$。两个辅助纠缠光子对为

$$|\phi^+\rangle_{35}=\frac{(|HH\rangle_{35}+|VV\rangle_{35})}{\sqrt{2}}$$

$$|\phi^+\rangle_{46}=\frac{(|HH\rangle_{46}+|VV\rangle_{46})}{\sqrt{2}}$$

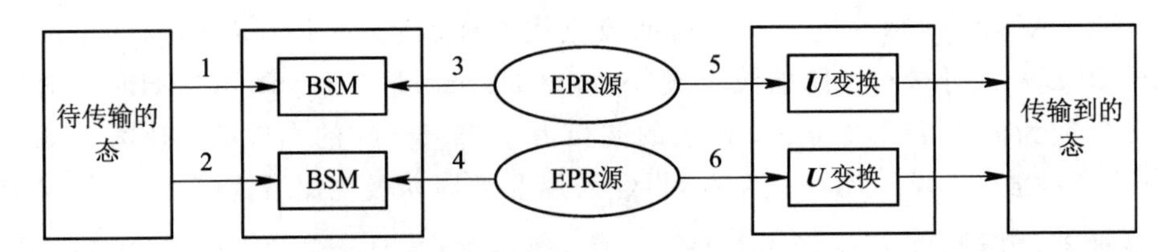


图5.8 两量子比特复合态隐形传输原理

首先，Alice按照5.1节的原理将光子1的态传给光子5，则光子1、2、3和5的复合系统量子态为

$$|\varphi\rangle_{12}|\phi^{+}\rangle_{35}=\frac{1}{2}(|\phi^{+}\rangle_{13}|\varphi\rangle_{52}+|\phi^{-}\rangle_{13}\boldsymbol{\sigma}_{5z}|\varphi\rangle_{52}+|\psi^{+}\rangle_{13}\boldsymbol{\sigma}_{5x}|\varphi\rangle_{52}-|\psi^{-}\rangle_{13}\mathrm{i}\boldsymbol{\sigma}_{5y}|\varphi\rangle_{52}) \tag{5.8}$$

其中，$\boldsymbol{\sigma}_x$、$\boldsymbol{\sigma}_y$、$\boldsymbol{\sigma}_z$ 为 Pauli 算子，分别作用在光子 5 上，由式(5.8)可见，Alice 通过对光子 1 和 3 执行 Bell 态测量，可将光子 5 和 2 投影到对应态上，得到测量结果后，Bob 再对光子 5 执行相应酉变换，即可使 5 和 2 变换到原来的态 $|\varphi\rangle_{52}$ 上。

同理，光子 2、4、5 和 6 的复合态可写为

$$|\varphi\rangle_{52}|\phi^{+}\rangle_{46}=\frac{1}{2}(|\phi^{+}\rangle_{24}|\varphi\rangle_{56}+|\phi^{-}\rangle_{24}\boldsymbol{\sigma}_{6z}|\varphi\rangle_{56}+|\psi^{+}\rangle_{24}\boldsymbol{\sigma}_{6x}|\varphi\rangle_{56}-|\psi^{-}\rangle_{13}\mathrm{i}\boldsymbol{\sigma}_{6y}|\varphi\rangle_{56}) \tag{5.9}$$

经过 Bell 态测量，传送结果并进行酉变换，Alice 可将光子 2 的状态传输到光子 6。此时光子 5 和 6 为传输态：

$$|\varphi\rangle_{56}=\alpha|HH\rangle_{56}+\beta|HV\rangle_{56}+\gamma|VH\rangle_{56}+\delta|VV\rangle_{56} \tag{5.10}$$

即实现了两比特复合系统的隐形传态，上述过程还可进一步推广至 $N$ 量子比特系统。两比特复合系统隐形传态的实验装置如图 5.9 所示[65]。高亮度紫外激光器通过两个 $\beta$-硼酸钡晶体($\beta$-Barium Borate，BBO)生成的三对偏振纠缠的光子均处于 $|\phi^{+}\rangle=(|HH\rangle+|VV\rangle)/\sqrt{2}$。紫外激光器的中心波长为 390 nm，脉宽为 180 fs，脉冲重复频率为 76 MHz，平均功率为 1 W。通过调整波片可使光子 1 和 2 处于任意态上，PBS13 和 PBS24 分别使光子 1 和 3、光子 2 和 4 实现干涉；再根据探测结果可识别 $|\phi^{+}\rangle$。延时棱镜 1 和 2 可用于调整光子 3 和 2 的路

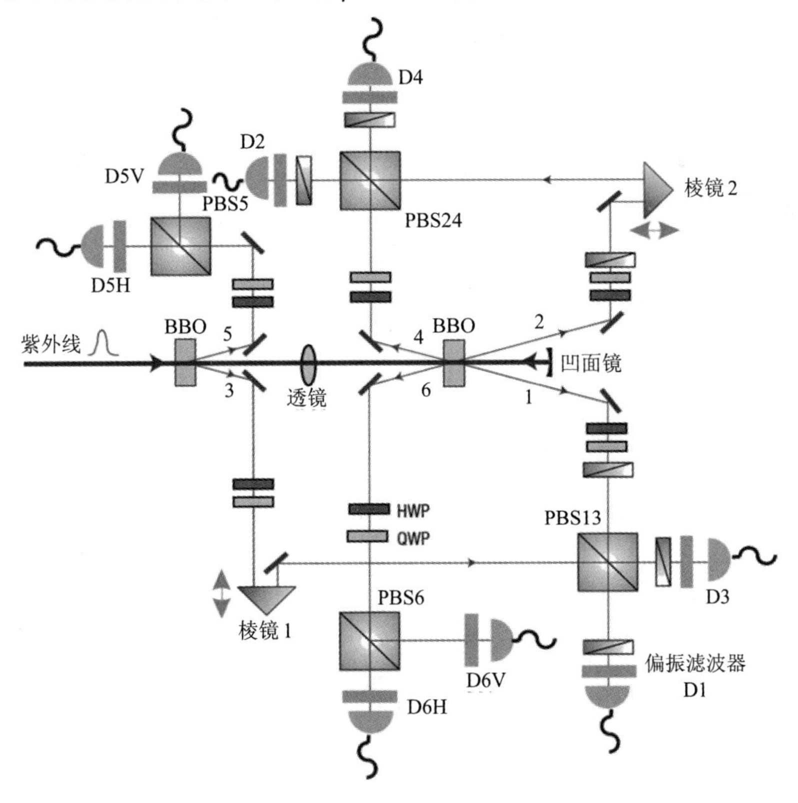


图 5.9　两比特复合系统隐形传态的实验装置原理

径长度，以保证时间对齐。这里 $PBS_{13}$、$PBS_{24}$ 的设计用来区分 $|\pm\rangle=(|H\rangle+|V\rangle)/\sqrt{2}$（当然，通过给 $PBS_{13}$ 和 $PBS_{24}$ 的每路输出添加一个 PBS 和 2 个探测器，也可以辨识 $|\phi^-\rangle$）。

实验中，若测得光子 1、3 和光子 2、4 分别处于 $|\phi^+\rangle_{13}$ 和 $|\phi^+\rangle_{24}$，则光子 5 和 6 处于 $|\varphi\rangle_{56}$。$PBS_5$、$PBS_6$、半波片(HWP)、四分之一波片(QWP)用来测量传输态的保真度。当 $|\varphi\rangle_A=|HV\rangle$，$|\varphi\rangle_B=(|H\rangle+|V\rangle)(|H\rangle-\mathrm{i}|V\rangle)/\sqrt{2}$，$|\varphi\rangle_C=(|HV\rangle+|VH\rangle)/\sqrt{2}$ 时，保真度分别为 0.80±0.03、0.75±0.02、0.65±0.03。

### 5.3.2 三粒子量子隐形传态

双粒子隐形传态可以扩展为 $n$ 粒子量子隐形传态[66]。若 Alice 要传送的量子态为

$$|\varphi\rangle_{12\cdots n}=(x_0|0\cdots0\rangle+x_2|0\cdots1\rangle+\cdots+x_{2^n-1}|1\cdots1\rangle)_{12\cdots n} \tag{5.11}$$

其中，$\sum_{i=0}^{2^n-1}|x_i|^2=1$ 为未知系数的归一化条件，$\{|0\cdots0\rangle, |0\cdots1\rangle, \cdots, |1\cdots1\rangle\}$ 为 $2^n$ 维希尔伯特(Hilbert)空间的基矢。要实现隐形传态，Alice 和 Bob 之间需建立 $n$ 对 EPR 纠缠对，若采用 Bell 态 $|\phi^+\rangle$，则 $n$ 对纠缠态可写为

$$|\phi^+\rangle_{(n+1)(n+2)}=\frac{1}{\sqrt{2}}(|00\rangle+|11\rangle)_{(n+1)(n+2)}$$

$$|\phi^+\rangle_{(n+3)(n+4)}=\frac{1}{\sqrt{2}}(|00\rangle+|11\rangle)_{(n+3)(n+4)}$$

$$\cdots$$

$$|\phi^+\rangle_{(3n-1)(3n)}=\frac{1}{\sqrt{2}}(|00\rangle+|11\rangle)_{(3n-1)(3n)}$$

Alice 的粒子序号为 $n+1, n+3, \cdots, 3n-1$，Bob 的粒子序号为 $n+2, n+4, \cdots, 3n$。则整个系统的量子态为

$$|\Psi\rangle=|\varphi\rangle_{12\cdots n}|\phi^+\rangle_{(n+1)(n+2)}|\varphi^+\rangle_{(n+3)(n+4)}\cdots|\varphi^+\rangle_{(3n-1)(3n)} \tag{5.12}$$

粒子 $k$ 和 $l(k=1, 2, \cdots, n; l=n+2k-1)$ 的 Bell 态可表示为

$$|\phi^\pm\rangle_{kl}=\frac{1}{\sqrt{2}}(|00\rangle_{kl}\pm|11\rangle_{kl})$$

$$|\psi^\pm\rangle_{kl}=\frac{1}{\sqrt{2}}(|01\rangle_{kl}\pm|10\rangle_{kl})$$

Alice 需要对粒子 $k$ 和 $l$ 按序执行 Bell 态测量($k=1, 2, \cdots, n$)，共有 $4^n$ 种不同的测量结果。

以 $n=3$ 为例，此时

$$|\Psi\rangle=(x_0|000\rangle+x_1|001\rangle+x_2|010\rangle+x_3|011\rangle+x_4|100\rangle+x_5|101\rangle+x_6|110\rangle+ x_7|111\rangle)_{123}\frac{1}{\sqrt{2}}(|00\rangle+|11\rangle)_{45}\frac{1}{\sqrt{2}}(|00\rangle+|11\rangle)_{67}\frac{1}{\sqrt{2}}(|00\rangle+|11\rangle)_{89} \tag{5.13}$$

按序分别对粒子 1 和 4、2 和 6、3 和 8 执行 Bell 态投影测量，每对均有 4 种可能的 Bell 态输出，则可能有 $4^3$ 种测量输出，即

$$
\begin{aligned}
|\Psi\rangle = \frac{1}{8}[&|\phi^+\rangle_{14}|\phi^+\rangle_{26}|\phi^+\rangle_{38}(x_0|000\rangle + x_1|001\rangle + x_2|010\rangle + x_3|011\rangle + \\
&x_4|100\rangle + x_5|101\rangle + x_6|110\rangle + x_7|111\rangle)_{579} + \cdots + \\
&|\psi^-\rangle_{14}|\psi^-\rangle_{26}|\psi^-\rangle_{38}(x_0|111\rangle - x_1|110\rangle - x_2|101\rangle + x_3|100\rangle - \\
&x_4|011\rangle + x_5|010\rangle + x_6|001\rangle - x_7|000\rangle)_{579}]
\end{aligned}
\tag{5.14}
$$

式(5.14)共有 64 项，对应三组光子对 Bell 态的测量结果。可以看出，基于 Bell 态测量结果，对粒子 5、7、9 执行相应酉变换，即可得到传送态。若采用 $|\phi^-\rangle$、$|\psi^+\rangle$ 和 $|\psi^-\rangle$ 作为纠缠信道，则相应的酉变换随之而变。

## 5.4　连续变量量子隐形传态

连续变量量子隐形传态原理与离散变量量子隐形传态完全一样，只不过具体实现不同，如纠缠态的制备、Bell 态测量及酉变换。

图 5.10 给出了一种连续变量量子隐形传态实验原理图[67]。实验采用波长为 1064 nm、功率为 1.5 W 的单片非平面环形 Nd：YAG 激光器，其输出被分成两个功率大致相等的光束。将其中一路模式匹配到 MgO：$LiNbO_3$ 倍频器中，产生 370 mW 波长为 532 nm 的光。另一路光束通过一个高精度环形腔以减少光谱噪声，然后用来产生隐形传态的信号态(Signal)，同时送入一对 MgO：$LiNbO_3$ 光参量放大器(OPA)，还用来产生本地振荡器(LO)波束。

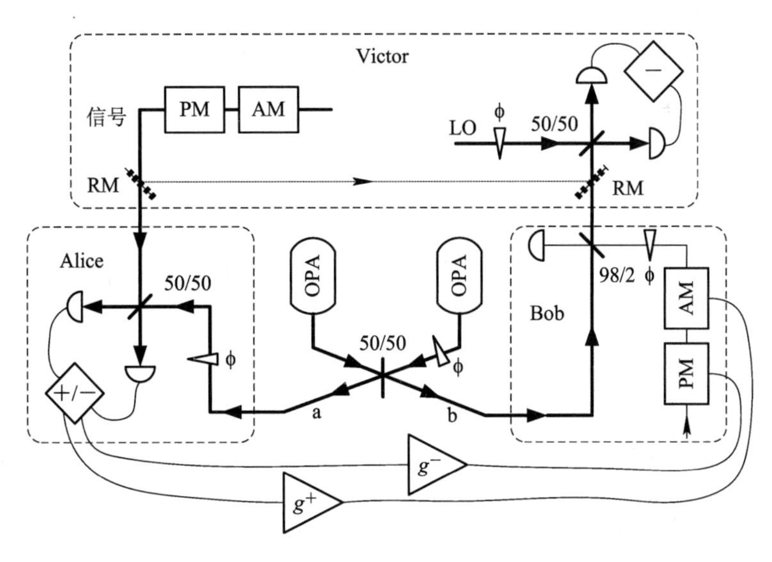


图 5.10　一种连续变量量子隐形传态的实验装置

图 5.10 中，一对具有 90°相移的振幅压缩光束在 50/50 分束器上进行干涉来产生纠缠态。两路压缩光束由两个 OPA 产生，每个 OPA 由波长为 532 nm 的光泵浦。在 Victor 中，对波束以 8.4 MHz 重复频率独立地进行相位和幅度调制，由幅度调制器(AM)和相位调制器(PM)完成。然后，Alice 将纠缠光束的一路与增加 90°相移的输入态在 50/50 分束器上进行干涉。这两路光束强度平衡，因此根据 BS 两路输出检测到的光电流和与差，可获得幅度

分量和位相分量的测量值。测量结果发送给 Bob，用以调制一路独立的激光与另一路纠缠光束在 98/2 的分束器上进行干涉，以获得重新制备的输出态。通过使用可移动反射镜(Removable Mirror, RM)，Victor 可以测量输入和输出态的 Wigner 函数。若为高斯态，Victor 只需要测量两个分量就可以完全表征输入态，这里通过零差检测器来完成。图 5.10 中，$\phi$ 为相位控制器件(如移相器)，$g^+$ 和 $g^-$ 分别表示远程传态前后量子态振幅和位相分量增益(比值)。

## 5.5 远程量子态制备

在量子隐形传态方案中，每传送一个量子比特需要 2 比特的经典信息和一个纠缠 Bell 态。量子态远程制备方案(Remote State Preparation, RSP)和量子隐形传态目的一致，就是在接收方再现所要传送的态。在量子隐形传态中，发送方不需要知道传送态的具体形式，但拥有这个量子态；而在远程态制备中，发送方不需要拥有这个量子态，只需要知道所要远程制备态的具体参数即可。量子态远程制备中，发送方可用一个经典比特和一个纠缠 Bell 态让接收方获得要传递的量子态。本节分别介绍远程量子态制备的原理和实验。

### 5.5.1 远程量子态制备的基本原理

假设发送方 Alice 想要在接收方 Bob 处远程制备量子态 $|\phi\rangle=a|0\rangle+b|1\rangle$，其中 $a$ 为实数，$b$ 为复数，且 $|a|^2+|b|^2=1$。Alice 不需制备这个量子态，但她知道 $a$、$b$ 的值。对于接收者 Bob 来说，这个态完全未知。原理如图 5.11 所示，整个系统包括纠缠态、投影测量(PM)和酉变换 $\boldsymbol{U}$ 运算。

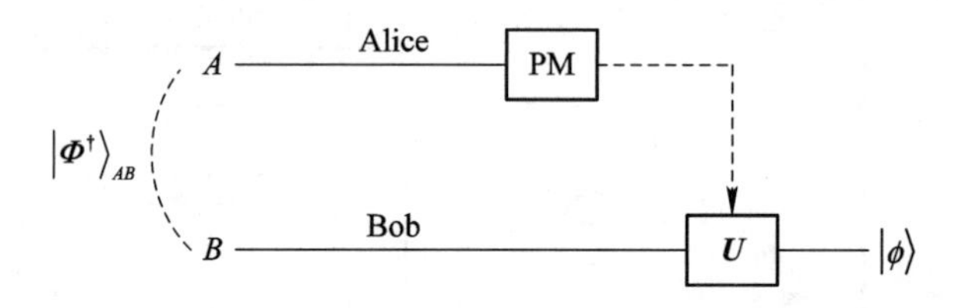


图 5.11 量子态远程制备原理

量子态远程制备过程如下：

(1) Alice 和 Bob 预先共享纠缠态 $|\Phi^+\rangle_{AB}=\frac{1}{\sqrt{2}}(|00\rangle_{AB}+|11\rangle_{AB})$，其中粒子 $A$ 在 Alice 处，粒子 $B$ 在 Bob 处。

(2) Alice 采用下列测量基对自己手中的粒子 $A$ 进行投影测量：$|M\rangle=a|0\rangle+b|1\rangle$，$|M_\perp\rangle=b^*|0\rangle-a^*|1\rangle$，纠缠态在测量基 $\{|M\rangle, |M_\perp\rangle\}$ 下可重新写为

$$|\Phi^+\rangle_{AB}=\frac{1}{\sqrt{2}}[|M\rangle_A(a|0\rangle+b^*|1\rangle)_B+|M_\perp\rangle_A(b|0\rangle-a|1\rangle)_B] \tag{5.15}$$

(3) Alice 将测量结果通知给 Bob，若测量结果为 $|M_\perp\rangle_A$，则 Bob 对手中粒子执行 $\sigma_x\sigma_z$ 操作即可得到目标量子态 $|\phi\rangle_1$。若测量结果为 $|M\rangle_A$，则 Bob 得到 $a|0\rangle_B+b^*|1\rangle_B$，无法

获得 Alice 要传递的信息，远程量子态制备任务失败。整个过程只需要耗费 1 经典比特，1 纠缠态，但是成功概率降低到 1/2。

对于一些特殊量子态，例如，当限定 $|\phi\rangle_1$ 中相应的系数 $a$ 和 $b$ 均为实数时，如果 Alice 的测量结果为 $|M\rangle_A$，相应地，Bob 得到 $a|0\rangle_B+b^*|1\rangle_B=a|0\rangle_B+b|1\rangle_B$，此时 Bob 不需要执行任何操作即可得到 $|\phi\rangle_1$，从而实现概率为 1 的量子信息传输。

量子态远程制备是继量子隐形传态之后的又一非常有趣的方法来传送量子态，目前已经有很多量子态远程制备的方案问世，其中包括混合态、纠缠态、连续变量、高维空间等远程态制备。除此之外，还有非最大纠缠态作为量子通道的远程态制备方案。

### 5.5.2　远程量子态制备实验

这里以偏振态为例，说明远程制备工作过程[68]。

如图 5.12 所示，通过自发参数下转换(SPDC)过程产生偏振纠缠光子对 $|\psi^+\rangle=(|HV\rangle+|VH\rangle)/\sqrt{2}$。锁模钛宝石脉冲激光器的脉冲宽度小于 200 fs，重复频率约为 76 MHz，中心波长为 850 nm，经倍频产生平均功率为 600 mW 的泵浦源。下转换器采用硼酸钡 BBO 非线性晶体。经过两块石英片补偿，得到偏振纠缠态。设要制备的态为 $\alpha|H\rangle+\beta e^{i\varphi}|V\rangle$，$\alpha$、$\beta$、$\varphi$ 为实数，且 $\alpha^2+\beta^2=1$，分束器(BS)的反射和传输系数分别为 $\alpha$、$\beta$，相位调制器产生的相位为 $\varphi$，偏振片(Polarizer)将 0°变成+45°，将 90°变成−45°偏振。

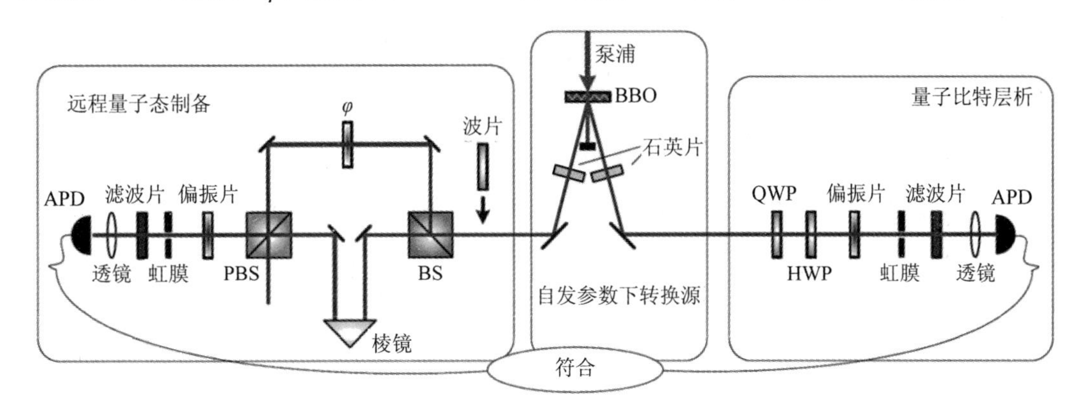


图 5.12　偏振态远程制备实验

实验中，为了简化，在制备方(图 5.12 中左边装置)仅探测偏振分束器(PBS)的一路输出(另一路可采用相同方法进行探测)。制备方的偏振片仅输出+45°或−45°的线偏振光，这样探测到对应的可能结果为 0°或 90°偏振态(具体原理见文献[68])。光子通过虹膜(irises)和干涉滤波片(Filter)后被收集到单模光纤中，由雪崩光电二极管(APD)进行探测，两端两个 APD 之间的符合计数同时起到从 Alice 到 Bob 经典通信的作用。图中的棱镜(Prism)用来补偿光脉冲时延。在右侧，通过调整虹膜大小，利用四分之一玻片(QWP)、半波片(HWP)、偏振片、滤波片、透镜以及 APD 探测器，可实现远程制备中的所需酉变换以及量子态的估计(即量子比特层析)。

# 第 6 章

# 离散变量量子密钥分发

本章主要介绍离散变量量子密钥分发(DV-QKD)的原理、典型协议和实现，主要包括：DV-QKD 系统中的编码，BB84 协议和 B92 协议，基于诱骗态的 QKD 原理，基于偏振编码、相位编码和纠缠态的 QKD 系统原理与实现，MDI-QKD 和 TF-QKD 的原理与实现，实际 QKD 系统的安全性等。

## 6.1 DV-QKD 系统中的编码

在 DV-QKD 系统中，需要将经典信息比特(二进制随机序列)加载到单光子(或弱相干光)脉冲上，即制备特定的量子态，经过量子信道传输到接收端后，由接收装置进行探测将其恢复出来，这在经典通信系统中称为调制(Modulation)与解调(Demodulation)，而在 QKD 系统中常称为编码(Encoding)和解码(Decoding)。一般来讲，单光子(或弱相干光)脉冲包括偏振(Polarization)、相位(Phase)和时间窗(Time-Bin)等自由度，经典信息可编码在偏振、相位和时间窗等维度上，相应的编码称为偏振编码、相位编码和时间编码等，这里分别对其进行介绍。

### 6.1.1 偏振编码

偏振编码是将二进制信息加载到光脉冲电场的偏振方向上，根据信息比特制备偏振态。例如，信息"0"对应 0°偏振(水平偏振)，偏振态可表示为 $|0\rangle$ 或 $|H\rangle$，信息"1"对应 90°偏振(垂直偏振)，偏振态可表示为 $|1\rangle$ 或 $|V\rangle$；也可使信息"0"对应 45°偏振，偏振态可表示为 $|+\rangle$ 或 $|D\rangle$，信息"1"对应 135°(或−45°)偏振，偏振态可表示为 $|-\rangle$ 或 $|A\rangle$。前者称为直线基(Rectilinear Basis)或 $\boldsymbol{Z}$ 基编码，后者称为对角基(Diagonal Basis)或 $\boldsymbol{X}$ 基编码，如表 6.1 所示。

表 6.1　偏振编码

| 编码基 | 比特 | 偏振方向 | 偏振态 |
|---|---|---|---|
| **Z** 基 | 0 | 0° | $\|0\rangle$或$\|H\rangle$ |
| | 1 | 90° | $\|1\rangle$或$\|V\rangle$ |
| **X** 基 | 0 | 45° | $\|+\rangle$或$\|D\rangle$ |
| | 1 | −45° | $\|-\rangle$或$\|A\rangle$ |

在实现偏振编码时，先将激光器(LD)输出的脉冲进行起偏(或称为偏振过滤)(Polarizer, Pol)，使其变为线偏振光，然后根据编码基和比特值进行偏振控制(Polarization Control, PC)，使其变为指定的偏振态，最后经衰减器(Attenuation, Attn)变成准单光子脉冲(平均光子数一般小于1)，其编码线路如图 6.1 所示。

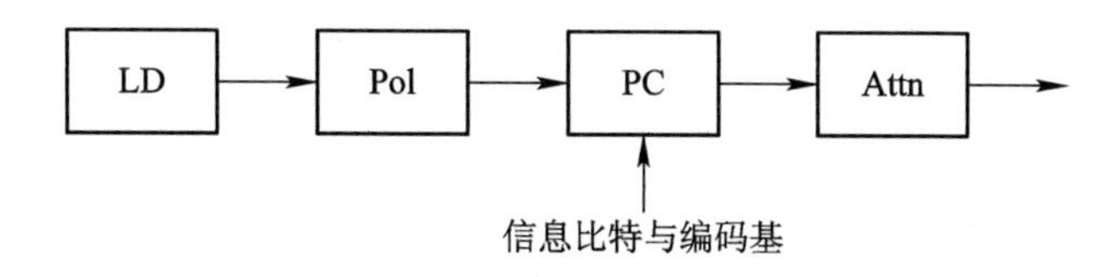


图 6.1　偏振编码实现示例

在解码时，使光脉冲通过偏振分束器(Polarization Beamspllitter, PBS)，在每个输出上分别接上单光子探测器 $D_0$ 和 $D_1$，分别对应测量结果“0”和“1”。如图 6.2 所示，**X** 基测量时，在偏振分束器前接了一个偏振旋转器，使偏振旋转 45°。

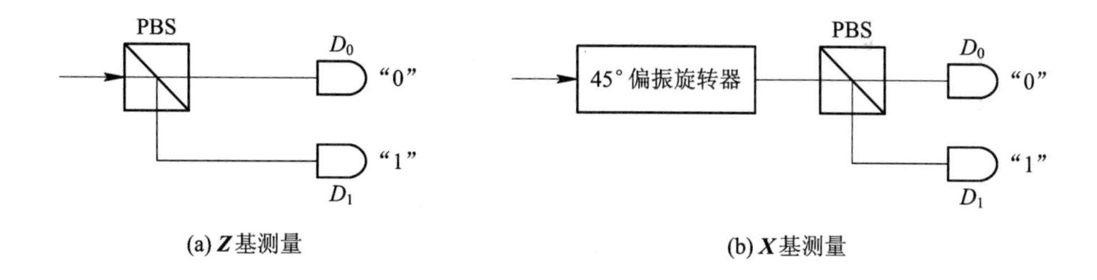


图 6.2　偏振解码实现示例

图 6.2 的编、解码线路中，设计 PBS，使水平偏振光透射、垂直偏振光反射，也可以根据需要透射垂直偏振光、反射水平偏振光。

## 6.1.2　相位编码

相位编码是根据信息比特取值对光脉冲电场进行移相，例如，信息“0”对应移相 0°，态矢可表示为$|0\rangle$，“1”对应移相 180°，态矢可表示为$|1\rangle$；也可使信息“0”对应移相 90°，态矢可表示为$|+\rangle$，“1”对应移相 270°，态矢可表示为$|-\rangle$。前者称为 **Z** 基，后者称为 **X** 基，如表 6.2 所示。

表 6.2 相 位 编 码

| 编码基 | 比特 | 移相大小 | 态矢 |
| --- | --- | --- | --- |
| **Z** 基 | 0 | 0° | $\|0\rangle$ |
| | 1 | 180° | $\|1\rangle$ |
| **X** 基 | 0 | 90° | $\|+\rangle$ |
| | 1 | 270° | $\|-\rangle$ |

实现相位编码，可直接通过相位调制器(Phase Modulator，PM)来完成，如图 6.3 所示，编码基和信息比特控制驱动器的电压，使 PM 实现对应的相移，最后接衰减器使脉冲达到单光子级。

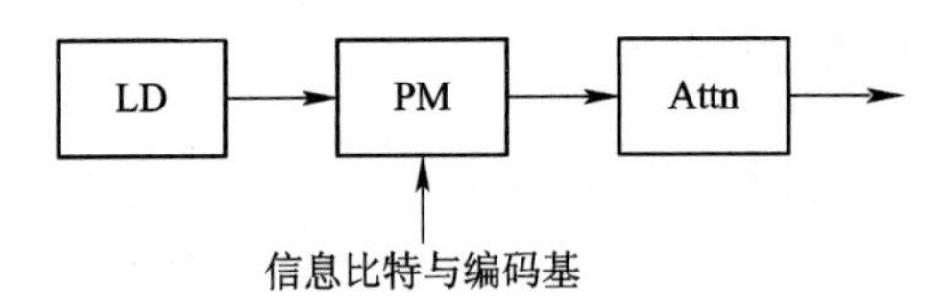


图 6.3 相位编码实现示例

相位解码通常采用相干检测，基于干涉计是典型的实现方式，图 6.4 给出了基于非对称马赫-曾德尔(Mach-Zehnder，MZ)干涉仪(Interferometer，也有人称为干涉计)的实现方案，其中长臂上接有相位调制器，在第 2 个耦合器 $C_2$ 处进行干涉。MZ 干涉仪的两个输出分别接单光子探测器 $D_0$ 和 $D_1$，分别对应测量结果“0”和“1”。

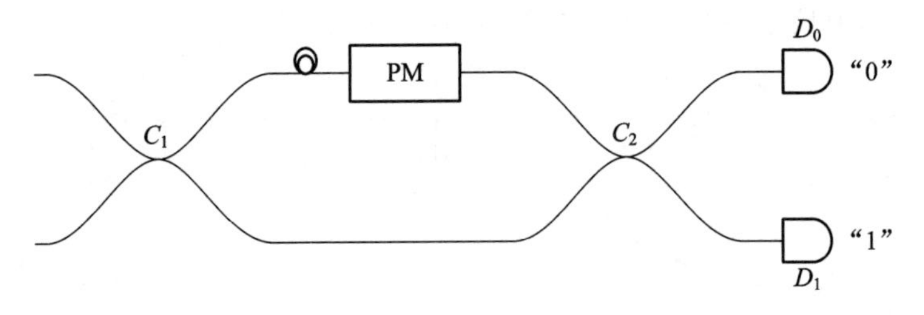


图 6.4 相位解码实现示例

图 6.4 中非对称 MZ 干涉仪(上支路有一段延时线)的分析，可利用光量子的波动性分析其相位叠加特性，最终实现单光子干涉(相位分析详见 6.5 节)。这已经被大量实验结果所证实。

### 6.1.3 时间编码

时间编码是指二进制比特数值决定脉冲出现的时刻，例如，当信息为“0”时，脉冲出现在标准时钟对应的时刻(称为 early 脉冲)，态矢可表示为$|0\rangle$；当信息为“1”时，脉冲出现时刻与标准时钟时刻的间隔为 $\tau$(称为 delay 脉冲)，态矢可表示为$|1\rangle$；也可采用这样一种编码态，对应信息“0”时，脉冲在两个时刻出现的概率相等，且相位相同，态矢可表示为$|+\rangle$；对应信息“1”时，脉冲在两个时刻出现的概率相等，且相位相反，态矢可表示为$|-\rangle$。前者称为 **Z** 基，后者称为 **X** 基，如表 6.3 所示。

**表 6.3　时 间 编 码**

| 编码基 | 比特 | 脉冲出现时刻 | 态矢 |
|---|---|---|---|
| ***Z*** 基 | 0 | 标准时钟时刻 | $\|0\rangle$ |
| | 1 | 与标准时钟时刻滞后 $\tau$ | $\|1\rangle$ |
| ***X*** 基 | 0 | 两个时刻等概出现，相位相同 | $\|+\rangle$ |
| | 1 | 两个时刻等概出现，相位相反 | $\|-\rangle$ |

时间编码示意如图 6.5 所示。图 6.5(a)中给出了 ***Z*** 基编码示意图，图 6.5(b)给出了 ***X*** 基下时间编码示意图。

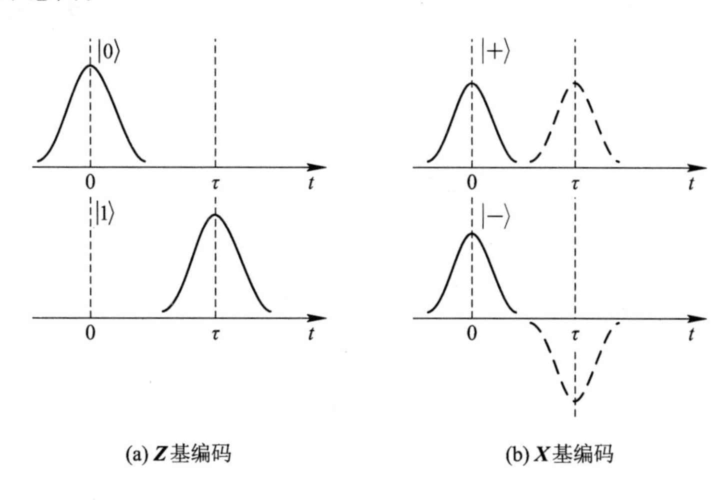


图 6.5　时间编码示意

实现时间编码的原理如图 6.6 所示，***Z*** 基编码时 LD 输出的激光经由强度调制器(Intensity Modulation，IM)后变成光脉冲，其脉冲产生的时刻由信息比特("0"或"1")决定，信息比特控制驱动模块的输出。***X*** 基编码可采用 MZ 干涉仪来实现，如图 6.6(b)所示，光分束器(BS)的分束比为 50:50，信息比特控制驱动器的电压，使 PM 实现指定的相移，比特"0"对应相移 0，比特"1"对应相移 π，最后都经过衰减器(Attenuator，Attn)使光脉冲达到单光子级别。

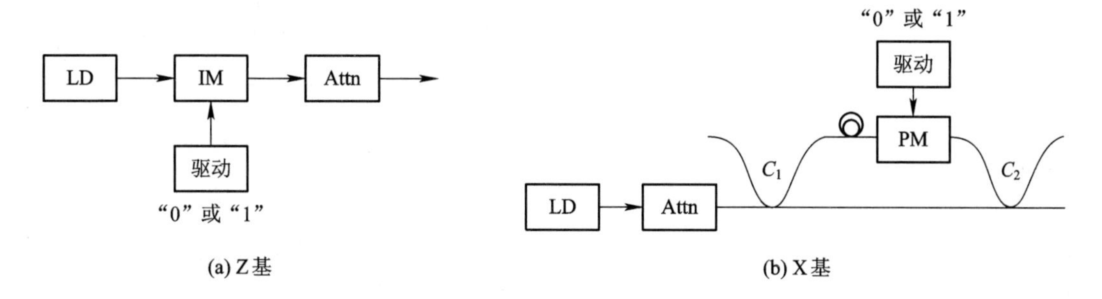


图 6.6　时间编码实现示例

在时间解码时，对于 ***Z*** 基，可通过采用较高时间分辨率(能区分两个不同时刻的光脉冲)的单光子探测器来实现；对于 ***X*** 基，通常采用干涉计，如图 6.7 所示，干涉计的两个输出分别接单光子探测器 $D_0$ 和 $D_1$，分别对应测量结果“0”和“1”。

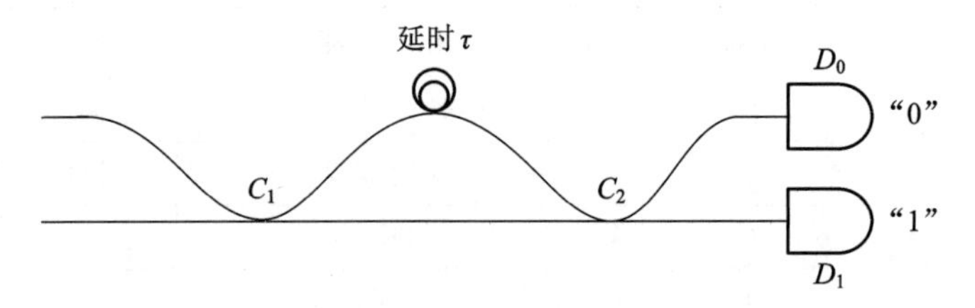


图 6.7 时间解码实现示例

为了提高编码效率，QKD 系统也可以采用高维编码，如基于轨道角动量的 QKD 系统。在有的 DV-QKD 系统中，随机选择两个不同维度之一进行编码，如时间或相位编码、频率或时间编码等。

# 6.2 BB84 协议和 B92 协议

BB84 协议是最早提出，同时也是目前实际应用最广的 QKD 协议。B92 协议是 BB84 协议的简化，但协议效率有所降低。本节分别介绍 BB84 协议和 B92 协议，并给出 BB84 协议的安全性证明。

## 6.2.1 BB84 协议

1984 年，美国 IBM 公司的 Charles Bennett 和加拿大蒙特利尔大学(Université de Montréal)的 Gilles Brassard 共同提出了采用共轭编码和光子偏振态来传输信息的量子密钥分发协议，简称 BB84 协议[6]。

BB84 协议采用四种量子态作为信息的载体，这四个态分别属于两组共轭基，每组基内的两个态相互正交。两组基互为共轭是指一组基中的任一基矢在另一组基中的每一个基矢上的投影概率都相等。由第 2 章可知，非正交量子态无法通过测量实现完全分辨。如 6.1 节介绍的 **Z** 基和 **X** 基就是一对共轭基，它们也是 BB84 协议中采用的编码基。直线基(**Z** 基)可用“+”表示，对角基(**X** 基)可用“×”表示。**Z** 基的基矢为：水平偏振态记作 $|0\rangle$(编码信息 0，可用“↔”表示)，垂直偏振态记作 $|1\rangle$(编码信息 1，可用“↕”表示)；**X** 基的基矢为：45°偏振态记作 $|+\rangle$(编码信息 0，可用“↗”表示)，135°偏振态记作 $|-\rangle$(编码信息 1，可用“↘”表示)。若选择 **Z** 基来测量“↕”，会以 100%的概率得到“↕”；若选择 **Z** 基来测量“↗”，会以 50%的概率得到“↕”，则恢复的信息出错。若不知道发送的偏振态，接收方随机选取 **Z** 基或 **X** 基测量，当用 **Z** 基测量后得到状态“↕”，并不能确定原本的状态是“↕”还是“↗”，无法完全分辨这两个非正交的量子态。

以偏振编码为例，BB84 协议的工作流程如下：

(1) Alice 采用随机数发生器，产生两个随机二进制序列：信息序列 $\{a_n\}$ 和基矢序列 $\{b_n\}$，Bob 采用随机数发生器产生随机二进制序列 $\{c_n\}$，$a_n$、$b_n$、$c_n \in \{0, 1\}$。

(2) Alice 根据序列$\{b_n\}$选择编码基，依据信息序列$\{a_n\}$对单光子脉冲进行编码，制备偏振态：$b_n=0$ 时对应 $\boldsymbol{Z}$ 基，$b_n=1$ 时对应 $\boldsymbol{X}$ 基，编码规则见表 6.1，将编码后的脉冲串依次发送给 Bob。

(3) Bob 对接收到的每一个光脉冲随机选择测量基来测量其偏振态，测量基根据序列$\{c_n\}$确定：$c_n=0$ 时对应 $\boldsymbol{Z}$ 基，$c_n=1$ 时对应 $\boldsymbol{X}$ 基，将测量结果记为序列$\{d_n\}$。

(4) Bob 通过经典信道告知 Alice 他所选用的每个比特的测量基。

(5) Alice 告诉 Bob 哪个测量基是正确的(测量基和编码基一致)，双方保留基一致的数据，其余的丢弃，得到原始密钥(Raw Key)。

(6) Alice 和 Bob 从原始密钥中随机选择部分比特公开比较进行窃听检测，若量子误码率小于设定门限，则进行后处理；否则认为存在窃听，终止协议，此时密钥称为筛后密钥(Sifted Key)。

(7) Alice 和 Bob 对筛后密钥作进一步纠错，也叫信息协调(Information Reconciliation)和密性放大(Privacy Amplification)，最终得到无条件安全的密钥(Secret Key)，也称为净密钥(Net Key)。

表 6.4 举例说明上述过程，需要注意的是，测量基与编码基不一致时，随机得到“0”或“1”。另外，误码检验抽取了一部分原始密钥统计误码率，因此需要去掉这部分公开的密钥，最后只剩下没有公开的筛后密钥。

**表 6.4　BB84 协议实现过程举例**

| Alice 的信息序列 $\{a_n\}$ | 1 | 0 | 0 | 1 | 1 | 1 | 0 | 1 | 0 | 1 |
|---|---|---|---|---|---|---|---|---|---|---|
| Alice 的编码序列 $\{b_n\}$ | 0 | 0 | 0 | 1 | 1 | 0 | 1 | 0 | 1 | 1 |
| Alice 发送的光子序列 | ↕ | ↔ | ↔ | ↘ | ↘ | ↕ | ↗ | ↕ | ↗ | ↘ |
| Bob 的测量基 (对应$\{c_n\}$) | + | × | + | + | × | × | × | + | + | × |
| Bob 的测量结果 | 1 | 0 | 0 | 1 | 1 | 0 | 0 | 1 | 1 | 1 |
| 基矢对比后的原始密钥 | 1 |  | 0 |  | 1 |  | 0 | 1 |  | 1 |
| 误码检验后的筛后密钥 | 1 |  |  |  | 1 |  | 0 |  |  | 1 |
| 筛后密钥 | 1101 |  |  |  |  |  |  |  |  |  |

由于采用了两组共轭基编码，BB84 协议的安全性体现在：若窃听者 Eve 采取“截取-重发”攻击，则即使他能从量子信道中截获光子并进行测量，但由海森堡不确定性原理，Eve 在不知道编码基的前提下不能完全分辨每个光子的偏振状态，从而他制备重发的假冒光子可能会导致误码，进而被 Alice 和 Bob 通过量子误码率检验发现；Eve 也不能从信道中克隆光子，等待 Bob 公布测量基后再据此进行测量，这是由量子态不可克隆定理保证的。

BB84 协议具有下述特点：

(1) BB84 协议被理论证明是一种无条件安全的密钥分发方式，它的量子态制备和测量相对容易实现。

(2) 在 BB84 协议中，通信双方随机选择两组基进行编码和解码，并进行基矢对比、误码检测，以保证量子密钥分发的安全性。因而，传输过程中最多有 50%的量子比特可用于产生量子密钥，量子比特的利用率较低；四种量子态只能代表“0”和“1”两种比特，编码容量也低。

可见，前者是其优点，后者是其不足之处。对于存在噪声的量子信道，确保BB84方案的安全性需要理想单光子源，但目前还没用可供实(商)用的单光子源，实际(工程)上多采用衰减后的相干光脉冲，即弱相干脉冲(Weak Coherent Pulse，WCP)光源。用弱相干脉冲光源代替单光子源实现BB84量子密钥分发方案，在高损耗的量子信道中传输时，若一个弱激光脉冲中所包含的光子数超过1，那么就可能存在量子信息的泄漏。因此，由弱激光脉冲代替单光子源在光纤中实现BB84量子密钥分发方案存在一定的安全隐患，不过已有解决方案，这将在6.3节中讨论。

需要指出的是，从BB84协议的工作过程可知，Alice和Bob需要随机抽取部分原始密钥进行误码率估计，以实现安全性检测。这种抽样虽然在总的测量结果中占的比例不是很大，但也需要足够的样本数据，对于距离较远和损耗较大的信道，为及时估计误码率，样本数据往往取有限值，从而带来有限数据长度(Finite Size)问题，这将在6.8节做简单讨论。

### 6.2.2 BB84协议的安全性

在讨论BB84协议的安全性之前，我们先定义单个攻击和集体攻击(Collective Attack)的概念。单个攻击指攻击单个量子比特脉冲。集体攻击是指Eve可操控、存储一组量子比特脉冲，进行联合测量及处理以窃取信息。假定因Eve窃听操作而导致的每组量子比特中出现差错的量子比特少于$t$个，则Alice可采用能纠正$t$个错误的量子纠错码(详见第9章)编码发送的量子比特，从而Bob经译码层可纠正这些错误。要实现这个方法，面临两个挑战[25]：其一，虽可通过信道测量确定$t$的上界，但需要量子计算机实现可靠的编码和译码；其二，若不具备量子计算机或量子存储，则需选择量子码，仅通过单个量子比特制备和测量即可实现编码、译码和测量。例如，可采用简化的CSS码(详见第9章)。这里采用逐步归约的方法，由基于EPR对的QKD协议逐步归约到BB84协议，具有相同的安全性，详见文献[25]。

**1. 安全QKD协议的要求**

设Alice制备$n$对EPR纠缠对，记为$|\phi^+\rangle^{\otimes n}$，其中$|\phi^+\rangle=(|00\rangle+|11\rangle)/\sqrt{2}$，将每对中的一个发给Bob。由于信道噪声或窃听，最终的量子态可能不再是纯态，用密度算子$\boldsymbol{\rho}$表示。随后Alice和Bob执行本地测量，可获得密钥(典型协议参见6.6.1小节)，且有[25]：若最终量子态的保真度为$F(\boldsymbol{\rho},|\phi^+\rangle^{\otimes n})^2>1-2^{-s}$，则Eve可获得的信息量为

$$S(\boldsymbol{\rho})<\left(\frac{2n+s+1}{\ln 2}\right)2^{-s}+O(2^{-2s}) \tag{6.1}$$

其中，$s$是安全参数($s>0$)。式(6.1)表明：一个QKD协议，若能使Alice和Bob获得保真度高于$1-2^{-s}$的EPR对，则它是安全的。故Alice和Bob必须估计出EPR对保真度的上界，这可通过随机抽样获得。

**2. 修正Lo-chau协议(Modified Lo-Chau Protocol)**

Alice和Bob须减少Eve获得的信息，这可通过隐私放大来实现。同时，也可执行纠缠蒸馏(Distillation)得到$\boldsymbol{\rho}'$，使其近似为$|\phi^+\rangle^{\otimes m}$ ($m<n$)，从而测量后得到密钥，而纠缠蒸

馏可由量子纠错来达到。综合随机抽样和纠缠蒸馏，可得修正 Lo-Chau 协议。工作流程如下：

(1) Alice 制备 $2n$ 对 EPR 纠缠对，记为 $|\phi^+\rangle^{\otimes 2n}$；

(2) Alice 随机选择 $2n$ 对粒子中的 $n$ 对用作检验 Eve 的扰动；

(3) Alice 随机产生长度为 $2n$ 的比特串 $b$，当 $b=1$ 时，对每对 EPR 中的第二个执行 Hadamard 变换；

(4) Alice 将 EPR 中的第二个发给 Bob；

(5) Bob 收到量子比特并公开这一结果；

(6) Alice 公开比特串 $b$ 及用作检验的 $n$ 个量子比特；

(7) Bob 对 $b=1$ 的量子比特执行 Hadamard 变换；

(8) Alice 和 Bob 分别用 $\boldsymbol{Z}$ 基($|0\rangle$，$|1\rangle$)测量各自的 $n$ 个检验量子比特，共享结果，若差错多于 $t$ 个，则协议终止；

(9) Alice 和 Bob 根据预先确定的$[n, m]$量子码校验矩阵测量剩余的 $n$ 个量子比特，以纠正 $t$ 个差错，则可得到 $m$ 对高品质 EPR 纠缠对；

(10) Alice 和 Bob 分别用 $\boldsymbol{Z}$ 基($|0\rangle$，$|1\rangle$)测量 $m$ 个 EPR 对，得到共享的安全密钥。

对于量子 CSS 码，当 $n$ 足够大时，一定存在$[n, m]$量子码可纠正 $t$ 个差错，使得 $|\phi^+\rangle^{\otimes m}$ 的保真度大于 $1-2^{-s}$，从而确保修正 Lo-Chau 协议的安全性。

**3. 基于 CSS 量子纠错码的 QKD 协议**

修正 Lo-Chau 协议需要 EPR 纠缠分发和量子计算机实现量子纠错，而量子计算目前难以实现规模化和长时间稳定工作。注意到在修正 Lo-Chou 协议第(8)步 Alice 测量检验 EPR 粒子后，这些 EPR 对塌缩成 $n$ 个单量子比特，因此 Alice 可以直接发送 $n$ 个单量子比特来进行检验，而不降低安全性。此外，在修正 Lo-Chou 协议的第(9)和(10)步，Alice 执行测量后，EPR 对塌缩成用随机量子码编码的随机量子比特。因此，Alice 可不发送 EPR 纠缠对中的一半粒子，她可以随机选择长度为 $n$ 的随机比特串 $x$、$z$ 和 $k$，对$|k\rangle$进行 $\mathrm{CSS}_{z,x}(C_1, C_2)$编码(CSS 码参见第 9 章)，将编码后的量子比特发给 Bob，此时即为基于 CSS 码的 QKD 协议。工作流程如下：

(1) Alice 产生长度为 $n$ 的随机校验比特串，长度为 $m$ 的信息比特串 $k$，两个长度为 $n$ 的比特串 $x$ 和 $z$，她用 $\mathrm{CSS}_{z,x}(C_1, C_2)$对$|k\rangle$进行编码，同时用 $\boldsymbol{Z}$ 基($|0\rangle$，$|1\rangle$)对校验比特进行编码。

(2) Alice 将 $n$ 个校验量子比特与 $n$ 个编码量子比特随机排序构成长度为 $2n$ 的量子比特串。

(3) Alice 产生长度为 $2n$ 的比特串 $b$，当 $b=1$ 时，对该位置的量子比特执行 Hadamard 变换。

(4) Alice 将量子比特发给 Bob。

(5) Bob 接收量子比特并公开这一结果。

(6) Alice 公开 $b$、$x$、$z$ 及校验量子比特位置。

(7) Bob 对 $b=1$ 对应的量子比特执行 Hadamard 变换。

(8) Bob 用 $\boldsymbol{Z}$ 基测量校验量子比特，将结果告知 Alice，若差错多于 $t$ 个，则协议终止。

(9) Bob 对剩余 $n$ 量子比特进行译码。

(10) Bob 测量量子比特获得共享密钥 $k$。

可见上述协议没有采用 EPR 对，但与修正 Lo-Chou 协议具有相同的安全性。

**4. 安全 BB84 协议**

基于 CSS 码的 QKD 协议依然需要量子计算和量子存储进行编码和译码。然而，采用 CSS 码后其实可以去除这两个要求，这是由于 CSS 码本身的特点使得比特差错和相位差错解耦了(见第 9 章)。由于 Bob 在译码后立即在 $\boldsymbol{Z}$ 基下测量他的量子比特，Alice 发送的相位纠错信息($z$)就没有必要了。再根据 CSS 码的特点，Bob 可以先测量，再进行经典译码：Alice 也不需进行 Hadamard 变换，相反，她可根据 $b$ 在 $\boldsymbol{Z}$ 基或 $\boldsymbol{X}$ 基下直接编码量子比特。同时，若 Bob 收到量子比特后，可立即用 $\boldsymbol{Z}$ 基或 $\boldsymbol{X}$ 基进行测量。当 Alice 公布 $b$ 后，他们只保留基一致的比特，这样也不需量子存储器。由此可得与 BB84 协议一致的协议，称为安全的 BB84 协议。工作流程如下：

(1) Alice 产生 $(4+\delta)n$ 个随机比特。

(2) Alice 根据随机比特串 $b$ 对每一个比特在 $\boldsymbol{Z}$ 基或 $\boldsymbol{X}$ 基下进行编码。

(3) Alice 将编码的量子比特发给 Bob。

(4) Alice 随机选一个码字 $v_k \in C_1$。

(5) Bob 收到量子比特，公开这一结果，并随机选择 $\boldsymbol{Z}$ 基或 $\boldsymbol{X}$ 基进行测量。

(6) Alice 公开 $b$。

(7) Alice 与 Bob 保留基一致的比特，若剩余比特小于 $2n$，则协议终止，否则，Alice 在 $2n$ 个比特中随机选 $n$ 个作为检验比特，并且宣告这些检验比特的位置。

(8) 若差错比特多于 $t$ 个，则协议终止；若差错比特小于 $t$ 个，此时 Alice 的比特串为 $x$，Bob 的比特串为 $x+\varepsilon$。

(9) Alice 公开 $x-v_k$，Bob 减去该比特串，并基于码 $C_1$ 进行纠错得到 $v_k$。

(10) Alice 和 Bob 计算 $C_1$ 中$(v_k+C_2)$的陪集以获得密钥 $k$。

基于上述逐步归约(简化)过程，可以得到 BB84 协议是安全的。BB84 协议的安全性分析有大量的文献，读者可进一步阅读。

## 6.2.3 B92 协议

1992 年，Bennett 提出以两个非正交量子态实现的量子密钥分发协议称为 B92 协议[69]。基于量子态的非正交特性满足量子态不可克隆定理，使窃听者无法获取量子密钥。

由 Hilbert 空间中任意两个非正交量子态$|\phi_0\rangle$和$|\phi_1\rangle$构造两个非对易投影算符：

$$P_0=1-|\phi_0\rangle\langle\phi_0|,\ P_1=1-|\phi_1\rangle\langle\phi_1| \tag{6.2}$$

$P_0$ 将量子态$|\phi_1\rangle$投影到与$|\phi_0\rangle$正交的子空间上，$P_1$ 将量子态$|\phi_0\rangle$投影到与$|\phi_1\rangle$正交的子空间上，即

$$\langle\phi_0|P_0|\phi_1\rangle=\langle\phi_0|\phi_1\rangle-\langle\phi_0|\phi_1\rangle\langle\phi_0|\phi_0\rangle=0 \tag{6.3}$$

$$\langle\phi_1|P_1|\phi_0\rangle=\langle\phi_1|\phi_0\rangle-\langle\phi_1|\phi_0\rangle\langle\phi_1|\phi_1\rangle=0 \tag{6.4}$$

此外，$\langle\phi_0|P_0|\phi_0\rangle=0$，$\langle\phi_1|P_1|\phi_1\rangle=0$。可见，$P_0$ 作用在$|\phi_0\rangle$上得到真空态，作用在$|\phi_1\rangle$上依概率 $p_0$ 得到一个确定的态；$P_1$ 作用在量子态$|\phi_1\rangle$上得到真空态，作用在$|\phi_0\rangle$上依概率 $p_1$ 得到一个确定的态，易知 $p_0=p_1=1-|\langle\phi_0|\phi_1\rangle|^2$。由于$|\phi_0\rangle$和$|\phi_1\rangle$非正交，

它们满足量子态不可克隆定理。

基于上述特性，Bennett 设计了 B92 协议。以偏振态为例，B92 协议中只使用两种非正交量子态“↔”(编码信息 0，$|\phi_0\rangle$)和“⤢”(编码信息 1，$|\phi_1\rangle$)。Alice 随机发送状态“↔”或“⤢”，Bob 接收后随机选择 ***Z*** 基或 ***X*** 基进行测量。若 Bob 测量得到的结果是“↕”，可以肯定 Alice 发送的状态是“⤢”；若 Bob 测量得到的结果是“↘”，可以肯定接收到的状态是“↔”；若 Bob 的测量结果是“↔”或“⤢”，则不能肯定接收到的状态。Bob 告诉 Alice 经过测量哪些态得到了确定的结果，哪些态他不能确定，而不告诉 Alice 他选择了什么测量基。最后用得到的确定结果的比特作为密钥，解码规则为：将“↘”解码为 0，“↕”解码为 1。

B92 协议的具体工作流程如下：

(1) 将 Alice 产生的随机二进制比特串作为信息比特，并据其对光脉冲进行调制，比特 0 对应水平偏振态“↔”，比特 1 对应 45°偏振态“⤢”，将调制后的光子串按照一定的时间间隔依次发送给 Bob。

(2) Bob 对接收到的每一个光子随机选择测量基进行测量。

(3) Bob 通过经典信道告诉 Alice 哪些量子态获得确定的测量结果，但不公开选用的测量基。

(4) Alice 和 Bob 保留所有获得确定测量结果的比特，此即原始密钥，其余丢弃。

(5) Alice 和 Bob 从原始密钥中随机选择部分比特，公开比较进行窃听检测，误码率小于门限时，剩余比特即为筛后密钥；否则认为存在窃听，协议终止。

(6) Alice 和 Bob 对筛后密钥进行纠错和密性放大，最终得到无条件安全的密钥。

B92 协议的实现过程如表 6.5 所示。

**表 6.5　B92 协议的实现过程**

| Alice 产生的比特串 | 1 | 0 | 0 | 1 | 1 | 1 | 0 | 1 | 0 | 1 |
|---|---|---|---|---|---|---|---|---|---|---|
| Alice 发送的编码光脉冲 | ⤢ | ↔ | ↔ | ⤢ | ⤢ | ⤢ | ↔ | ⤢ | ↔ | ⤢ |
| Bob 选择的测量基 | + | × | + | + | × | × | × | + | + | × |
| Bob 的测量结果 | ↔ | ⤢ | ↔ | ↕ | ⤢ | ⤢ | ↘ | ↕ | ↔ | ⤢ |
| 原始密钥 | | | | 1 | | | 0 | 1 | | |
| 筛后密钥 | | | | 1 | | | 0 | | | |

在没有攻击者和噪声影响的条件下，Bob 每一次获得确定测量结果为$|\phi_0\rangle$或$|\phi_1\rangle$的概率为

$$p_c=\frac{(1-|\langle\phi_0|\phi_1\rangle|^2)}{2} \tag{6.5}$$

得不到确定结果的概率为

$$p_f=1-p_c=\frac{(1+|\langle\phi_0|\phi_1\rangle|^2)}{2} \tag{6.6}$$

Hilbert 空间中任意两个非正交量子比特是不可区分的，如果窃听者 Eve 对量子比特$|\phi_0\rangle$或$|\phi_1\rangle$进行操作(如截取-重发攻击)，必然会引入错误。根据 Alice 和 Bob 测量结果的

关联性，他们能够检测出是否存在窃听。在 B92 协议中，理想情况下，Bob 只能依概率 25%接收到有用比特信息，可见，B92 协议的效率是 BB84 协议的 1/2。正因为如此，BB84 协议应用更为广泛。

## 6.3 基于诱骗态的量子密钥分发

量子密钥分发因其无条件安全性而引起了人们广泛的关注，得到了快速发展，但是在实际实现时，会遇到一些技术上的困难，例如：目前还没有可供工程应用的完美单光子源；信道的损耗比较高；探测器的效率较低等。目前大多数 QKD 系统多采用弱相干光脉冲来代替单光子，这使得黑客可能采用光子数分割(Photon Number Splitting，PNS)攻击获取密钥信息。诱骗态(Décoy State)思想的出现有效解决了这个问题[70-72]。本节讲述基于诱骗态的量子密钥分发原理及实现。

### 6.3.1 诱骗态量子密钥分发原理

如 2.4 节所述，相干光脉冲中的光子数服从泊松分布，也就是每个脉冲以一定的概率包含多于一个的光子，经过衰减后的弱相干光脉冲光子数依然服从泊松分布。在 PNS 攻击中，窃听者(Eve)常采用如下攻击策略：首先，测量每个脉冲的光子数，但不破坏脉冲所携带的信息，如果只有一个光子，则拦截该脉冲；若存在多个光子，则从中分离出一个光子进行保存，将其余光子通过一个理想信道(理想信道指无损或较少损耗的信道，目的是使接收方的计数率与没有 PNS 攻击时相同) 发送给 Bob。其次，Eve 监听 Alice 和 Bob 后面的通信过程，采用相应的测量基对其存储的光子进行测量，即可获得密钥信息。假设量子信道使光脉冲的丢弃率是 Loss(接收端探测器没有计数)，则传输率(通过率)为 $\eta=1-\text{Loss}$。假设 Alice 端产生单光子脉冲的概率是 90%，多光子脉冲的概率是 10%，则在 PNS 攻击时，Bob 理论上收到的脉冲数目最多是发送脉冲数目的 10%。可以发现，如果信道传输率 $\eta$ 小于多光子脉冲的概率，则该信道是不安全的(因为此时通过接收端的计数率无法判断是否发生了 PNS 攻击)。所以，如果希望信道对 PNS 攻击是安全的，则要求 $\eta>p_{\text{multi}}$，其中，$p_{\text{multi}}$ 是多光子脉冲的概率(此时，通过接收端的计数率即可判断有无 PNS 攻击)。当通过率 $\eta$ 很低的时候，要求 $p_{\text{multi}}$ 很小(接近于完美单光子源)，这个条件很难实现。

在基于弱相干脉冲的 QKD 系统中，如果发端发送的光脉冲中含有一个光子，根据 BB84 协议，它可以安全地产生密钥；如果发端发送的光脉冲中含有多个光子，受到 PNS 攻击可能会泄露密钥信息。假如接收方能准确估计由单光子脉冲产生的计数率下限及相应的误码率上限，则可以得到信息论意义上安全(简称信息论安全)的密钥产生率下限，进而对筛后密钥进行纠错，并依据密钥产生率下限确定的压缩率进行密性放大(一般是哈希变换)，即可获得安全密钥。诱骗态的思想就是为了估计单光子脉冲计数率下限及相应误码率上限(具体方法见 6.3.2 节)。

在诱骗态 QKD 系统中，Alice 有一个信号源 $S$ 和一个诱骗源 $S'$，并且随机使用两者之一，信号源平均光子数目(强度)为 $\mu$，诱骗源平均光子数目为 $\mu'$，一般地，$\mu'<\mu$。信号源

和诱骗源均由同一随机信息比特序列进行调制。尽管两个源强度不同，但每脉冲的光子数均服从泊松分布，所以窃听者无法区分诱骗源和信号源。

基于诱骗态的 BB84 协议工作流程如下(以偏振编码为例)：

(1) Alice 采用随机数发生器，产生 3 个随机二进制序列：信息序列$\{a_n\}$、基矢序列$\{b_n\}$和信号类型序列$\{s_n\}$，Bob 采用随机数发生器产生随机二进制序列$\{c_n\}$，$a_n$、$b_n$、$s_n$、$c_n \in \{0, 1\}$。

(2) Alice 根据$\{s_n\}$选择信号或诱骗光源，根据$\{b_n\}$选择编码基，依据信息序列$\{a_n\}$对光脉冲进行调制，制备偏振态：$b_n=0$ 时对应 $\boldsymbol{Z}$ 基，$b_n=1$ 时对应 $\boldsymbol{X}$ 基，编码规则见表 6.1，将编码后的脉冲串依次发送给 Bob。

(3) Bob 对接收到的每一个光脉冲随机选择测量基来测量其偏振态，测量基根据序列$\{c_n\}$确定：$c_n=0$ 时对应 $\boldsymbol{Z}$ 基，$c_n=1$ 时对应 $\boldsymbol{X}$ 基，将测量结果记为序列$\{d_n\}$。

(4) Bob 通过经典信道告知 Alice 他所选用的每个比特的测量基。

(5) Alice 告诉 Bob 哪个测量基是正确的(测量基和编码基一致)，双方保留基一致的数据，其余的丢弃；Alice 告诉 Bob 哪些是信号态，哪些是诱骗态。

(6) Alice 和 Bob 根据原始数据进行参数估计(详见 6.3.2 小节)，计算安全密钥产生率，若其不大于 0 则协议终止，否则去除用于参数估计的原始密钥，得到筛后密钥(sifted key)。

(7) Alice 和 Bob 对筛后密钥作进一步纠错和密性放大，最终得到无条件安全的密钥。

经过十余年的发展，诱骗态已广泛应用于 QKD 系统，成为事实上的标准。

### 6.3.2　诱骗态量子密钥分发协议密钥产生率分析

设弱相干脉冲光源的强度为 $\mu$，其光子数目分布概率为

$$p_n(\mu)=\frac{\mathrm{e}^{-\mu}}{n!}\mu^n \tag{6.7}$$

定义在接收端弱相干脉冲的平均计数率(或增益)用 $Q_\mu$ 表示，接收端的平均错误计数率用 $Q_\mu E_u$ 表示，这里的错误计数指获得的信息比特与发端不一致，则

$$Q_\mu=\sum_n Y_n p_n(\mu)=Y_0\mathrm{e}^{-\mu}+Y_1\mathrm{e}^{-\mu}\mu+Y_2\mathrm{e}^{-\mu}\frac{\mu^2}{2}+\cdots+Y_n\mathrm{e}^{-\mu}\frac{\mu^n}{n!}+\cdots \tag{6.8}$$

$$Q_\mu E_\mu=\sum_n Y_n p_n(\mu)e_n=Y_0\mathrm{e}^{-\mu}e_0+Y_1\mathrm{e}^{-\mu}\mu e_1+Y_2\mathrm{e}^{-\mu}\frac{\mu^2}{2}e_2+\cdots+Y_n\mathrm{e}^{-\mu}\frac{\mu^n}{n!}e_n+\cdots \tag{6.9}$$

式中，$Y_n$ 是 Alice 发送的含 $n$ 个光子的脉冲在 Bob 端的计数(探测)概率，$e_n$ 是 Alice 发送含 $n$ 个光子的脉冲时 Bob 的计数(探测)错误概率。

设信道总的传输率为 $\eta$，它可表示为 Alice 和 Bob 之间量子信道的传输率、Bob 端的系统传输率 $\eta_\mathrm{B}$ 和探测器的效率 $\eta_\mathrm{D}$ 的乘积，即 $\eta=10^{-\alpha L/10}\cdot\eta_\mathrm{B}\cdot\eta_\mathrm{D}$，$\alpha$ 为衰减系数，$L$ 为光纤量子信道的长度，那么当 Alice 发送 $n$ 个光子脉冲时，Bob 端至少可探测到一个光子的概率为 $\eta_n=1-(1-\eta)^n$。$Y_n$ 和 $e_n$ 分别可表示为

$$Y_n=\eta_n+(1-\eta_n)Y_0\approx\eta_n+Y_0 \tag{6.10}$$

$$e_n=\frac{e_\mathrm{d}\eta_n+e_0Y_0}{Y_n} \tag{6.11}$$

其中，$Y_0$ 是 Bob 端探测器的暗计数概率；$e_d$ 是光子到达错误探测器的概率；$e_0$ 是由背景计数引起的错误计数率，若背景计数得到的结果是随机的，则 $e_0=1/2$。由式(6.10)和式(6.11)可得，增益和平均错误计数率为

$$Q_\mu = Y_0 + 1 - e^{-\mu\eta} \tag{6.12}$$

$$Q_\mu E_\mu = e_0 Y_0 + e_d(1-e^{-\eta\mu}) \tag{6.13}$$

则误码率为

$$E_\mu = \frac{e_0 Y_0 + e_d(1-e^{-\eta\mu})}{Y_0 + 1 - e^{-\mu\eta}} \tag{6.14}$$

理论上，采用不同平均光子数的诱骗态类型越多，越能精确估计单光子脉冲的计数率与误码率，从而可判断 QKD 过程的安全性，且能计算安全密钥产生率。实际上，为分析安全密钥产生率，只需根据测量结果估计单光子增益下界 $Q_1^L$ 及误码率上界 $e_1^U$ 即可(详见后面介绍的 GLLP 公式，上标 L、U 分别表示下界、上界)。而估计 $Q_1^L$ 及 $e_1^U$ 只需 2 个诱骗态即可，具体分析过程如下[73]所述。

设两个诱骗态平均光子数为 $\nu_1$ 和 $\nu_2$，信号态平均光子数为 $\mu$。且有 $0\leqslant\nu_2<\nu_1$，$\nu_1+\nu_2<\mu$。诱骗态的增益可写为

$$Q_{\nu_1} = \sum_{i=0}^{\infty} Y_i \frac{\nu_1^i}{i!} e^{-\nu_1} \tag{6.15}$$

$$Q_{\nu_2} = \sum_{i=0}^{\infty} Y_i \frac{\nu_2^i}{i!} e^{-\nu_2} \tag{6.16}$$

$Y_i$ 为发端 $i$ 光子态在接收端的计数率，由式(6.15)和式(6.16)可得

$$\nu_1 Q_{\nu_2} e^{\nu_2} - \nu_2 Q_{\nu_1} e^{\nu_1} = (\nu_1-\nu_2)Y_0 - \nu_1\nu_2\left(Y_2\frac{\nu_1-\nu_2}{2!} + Y_3\frac{\nu_1^2-\nu_2^2}{3!} + \cdots\right) \leqslant (\nu_1-\nu_2)Y_0 \tag{6.17}$$

故有

$$Y_0 \geqslant Y_0^L = \max\left\{\frac{\nu_1 Q_{\nu_2} e^{\nu_2} - \nu_2 Q_{\nu_1} e^{\nu_1}}{\nu_1-\nu_2},\ 0\right\} \tag{6.18}$$

由式(6.8)得，多光子信号态的平均计数为

$$\sum_{i=2}^{\infty} Y_i \frac{\mu^i}{i!} = Q_\mu e^{\mu} - Y_0 - Y_1\mu \tag{6.19}$$

由式(6.15)和式(6.16)，及 $\nu_1$、$\nu_2$、$\mu$ 之间的关系，有

$$\begin{aligned}
Q_{\nu_1} e^{\nu_1} - Q_{\nu_2} e^{\nu_2} &= Y_1(\nu_1-\nu_2) + \sum_{i=2}^{\infty} \frac{Y_i}{i!}(\nu_1^i - \nu_2^i) \\
&\leqslant Y_1(\nu_1-\nu_2) + \frac{\nu_1^2-\nu_2^2}{\mu^2}\sum_{i=2}^{\infty} Y_i \frac{\mu^i}{i!} \\
&= Y_1(\nu_1-\nu_2) + \frac{\nu_1^2-\nu_2^2}{\mu^2}(Q_\mu e^{\mu} - Y_0 - Y_1\mu) \\
&\leqslant Y_1(\nu_1-\nu_2) + \frac{\nu_1^2-\nu_2^2}{\mu^2}(Q_\mu e^{\mu} - Y_0^L - Y_1\mu)
\end{aligned} \tag{6.20}$$

式中用到了 $\nu_1-\nu_2\leqslant(\nu_1^2-\nu_2^{\ 2})\mu^{i-2}$，$i\geqslant2$，进而

$$Y_1\geqslant\frac{\mu}{\mu\nu_1-\mu\nu_2-\nu_1^2+\nu_2^{\ 2}}\left[Q_{\nu_1}e^{\nu_1}-Q_{\nu_2}e^{\nu_2}-\frac{\nu_1^2-\nu_2^{\ 2}}{\mu^2}(Q_\mu e^\mu-Y_0^{\mathrm{L}})\right]$$
$$=Y_1^{\mathrm{L},\nu_1,\nu_2}\tag{6.21}$$

则

$$Q_1=Y_1\mu e^{-\mu}\geqslant\frac{\mu^2e^{-\mu}}{\mu\nu_1-\mu\nu_2-\nu_1^2+\nu_2^{\ 2}}\left[Q_{\nu_1}e^{\nu_1}-Q_{\nu_2}e^{\nu_2}-\frac{\nu_1^2-\nu_2^{\ 2}}{\mu^2}(Q_\mu e^\mu-Y_0^{\mathrm{L}})\right]$$
$$=Q_1^{\mathrm{L},\nu_1,\nu_2}\tag{6.22}$$

参照式(6.9)，对诱骗态，有

$$E_{\nu_1}Q_{\nu_1}e^{\nu_1}=e_0Y_0+e_1\nu_1Y_1+\sum_{i=2}^{\infty}e_iY_i\frac{\nu_1^i}{i!}\tag{6.23}$$

$$E_{\nu_2}Q_{\nu_2}e^{\nu_2}=e_0Y_0+e_1\nu_2Y_1+\sum_{i=2}^{\infty}e_iY_i\frac{\nu_2^i}{i!}\tag{6.24}$$

由式(6.23)和式(6.24)可得

$$e_1\leqslant e_1^{\mathrm{U},\nu_1,\nu_2}=\frac{E_{\nu_1}Q_{\nu_1}e^{\nu_1}-E_{\nu_2}Q_{\nu_2}e^{\nu_2}}{(\nu_1-\nu_2)Y_1^{\mathrm{L},\nu_1,\nu_2}}\tag{6.25}$$

其中，$e$ 为单光子脉冲的误码率，上标 U 指上界(Upper Bound)的意思。

由此，根据 GLLP 公式可得安全密钥率

$$R\geqslant q\{-Q_\mu f(E_\mu)+Q_1[1-H_2(e_1)]\}\tag{6.26}$$

其下界为

$$R^{\mathrm{L},\nu_1,\nu_2}=q\{-Q_\mu f(E_\mu)H_2(E_\mu)+Q_1^{\mathrm{L},\nu_1,\nu_2}[1-H_2(e_1^{\mathrm{U},\nu_1,\nu_2})]\}\tag{6.27}$$

式中，$q$ 为协议的效率，对于 BB84 协议，$q=1/2$。若诱骗态 2 取真空态，即 $\nu_2=0$，则

$$Q_1^{\mathrm{L}}=\frac{\mu^2e^{-\mu}}{\mu\nu-\nu^2}\left(Q_\nu e^\nu-Q_\mu e^\mu\frac{\nu^2}{\mu^2}-\frac{\mu^2-\nu^2}{\mu^2}Y_0\right)\tag{6.28}$$

注意，当 $\nu_2=0$ 时，由式(6.18)可知 $Y_0^{\mathrm{L}}=Y_0$。式(6.28)中，为方便起见，令 $\nu_1$ 为 $\nu$，且对上标进行了简化，则

$$e_1^{\mathrm{U}}=\frac{E_\nu Q_\nu e^\nu-e_0Y_0}{Y_1^{\mathrm{L}}\nu}\tag{6.29}$$

其中：

$$Y_1^{\mathrm{L}}=\frac{\mu}{\mu\nu-\nu^2}\left(Q_\nu e^\nu-Q_\mu e^\mu\frac{\nu^2}{\mu^2}-\frac{\mu^2-\nu^2}{\mu^2}Y_0\right)\tag{6.30}$$

此时，有

$$R^{\mathrm{L}}=q\{-Q_\mu f(E_\mu)H_2(E_\mu)+Q_1^{\mathrm{L}}[1-H_2(e_1^{\mathrm{U}})]\}\tag{6.31}$$

其中，$q$ 是协议效率，$H_2(x)=-x\ \mathrm{lb}x-(1-x)\mathrm{lb}(1-x)$是二元熵函数，$f(x)$是双向纠错的效率。研究表明，采用一个不同强度的相干态和一个真空态(平均光子数为 0)共两个诱骗态，可接近诱骗态理论的最佳性能，因此诱骗态 QKD 常用 3 个态，即信号态、诱骗态和真空态，可称为 3 态协议。

下面分别计算不采用诱骗态和采用诱骗态的 QKD 协议的密钥生成率。

**1. 基于弱相干脉冲源的量子密钥分发性能分析**

对于没有采用诱骗态的量子密钥分发协议，为了保证不存在PNS攻击，假设所有多光子脉冲都通过了量子信道，其单光子的计数率可表示为

$$Q_1 = Q_\mu - P_{\text{multi}} \tag{6.32}$$

多光子脉冲的概率为

$$P_{\text{multi}} = \sum_{n=2}^{\infty} \frac{e^{-\mu}}{n!}\mu^n = 1 - (1+\mu)e^{-\mu} \tag{6.33}$$

密钥产生率为

$$R_{\text{GLLP}} \geqslant \frac{1}{2}\left\{-Q_\mu f(E_\mu)H_2(E_\mu) + (Q_\mu - P_{\text{multi}})\left[1 - H_2\left(\frac{Q_\mu E_\mu}{Q_\mu - P_{\text{multi}}}\right)\right]\right\} \tag{6.34}$$

代入式(6.12)、(6.13)、(6.14)、(6.33)，即可得到 $R_{\text{GLLP}}$ 的最小值。显然，结果与光脉冲的平均光子数(光强)有关，在每个距离上对其进行优化。

**2. 弱相干光诱骗态量子密钥分发性能分析**

将式(6.12)、(6.14)、(6.28)、(6.29)代入式(6.31)，可得到密钥产生率的下界。令光纤衰减系数 $\alpha = 0.2$ dB/km，光脉冲到达错误探测器的概率 $e_d = 3.3\%$，探测器效率 $\eta_d = 4.5\%$，探测器暗计数 $Y_0 = 1.7\times10^{-6}$，纠错算法效率 $f(E_u) = 1.22$，信号态光强为0.48、诱骗态光强为 $5\times10^{-5}$，可得密钥率下界与光纤长度的关系，如图6.8中的DWCP曲线所示，可以看出弱相干光诱骗态通信的安全距离达到165 km。图6.8中也给出了不采用诱骗态的QKD系统密钥率曲线，如图中的WCP曲线。可见，采用诱骗态后通信距离大大提高。

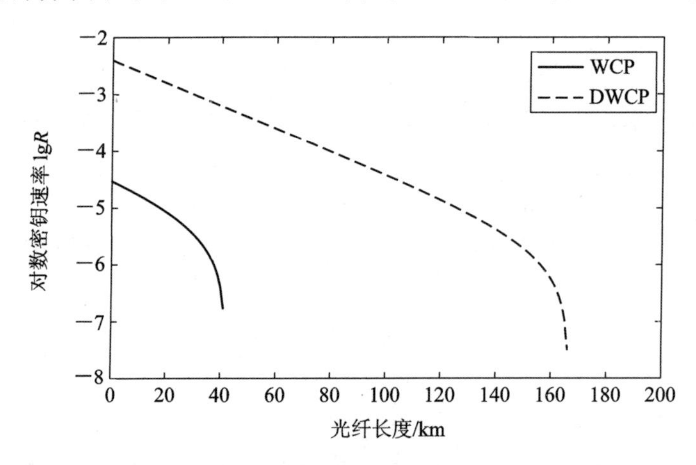


图6.8 弱相干光量子密钥分发的密钥产生率与通信距离的关系

诱骗态QKD系统在实际应用时，常常需要根据系统参数对信号态强度、诱骗态强度、信号态/诱骗态/真空态三者的脉冲占比进行优化，以达到最好的安全密钥率。另外，在QKD系统中，编码基 $\boldsymbol{Z}$、编码基 $\boldsymbol{X}$ 可以是非对称的，它们所占比例也可以作为优化参数。

## 6.3.3 基于预报单光子源的诱骗态量子密钥分发

预报单光子源是利用自发参量下转换产生纠缠光子对，用其中一个的探测结果来预报另一个光子的到达，控制另一个探测器的开启时间，这样就可以大大减少长距离量子密钥

分发过程中暗计数的影响，从而增大量子密钥分发的安全距离。

自发参量下转换过程得到的光脉冲光子数分布概率(平均光子数为 $\mu$)为

$$p_n(\mu)=\frac{\mu^n}{(1+\mu)^{n+1}} \tag{6.35}$$

假设 Alice 端探测器的效率是 $\eta_A$，暗计数为 $Y_{0A}$，则增益和比特错误率可以表示为

$$Q_\mu=\sum_n Y_n Y_n^A p_n(\mu)=Y_0Y_{0A}\frac{1}{1+\mu}+Y_1\eta_A\frac{\mu}{(1+\mu)^2}+\sum_{n=2}^{\infty}Y_n[1-(1-\eta_A)^n]\frac{\mu^n}{(1+\mu)^{n+1}} \tag{6.36}$$

$$\begin{aligned}E_uQ_\mu&=\sum_n e_nY_nY_n^A p_n(\mu)\\&=e_0Y_0Y_{0A}\frac{1}{1+\mu}+e_1Y_1\eta_A\frac{\mu}{(1+\mu)^2}+\sum_{n=2}^{\infty}e_nY_n[1-(1-\eta_A)^n]\frac{\mu^n}{(1+\mu)^{n+1}}\end{aligned} \tag{6.37}$$

其中，$Y_n$、$e_n$ 的定义和前面一致，表达式如式(6.10)和式(6.11)所示，$Y_n^A$ 是 Alice 端探测本地纠缠光子的计数率。同样也可采用三态协议进行分析，设信号强度为 $\mu$，诱骗态脉冲强度为 0 和 $\mu'(0<\mu'<\mu<1)$，则

$$\begin{aligned}(1+\mu)Q_\mu-(1+\mu')Q_{\mu'}&=Y_1\eta_A\left(\frac{\mu}{1+\mu}-\frac{\mu'}{1+\mu'}\right)+\\&\quad\sum_{n=2}^{\infty}Y_n[1-(1-\eta_A)^n]\left[\frac{\mu^n}{(1+\mu)^n}-\frac{\mu'^n}{(1+\mu')^n}\right]\\&>Y_1\eta_A\frac{(\mu-\mu')}{(1+\mu)(1+\mu')}+\left[1-\frac{\mu'^2}{\mu^2}\frac{(1+\mu)^2}{(1+\mu')^2}\right](1+\mu)\\&\quad\sum_{n=2}^{\infty}Y_n[1-(1-\eta_A)^n]\frac{\mu^n}{(1+\mu)^{n+1}}\\&=Y_1\eta_A\frac{(\mu-\mu')}{(1+\mu)(1+\mu')}+(1+\mu)\left[1-\frac{\mu'^2}{\mu^2}\frac{(1+\mu)^2}{(1+\mu')^2}\right]\\&\quad\left[Q_\mu-Y_0Y_{0A}\frac{1}{1+\mu}-Y_1\eta_A\frac{\mu}{(1+\mu)^2}\right]\end{aligned} \tag{6.38}$$

在上面的推导过程中，利用了当 $n\geqslant 2$ 时，有

$$\begin{aligned}\frac{\mu^n}{(1+\mu)^n}-\frac{\mu'^n}{(1+\mu')^n}&\geqslant\left[1-\frac{\mu'^2}{\mu^2}\frac{(1+\mu)^2}{(1+\mu')^2}\right]\frac{\mu^n}{(1+\mu)^n}\\&=(1+\mu)\left[1-\frac{\mu'^2}{\mu^2}\frac{(1+\mu)^2}{(1+\mu')^2}\right]\frac{\mu^n}{(1+\mu)^{n+1}}\end{aligned} \tag{6.39}$$

由不等式(6.38)我们可以推导出

$$\begin{aligned}Y_1\geqslant&\frac{1}{\eta_A\left[\frac{\mu'}{1+\mu'}-\frac{\mu'^2}{\mu}\frac{(1+\mu)}{(1+\mu')^2}\right]}\Big\{(1+\mu')Q_{\mu'}-(1+\mu)Q_\mu+\\&(1+\mu)\left[1-\frac{\mu'^2}{\mu^2}\frac{(1+\mu)^2}{(1+\mu')^2}\right]\left[Q_\mu-Y_0Y_{0A}\frac{1}{(1+\mu)}\right]\Big\}\end{aligned} \tag{6.40}$$

由此得出

$$Q_1 = Y_1 \eta_A \frac{\mu}{(1+\mu)^2}$$
$$\geqslant \frac{\mu}{\left[\frac{\mu'}{1+\mu'} - \frac{\mu'^2}{\mu}\frac{(1+\mu)}{(1+u')^2}\right](1+\mu)^2}\left\{(1+\mu')Q_{\mu'} - (1+\mu)Q_\mu + (1+\mu)\left[1 - \frac{\mu'^2}{\mu^2}\frac{(1+\mu)^2}{(1+\mu')^2}\right]\left[Q_\mu - Y_0 Y_{0A}\frac{1}{(1+\mu)}\right]\right\} \tag{6.41}$$

又因为

$$(1+\mu)E_\mu Q_\mu - (1+\mu')E_{\mu'}Q_{\mu'} = \left(\frac{\mu}{1+\mu} - \frac{\mu'}{1+\mu'}\right)e_1\eta_A Y_1 + \sum_{n=2}^{\infty} e_n Y_n[1-(1-\eta_A)^n]\left(\frac{\mu^n}{(1+\mu)^n} - \frac{\mu'^n}{(1+\mu')^n}\right)$$
$$\geqslant \left(\frac{\mu}{1+\mu} - \frac{\mu'}{1+\mu'}\right)e_1\eta_A Y_1 \tag{6.42}$$

可计算出：

$$e_1 \leqslant \frac{(1+\mu)E_\mu Q_\mu - (1+\mu')E_{\mu'}Q_{\mu'}}{\left(\frac{\mu}{1+\mu} - \frac{\mu'}{1+\mu'}\right)\eta_A Y_1} \tag{6.43}$$

将式(6.41)和式(6.43)代入式(6.31)，就可以计算出预报单光子源的量子密钥产生率 $R$。同样地，利用 GYS 的实验结果作为参数来进行性能仿真，参数也如前所述，$f(E_\mu)=1.22$。分段强度为 $\mu$ 的预报单光子源的增益和错误率分别为

$$Q_\mu = \sum_{i=1}^{\infty} Y_i[1-(1-\eta_A)^i]\frac{\mu^i}{(1+\mu)^i} + Y_0 Y_{0A}\frac{1}{1+\mu}$$
$$= \sum_{i=1}^{\infty}[Y_0 + 1 - (1-\eta)^i][1-(1-\eta_A)^i]\frac{\mu^i}{(1+\mu)^i} + Y_0 Y_{0A}\frac{1}{1+\mu}$$
$$= \frac{(Y_0+1)\mu\eta_A}{1+\mu\eta_A} - \frac{1}{1+\mu\eta} + \frac{1}{1+\mu\eta_A+\mu\eta-\mu\eta\eta_A} + Y_0 Y_{0A}\frac{1}{1+\mu} \tag{6.44}$$

$$E_\mu Q_\mu = \sum_{i=1}^{\infty} e_i Y_i[1-(1-\eta_A)^i]\frac{\mu^i}{(1+\mu)^i} + \frac{1}{2}Y_0 Y_{0A}\frac{1}{1+\mu}$$
$$= \sum_{i=1}^{\infty}\{e_0 Y_0 + e_d[1-(1-\eta)^i]\}[1-(1-\eta_A)^i]\frac{\mu^i}{(1+\mu)^i} + \frac{1}{2}Y_0 Y_{0A}\frac{1}{1+\mu}$$
$$= \frac{(e_0 Y_0 + e_d)\mu\eta_A}{1+\mu\eta_A} - \frac{e_d}{1+\mu\eta} + \frac{e_d}{1+\mu\eta_A+\mu\eta-\mu\eta\eta_A} + \frac{1}{2}Y_0 Y_{0A}\frac{1}{1+\mu} \tag{6.45}$$

下面分别计算在不采用诱骗态和采用诱骗态时预报单光子源 QKD 系统的性能。

**1. 预报单光子源量子密钥分发性能分析**

其量子密钥产生率公式亦为式(6.34)。多光子的概率为

$$p_{\text{multi}} = 1 - \frac{1}{1+\mu} - \frac{\mu}{(1+\mu)^2} \tag{6.46}$$

将式(6.44)、式(6.45)、式(6.46)代入式(6.34)，进行 Matlab 数值计算，求出使得 $R_{\text{GLLP}}$

取得最大值的强度，它与通信距离的关系如图 6.9 中的 HSPS 曲线所示，最优强度的取值比相干光更小。$R_{\rm GLLP}$ 与通信距离的关系如图 6.10 中的 HSPS 曲线所示，安全通信距离达到 161 km。

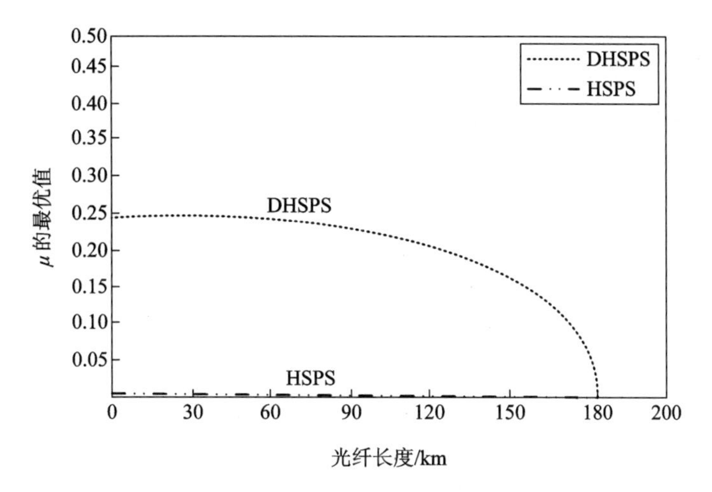


图 6.9　预报单光子源量子密钥分发的最优强度与通信距离的关系

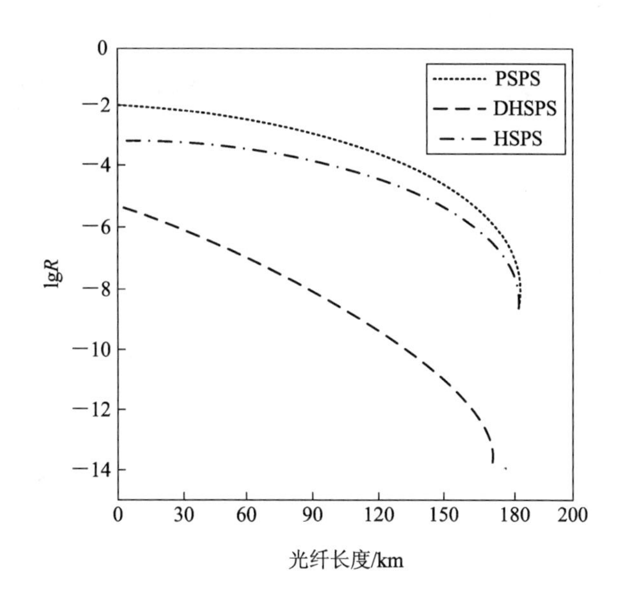


图 6.10　预报单光子源量子密钥分发的密钥产生率与通信距离的关系

**2. 预报单光子源诱骗态量子密钥分发性能分析**

预报单光子源 Alice 端的暗计数率 $d_{\rm A}=5\times10^{-8}$，Alice 端的探测效率为 0.6。密钥产生率公式如式(6.31)，其中 $Q_\mu$、$E_\mu Q_\mu$ 的表达式如式(6.44)和式(6.45)，$Q_1$ 和 $e_1$ 可以分别表示为

$$Q_1=(Y_0+\eta)\eta_{\rm A}\frac{\mu}{(1+\mu)^2} \tag{6.47}$$

$$e_1=\frac{0.5\times Y_0+e_{\rm d}\eta}{Y_0+\eta} \tag{6.48}$$

将式(6.44)、式(6.45)、式(6.47)和式(6.48)代入式(6.31)，利用 Matlab 计算，求出使得 $R$ 取得最大值的强度，它与通信距离的关系如图 6.9 中的 DHSPS 曲线所示。将式(6.44)、式(6.45)、式(6.41)和式(6.43)代入式(6.31)，利用 Matlab 求出使得 $R$ 取得最大值的诱骗态强度，再代入式(6.31)，可以得到 $R$ 与通信距离的关系如图 6.10 中的 DHSPS 曲线所示，安全通信距离和完美单光子源的通信距离一致。PSPS 是完美单光子源的密钥产生率。

通过图 6.9 和图 6.10 可以看出：

(1) 预报单光子源与弱相干光相比，预报单光子源可以减小暗计数的影响，所以其安全通信距离得到很大的提高。

(2) 预报单光子源与弱相干光的诱骗态量子密钥分发都可以更好地估计出单光子的通过率和错误率，所以都可以提高安全通信距离。

(3) 弱相干光的最优强度均大于预报单光子源的最优强度，因此密钥产生率也比较大。

(4) 诱骗态量子密钥分发的最优强度比非诱骗态有很大的提高，所以密钥产生率也有很大的提高。

因此，在没有完美单光子源的情况下，诱骗态量子密钥分发是一种有效的量子密钥分发方案，可以实现绝对安全的通信，并且其安全通信距离与完美单光子源的通信距离基本相当。

## 6.4 基于偏振编码的量子密钥分发系统

基于偏振编码的量子密钥分发在光纤信道和自由空间信道得到广泛应用。光量子偏振态的制备和测量容易实现，难点在于量子信道偏振模色散(Polarization Mode Dispersion，PMD)引起的偏振方向旋转或偏振度下降，因此必须进行偏振补偿，否则会造成较大的量子误码率，从而导致 QKD 失败。经过三十余年的研究和实践，这个问题得到了较好的解决，已有成熟的商用产品。

### 6.4.1 基于 BB84 协议的偏振编码 QKD 系统

基于 BB84 协议的偏振编码 QKD 系统原理参见 6.2.1 小节。这里介绍实现该系统的基本方法。

**1. 发送端的构成**

发送端的主要功能是根据随机数按协议要求制备携带不同偏振态的光脉冲，图 6.11 给出了两种光量子偏振态的实现方法。

其基本原理如下：

**方法一：** 激光器(LD)产生光脉冲，经过起偏器(Polarizer，PoL)变成线偏振光，在信息比特(随机数 Rnd1)和基矢比特(随机数 Rnd2)的控制下由偏振控制器(Polarization Controller，PC)实现特定的偏振方向，即水平、竖直、45°或－45°方向，随后在信号类型比特(随机数 Rnd3)的控制下经过强度调制器(Intensity Modulator，IM)改变脉冲强度，从而实现信号脉冲或诱骗脉冲(若采用诱骗态协议的话)，最后经过衰减器(Attenuator，Attn)使其变为单光子级别的脉冲(也可通过功率监测实现自适应衰减，使得输出脉冲平均光子数达到

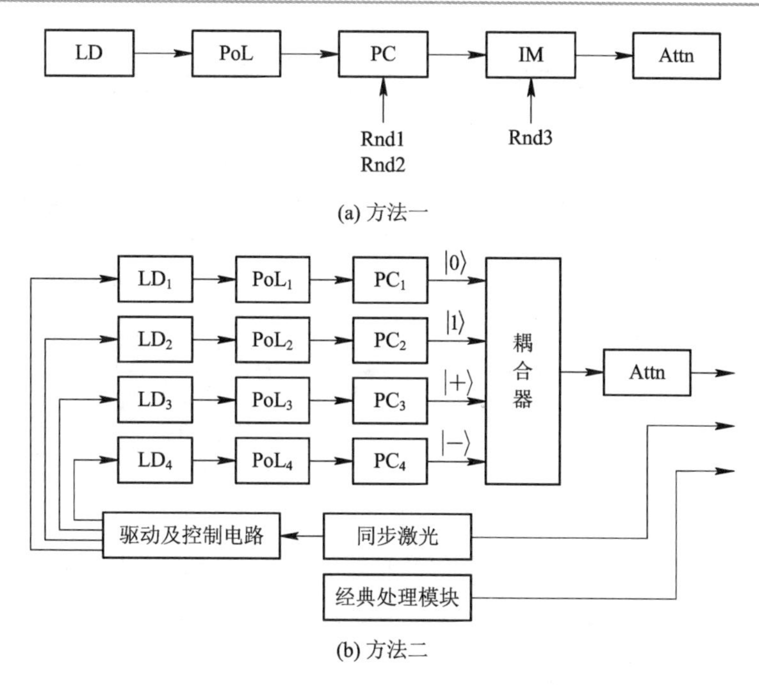


图 6.11　偏振编码 QKD 发送端的构成

预定值)，至此实现了光量子偏振态|0⟩、|1⟩、|+⟩或|−⟩(常称为 BB84 态)的制备。

**方法二**：方法一中输出光量子脉冲的频率(或系统时钟)受偏振控制器和强度调制器工作频率的制约，为此，也可采用多个激光器，每个激光器实现特定偏振方向和信号类型，每路经过起偏、偏振控制分别实现水平、竖直、45°或−45°偏振方向的光脉冲，经过多选一光开关(或者控制激光器的驱动电路，每次一路激光器工作，每路通过耦合器合路)输出特定偏振态，实现 BB84 态的制备。

需要说明的是，上述线路只给出了光路，控制模块、筛选、纠错和密性放大等没有给出。另外，为了保持激光器输出功率稳定，可以采用连续波光源，用强度调制器使其变成脉冲光源。随机数发生器尽可能采用真随机数发生器，如采用量子随机数发生器，产生的随机数能通过随机性检验。

**2. 接收端的构成**

接收端光路主要实现光量子的偏振补偿、选择测量基，对光脉冲进行探测，其基本构成如图 6.12 所示。

图 6.12 中，光脉冲到达接收端后，首先由偏振控制器进行偏振态校正，补偿光量子在信道中传输后偏振态的变化；其次，通过分束器随机选择 $\boldsymbol{Z}$ 基(上支路)或 $\boldsymbol{X}$ 基(下支路)进行探测，在 $\boldsymbol{X}$ 基时，先经过偏振控制器将偏振态旋转 45°，此时将 45°或 135°偏振方向变为 0°或 90°，进而通过偏振分束器实现两种偏振方向的探测。单光子探测器的测量输出由采集卡进行采集，通过经典信道和发送端发送的信息进行基矢对比和后续处理，最终形成安全密钥。同步模块给采集模块和探测器提供触发脉冲。

**3. 同步**

同步是量子密钥分发能正常工作的保证，在实际应用中，常采用与信号光波长不同的

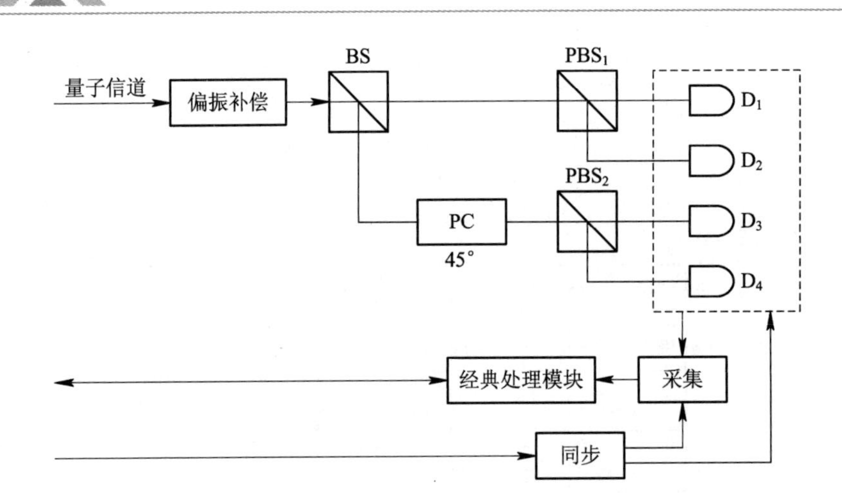


图 6.12 偏振编码 QKD 接收端的构成

光脉冲提供同步，且借助波分复用器与信号光脉冲在同一根光纤中传输，如图 6.13 所示。

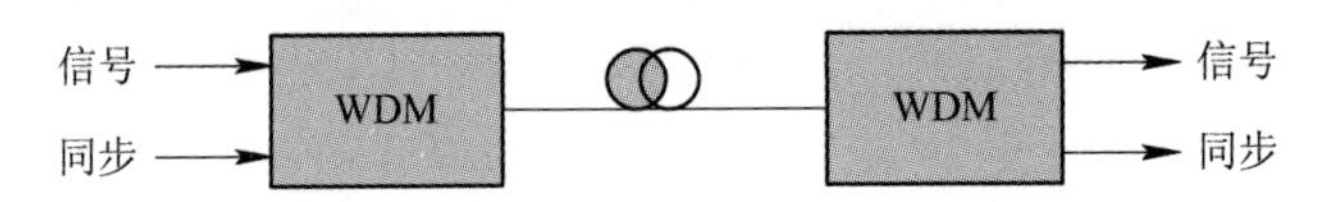


图 6.13 信号光与同步光共纤传输示意

同步信号和单光子脉冲通过波分复用器进行复用，到达接收端后解复用，进行光电转换，用作单光子探测器和采集模块的触发脉冲。

## 6.4.2 偏振及偏振控制

**1. 光的偏振**

偏振是指电磁波在与传播方向垂直的平面上电场方向随时间的变化情况，有时在某些方向上振动(场强)较强，而在另一些方向没有振动(场强为零)，此时为线偏振；有时在两个正交的偏振方向上场强相等，此时为圆偏振；除前述两种情况外为椭圆偏振。发生偏振的根本原因是不同电场的振幅和相位的电磁波相互叠加的结果。对光量子而言，在与光传播方向垂直的平面内，其电场矢量可能有各种不同的振动状态，对应于光量子脉冲的偏振态。通常把电矢量的振动方向与光传播方向的垂直方向构成的平面称为偏振面或振动面。根据偏振面所呈现的不同形态，可以把偏振态分为完全偏振(线偏振、圆偏振和椭圆偏振)、部分偏振和非偏振(自然光)。线偏振和圆偏振可以看成椭圆偏振的特殊情况。

**2. 偏振态的描述**

一般表示偏振态的方法有琼斯向量表示法、斯托克斯参量表示法、邦加球表示法。

1) 琼斯向量表示法

为方便起见，这里只考虑单模情形。电场的横向分量可写为

$$E(t)=\boldsymbol{a}_xE_x(t)+\boldsymbol{a}_yE_y(t) \tag{6.49}$$

其中，$\boldsymbol{a}_x$ 和 $\boldsymbol{a}_y$ 分别为 $x$ 和 $y$ 方向的单位向量，$E_x$ 和 $E_y$ 分别为 $x$ 方向与 $y$ 方向的电场强度，且有

$$E_x(t)=E_{0x}\mathrm{e}^{\mathrm{i}[wt-kz+\delta_x(t)]} \tag{6.50}$$

$$E_y(t)=E_{0y}\mathrm{e}^{\mathrm{i}[wt-kz+\delta_y(t)]} \tag{6.51}$$

则电场的琼斯向量(Jones Vector)可写为

$$\begin{pmatrix} E_{0x}\mathrm{e}^{\mathrm{i}\delta_x} \\ E_{0y}\mathrm{e}^{\mathrm{i}\delta_y} \end{pmatrix} \tag{6.52}$$

如果 $\delta_y(t)-\delta_x(t)=m\pi(m=0, \pm1, \pm2, \cdots)$，则

$$\frac{E_y}{E_x}=(-1)^m\frac{E_{0y}}{E_{0x}} \tag{6.53}$$

此时电场为线偏振，即电场矢量的轨迹为一条直线。

若 $E_{0x}=E_{0y}=E_0$，且 $\delta_y(t)-\delta_x(t)=\frac{m\pi}{2}$ $(m=\pm1, \pm3, \pm5, \cdots)$，则

$$\frac{E_y}{E_x}=\pm\mathrm{i} \tag{6.54}$$

此时电场为右旋偏振光或左旋偏振光，其余则为椭圆偏振光。采用琼斯向量可以很方便地把线性光学元件用一矩阵(又称琼斯矩阵)表示，用其建立与输入/输出琼斯向量的关系。考虑到量子态是单位向量，在表示量子态时需要进行归一化。如水平偏振态可表示为 $(1\quad 0)^{\mathrm{T}}$，垂直偏振态可表示为 $(0\quad 1)^{\mathrm{T}}$，45°偏振态可表示为 $\left(\frac{1}{\sqrt{2}}\quad \frac{1}{\sqrt{2}}\right)^{\mathrm{T}}$，−45°偏振态可表示为 $\left(\frac{1}{\sqrt{2}}\quad -\frac{1}{\sqrt{2}}\right)^{\mathrm{T}}$，左旋圆偏振态可表示为 $\left(\frac{1}{\sqrt{2}}\quad -\frac{\mathrm{i}}{\sqrt{2}}\right)^{\mathrm{T}}$，右旋圆偏振态可表示为 $\left(\frac{1}{\sqrt{2}}\quad \frac{\mathrm{i}}{\sqrt{2}}\right)^{\mathrm{T}}$。

2) 斯托克斯参量表示法

斯托克斯(Stokes)参量可用于表示完全偏振光、部分偏振光乃至自然光，它用斯托克斯矢量($S_0$，$S_1$，$S_2$，$S_3$)来描述偏振态，其定义如下：

$$S_0=E_x^2(t)+E_y^2(t) \tag{6.55}$$

$$S_1=E_x^2(t)-E_y^2(t) \tag{6.56}$$

$$S_2=2E_x(t)E_y(t)\cos[\delta_y(t)-\delta_x(t)] \tag{6.57}$$

$$S_3=2E_x(t)E_y(t)\sin[\delta_y(t)-\delta_x(t)] \tag{6.58}$$

其中，$E_x^2(t)$是振幅分量 $E_x(t)$平方的时间平均值(光强)，其余相同。可见，$S_0$ 给出光波总强度，$S_1$，$S_2$，$S_3$ 分别对应于三对正交方向上的光强之差，分别为 $x$、$y$ 方向，与 $x$、$y$ 夹角为 45°的方向，左、右旋圆偏振方向。这使得对光偏振态的测量转化为对 4 个斯托克斯参量的测量。不同光的斯托克斯参数($S_0$，$S_1$，$S_2$，$S_3$)满足：

(1) 全偏振光：${S_0}^2=S_1^2+S_2^2+S_3^2$；

(2) 部分偏振光：${S_0}^2>S_1^2+S_2^2+S_3^2$；

(3) 自然光：$S_1^2=S_2^2=S_3^2=0$。

显然，斯托克斯参数和琼斯参数可以互相转换。

3）邦加球表示法

邦加球是1982年由邦加（H. Poincaré）提出的，即球面上各点与偏振态一一对应，其直角坐标为（$S_1$，$S_2$，$S_3$）。

由图6.14可见：

（1）若$\xi=0$，则$P$点在赤道上，表示方位角不同的线偏振光。$\theta=0$，是水平线偏振光；$\theta=\frac{\pi}{2}$，是垂直线偏振光。

（2）若点在上半球面，对应于右旋椭圆偏振光；若点在下半球面，对应于左旋椭圆偏振光。

（3）若点在北极，对应于右旋圆偏振光；若点在南极，对应于左旋圆偏振光。

由上述可知，一个单位强度的平面单频光波的每一个偏振态在邦加球面上都有一个点与之一一对应，反之亦然。可见，将斯托克斯参量与邦加球结合起来可以方便地对偏振态进行分析。球面上任一点的经度和纬度为$2\theta$和$2\varepsilon$，如图6.14所示。

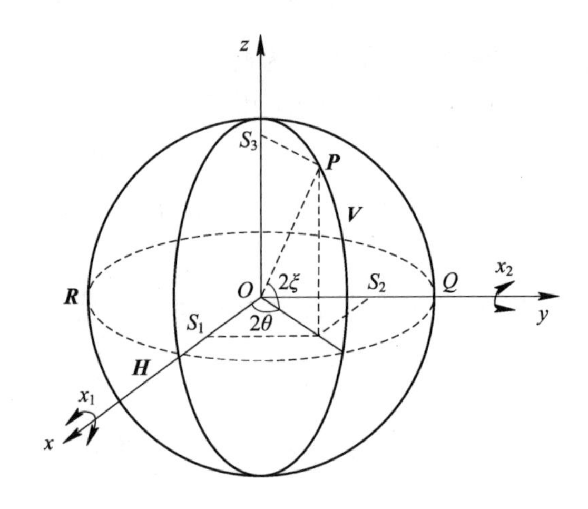


图6.14 邦加球表示偏振态

**3. 偏振控制**

偏振控制是基于偏振编码的QKD系统的重要组成部分，可以采用暂时中断QKD、进行系统调整来补偿，随后继续QKD过程，即先调整，稳定后继续工作，直至系统误码率过大而进行重新调整，也可以采用时分或频分复用的形式来完成，不需要中断QKD过程。

1）时分复用偏振控制

这里用文献[74]中的时分复用偏振控制方法举例说明，如图6.15所示。

在发送端，$LD_1\sim LD_5$为重复频率为1 MHz、波长为1550 nm的分布式反馈激光器，$LD_5$用来产生同步信号，$Attn_1\sim Attn_7$为可调衰减器。$LD_2$和$LD_4$接MZ干涉仪，短臂用作信号光，长臂用作参考光，用来进行偏振控制，其长短臂差为10 m，从而使得两臂输出光子之间的时间差为50 ns。在接收端，单光子探测器$D_5$和$D_6$的开启时间要比其余的单光子探测器滞后50 ns，由$D_5$和$D_6$监视偏振态的变化，进行偏振控制。

2）频分复用偏振控制

频分复用偏振控制的原理如图6.16所示[75]。其中实线代表光纤，虚线代表电缆。Ds

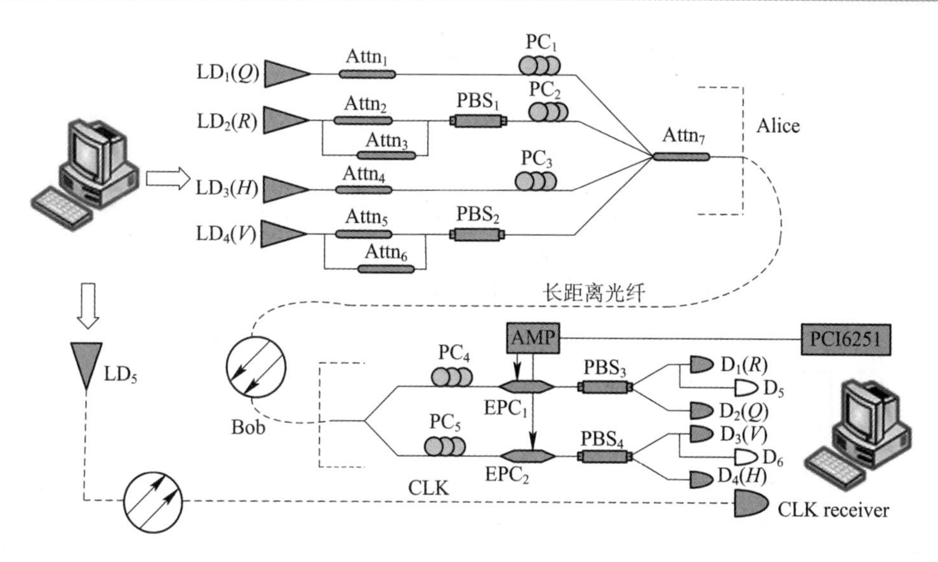


图 6.15　基于 TDM 偏振控制的 QKD 实验系统

为同步光探测器，ATT 为光衰减器，$D_1$ 和 $D_3$ 为参考光探测器，FBG 为光纤布拉格光栅，PC 为偏振控制器，DWDM 为密集波分复用器，$P_1$ 和 $P_3$ 为线偏振器，SC 为光纤偏振扰乱器，SPCM 为单光子计数模块，BPF 为带通光纤。

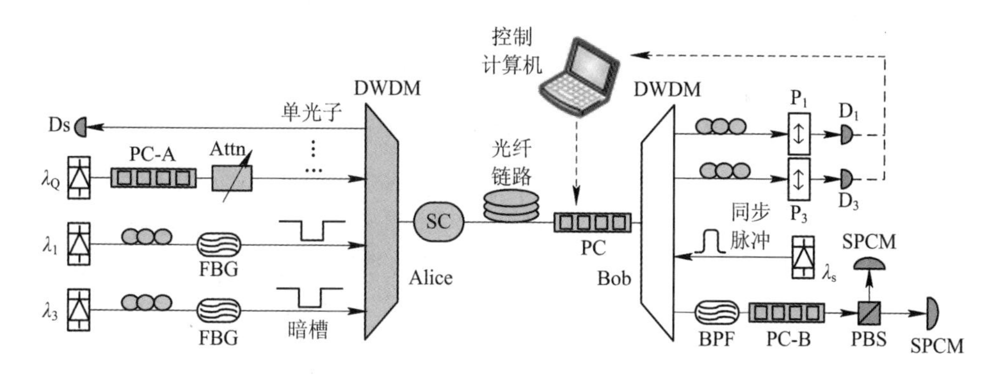


图 6.16　基于频分偏振控制的 QKD 实验系统

实验开始时，Bob 首先发送波长为 $\lambda_s$=1547.72 nm、重复周期为 5 MHz、脉冲宽度为 1 ns 的同步脉冲给 Alice，Alice 采用 Ds 进行探测。然后 Alice 发送两个经典控制光(波长分别为 $\lambda_1$=1545.32 nm 和 $\lambda_3$=1546.92 nm)和一路 QKD 信号光(波长为 $\lambda_Q$=1546.12 nm，由电光铌酸锂偏振控制器(PC-A)来制备偏振态)。两路经典控制光分别经由中心波长为 1546.12 nm、外接布拉格光栅(FBG)的环行器过滤掉波长为 1546.12 nm 的光，以避免对接收端造成影响。三路光在 Alice 端通过密集波分复用(DWDM)器合路后进入同一根光纤。接收端通过 $D_1$ 和 $D_3$ 探测参考光的计数来进行偏振控制，通过 SPCM 的探测计数及后处理实现 QKD。接收方量子信道中的 BPF 是为了过滤控制光，以免对量子信道造成影响，偏振控制器 PC-B 用于选择测量基。

### 6.4.3 基于偏振编码和诱骗态的 QKD 系统

如 6.3 节所述，采用诱骗态使得 QKD 系统能有效对抗光子数分割(PNS)攻击，提高通信的安全距离。2007 年初，清华-中科大联合团队、Tobias Schmitt-Manderbach 小组和 Danna Rosenberg 小组分别进行实验，实现了诱骗态量子密钥分发[76-78]。清华-中科大联合团队分别利用双探测器在 102 km 的光纤中和单探测器在 75 km 的光纤中实现了三强度诱骗态量子密钥分发[76]，采用偏振编码，如图 6.17 所示。

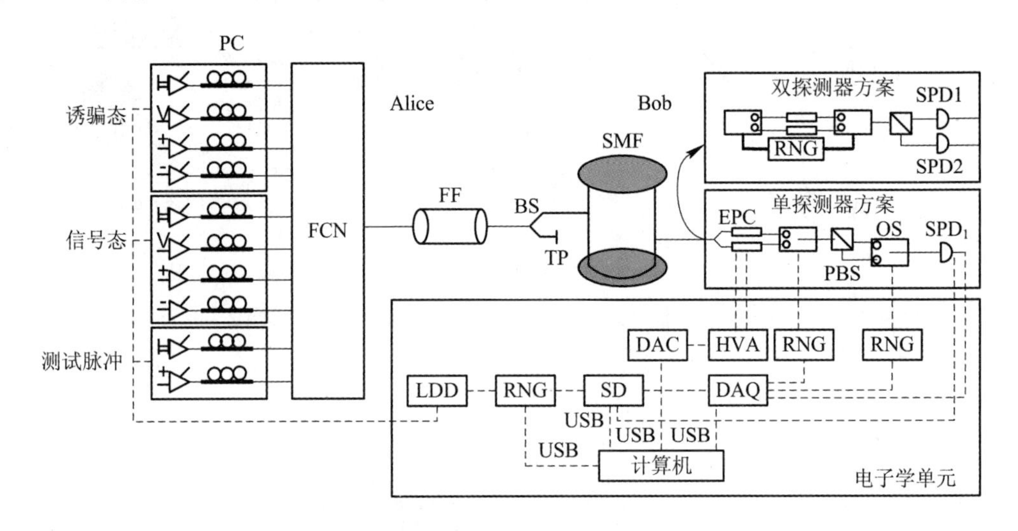


图 6.17 清华-中科大联合团队诱骗态量子密钥分发

图 6.17 中，实线代表光路，虚线代表电路。在发送端由 FPGA 产生同步脉冲，分别驱动随机数产生器(RNG)、数据采集器(DAQ)和单光子探测器(SPD)。1 ns 的窄脉冲驱动 10 个激光二极管来产生诱骗态、信号态和测试脉冲，这些光脉冲通过光纤耦合网络(FCN)接入光纤信道。光纤耦合网络由多个分束器、偏振分束器和衰减器构成，通过精心设计使得每个支路的路径长度一致，从而可以保证不同支路的光子到达接收端的时间抖动小于 100 ps。光纤滤波器(FF)一方面保证每个支路的波长一致，另一方面减小带宽，降低色散的影响。

在接收端，通过自动偏振补偿系统修正光子在传输过程中的偏振态变化，自动偏振补偿系统包括控制算法、数模转换器(Digital to Analog Converter，DAC)、高压放大器(High Voltage Amplifier，HVA)、电控偏振控制器(Electric Polarization Controllers，EPC)，经过多轮闭环控制直至偏振对比度达到要求。系统稳定后开始进行 QKD，一段时间后重新进行偏振自动控制。在接收端，采用两种探测方案：单探测器方案和双探测器方案，单探测器方案可以克服由于双探测器效率不一致带来的安全漏洞。

可以看出，实验中光子单向传输，能够克服木马攻击，并且加入了诱骗态的思想，能够克服光子数分割攻击，理论上保证了 QKD 的无条件安全性。实验实现三态协议，三种强度分别是 0、0.2 和 0.6，脉冲频率为 2.5 MHz，使用自动偏振补偿系统补偿光子在单模光纤传输过程中的偏振变化。通信距离为 75 km 时，使用单探测器方案，最终密钥生成率为 11.668 Hz；通信距离为 102 km 时，使用双探测器方案，密钥生成率为 8.09 Hz。

Tobias Schmitt-Manderbach 小组采用的也是偏振编码 BB84 协议的方案，在 144 km 的自由空间信道实现了三强度诱骗态量子密钥分发[77]，如图 6.18 所示。该实验中，Alice 端包括 4 个激光二极管，每两个二极管发出的光子偏振态之间的夹角为 45°，工作频率为 10 MHz，脉宽为 2 ns，波长为 810 nm，适合在自由空间传输。偏振光子通过单模光纤耦合，经过分束器分出一部分光子进行功率监测，另一部分进入光学天线（望远镜），通过 144 km 的自由空间到达接收端的光学天线（望远镜），然后随机地选择测量基进行测量。这个实验与大多数实验的不同处在于，它的偏振补偿是在发送端进行的。实验采用的信号态平均光子数为 0.27，诱骗态的平均光子数分别为 0.39 和 0，三者的比例为 87%、9% 和 4%。初始的误码率为 6.48%，最终密钥生成率为 12.8 b/s。

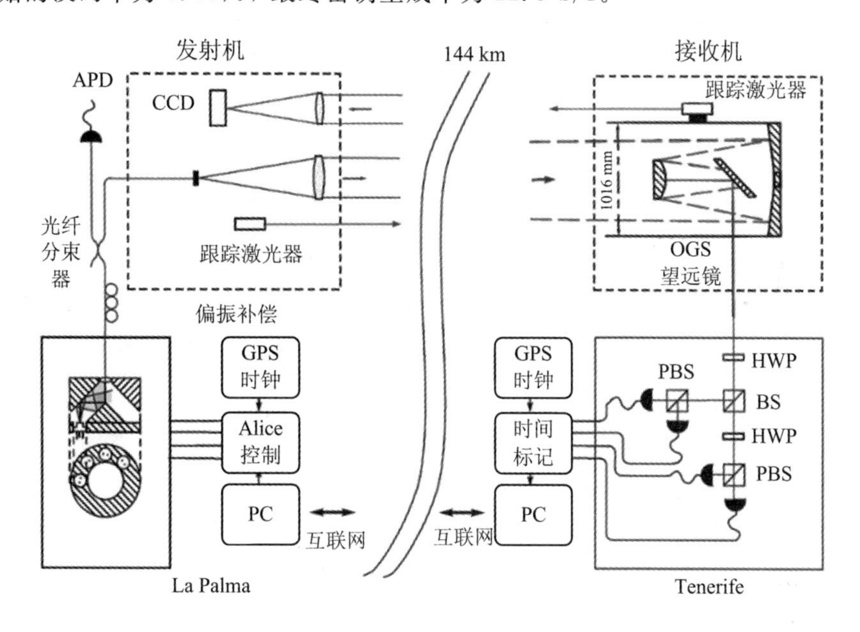


图 6.18 极化编码的自由空间诱骗态量子密钥分发

影响诱骗态 QKD 系统性能的因素包括发射端高速稳定的量子态制备、接收端高效探测以及高速后处理技术。经过多年的发展，QKD 系统工作时钟、偏振补偿、高速高效探测、高速后处理技术获得了长足发展，2023 年，最新的实验结果在 10 km 标准光纤上安全密钥速率达到 115.8 Mb/s[79]。该实验中，系统时钟为 2.5 GHz，发射端采用了集成调制器实现快速稳定的偏振调制，引入了多像素超导纳米线单光子探测器（在 1550 nm 探测效率达 78%），采用的级联协调算法和基于哈希的密性放大算法吞吐率达到 344.3 Mb/s。该系统采用一个诱骗态、偏振编码、BB84 协议，实验装置如图 6.19 所示。

图 6.19 所示的实验中，***Z*** 基用来产生密钥，***X*** 基用来估计 Eve 窃取的信息。发送端的调制器芯片集成了强度调制器（IM），IM 由 MZ 干涉仪实现，包含了一个热光调制器（Thermal-Optic Modulator，TOM）和一个载流子耗尽型调制器（Carrier-Depletion Modulator，CDM），通过精确的温控，强度稳定性在 0.1 dB 以内。芯片中，偏振调制器（POLM）由 MZ 干涉仪、二维光栅耦合器（2DGC）构成。电控偏振控制器实现偏振补偿。实验及分析结果表明，在针对一般攻击的可组合安全及考虑有限长数据效应的情形下，在 2.2 dB 损耗信道上，量子误码率为 0.61%，安全密钥速率达到 115.8 Mb/s。

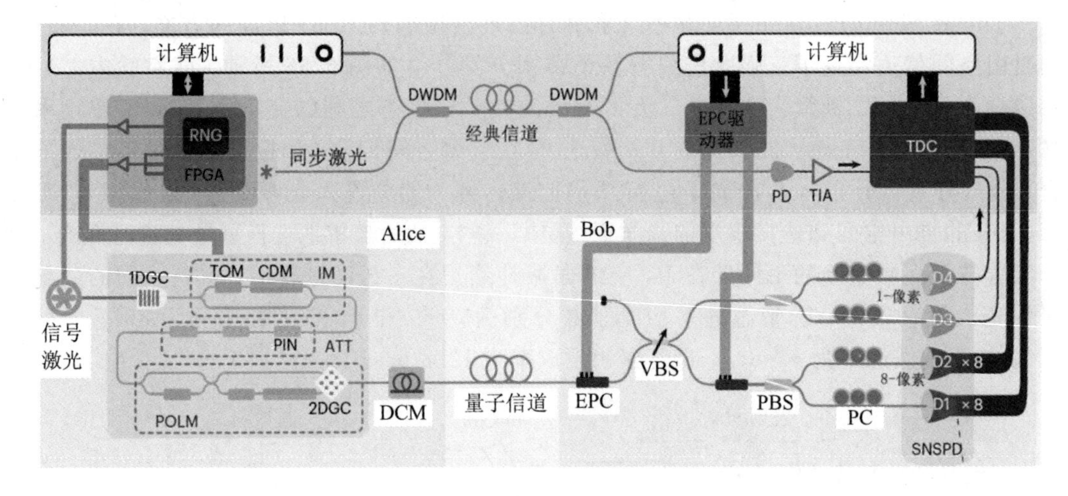


图 6.19　高速偏振编码 QKD 系统

偏振编码 QKD 由于编码、解码简单，有成熟的偏振控制策略，因而获得了广泛的应用。

## 6.5　基于相位编码的量子密钥分发

相位编码 QKD 是光纤量子密钥分发采用的技术路线之一。由于多数相位调制器的性能与输入光脉冲的偏振态相关，因此偏振模色散会影响干涉结果，进而影响相位编码 QKD 系统的性能，同样需要考虑偏振补偿。此外，相位编码 QKD 系统还需保持干涉计的稳定。

### 6.5.1　相位编码 QKD 原理

相位编码 QKD 可以采用单个马赫-曾德尔(Mach-Zehnder，MZ)干涉仪或两个不等臂 MZ 干涉仪来实现，下面分别进行介绍。

**1. 基于单个 MZ 干涉仪的相位编码 QKD**

基于单个 MZ 干涉仪的相位编码 QKD 系统如图 6.20 所示，其中包括两个分束器，两个相位调制器 $PM_A$(发送端控制)和 $PM_B$(接收端控制)，两个单光子探测器 $D_1$ 和 $D_2$。

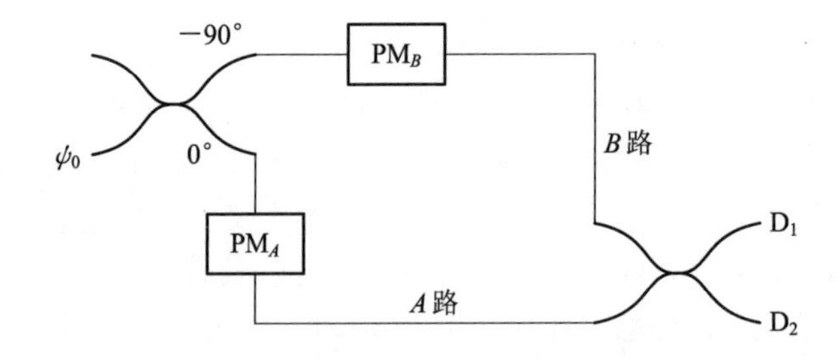


图 6.20　基于单个 MZ 干涉仪的 QKD 系统

图 6.20 中，发送端光子首先经过 90°定向耦合器分成两个支路输出，这两个支路之间

有 90°的相位差。假设 $B$ 支路的相位滞后 $A$ 支路 90°。相位调制器 $A$ 将 $A$ 支路光子的光脉冲移相 $\varphi_A$，相位调制器 $B$ 将 $B$ 支路光子的光脉冲移相 $\varphi_B$。两束光子到达接收端右侧的定向耦合器进行合路，$B$ 支路离开耦合器相位不变进入探测器 $D_1$，$A$ 支路移相 90°进入探测器 $D_1$，则到达探测器 $D_1$ 的两路光脉冲的相位差为

$$\Delta\varphi_1=\left(\psi_0-\varphi_A-kl_A-\frac{\pi}{2}\right)-\left(\psi_0-\frac{\pi}{2}-\varphi_B-kl_B\right)=\varphi_B-\varphi_A+k(l_B-l_A) \tag{6.59}$$

同理，到达探测器 $D_2$ 的两路光脉冲相位差为

$$\Delta\varphi_2=(\psi_0-\varphi_A-kl_A)-\left(\psi_0-\frac{\pi}{2}-\varphi_B-kl_B-\frac{\pi}{2}\right)=\varphi_B-\varphi_A+k(l_B-l_A)+\pi \tag{6.60}$$

其中，$k$ 为传播常数。通过调节 $A$、$B$ 支路的长度，使其满足 $k(l_B-l_A)$为 $2\pi$ 的整数倍，则可得

当 $\varphi_B-\varphi_A=2n\pi\quad(n=0, \pm1, \pm2, \cdots)$时，探测器 $D_1$ 得到极大值，探测器 $D_2$ 得到极小值；

当 $\varphi_B-\varphi_A=(2n+1)\pi\quad(n=0, \pm1, \pm2, \cdots)$时，探测器 $D_1$ 得到极小值，探测器 $D_2$ 得到极大值；

当 $\varphi_B-\varphi_A=(2n+1)\frac{\pi}{2}\quad(n=0, \pm1, \pm2, \cdots)$时，探测器 $D_1$ 和 $D_2$ 光强相等。

对于相位调制器，若 Alice 选取 0 和 π 组成一组正交基(**Z** 基)，接收方用 0 和它匹配；若选取$\frac{\pi}{2}$和$\frac{3\pi}{2}$组成另外一组正交基(**X** 基)，接收方用$\frac{\pi}{2}$和它匹配。如果发送信息比特 0，则随机移相 0 或$\frac{\pi}{2}$；如果发送信息比特 1，则随机移相 π 或$\frac{3\pi}{2}$；Bob 随机选择移相 0 或$\frac{\pi}{2}$，则 $\varphi_A$ 和 $\varphi_B$ 的各种组合及探测器的结果如表 6.6 所示。

**表 6.6　相位编码 BB84 协议示例**

| 发方信息 | $\varphi_A$ | $\varphi_B$ | $\Delta\varphi$ | $D_1$ | $D_2$ | 接收方信息 |
|---|---|---|---|---|---|---|
| 0 | 0 | 0 | 0 | 1 | 0 | 0 |
| 0 | 0 | $\frac{\pi}{2}$ | $\frac{\pi}{2}$ | ? | ? | |
| 0 | $\frac{\pi}{2}$ | 0 | $-\frac{\pi}{2}$ | ? | ? | |
| 0 | $\frac{\pi}{2}$ | $\frac{\pi}{2}$ | 0 | 1 | 0 | 0 |
| 1 | π | 0 | −π | 0 | 1 | 1 |
| 1 | π | $\frac{\pi}{2}$ | $\frac{\pi}{2}$ | ? | ? | |
| 1 | $\frac{3\pi}{2}$ | 0 | $-\frac{3\pi}{2}$ | ? | ? | |
| 1 | $\frac{3\pi}{2}$ | $\frac{\pi}{2}$ | −π | 0 | 1 | 1 |

表 6.6 中“?”表示 Alice 和 Bob 选择的编码基、测量基不匹配，从而两个探测器随机计数，探测结果为 0 或者 1。由表 6.6 可以看出，双方选择测量基不匹配的概率为 1/2，协议效率和偏振编码的效率是一致的。通信过程结束后，Bob 公布自己选用的测量基，Alice 告诉 Bob 哪些测量基的选择是正确的，双方保留测量基正确的结果。接下来和 BB84 协议一样，进行纠错和密性放大就可以得到最终的密钥。

基于单个 MZ 干涉仪的 QKD 方案如图 6.21 所示，发送方通过激光器产生激光脉冲，通过衰减器衰减到单光子的级别。MZ 干涉仪分束器(BS)输出的两路各接一个相位调制器($PM_A$ 和 $PM_B$)，另一个分束器的两路输出各接一个探测器。

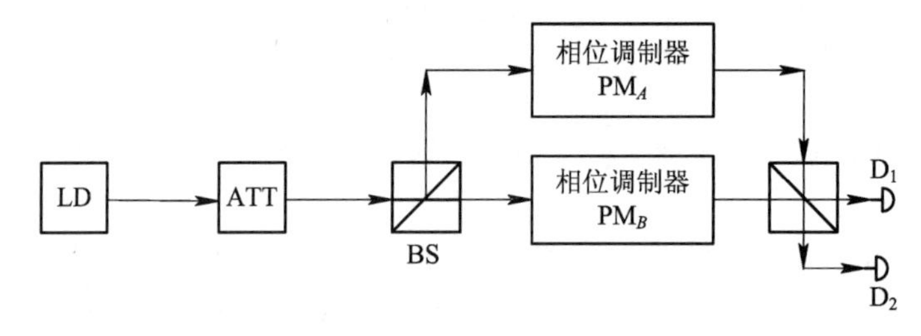


图 6.21 基于单个 MZ 干涉仪的 QKD 方案

在实际实现中，要求 $A$ 和 $B$ 支路的相位差 $k(l_B-l_A)$ 为 0 或 $2\pi$ 的整数倍，在长距离通信中，受环境影响，臂长差不稳定，很难满足要求，因此提出了双不等臂 MZ 干涉仪 QKD 方案。

**2. 基于双不等臂 MZ 干涉仪的相位编码 QKD**

双不等臂 MZ 干涉仪的 QKD 原理如图 6.22 所示。发送端和接收端分别有一个不等臂 MZ 干涉仪，两个干涉仪的臂长满足 $l_1+s_2=s_1+l_2$，即经过发送端长臂和接收端短臂的光脉冲与经过发送端短臂和接收端长臂的光脉冲所经历的路径长度相等，会在接收端干涉仪的输出端到达单光子探测器时产生干涉。除此以外，还有经历发送端长臂和接收端长臂、发送端短臂和接收端短臂光路的光脉冲，它们不会产生干涉，可利用探测器时间选通窗口(门控机制)排除其影响。

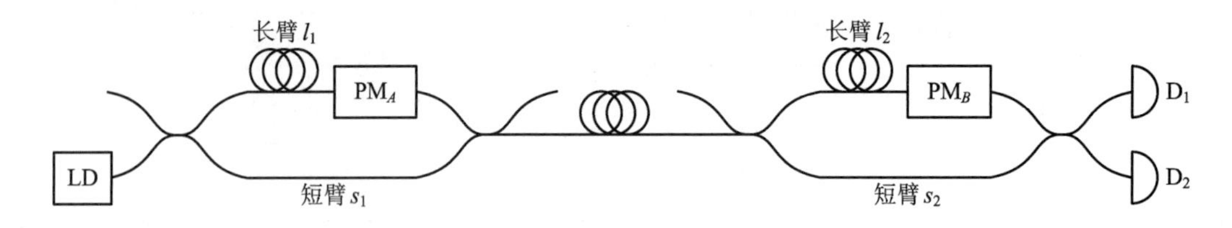


图 6.22 双不等臂 MZ 干涉仪的 QKD 原理

除了结构不同外，其原理与基于单个干涉仪的 QKD 完全相同，发送端 MZ 干涉仪长臂上的相位调制器由发送端随机选择 $\boldsymbol{Z}$ 基或 $\boldsymbol{X}$ 基进行编码，接收端的相位调制器随机移相 0 或 $\frac{\pi}{2}$，由两个单光子探测器检测单光子脉冲，从而实现解码。

双不等臂 MZ 干涉仪方案有以下优点：

(1) 两路干涉光在中间经过公共光纤，环境等对光子状态的影响一致；

(2) 收发端干涉仪长臂、短臂臂长相等的条件比较容易满足，比较容易调整。因此相位

编码 QKD 也获得了广泛应用。

### 6.5.2　基于相位编码的 QKD 系统实现

典型的相位编码 QKD 实验系统如图 6.23 所示[80]。该系统光源采用分布式反馈激光二极管(DFB-LD)，频率为 4 MHz，脉宽为 1.2 ns，中心波长为 1550.12 nm，通过强度调制器(IM)进行衰减产生信号脉冲、诱骗脉冲和空脉冲，这三种脉冲的数量比为 6∶1∶1。通过发送端的不等臂干涉仪编码后，经衰减器(AT)使得信号脉冲平均光子数目为 0.6、诱骗脉冲的平均光子数目为 0.2。同步信号(SYN IN)波长为 1310 nm，通过波分复用器和信号脉冲合路后通过 20 km 的光纤到达接收端。

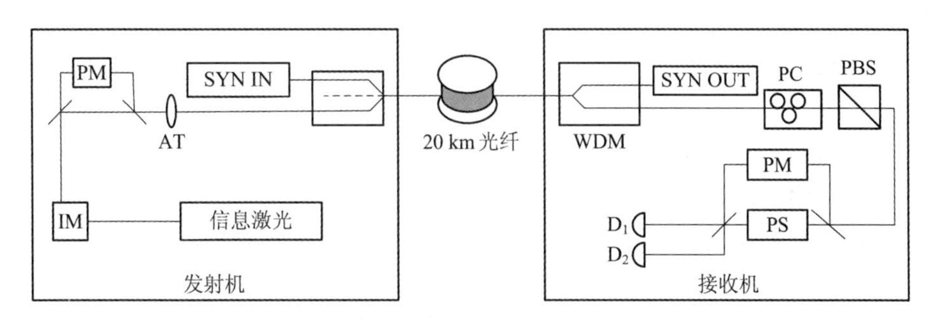


图 6.23　诱骗态双 MZ 干涉仪相位编码 QKD 实验

到达接收端后，先通过波分复用(WDM)解出同步信号(SYN OUT)，这个同步信号一方面驱动相位调制器进行解码，另一方面也用作探测器的触发信号。探测器工作在门控模式，死时间为 15 μs，平均暗计数率为 $1.5\times10^{-5}$/脉冲，探测效率约为 10%。信号通过解复用后，先通过偏振控制器(PC)进行偏振补偿，再通过 MZ 干涉仪和探测器进行检测。接收端 MZ 干涉仪中的移相器(PS)用来补偿系统的相位扰动，通过对移相器的控制，产生好的干涉效果。

在两条不同路径上进行实验，系统运行 5 分钟的量子误码率分别为 4% 和 3.5%，通过测量基筛选产生的原始密钥速率分别为 5 kb/s 和 4.8 kb/s，通过纠错和密性放大后，两个链路均可产生大于 1.2 kb/s 的密钥。由于采用压缩技术后，语音可以压缩到 0.6 kb/s，因此这个系统可以支持双向语音通信。实验验证了点到点电话以及一点到两点的广播，均能够达到较好的实时通话效果。

图 6.24 给出了能在 50 km 光纤中实现 1 Mb/s 密钥产生率的 QKD 实验系统构成，该

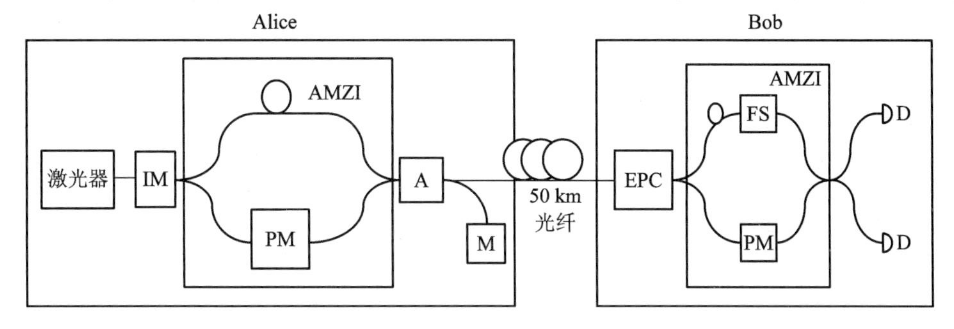


图 6.24　相位编码 QKD 实验

系统可连续稳定工作 36 小时[81]。该系统应用了诱骗态，采用激光器和强度调制器来产生不同强度的光脉冲，采用双 MZ 干涉仪方案，衰减器(A)使得光脉冲达到单光子水平，然后通过 50 km 光纤，其中 M 为监视器，用来监视光脉冲的强度。在接收端，首先通过电控偏振控制器(EPC)补偿传输过程中的偏振态变化，然后通过 MZ 干涉仪进行解码，由单光子探测器实现测量。接收端 MZ 干涉仪的长臂由光纤和光纤挤压器(FS)构成，通过调节光纤挤压器来改变光纤长度，从而实现双方 MZ 干涉仪臂长相等。Bob 端采用雪崩二极管进行探测，频率为 1 GHz，效率为 16.5%，暗计数率为 $9\times10^{-6}$。

实验中，信号脉冲强度为 0.5，概率为 98.83%，诱骗脉冲强度分别为 0.1 和 0.0007，概率分别为 0.78%和 0.39%。最终在 50 km 的光纤中实现了连续 36 小时 1 Mb/s 的量子密钥分发。

### 6.5.3 Plug-Play 型相位编码 QKD 系统

即插即用(Plug-Play)量子密钥分发采用光脉冲往返传送、双 MZ 干涉仪编解码，且光脉冲在往返过程中实现自动偏振补偿，从而保证稳定的干涉效果[82]。该方案首先由瑞士日内瓦大学 Gisin 团队提出，其原理如图 6.25 所示，Alice 端增加了一个法拉第镜(Farady Mirror，FM)，可以使激光脉冲偏振态旋转 90°后返回。Bob 端发出的光脉冲经光纤信道到达 Alice 端的法拉第镜，被反射后再沿光纤信道返回到发送端。由于法拉第镜会带来 π/2 的偏振旋转，去程 $x$ 方向的场分量返程变为 $y$ 方向，去程 $y$ 方向的场分量返程变为 $x$ 方向，因此双折射效应引起的偏振模色散可以得到抑制。

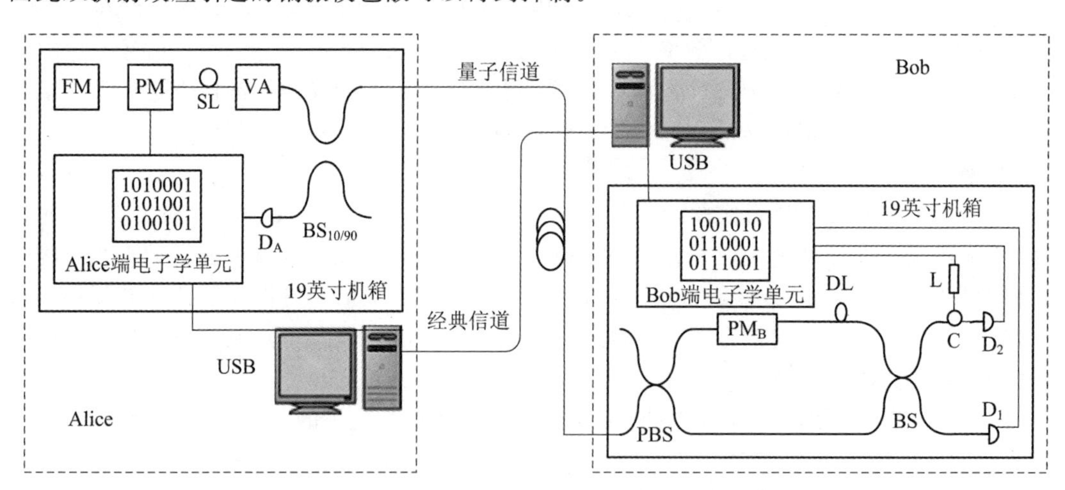


图 6.25 即插即用相位编码量子密钥分发系统

如图 6.25 所示，接收方 Bob 所有的器件尾纤和连接光纤都采用保偏光纤，激光器(L)发出的脉冲通过环行器(C)后进入 MZ 干涉仪，通过 MZ 干涉仪和光纤信道到达发送方 Alice。Alice 首先通过 BS(分束比为 10/90)分出大部分光子进入探测器 $D_A$，用于产生相位调制器的同步信号和监测信号的强度(通过调节可变衰减器(VA)使得返回的光脉冲衰减到单光子级别)；随后，光脉冲经过法拉第镜反射，Alice 根据信息比特对 Bob 端长臂发出的、经 FM 反射后的光脉冲进行相位调制；Bob 对经 FM 反射返回时经过长臂的光脉冲进行相

位调制，两路光子在 Bob 端 MZ 干涉仪出口进行干涉，并由单光子探测器记录探测结果。这里采用了 PBS 使得从 Bob 端长臂发出的光脉冲返程进入干涉仪的短臂；从 Bob 端短臂发出的光脉冲返程通过长臂，两路光分别由 Alice 和 Bob 调制并且同时到达 MZ 干涉仪检测端实现干涉。最终双方通过基矢对比和纠错以及密性放大得到安全密钥。实验采用的单光子探测器的暗计数的概率为 $10^{-5}$，单个脉冲平均光子数目为 0.2，误码率为 5.6%，最终的密钥速率为 50 b/s。

即插即用 QKD 方案具有以下优点：

(1) 不用调整干涉仪的臂长来满足干涉条件，只要它们的臂差大于一定值，易于区分长短臂的光子即可；

(2) 长距离量子信道上偏振态的改变会在往返过程中自动补偿。

但是，即插即用 QKD 系统的不足之处可能会导致木马攻击。图 6.26 所示的实验利用 $D_A$ 来检测信号的强度，也可增加窄带滤波器，过滤除信号光外的部分干扰和木马光脉冲。

## 6.5.4　差分相移系统

差分相位编码是利用相邻脉冲的相位差来携带信息的，脉冲在光纤传输过程中经历相同的相位、偏振变化，因此光纤中的起伏对相邻脉冲的相位差和相对偏振影响很小，这样就保证了差分相位编码量子密钥分发系统的干涉稳定性。差分相位编码继承了相位编码方案抗干扰能力强、单向传输不受木马攻击的优点，使密钥生成率有很大的提高。

2005 年，日本 NTT 公司和斯坦福大学联合提出了差分相移(Differential Phase Shift，DPS)量子密钥分发方案，如图 6.26 所示[83]。Alice 端的激光器产生弱相干光脉冲，通过衰减器(ATT)进行衰减达到单光子级别，然后相位调制器对光脉冲进行随机的 0 或 π 的相位调制。经过光纤传输到接收端后，通过 MZ 干涉仪进行解调(解码)，长臂、短臂的差为一个周期，那么相邻的两个脉冲就会同时到达 MZ 干涉仪的输出端光分束器(BS)，进行干涉。通信完成后，接收方公布探测器有效计数的时刻，则 Alice 就可以根据自己的编码信息知道哪个探测器有计数，双方由此进行筛选和后处理。该实验最远距离为 105 km，原始密钥速率为 209 b/s，量子误码率为 7.95%。

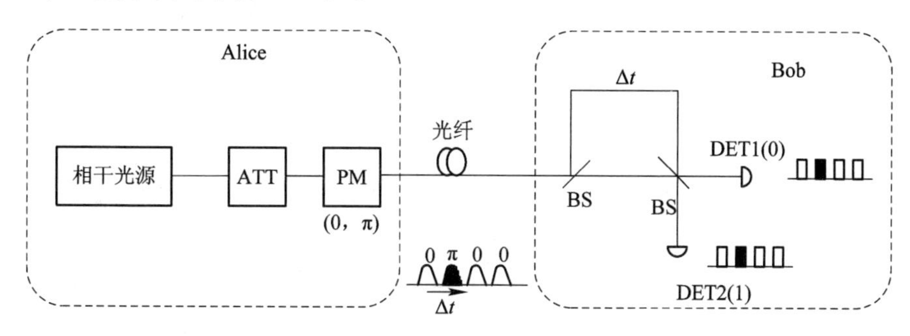


图 6.26　差分相移系统

通过建立实际相位编码 QKD 系统的模型，如激光脉冲线宽、探测器暗计数、信道色散等，进而优化光脉冲参数，减少失真，从而降低了量子误码率。图 6.27 为差分相移(DPS) QKD 实验系统[83]。连续波激光器经强度调制器(IM)后产生脉宽为 120 s、重复频率为

2.5 GHz的脉冲串。随机比特序列控制相位调制器(PM)调制相位0或π，随后可变光衰减器(VOA)将脉冲的平均光子数控制到0.23(175 km光纤)或0.24(大于175 km)，该数值由理论计算获得。一段长为120 km的色散补偿光纤(DCF)用来补偿长距离光纤带来的色散。Bob端采用1比特延时MZ干涉仪，从而使奇偶脉冲可以干涉，两个超导探测器的输出接到时间相关单光子计数(TCSPC)模块进行计数。

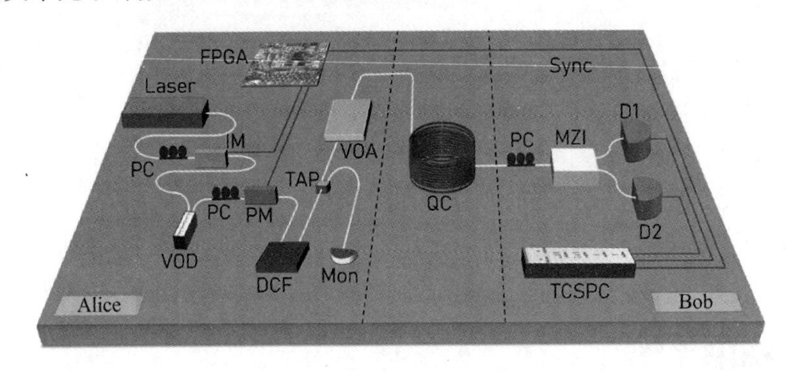


图6.27 差分相移QKD实验

该实验中，系统时钟为2.5 GHz，在265 km光纤上产生的安全密钥速率为193 b/s，量子误码率为2.36%。通过调整探测器量子效率和暗计数，距离可达380 km(标准光纤，超低损耗光纤可达432 km)，此时量子误码率为1.48%。

## 6.6 基于纠缠态的量子密钥分发

基于纠缠态的QKD协议主要有Ekert-91协议(也称为E-91协议)和BBM92协议，均得到了实验验证。

### 6.6.1 E91协议及实现

1991年，英国牛津大学A. Ekert提出了一种基于EPR纠缠对的量子密钥分发协议(简称E-91协议)[84]，如图6.28(a)所示，纠缠源可位于第三方，也可位于用户处。图6.28(b)和图6.28(c)分别给出了Alice端和Bob端测量装置原理图。

由图6.28(b)可见，Alice端有三组测量基，分别是$a_1^+/a_1^-$：0°/90°；$a_2^+/a_2^-$：22.5°/−67.5°；$a_3^+/a_3^-$：45°/−45°。由分束器(BS)随机选择：探测器1和2测量0°/90°；探测器3和4测量22.5°/−67.5°，半波片$HWP_1$使偏振方向旋转67.5°；探测器5和6探测45°/−45°，半波片$HWP_2$使偏振方向旋转45°，PBS为偏振分束器，0°直接通过，90°被反射。

由图6.28(c)可见，Bob端有三组测量基，分别是$b_1^+/b_1^-$：22.5°/−67.5°；$b_2^+/b_2^-$：45°/−45°；$b_3^+/b_3^-$：67.5°/−22.5°。由分束器(BS)随机选择：探测器1′和2′测量22.5°/−67.5°，半波片$HWP_3$使偏振方向旋转67.5°；探测器3′和4′测量45°/−45°，半波片$HWP_4$使得偏振方向旋转45°；探测器5′和6′探测67.5°/−22.5°，半波片$HWP_5$使偏振方向旋转22.5°。

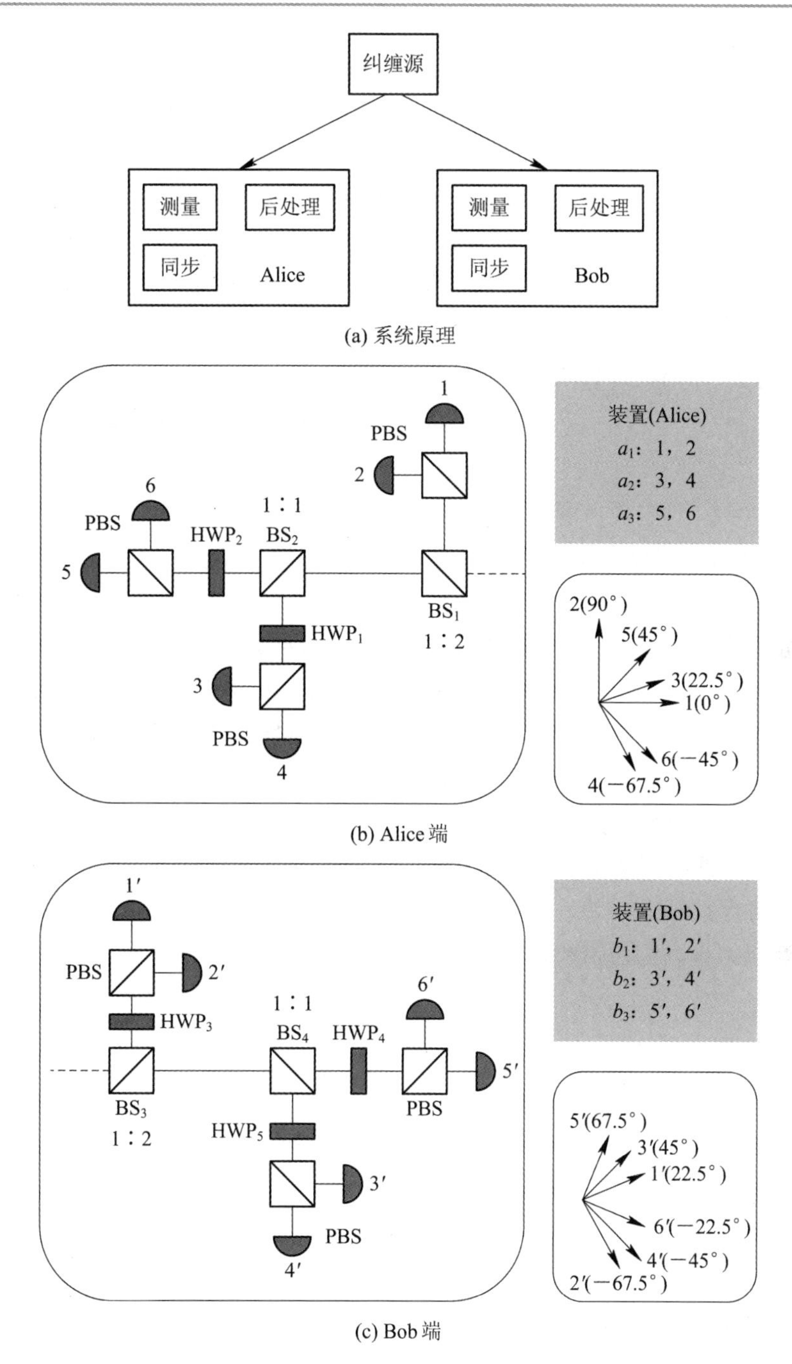


图 6.28　基于 E-91 协议的 QKD

E-91 协议的工作过程如下：

(1) 纠缠源产生纠缠光子对 $|\psi^-\rangle=(|HV\rangle-|VH\rangle)/\sqrt{2}$，每个纠缠光子对中的两个光子分别发往 Alice 和 Bob。

(2) Alice 和 Bob 各自对每组光子进行测量，其中测量基矢从三组特定基矢中随机选取，Alice 从测量基($a_1$，$a_2$，$a_3$)中随机选取，Bob 从测量基($b_1$，$b_2$，$b_3$)中随机选取。

(3) 收到一组测量结果后，双方公布各自所选用的测量基，并将测量得到的随机数分为两部分：测量基相同($a_2$ 与 $b_1$，$a_3$ 与 $b_2$)的部分将各自继续持有，而测量基不同的结果告知对方。

(4) 双方利用测量基不同的部分进行窃听检测，即计算 Bell 参数，用以检验 CHSH 不等式：

$$S = E(a_1, b_1) - E(a_1, b_3) + E(a_3, b_1) + E(a_3, b_3) \tag{6.61}$$

其中：

$$E(a_i, b_j) = P_{++}(a_i, b_j) + P_{--}(a_i, b_j) - P_{+-}(a_i, b_j) - P_{-+}(a_i, b_j) \tag{6.62}$$

$P_{++}(a_i, b_j)$表示 Alice 端用 $a_i$ 基测量，Bob 端用 $b_j$ 基测量，测量结果都为+1 的概率，其他的类似。

(5) 如 $|S|>2$，判定无窃听者存在，由于双方的测量结果具有反关联性(如 Alice 得到的结果是 0，Bob 得到的结果必定是 1)，对其中之一作比特反转，即得到初始密钥，也称为筛选密钥(sifted key)。

(6) 进行后处理，即信息协调和密性放大，得到最终安全密钥。

图 6.29 给出了 E-91 协议的实验原理图[85]。首先，由激光二极管(LD)泵浦 BBO 晶体产生偏振纠缠光子对，经补偿(WP，CC)后通过单模光纤(SMF)将其中的一个留在 Alice 端，Alice 随机在三种测量基中选择一个进行测量(由分束器($B_1$-$B_2$)、波片($H_1$-$H_2$)、偏振分束器(PBS)及探测器实现)；另外一个通过光学天线(望远镜 ST)传给 1.5 km 处的 Bob，Bob 收到后随机在两个测量基中选择一个进行测量(由分束器($B_3$)、波片($H_3$)、偏振分束器(PBS)及探测器实现)。最终双方通过测量结果来检验是否存在窃听，如果没有窃听，则对基一致的测量结果进行纠错和密性放大协商出安全密钥。

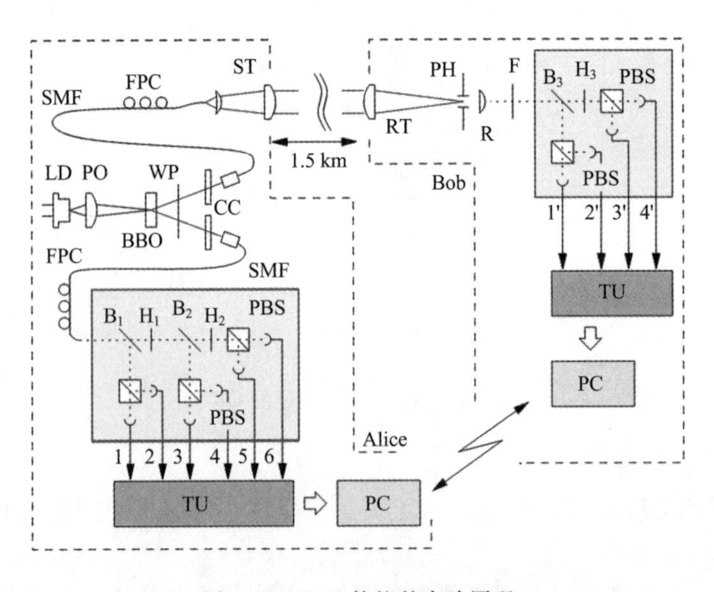


图 6.29 E-91 协议的实验原理

实验中的发送望远镜(ST)和接收望远镜(RT)均采用了空间和谱过滤(PH，F)来降低噪声的影响，探测器的输出由带有时间戳单元(TU)的装置记录，交由个人计算机(PC)处理。

根据实验结果计算 $S=2.5$，比特错误率约为 4%，以每 12 秒收到的数据块来进行纠错，最终协商出的密钥速率为 200 b/s。

### 6.6.2　BBM92 协议及实现

BBM92 协议[86]是 BB84 协议的发展，与 BB84 协议不同的是，BBM92 协议采用纠缠光源(通常为 Bell 态)，而不是单光子。纠缠源中的两个光子分别被发送给 Alice 和 Bob，Alice 和 Bob 随机选择 $\boldsymbol{Z}$ 基或 $\boldsymbol{X}$ 基进行测量。随后公布测量基，双方采用相同测量基的结果保留，不同测量基的结果丢弃。由于双方的测量结果具有关联性，从而可得初始密钥。最后通过信息协调和密性放大，得到最终安全密钥。协议的具体工作流程如下：

(1) 纠缠源制备纠缠光子对(Bell 态)，将纠缠对中的两个光子分别发给 Alice 和 Bob。

(2) Alice 和 Bob 各自对收到的每组光子随机选择 $\boldsymbol{Z}$ 基或 $\boldsymbol{X}$ 基进行测量。

(3) 经过多次测量后，双方公布各自所选用的测量基，并将收到的随机数分为两部分：测量基相同的部分各自保留，测量基不同的部分丢弃，得到初始密钥。

(4) Alice 和 Bob 从初始密钥中随机选择部分比特公开比较统计误码率，若误码率小于给定门限，执行下一步；否则认为存在窃听，终止协议。

(5) 如判定无窃听者存在，执行信息协调和密性放大，得到最终安全密钥。

图 6.30 给出了一种 BBM92 协议的实验系统构成[87]。Alice 端由激光管泵浦 BBO 晶体产生纠缠光子对，其中一个光子就在本地随机地选择测量基进行测量，另外一个光子通过 1.45 km 的单模光纤传输给远端的 Bob。收发端的测量设备相同，均通过 BS 随机地选择 $\boldsymbol{Z}$ 基或 $\boldsymbol{X}$ 基进行测量。如果 Alice 端有单光子探测器探测到结果，则产生一个同步脉冲，通过另外一根光纤传送给 Bob 用作同步脉冲。通信完成后，双方通过以太网进行密钥协商。初始密钥的速率为 80 b/s，量子比特错误率小于 8%。图 6.30 的实验采用的波长为 810 nm，在光纤传输中损耗比较大，通信距离受到限制。若采用光纤信道的话，可采用 1550 nm 的纠缠源。

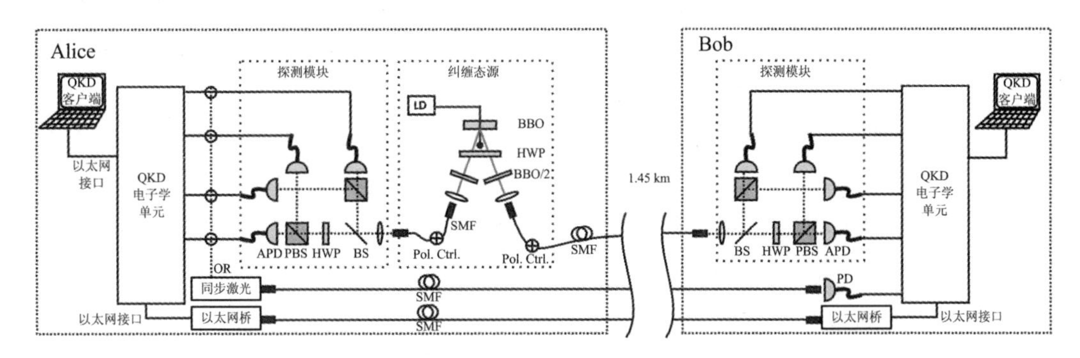


图 6.30　一种 BBM92 协议的实验系统构成

图 6.31 为基于时间纠缠光子对实现 BBM92 协议的原理示意[88]。采用两个相干脉冲泵浦非线性晶体，通过瞬时参量转换可产生两个光子，若采用的泵浦功率相对较小，则两个泵浦脉冲同时产生光子对的概率很小，可产生时间纠缠光子对(Signal-Idler)。两个 MZ 干涉仪的臂长差对应 1 比特时延，实验中采用了超导单光子探测器，通过比对探测器的计数时刻可得到初始密钥，在经过后处理即可得到安全密钥。该实验 QKD 距离达到 100 km。

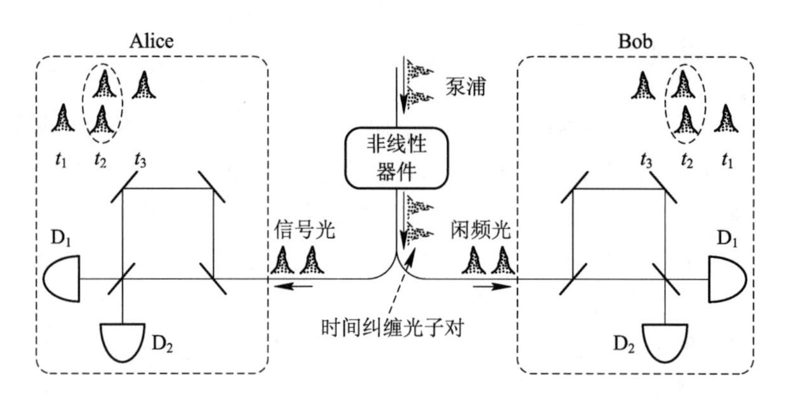


图 6.31 基于时间纠缠光子对实现 BBM92 协议的原理

# 6.7 离散变量测量设备无关量子密钥分发

尽管 QKD 协议在原理上能够实现无条件安全的密钥分发，但在实现时，具体器件与理论模型往往存在差距，从而导致存在可能被黑客利用的漏洞。从公开的报道看，大部分都是针对探测器端的攻击。测量设备无关的量子密钥分发(Measurement-Device Independent QKD, MDI-QKD)协议完美解决了针对探测器端的攻击，该协议不但能抵御所有针对探测器端的攻击，并可依靠现有技术实现，进一步提高了 QKD 系统的密钥生成率与传输距离。

## 6.7.1 MDI-QKD 原理与实现

在 MDI-QKD 系统中，除了两个通信终端 Alice 和 Bob 外，还有一个不可信的测量端 Charlie，它有可能被窃听者 Eve 控制，但仍能实现安全的密钥分发。下面以偏振编码 MDI-QKD 系统为例说明其原理。

MDI-QKD 系统也可以采用弱相干脉冲代替单光子源，系统构成如图 6.32 所示[89]。Alice 端和 Bob 端由弱相干光源(WCP)、偏振调制器(Pol-M)和诱骗态强度调制器(Decoy-IM)构成，光脉冲经过衰减达到单光子级别后，经光纤到达测量设备处，图中为线性光学元件构造的 Bell 态分析器。

### 1. Bell 态分析器工作原理

先看分束器的特性，图 6.33(a)为光脉冲经过分束器(BS)反射和透射的示意，图 6.33(b)为光脉冲经过偏振分束器(PBS)反射和透射的示意。

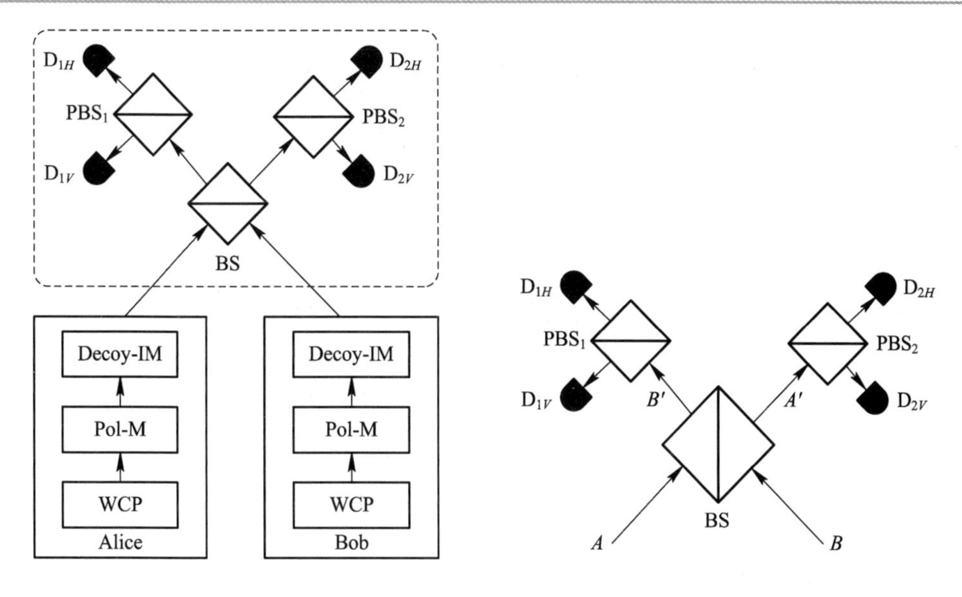


图 6.32　MDI-QKD 协议原理

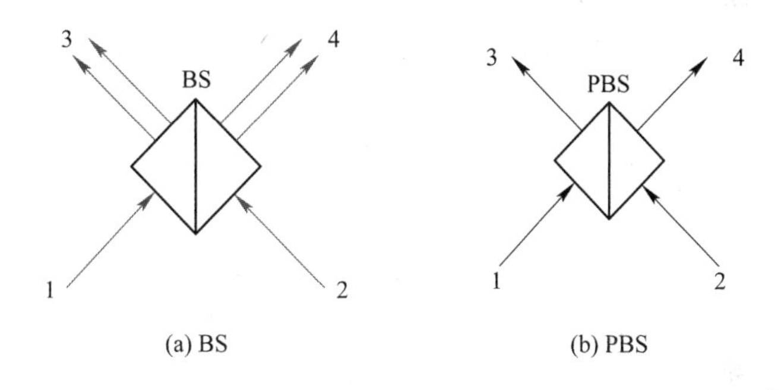


(a) BS　　(b) PBS

图 6.33　分束器和偏振分束器的传输特性

设 $\boldsymbol{a}_1^\dagger$ 和 $\boldsymbol{a}_2^\dagger$ 分别是输入模 1 和 2 的产生算符，若传输系数为 $T=\cos^2\theta$，则反射系数 $R=1-T=\sin^2\theta$，设透射光和反射光的相对相位为 $\mathrm{i}e^{\pm\mathrm{i}\varphi}$，则 BS 的映射关系为

$$\boldsymbol{a}_4^\dagger=\cos\theta\boldsymbol{a}_1^\dagger+\mathrm{i}e^{-\mathrm{i}\varphi}\sin\theta\boldsymbol{a}_2^\dagger \tag{6.63}$$

$$\boldsymbol{a}_3^\dagger=\mathrm{i}e^{\mathrm{i}\varphi}\sin\theta\boldsymbol{a}_1^\dagger+\cos\theta\boldsymbol{a}_2^\dagger \tag{6.64}$$

也可表示为

$$\boldsymbol{a}_1^\dagger\rightarrow\mathrm{i}e^{\mathrm{i}\varphi}\sin\theta\boldsymbol{a}_3^\dagger+\cos\theta\boldsymbol{a}_4^\dagger \tag{6.65}$$

$$\boldsymbol{a}_2^\dagger\rightarrow\cos\theta\boldsymbol{a}_3^\dagger+\mathrm{i}e^{-\mathrm{i}\varphi}\sin\theta\boldsymbol{a}_4^\dagger \tag{6.66}$$

对于 50∶50 的 BS，$\theta=\pi/4$，若 $\varphi=-\pi/2$，则

$$\boldsymbol{a}_1^\dagger\rightarrow\frac{1}{\sqrt{2}}\boldsymbol{a}_3^\dagger+\frac{1}{\sqrt{2}}\boldsymbol{a}_4^\dagger \tag{6.67}$$

$$\boldsymbol{a}_2^\dagger\rightarrow\frac{1}{\sqrt{2}}\boldsymbol{a}_3^\dagger-\frac{1}{\sqrt{2}}\boldsymbol{a}_4^\dagger \tag{6.68}$$

PBS 可以透射水平偏振光，反射垂直偏振光，则输入/输出的映射为

$$a_{1H}^{\dagger} \to a_{4H}^{\dagger},\ a_{1V}^{\dagger} \to a_{3V}^{\dagger},\ a_{2H}^{\dagger} \to a_{3H}^{\dagger},\ a_{2V}^{\dagger} \to a_{4V}^{\dagger} \tag{6.69}$$

若$|H\rangle$和$|V\rangle$分别表示水平和垂直偏振态，则 Bell 态可写为

$$|\phi^+\rangle_{AB} = \frac{1}{\sqrt{2}}(|H\rangle_A|H\rangle_B + |V\rangle_A|V\rangle_B) \tag{6.70}$$

$$|\phi^-\rangle_{AB} = \frac{1}{\sqrt{2}}(|H\rangle_A|H\rangle_B - |V\rangle_A|V\rangle_B) \tag{6.71}$$

$$|\psi^+\rangle_{AB} = \frac{1}{\sqrt{2}}(|H\rangle_A|V\rangle_B + |V\rangle_A|H\rangle_B) \tag{6.72}$$

$$|\psi^-\rangle_{AB} = \frac{1}{\sqrt{2}}(|H\rangle_A|V\rangle_B - |V\rangle_A|H\rangle_B) \tag{6.73}$$

在图 6.33 中，若 Alice 和 Bob 的输入偏振态分别为

$$|\psi\rangle_A = \alpha_H|H\rangle_A + \alpha_V|V\rangle_A = (\alpha_H a_{H,A}^{\dagger} + \alpha_V a_{V,A}^{\dagger})|0\rangle \tag{6.74}$$

$$|\psi\rangle_B = \beta_H|H\rangle_B + \beta_V|V\rangle_B = (\beta_H a_{H,B}^{\dagger} + \beta_V a_{V,B}^{\dagger})|0\rangle \tag{6.75}$$

其中，$|0\rangle$表示真空态。其复合态可写为

$$\begin{aligned}|\psi\rangle_{AB} &= (\alpha_H|H\rangle_A + \alpha_V|V\rangle_A)(\beta_H|H\rangle_B + \beta_V|V\rangle_B) \\ &= \alpha_H\beta_H|H\rangle_A|H\rangle_B + \alpha_H\beta_V|H\rangle_A|V\rangle_B + \\ &\quad \alpha_V\beta_H|V\rangle_A|H\rangle_B + \alpha_V\beta_V|V\rangle_A|V\rangle_B \\ &= \frac{\alpha_H\beta_H + \alpha_V\beta_V}{\sqrt{2}}|\phi^+\rangle_{AB} + \frac{\alpha_H\beta_H - \alpha_V\beta_V}{\sqrt{2}}|\phi^-\rangle_{AB} + \\ &\quad \frac{\alpha_H\beta_V + \alpha_V\beta_H}{\sqrt{2}}|\psi^+\rangle_{AB} + \frac{\alpha_H\beta_V - \alpha_V\beta_H}{\sqrt{2}}|\psi^-\rangle_{AB}\end{aligned} \tag{6.76}$$

现在分析该装置对 Bell 态的辨识功能。Bell 态$|\phi^{\pm}\rangle_{AB}$经过 BS 后变为

$$\begin{aligned}|\phi^{\pm}\rangle_{AB} &= \frac{1}{\sqrt{2}}(a_{H,A}^{\dagger}a_{H,B}^{\dagger} \pm a_{V,A}^{\dagger}a_{V,B}^{\dagger})|0\rangle \\ &\to \frac{1}{2\sqrt{2}}[(a_{H,B'}^{\dagger} + a_{H,A'}^{\dagger})(a_{H,B'}^{\dagger} - a_{H,A'}^{\dagger}) \pm (a_{V,B'}^{\dagger} + a_{V,A'}^{\dagger})(a_{V,B'}^{\dagger} - a_{V,A'}^{\dagger})]|0\rangle \\ &= \frac{1}{2\sqrt{2}}[(a_{H,B'}^{\dagger 2} - a_{H,A'}^{\dagger 2}) \pm (a_{V,B'}^{\dagger 2} - a_{V,A'}^{\dagger 2})]|0\rangle\end{aligned} \tag{6.77}$$

可见四个探测等概率响应，无法区分$|\phi^+\rangle_{AB}$和$|\phi^-\rangle_{AB}$。而对于 Bell 态$|\psi^+\rangle_{AB}$，有

$$\begin{aligned}|\psi^+\rangle_{AB} &= \frac{1}{\sqrt{2}}(a_{H,A}^{\dagger}a_{V,B}^{\dagger} + a_{V,A}^{\dagger}a_{H,B}^{\dagger})|0\rangle \\ &\to \frac{1}{2\sqrt{2}}[(a_{H,B'}^{\dagger} + a_{H,A'}^{\dagger})(a_{V,B'}^{\dagger} - a_{V,A'}^{\dagger}) + (a_{V,B'}^{\dagger} + a_{V,A'}^{\dagger})(a_{H,B'}^{\dagger} - a_{H,A'}^{\dagger})]|0\rangle \\ &= \frac{1}{\sqrt{2}}[a_{H,B'}^{\dagger}a_{V,B'}^{\dagger} - a_{H,A'}^{+}a_{V,A'}^{+}]|0\rangle\end{aligned} \tag{6.78}$$

因此，若 $D_{1H}$ 和 $D_{1V}$ 或 $D_{2H}$ 和 $D_{2V}$ 有响应，则识别出 Bell 态$|\psi^+\rangle_{AB}$。对 Bell 态$|\psi^-\rangle_{AB}$，有

$$|\psi^-\rangle_{AB}=\frac{1}{\sqrt{2}}(\boldsymbol{a}_{H,A}^{\dagger}\boldsymbol{a}_{V,B}^{\dagger}-\boldsymbol{a}_{V,A}^{\dagger}\boldsymbol{a}_{H,B}^{\dagger})|0\rangle$$
$$\rightarrow\frac{1}{2\sqrt{2}}[(\boldsymbol{a}_{H,B'}^{\dagger}+\boldsymbol{a}_{H,A'}^{\dagger})(\boldsymbol{a}_{V,B'}^{\dagger}-\boldsymbol{a}_{V,A'}^{\dagger})-(\boldsymbol{a}_{V,B'}^{\dagger}+\boldsymbol{a}_{V,A'}^{\dagger})(\boldsymbol{a}_{H,B'}^{\dagger}-\boldsymbol{a}_{H,A'}^{\dagger})]|0\rangle$$
$$=\frac{1}{\sqrt{2}}[\boldsymbol{a}_{V,B'}^{\dagger}\boldsymbol{a}_{H,A'}^{\dagger}-\boldsymbol{a}_{H,B'}^{\dagger}\boldsymbol{a}_{V,A'}^{\dagger}]|0\rangle \tag{6.79}$$

则当 $D_{1H}$ 和 $D_{2V}$ 或 $D_{1V}$ 和 $D_{2H}$ 有计数时，可识别 $|\psi^-\rangle_{AB}$。上述过程用到了算子 $\boldsymbol{a}_{H,A'}^{\dagger}$，$\boldsymbol{a}_{H,B'}^{\dagger}$，$\boldsymbol{a}_{V,A'}^{\dagger}$ 和 $\boldsymbol{a}_{V,B'}^{\dagger}$ 的对易关系(参见第2章)。若 $\alpha_H=\beta_H$，$\alpha_V=\beta_V$，则

$$|\psi\rangle_A\otimes|\psi\rangle_B=(\alpha_H\boldsymbol{a}_{H,A}^{\dagger}+\alpha_V\boldsymbol{a}_{V,A}^{\dagger})(\beta_H\boldsymbol{a}_{H,B}^{\dagger}+\beta_V\boldsymbol{a}_{V,B}^{\dagger})|0\rangle$$
$$\rightarrow\left[\frac{1}{\sqrt{2}}(\alpha_H\boldsymbol{a}_{H,B'}^{\dagger}+\alpha_V\boldsymbol{a}_{V,B'}^{\dagger})+\frac{1}{\sqrt{2}}(\alpha_H\boldsymbol{a}_{H,A'}^{\dagger}+\alpha_V\boldsymbol{a}_{V,A'}^{\dagger})\right]$$
$$\left[\frac{1}{\sqrt{2}}(\alpha_H\boldsymbol{a}_{H,B'}^{\dagger}+\alpha_V\boldsymbol{a}_{V,B'}^{\dagger})-\frac{1}{\sqrt{2}}(\alpha_H\boldsymbol{a}_{H,A'}^{\dagger}+\alpha_V\boldsymbol{a}_{V,A'}^{\dagger})\right]|0\rangle$$
$$\rightarrow\frac{1}{2}[(\alpha_H\boldsymbol{a}_{H,B'}^{\dagger}+\alpha_V\boldsymbol{a}_{V,B'}^{\dagger})^2-(\alpha_H\boldsymbol{a}_{H,A'}^{\dagger}+\alpha_V\boldsymbol{a}_{V,A'}^{\dagger})^2]|0\rangle \tag{6.80}$$

则两个光子将同时出现在 $A'$ 或 $B'$ 处，此即著名的 HOM 效应(Hong-Ou-Mandel，HOM)，可以用来校准测量装置。在 MDI-QKD 中，对于输入态 $|H\rangle_A|V\rangle_B$ 和 $|V\rangle_A|H\rangle_B$

$$|H\rangle_A|V\rangle_B=\frac{1}{\sqrt{2}}(|\psi^+\rangle_{AB}+|\psi^-\rangle_{AB}),\quad |V\rangle_A|H\rangle_B=\frac{1}{\sqrt{2}}(|\psi^+\rangle_{AB}-|\psi^-\rangle_{AB}) \tag{6.81}$$

由 Bell 态分析器，$|H\rangle_A|V\rangle_B$ 和 $|V\rangle_A|H\rangle_B$ 可被投影到 $|\psi^+\rangle_{AB}$ 或 $|\psi^-\rangle_{AB}$ 态，即若识别出 Bell 态 $|\psi^+\rangle_{AB}$ 或 $|\psi^-\rangle_{AB}$，则可知 Alice 和 Bob 的比特相反。

**2. 协议流程**

MDI-QKD 的协议流程如下：

(1) 量子态制备：Alice 和 Bob 产生的弱相干脉冲通过偏振调制器(Pol-M)，将光脉冲随机制备为4个偏振态 $|H\rangle$、$|V\rangle$、$|+\rangle$、$|-\rangle$ 之一，然后进入诱骗态调制模块(Decoy-IM)实现诱骗态调制，完成调制后，Alice 和 Bob 将携带量子信息的光脉冲发送到测量端。

(2) 测量和声明：Alice 和 Bob 编码后的光脉冲在测量端的分束器(BS)处进行双光子干涉，由探测器 $D_{1H}$、$D_{1V}$、$D_{2H}$、$D_{2V}$ 的响应判定 Bell 态的测量结果并记录：如果探测器 $D_{1H}$、$D_{1V}$ 同时响应，或者 $D_{2H}$、$D_{2V}$ 同时响应，Charlie 记录测量结果为 Bell 态 $|\psi^+\rangle=1/\sqrt{2}(|HV\rangle+|VH\rangle)$；如果探测器 $D_{1H}$、$D_{2V}$ 同时响应，或者 $D_{1V}$、$D_{2H}$ 同时响应，Charlie 记录测量结果为 Bell 态 $|\psi^-\rangle=1/\sqrt{2}(|HV\rangle-|VH\rangle)$；其他结果全部丢弃，测量端将记录结果通过 Alice 和 Bob 互相认证的经典信道进行公布。

(3) 筛选：Alice 和 Bob 双方协商，进行基矢对比，将满足条件的数据保留生成初始密钥。

(4) 后处理：Alice 和 Bob 对初始密钥执行数据后处理，最终生成安全的密钥。

MDI-QKD 的密钥产生率下界可表示为[89]

$$R=Q_{\text{rect}}^{1,1}[1-H_2(e_{\text{diag}}^{1,1})]-Q_{\text{rect}}fH_2(E_{\text{rect}}) \tag{6.82}$$

式中，下标 rect 表示 Alice 和 Bob 双方选择的编码基为 **Z** 基，下标 diag 表示 Alice 和 Bob 双方选择的编码基为 **X** 基或者 **Y** 基。上标"1，1"表示 Alice 和 Bob 采用单个光子携带量子信息。$Q_{\text{rect}}=\sum_{n,m} Q_{\text{rect}}^{n,m}$ 和 $E_{\text{rect}}=\sum_{n,m} Q_{\text{rect}}^{n,m} e_{\text{rect}}^{n,m}/Q_{\text{rect}}$ 分别表示系统的总增益和总的量子比特错误率，其中，上标 $m$、$n$ 分别表示 Alice 和 Bob 的光子数，$f$ 为纠错系数，$H$ 表示二元熵函数。

**3. 安全性**

MDI-QKD 协议可以看作时间反转的 EPR QKD 协议。如 6.6 节所述，E-91 协议是先分发纠缠光子对，然后测量，其安全性基于 Bell 不等式检验。在 MDI-QKD 协议中，假定 Alice 和 Bob 各自持有一对纠缠光子，分别保留一个光子(称为虚拟量子比特)，另一个发给测量设备进行 Bell 态测量。若测量成功，则他们保留的光子实现了纠缠，即纠缠交换，他们对各自保留的虚拟光子进行测量可实现 QKD，相当于基于纠缠分发的 QKD。如果使 Alice 和 Bob 先测量各自的虚拟量子比特，测完后另一个量子比特则为确定态，然后在测量端进行 Bell 态测量，这两个过程是可逆的。也就是说，基于纠缠的 QKD 和 MDI-QKD 是等价的，其安全性也是相同的。

在 MDI-QKD 系统中，若采用弱相干光源，引进诱骗态的思想，则估计系统的增益和 QBER，可以估计安全密钥产生率下界。此外，由于可对初始密钥抽检，从而即使测量设备被 Eve 控制也能被 Alice 和 Bob 发现，因此可以去掉对测量设备安全性的要求。

MDI-QKD 协议自提出以来，研究人员在优化设计、安全性证明、非对称信道、光源不完美等情形下进行了深入研究，取得了显著成果。

**4. 实验**

MDI-QKD 协议自提出以来，涌现了大量实验。图 6.34 给出了一种基于时间-相位(Time-Bin-Phase)编码的 MDI-QKD 实验构成[90]，Alice 端激光脉冲通过非对称 MZ 干涉仪产生两个脉冲，进而由三个强度调制器(AM1、AM2、AM3)和一个相位调制器(PM)实现编码，并产生诱骗/信号脉冲，经衰减器(ATT)变为单光子级别的弱相干脉冲，送往测量设备。Bob 的操作相同。由于采用了相位编码，Alice 和 Bob 之间须采用相位补偿线路，实现相位对齐。这里的相位编码是对 early 和 delay 两个脉冲中的 delay 脉冲进行相位调制 0(对应于比特 0)或 π(对应比特 1)。

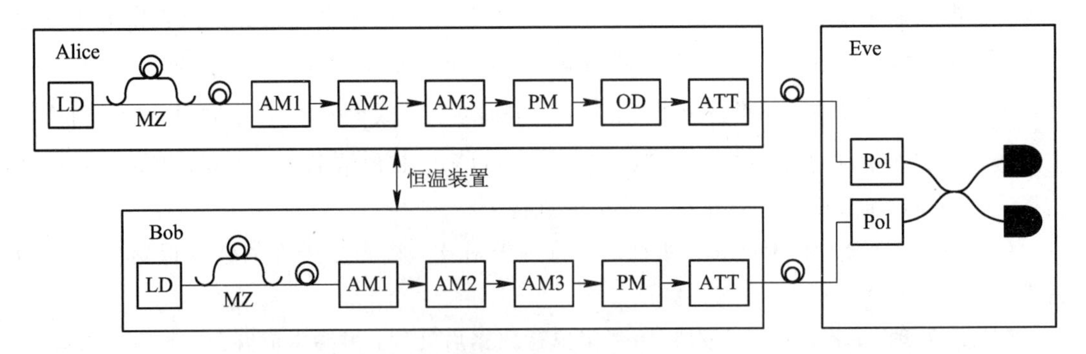


图 6.34 基于时间-相位编码的 MDI-QKD 实验

MDI-QKD 方案和实验不断得到改进，在 100 km 光纤上已实现 1 Mb/s 的成码率；在低损耗光纤上安全通信距离可达 404 km；通过提高系统时钟、改进光源设计，可进一步提高密钥产生速率。

随着集成光学的发展，结合 MDI-QKD 协议自身的特点，发端可以集成化设计以降低成本，图 6.35 给出发端采用硅光集成发射机的偏振编码 MDI-QKD 实验方案[91]，光学集成发射机实现了强度调制器、偏振调制器和可变光衰减器编码。如图 6.35(a)所示，Alice 和 Bob 采用主增益开关激光器(Master)通过环形器(Circ)注入光子到从增益开关激光器(Slave)，产生重复频率为 1.25 GHz 的相位随机的光脉冲，随后耦合到硅光集成芯片(Chip)，芯片中集成了强度调制器、可变光衰减器和偏振调制器，测量端由分束器(BS)、两个电控偏振控制器(EPC)、两个偏振分束器(PBS)和四个超导纳米线单光子探测器(SNSPD)构成。图 6.35(b)为芯片的原理图，包括多模干涉(MultiMode Interference，MMI)耦合器、热光调制器(Thermo-Optics Modulators，TOM)、载流子耗尽型调制器(Carrier-Depletion Modulators，CDM)和偏振旋转合成器(Polarization Rotator Combiner，PRC)。图 6.35(c)为安装在控制板上的芯片。实验系统时钟为 1.25 GHz，在信道损耗36 dB(180 km 标准光纤)时，密钥速率达 31 b/s(考虑了有限数据长度的影响，详见 6.8 节)。

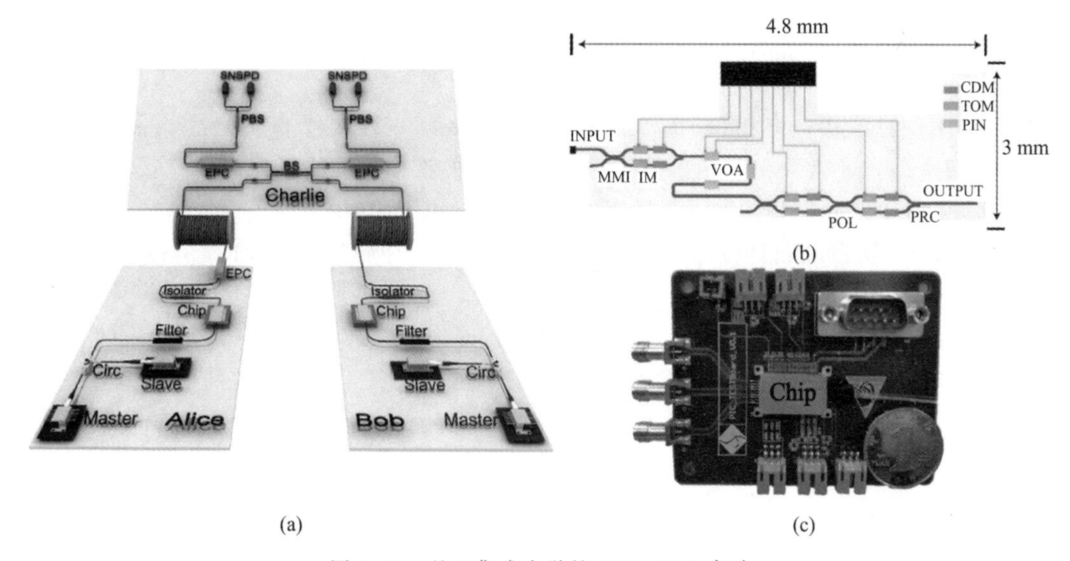


图 6.35　基于集成光学的 MDI-QKD 实验

值得一提的是，MDI-QKD 协议也在不断发展，例如，清华大学马雄峰教授提出了基于模式匹配(Mode-Pairing)的 QKD(MP-QKD)协议，降低了原始 MDI-QKD 协议的实现难度，提高了抗干扰能力和成码率，已得到了实验验证。

## 6.7.2　基于孪生光场的量子密钥分发

MDI-QKD 协议从原理上消除了因测量设备不理想而引起的安全漏洞，但由于光纤对单光子脉冲的损耗，使得其通信距离受到 PLOB 界的制约。PLOB 界是由 Stefano Pirandola、Riccardo Laurenza、Carlo Ottaviani 和 Leonardo Banchi(以他们姓氏首字母命名)在 2017 年提出的在无中继情况下点到点量子密钥分发最优速率的上界，也可称为速率与信道损耗的关系(Rate-Loss Tradeoff)，即有耗信道密钥容量(Secret-Key Capacity)$K$ 与信道传输率

(Transmittance)$\eta$ 之间满足

$$K = -\mathrm{lb}(1-\eta) \tag{6.83}$$

在较长距离(传输率接近于 0)时，$K \approx 1.44\eta$。此时，密钥生成率随传输率线性下降，基于孪生光场(Twin-field，也称为“双场”)的量子密钥分发协议(TF-QKD)力图突破这一限制[92]。

TF-QKD 与 MDI-QKD 类似，也是由不可信的第三方实现 Bell 态测量，不同的是，TF-QKD 是单光子干涉测量。其原理如图 6.36 所示，图中 LS 是光源(Light Source)，VOA 是可变光衰减器，其余与前面的一样。

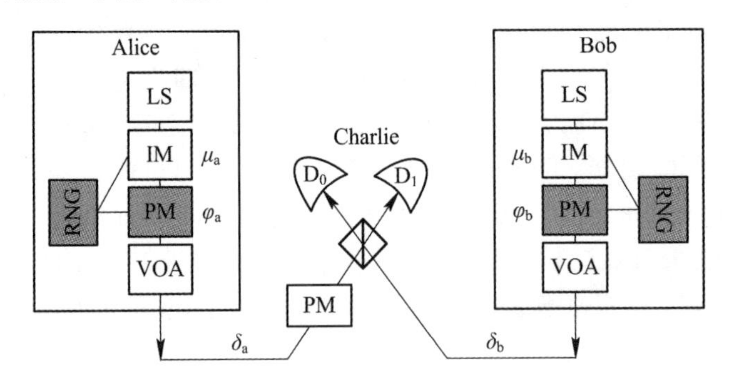


图 6.36　TF-QKD 协议原理示意

TF-QKD 协议中，将相位 $[0, 2\pi)$ 分成 $M$ 个区间，第 $k$ 个区间 $\Delta_k = 2\pi k/M$，$k=\{0, \cdots, M-1\}$，$M$ 常取 16。原始的 TF-QKD 协议的工作流程如下：

(1) 校准：Alice 和 Bob 发送未调制的强光脉冲到 Charlie，借助于干涉测量，通过相位补偿(由 Charlie 处的相位调制器 PM 实现)，使得两路脉冲到达干涉仪时(由各自光场全局相位和链路相移引起的)相位差(失配)降到最小。

(2) 制备：Alice 随机选取每个脉冲的强度 $\mu_A \in \{\mu/2, \nu/2, \omega/2\}$(这里为叙述简便只给出了 1 个比特的情形，下同)，产生随机信息比特序列 $g_a \in \{0, 1\}$，并随机从 $\{\boldsymbol{X}, \boldsymbol{Y}\}$ 中选择编码基序列进行相位编码，$\{\boldsymbol{X}, \boldsymbol{Y}\}$ 基分别对应基矢变量 $h_a \in \{0, 1\}$，此外还选择随机相位 $\theta_a \in [0, 2\pi)$，则制备的量子态为 $|\sqrt{\mu_a}\,\mathrm{e}^{\mathrm{i}(\pi g_a + \pi h_a/2 + \theta_a)}\rangle_A$，其相位 $\varphi_A = \pi g_a + \pi h_a/2 + \theta_a$。同理，Bob 制备的量子态 $|\sqrt{\mu_b}\,\mathrm{e}^{\mathrm{i}(\pi g_b + \pi h_b/2 + \theta_b)}\rangle_B$，其相位 $\varphi_B = \pi g_b + \pi h_b/2 + \theta_b$，随机强度 $\mu_B \in \{\mu/2, \nu/2, \omega/2\}$。

(3) 测量：Alice 和 Bob 将编码后的量子态发送给 Charlie，在 Charlie 的分束器(BS)处进行单光子干涉，再根据探测器 $D_0$ 和 $D_1$ 的响应来确定 Bell 态测量结果，有且仅有一个探测器有计数时为有效的结果。

(4) 筛选：Charlie 通过 Alice 和 Bob 双方共同认证的经典信道公开测量结果，Alice 公开她的 $\mu_a$、$h_a$ 和相位区间 $\Delta_{k(a)}$，Bob 声明与 Alice 匹配的序列位置，不匹配的测量结果全部丢弃。这些匹配的数据中，编码基为 $\boldsymbol{X}$、强度为 $\mu/2$ 的结果用来产生初始密钥，其他结果均公布 $g_a$，$g_b$、采用诱骗态理论进行安全性分析，若系统安全则可产生密钥；否则，此次密钥传输无效，丢弃全部数据。这里，Alice 和 Bob 根据 Charlie 的测量结果可以得到他们信息比特编码后的相位差 $|(g_a - g_b)\pi|$，因而，根据自己的信息比特即可得到对方的信息比特，依据事先约定可将其中一方信息比特作为初始密钥。

(5) 后处理：Alice 和 Bob 对筛选后的初始密钥进一步纠错和密性放大，以防存在窃听者 Eve 窃取信息，得到最终安全密钥。

TF-QKD 协议也可以类比于采用单个平衡 MZ 干涉仪的相位编码 BB84 协议，不过原来的 Alice 端分束器的两路输出(或者 MZ 干涉仪的两臂输入端)中的一路由 Alice 产生，另一路由 Bob 产生，MZ 干涉仪的输出端(或者干涉测量)位于 Charlie 处。因此从安全性上等价于相位编码 QKD 协议。若 BB84 协议的安全密钥率为

$$R_{\mathrm{QKD}}(\mu, L)=Q_1^{\mathrm{L}}\big|_{\mu,\mathrm{L}}\left[1-h(\mathrm{e}_1^{\mathrm{U}}\big|_{\mu,L})\right]-fQ_{\mu,\mathrm{L}}h(E_{\mu,L}) \tag{6.84}$$

式中，$Q_1^{\mathrm{L}}=p_1Y_1^{\mathrm{L}}$、$Y_1^{\mathrm{L}}$ 和 $\mathrm{e}_1^{\mathrm{U}}$ 分别为 Alice 发送单光子时系统增益的下限、计数率的下限和相位差错率的上限；$p_1$ 是光源发出单光子脉冲的概率；$Q_{\mu,L}$ 和 $E_{\mu,L}$ 分别为系统的总增益和量子误码率；$f$ 为纠错系数；$h$ 为二元熵函数。

由于原始 TF-QKD 协议的第(4)步筛选时公开了相位信息，有可能会泄露信息。实际上原始协议也讨论了这种可能性。此外，清华大学王向斌等提出了一种攻击方法[93]，利用公开的相位信息、特定测量和酉变换可完全获取密钥信息。

若不考虑公开相位后造成的泄露，TF-QKD 的密钥率可写为

$$R_{\mathrm{TF\text{-}QKD}}^{\overline{\theta}}(\mu, L)=\frac{d}{M}\left[R_{\mathrm{QKD}}\left(\mu, \frac{L}{2}\right)\right]_{\oplus E_M} \tag{6.85}$$

$E_M$ 是 Alice 和 Bob 虽然相位区间匹配但相位仍存在误差导致的量子误码率；$\oplus E_M$ 指要包括由相位随机化引起的固有量子误码率 $E_M$；$M$ 为相位区间数；$d$ 为发送量子态的时间占比。

鉴于此，研究人员提出了多个改进的 TF-QKD 协议，例如，发送或不发送孪生光场量子密钥分发(Sending or Not Sending-TF-QKD，SNS-TF-QKD)、相位匹配量子密钥分发(Phase-Matching QKD，PMQKD)方案、无相位后选择 QKD (No Phase Post-Selection QKD，NPP-QKD) 和离散相位随机化 TF-QKD。TF-QKD 协议的实验距离达到 605 km、830 km，现场铺设光纤实验达到 500 km，2023 年的实验达到了 1000 km[94]。

## 6.8　实际量子密钥分发系统的安全性

QKD 协议的安全包括正确性和保密性，可分别用 $\varepsilon_{\mathrm{corr}}$ 和 $\varepsilon_{\mathrm{sec}}$ 两个参数衡量[12]。

(1) 正确性：若 Alice 获得的密钥为 $k_A$，Bob 获得的密钥为 $k_B$，若概率 $P_r(k_A\neq k_B)\leqslant\varepsilon_{\mathrm{corr}}$，则称该 QKD 协议是 $\varepsilon_{\mathrm{corr}}$ 安全的。

(2) 保密性：设 Alice 与窃听者 Eve 的联合量子态为 $\boldsymbol{\rho}_{AE}$，如果下述条件满足：

$$\min_{\boldsymbol{\rho}_E}\frac{1}{2}(1-p_{\mathrm{abort}})\parallel\boldsymbol{\rho}_{AE}-\boldsymbol{\rho}_{AE}^{\mathrm{ideal}}\parallel_1\leqslant\varepsilon_{\mathrm{sec}} \tag{6.86}$$

则称该协议是 $\varepsilon_{\mathrm{sec}}$ 保密的，其中，$p_{\mathrm{abort}}$ 为协议失败的概率，理想的复合态密度矩阵可写为 $\boldsymbol{\rho}_{AE}^{\mathrm{ideal}}=2^{-m}\sum_s|s\rangle_A\langle s|\otimes\boldsymbol{\rho}_E$，其中，$s$ 为密钥比特，密钥长度为 $m$，它表明 $\boldsymbol{\rho}_E$ 与 $|s\rangle_A$ 独立，Eve 不能得到任何密钥信息；$\parallel\cdot\parallel_1$ 是迹范数(Trace Norm)，定义为 $\parallel A\parallel_1=\mathrm{tr}(\sqrt{\boldsymbol{A}^{\dagger}\boldsymbol{A}})$。

若一个 QKD 协议是 $\varepsilon_{\mathrm{corr}}$ 安全的，且是 $\varepsilon_{\mathrm{sec}}$ 保密的，则该协议是 $\varepsilon=\varepsilon_{\mathrm{corr}}+\varepsilon_{\mathrm{sec}}$ 安全的。式(6.86)中的 $\boldsymbol{\rho}_{AE}$ 可以写为 $\boldsymbol{\rho}_{ABE}$，理想情况下，Alice 和 Bob 拥有相同密钥，此时其中的

$\varepsilon_{sec}$ 相应变为 $\varepsilon$(两个安全属性合并描述)，即

$$\min_{\rho_E}\frac{1}{2}(1-p_{abort})\ \|\boldsymbol{\rho}_{ABE}-\boldsymbol{\rho}_{ABE}^{ideal}\|_1\leqslant\varepsilon \tag{6.87}$$

6.2 节的安全性分析和 6.3 节的安全密钥产生率的分析都是基于有足够的有效探测计数进行参数估计，然而实际上这很难实现，特别是距离较远、损耗较大时，这就是所谓有限数据量(finite size)问题。同时，实际器件和理想模型也存在差距，也对安全性分析提出了挑战。

这里采用平滑熵来进行分析[95-96]，同 6.3.2 节一样，选取一个信号态(强度 $\mu$)、两个诱骗态(强度为 $v_1$ 和 $v_2$)，$\mu>v_1+v_2$，$v_1>v_2\geqslant 0$，双方均选 $\boldsymbol{X}$ 基时产生密钥(另外根据文献[96]，协议中信号态和诱骗态均用来产生密钥)，则有限数据量时安全密钥量下界为[96]

$$l=\left\lfloor s_{X,0}^{L}+s_{X,1}^{L}[1-h(e_p^U)]-\lambda_{EC}-\Delta\right\rfloor \tag{6.88}$$

其中，$s_{X,0}^{L}$ 为发送空脉冲(光子数为 0)时 $\boldsymbol{X}$ 基下的探测计数下界，$s_{X,1}^{L}$ 是发送单光子时 $\boldsymbol{X}$ 基下探测计数下界，$e_p^U$ 是发送单光子时相位错误计数率的上界，$\lambda_{EC}$ 为纠错时泄露的信息量(可直接测量得到)。当选用 2 个诱骗态时，$\Delta=6\ \mathrm{lb}(21/\varepsilon_{sec})+\mathrm{lb}(2/\varepsilon_{corr})$；当选用 1 个诱骗态时，$\Delta=6\ \mathrm{lb}(19/\varepsilon_{sec})+\mathrm{lb}(2/\varepsilon_{corr})$[97]。下面给出 2 个诱骗态时的结果，$s_{X,0}^{L}$、$s_{X,1}^{L}$ 和 $e_p^U$ 可用诱骗态的方法获得

$$s_{X,0}^{L}=\tau_0\frac{v_1 n_{X,v_2}^{-}-v_2 n_{X,v_1}^{+}}{v_1-v_2} \tag{6.89}$$

其中，$\tau_n=\sum_{k\in\{\mu,v_1,v_2\}}\frac{k^n}{n!}p_k e^{-k}$ 为发送 $n$ 光子态的概率。

统计量 $n_{X,k}^{\pm}=\frac{e^k}{p_k}\left[n_{X,k}\pm\sqrt{\frac{n_X}{2}\ln\frac{21}{\varepsilon_{sec}}}\right]$，$k\in\{\mu,v_1,v_2\}$，其中，$n_{X,k}$ 光源为 $k$、编码与测量均为 $\boldsymbol{X}$ 基时的计数，$n_X$ 为 $\boldsymbol{X}$ 基时总的计数。

$$s_{X,1}^{L}=\frac{\tau_1\mu\left[n_{X,v_1}^{-}-n_{X,v_2}^{+}-\frac{v_1^2-v_2^2}{\mu^2}\left(n_{X,\mu}^{+}-\frac{s_{X,0}^{L}}{\tau_0}\right)\right]}{\mu(v_1-v_2)-v_1^2+v_2^2} \tag{6.90}$$

同时也可估计 $\boldsymbol{Z}$ 基下发送单光子态时的计数下界 $s_{Z,1}^{L}$(参考(6.90)式计算，注意统计量由 $\boldsymbol{Z}$ 基下的数据获得)和错误计数上界 $v_{Z,1}^{U}$。$\boldsymbol{Z}$ 基下的单光子事件错误计数上界

$$v_{Z,1}^{U}=\tau_1\frac{m_{Z,v_1}^{+}-m_{Z,v_2}^{-}}{v_1-v_2} \tag{6.91}$$

其中，统计量 $m_{Z,k}^{\pm}=\frac{e^k}{p_k}\left[m_{Z,k}\pm\sqrt{\frac{m_Z}{2}\ln\frac{21}{\varepsilon_{sec}}}\right]$，$k\in\{\mu,v_1,v_2\}$，$m_{Z,k}$ 光源为 $k$、编码与测量均为 $\boldsymbol{Z}$ 基时的错误计数，$m_Z$ 为 $\boldsymbol{Z}$ 基时的总错误计数，$m_Z=\sum_{k\in\{\mu,v_1,v_2\}}m_{Z,k}$

$$e_p^U=\frac{v_{Z,1}}{s_{Z,1}}+\gamma\left(\varepsilon_{sec},\frac{v_{Z,1}}{s_{Z,1}},s_{Z,1},s_{X,1}\right) \tag{6.92}$$

其中，$\gamma(a,b,c,d)=\sqrt{\frac{(c+d)(1-b)b}{cd\log 2}\mathrm{lb}\left(\frac{c+d}{cd(1-b)b}\frac{21^2}{a^2}\right)}$。

实际上，量子密钥分发系统需要考虑的因素除了有限数据量外，非完美光源、系统涨落、攻击模型等也是重要的因素，读者可进一步参阅相关文献[154]。

# 第 7 章

# 连续变量量子密钥分发

连续变量量子密钥分发(CV-QKD)按工作机制可分为制备-测量型和纠缠分发型；按照量子态的传输方向可分为单向 CV-QKD 和双向 CV-QKD。协议采用的量子态包括相干态、压缩态、热态(Thermal State)。本章主要介绍相干态 CV-QKD 原理与实验进展，主要包括 CV-QKD 系统中的调制与检测技术、高斯调制相干态 CV-QKD、离散调制 CV-QKD 以及基于纠缠的 CV-QKD。

## 7.1 CV-QKD 系统中的调制与检测技术

CV-QKD 系统中的调制方法包括连续调制(主要是高斯调制)、离散调制，检测方法包括零差检测和外差检测。

### 7.1.1 CV-QKD 中的调制方法

高斯调制是指相干态两个正则分量 $q$ 和 $p$ 是均值为 0、方差为 $V_s$ 的正态分布独立随机变量，$V_s$ 也称为调制方差。此时相干态可写为 $|\alpha\rangle=|q+\mathrm{i}p\rangle$，$\boldsymbol{a}|\alpha\rangle=\alpha|\alpha\rangle$，$\boldsymbol{a}$ 为湮灭算子，定义为 $\boldsymbol{a}=\frac{1}{2}(\boldsymbol{q}+\mathrm{i}\boldsymbol{p})$，这里 $\boldsymbol{q}$ 和 $\boldsymbol{p}$ 为正则分量算符，参见第 2 章。若考虑散粒噪声(Shot Noise)，各分量的方差应为 $V=V_s+1$。这里方差的单位是散粒噪声单位(Shot Noise Unit，SNU)。

**1. 高斯调制**

高斯调制为正则分量调制的特殊情况，正则分量调制(也称为 q/p 调制)原理如图 7.1 所示[98]。

图 7.1 中，一个 MZ 干涉仪的两个臂上分别嵌入一个 MZ 干涉仪，每个分束器的传输率和透射率均为 1/2。若输入相干态 $|\alpha\rangle$，最右边的分束器(BS)上、下输入态分别为(这里为简化起见，没有采用第 6.7 节所用的产生算符表示，而采用了相空间的正则分量形式)

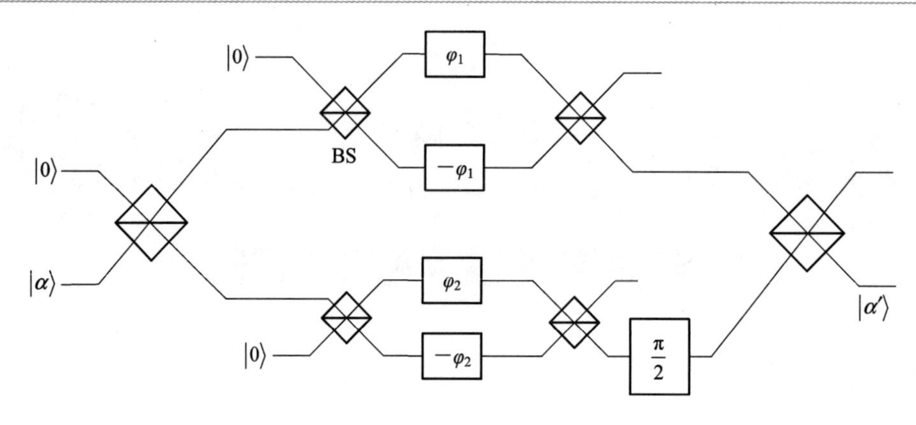


图 7.1　q/p 调制原理图

$$\frac{1}{\sqrt{8}}\alpha(e^{i\varphi_1}+e^{-i\varphi_1})=\frac{1}{\sqrt{2}}\alpha\cos\varphi_1 \tag{7.1}$$

$$\frac{1}{\sqrt{8}}\alpha(e^{i\varphi_2}+e^{-i\varphi_2})e^{\frac{i\pi}{2}}=\frac{i}{\sqrt{2}}\alpha\cos\varphi_2 \tag{7.2}$$

则输出相干态为

$$|\alpha'\rangle=\left|\frac{\alpha(\cos\varphi_1+i\cos\varphi_2)}{2}\right\rangle \tag{7.3}$$

要实现高斯调制，即两个正则分量应为零均值同方差的正态分布随机变量，可在确定高斯变量数值后，计算 $\varphi_1$ 和 $\varphi_2$ 的值，由图 7.1 的 q/p 调制实现。在实际 CV-QKD 系统中，多采用一个幅度调制器和相位调制实现高斯调制，通过调制使得振幅变量服从瑞利分布、相位服从均匀分布，从而实现高斯调制。

**2. 离散调制**

在信噪比较低时，高斯调制会带来较高的误码率，给后处理中的信息协调(纠错)带来很大压力。离散调制可以大大降低误码率，也能使用更为高效的纠错算法。离散调制是在对每个相干态在有限个调制相位集合中随机选择一个值进行相位调制。如四态调制，此时态的集合为$\{|ae^{i\pi/4}\rangle, |ae^{i3\pi/4}\rangle, |ae^{i5\pi/4}\rangle, |ae^{i7\pi/4}\rangle\}$，在相空间的表示如图 7.2 所示。

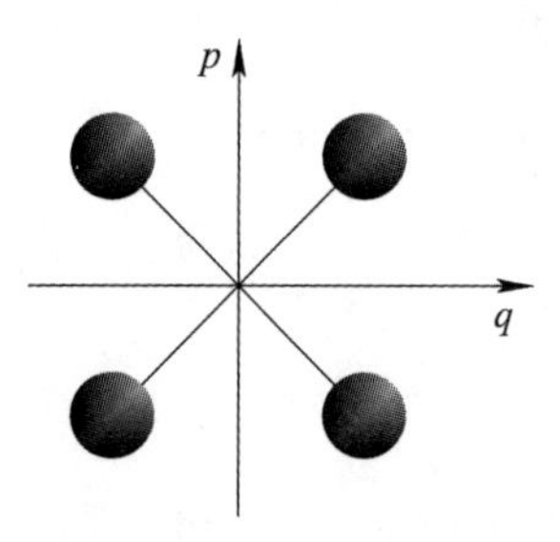


图 7.2　离散调制示意

离散调制可直接采用相位调制器来实现。

### 7.1.2　CV-QKD 中的检测技术

CV-QKD 系统常用的检测技术包括零差探测(Homodyne Detection)和外差检测(Heterodyne Detection)。下面简要介绍其工作原理。

**1. 零差检测**

零差检测常采用一个平衡光分束器(分束比 50∶50)对信号光和本振光进行干涉，再用两个光电检测器分别检测两路输出，再分析其差值，如图 7.3 所示。

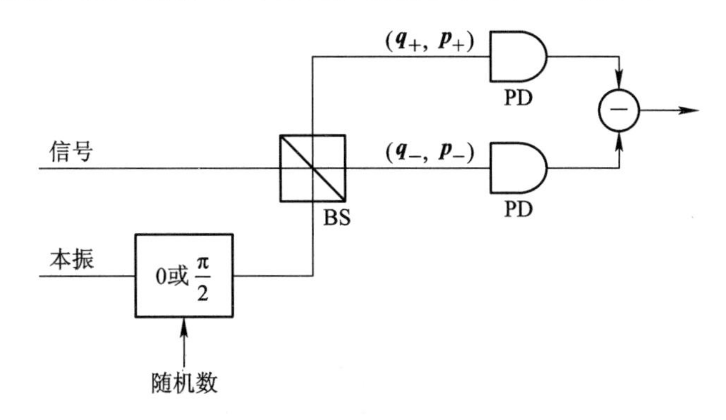


图 7.3　零差检测原理

在零差检测中，本振与信号的频率一致、相位差恒定。两路光脉冲经 BS 干涉，两路输出被光电检测器(Photoelectric Detector，PD)转换成光电流，最后计算两路光电流之差 $\Delta \boldsymbol{I}$。通过改变本振的相移大小来选择测量正则分量 $\boldsymbol{q}$ 或 $\boldsymbol{p}$。若信号光相干态用两个正则分量($\boldsymbol{q}_s$，$\boldsymbol{p}_s$)表示，本振光为经典光，用($E_L\cos\theta$，$E_L\sin\theta$)来表示，经过 BS 干涉后的上下支路输出为

$$(\boldsymbol{q}_+, \boldsymbol{p}_+) = \left(\frac{\boldsymbol{q}_s + E_L\cos\theta}{\sqrt{2}}, \frac{\boldsymbol{p}_s + E_L\sin\theta}{\sqrt{2}}\right) \tag{7.4}$$

$$(\boldsymbol{q}_-, \boldsymbol{p}_-) = \left(\frac{\boldsymbol{q}_s - E_L\cos\theta}{\sqrt{2}}, \frac{\boldsymbol{p}_s - E_L\sin\theta}{\sqrt{2}}\right) \tag{7.5}$$

因为光电流的大小正比于光子数(光强)，所以可以得到光电流差

$$\Delta I \propto (\boldsymbol{q}_+^2 + \boldsymbol{p}_+^2) - (\boldsymbol{q}_-^2 + \boldsymbol{p}_-^2) = \boldsymbol{q}_s E_L\cos\theta + \boldsymbol{p}_s E_L\sin\theta \tag{7.6}$$

当 $\theta=0$ 时，测量光场的 $\boldsymbol{q}$ 分量；当 $\theta=\pi/2$ 时，测量光场的 $\boldsymbol{p}$ 分量。此外，还可发现本振光对信号光进行了放大。值得注意的是，为了成功实现量子零差探测，实际探测器的电噪声必须远小于散粒噪声，以便能辨出量子噪声。

**2. 外差检测**

零差检测每次只能测量一个正则分量，若需要同时测量两个分量，可采用外差检测，其原理如图 7.4 所示，它由两个平衡零差检测器构成。

图 7.4 中，信号光和本振光经过 BS 分为两路，分别与本振光(其中一路移相 $\pi/2$)在 BS 处干涉，两个检测器输出分别为 $\Delta I_1 \propto \boldsymbol{q}_s E_L$，$\Delta I_2 \propto \boldsymbol{p}_s E_L$。

外差检测不需要选择测量基，从而简化了 CV-QKD 系统，且提高了协议效率。

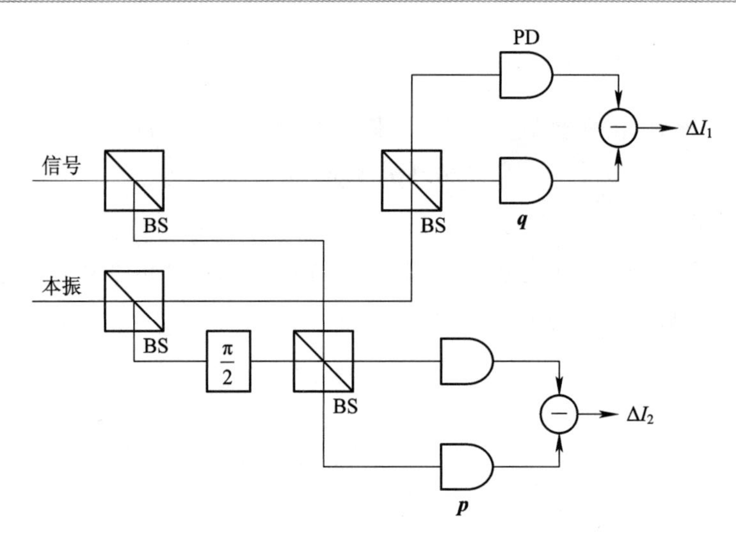


图 7.4 外差检测原理

## 7.2 基于高斯调制相干态的连续变量量子密钥分发

CV-QKD 自提出后，在理论和实验上均获得了长足的发展，理论方案涉及离散调制、连续调制，采用的量子态可以是压缩态或相干态，检测方法包括零差、外差检测，实验上提出各种噪声抑制、本振实现方法等。本节讲述高斯调制相干态 CV-QKD，先给出协议流程，其次分析其密钥产生率，并介绍具体实现方案。

### 7.2.1 基于高斯调制相干态的 CV-QKD 协议

高斯调制相干态 CV-QKD 协议又称为 GG02 协议(由 F. Grosshans 和 P. Grangier 于 2002 年提出)[99]，其原理如图 7.5 所示。发端包括脉冲激光器、高斯调制器以及一个高斯随机数发生器。接收端本地振荡器可来自发端，也可本地产生。若采用零差检测，由随机数确定移相 0 或 $\pi/2$，以测量相干态 $|x_A+\mathrm{i}p_A\rangle$ 的 $\boldsymbol{x}_A$ 或 $\boldsymbol{p}_A$ 分量。若采用外差检测，到达的信号分为两路，同时测量 $\boldsymbol{x}_A$ 和 $\boldsymbol{p}_A$ 分量，其中一路本振移相 $\pi/2$。

高斯调制相干态 CV-QKD 协议的工作流程如下：

(1) 制备：Alice 产生两个均值为零、方差为 $V_A$，且相互独立的高斯变量 $\boldsymbol{x}_A$ 和 $\boldsymbol{p}_A$，使光源产生的脉冲处于弱相干态 $|x_A+\mathrm{i}p_A\rangle$。

(2) 传输：Alice 将处于态 $|x_A+\mathrm{i}p_A\rangle$ 的脉冲经由量子信道发给 Bob。

(3) 检测：Bob 可采用零差检测或外差检测。若采用零差检测，则随机测量 $\boldsymbol{x}_A$ 或 $\boldsymbol{p}_A$ 分量；若采用外差检测，则同时测量 $\boldsymbol{x}_A$ 和 $\boldsymbol{p}_A$ 分量；重复(1)～(3)步 $N$ 次。

(4) 筛选和参数估计：对零差检测，Bob 告诉 Alice 他测量的分量，他们仅保留基一致(调制与测量相同的分量)的数据；对外差检测，不需筛选；随后选取一部分原始数据进行参数估计，包括信道传输率、带外噪声(Excess Noise)，联合其他参数可得到 Alice 和 Bob 的相关矩阵，估计其互信息、Eve 可能获取的最大信息，进而计算安全密钥率(详见 7.2.2

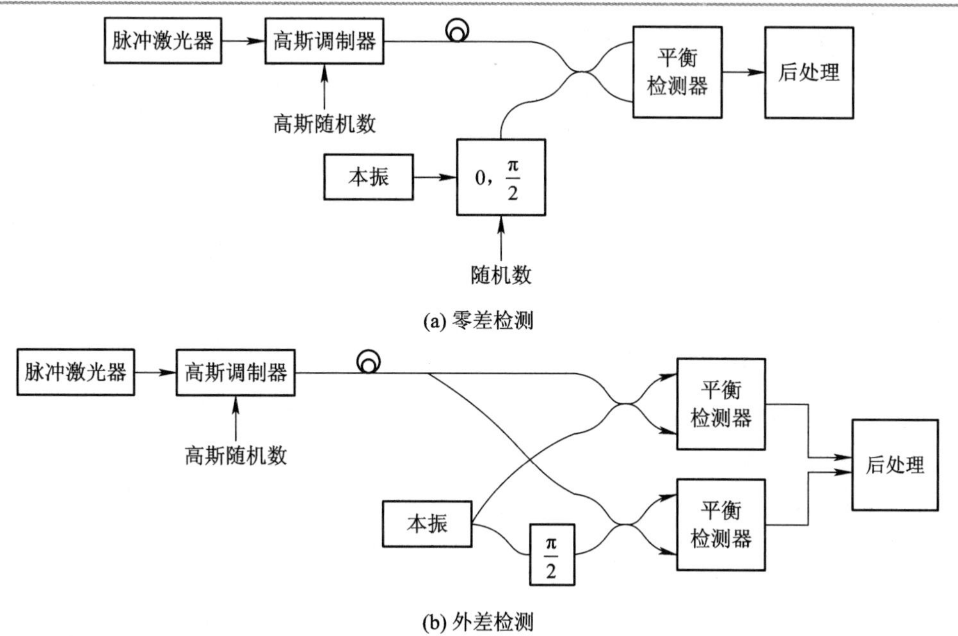


图 7.5　高斯调制相干态 CV-QKD 协议原理示意图

节)，若密钥率≤0，则协议终止。

(5) 纠错(信息协调)：采用经典纠错(信息协调)算法对双方的原始密钥进行纠错，使其一致。

(6) 密性放大：消除 Eve 可能获得的密钥信息，通常是纠错后的密钥乘以随机 Toeplitz 矩阵，压缩率可由估计的安全成码率获得。

这里需要说明的是，纠错算法包括前向纠错(前向协调)和反向纠错(反向协调)，前向纠错是 Bob 根据 Alice 公开的信息对自己的数据进行纠错；反向纠错是 Alice 根据 Bob 发来的数据进行纠错。对于前向纠错，若传输率小于 50%(总损耗大于 3 dB)，则 Eve 有可能比 Bob 获得更多关于 Alice 的信息，从而导致无法得到安全密钥[98]。

## 7.2.2　密钥率分析

这里分别考虑理想(密钥数据无限长)和实际(密钥数据有限长)两种情况下的密钥产生速率。

### 1. 无限长数据时的密钥产生速率

一般来说，对于前向协调和集体攻击，无限长数据(也称为渐进 Asymptotic，简记 Asym)的密钥速率为

$$K_{\mathrm{DR}}^{\mathrm{Asym}}=f_{s}(\beta I_{AB}-\chi_{EA}) \tag{7.7}$$

其中，$f_s$ 为字符发送速率(symbols/s)，$\beta$ 为纠错算法的效率，$I_{AB}$ 为 Alice 和 Bob 之间的互信息，$\chi_{EA}$ 为 Eve 从 Alice 发送的消息中窃取的信息量。对于反向协调和集体攻击，密钥速率为

$$K_{\mathrm{RR}}^{\mathrm{Asym}}=f_{s}(\beta I_{AB}-\chi_{EB}) \tag{7.8}$$

其中，$\chi_{EB}$ 为 Eve 从 Bob 发送的消息中窃取的信息量。

**2. 有限数据长度时的密钥产生速率**

若采用反向纠错算法，针对集体攻击，且考虑数据长度有限，设初始密钥长度为 $N$，去除参数估计外的剩余结果用来产生最终密钥的数据长度为 $n$，则密钥产生速率为[100]：

$$K=\frac{n}{N}f_s[\beta I_{AB}-\chi_{EB}-\Delta(n)] \tag{7.9}$$

其中，$\chi_{EB}$ 是 Eve 窃取的最大信息量(也称为 Holevo 界)，$\Delta(n)$是密性放大过程中泄漏的信息量，大小为

$$\Delta(n)=(2\dim H_x+3)\sqrt{\frac{\mathrm{lb}(2/\bar{\varepsilon})}{n}}+\frac{2}{n}\mathrm{lb}\left(\frac{1}{\varepsilon_{PA}}\right) \tag{7.10}$$

其中，$H_x$ 为 Alice 发送的相干态(对应的高斯随机变量)对应的 Hilbert 空间，dim 表示维数，$\bar{\varepsilon}$ 表示平滑(Smoothing)参数，$\varepsilon_{PA}$ 表示密性放大过程失败概率。

Alice 和 Bob 的互信息可表示为

$$I_{AB}=\frac{\upsilon_{\det}}{2}\mathrm{lb}(1+\mathrm{SNR}) \tag{7.11}$$

采用零差检测时，$\upsilon_{\det}=1$；采用外差检测时，$\upsilon_{\det}=2$。SNR 表示信噪比。

**3. 信噪比的计算**

下面分析信噪比的计算，信号方差和噪声方差的取值均采用真空散粒噪声单位(SNU)。若发端信号(正交分量)方差为 $V_s$，系统总体传输率为 $T$，信道噪声为$\varsigma$(这里的信道噪声包括信道损耗引起的噪声和带外噪声(Excess Noise，用 $\xi$ 表示，参考点取信道输出，即接收机输入端))，光源的散粒噪声为 $V_0$(对于相干态，$V_0=1$；对于热态，$V_0>1$，本节考虑相干态)。信道噪声(参考点为信道输出端)可表示为$\varsigma=1-T+\xi$，其中$1-T$ 为信道损耗引起的噪声，则信噪比(没有考虑接收机噪声)为

零差检测：

$$\mathrm{SNR}=\frac{V_sT}{1-T+\xi+V_0T}=\frac{V_sT}{1+\xi} \tag{7.12}$$

外差检测：

$$\mathrm{SNR}=\frac{\frac{1}{2}V_sT}{\frac{1}{2}(1+\xi+1)}=\frac{V_sT}{2+\xi} \tag{7.13}$$

其中，$V_0T$ 为光源散粒噪声到达接收端的等效噪声($V_0=1$)。采用外差检测时，由于同时测量两个分量(如 7.1 节所述)，则信号和噪声方差均变为原来的$\frac{1}{2}$(此时 $\upsilon_{\det}=2$)，且引入了一个大小为 1 的散粒噪声。因此，Alice 和 Bob 的互信息为

$$I_{AB}=\frac{\upsilon_{\det}}{2}\mathrm{lb}\left(1+\frac{V_sT}{\upsilon_{\det}+\xi}\right) \tag{7.14}$$

这里没有考虑检测器的噪声和效率，进一步的分析参见文献[98]。

**4. Holevo 信息**

这里以典型的集体攻击、反向协调算法为例分析 Eve 窃取的信息量 $\chi_{EB}$，即

$$\chi_{EB}=S_E-S_{E|B} \tag{7.15}$$

其中，$S_E$ 为 Eve 可获得信息的诺依曼熵，$S_{E|B}$ 为基于 Bob 测量、Eve 从反向协调过程中获得密钥信息的条件诺依曼熵，它们可由相应的协方差矩阵的辛特征值(Symplectic Eigenvalues)计算获得。以 Alice 和 Bob 的协方差矩阵为例，其定义如下：对于变量 $y=\{y_1, y_2, y_3, y_4\}=\{x_A, p_A, x_B, p_B\}$，协方差矩阵$\boldsymbol{\gamma}_{AB}$ 的元素(第 $i$ 行第 $j$ 列)：

$$\gamma_{ij}=\frac{1}{2}\langle\{(y_i-\langle y_i\rangle), (y_j-\langle y_j\rangle)\}\rangle \tag{7.16}$$

$\{\ ,\ \}$为反对易运算。假设 Eve 执行纠缠克隆攻击(典型的集体攻击)，如图 7.6 所示。

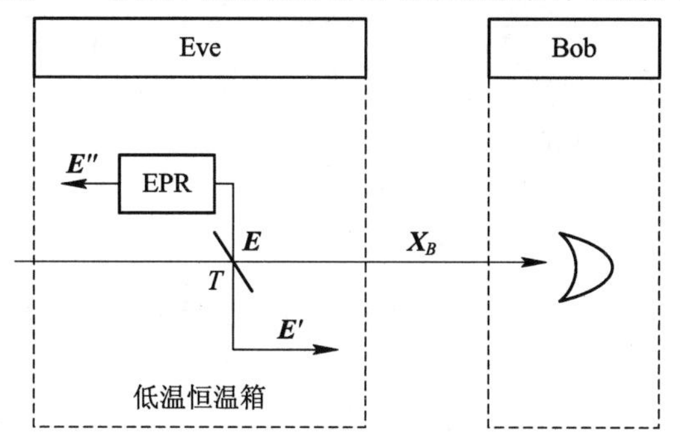


图 7.6　纠缠攻击示意

EPR 纠缠高斯态的方差为 $W$，为与前述信道噪声$\varsigma$相符合，有 $W=\frac{\xi}{1-T}+1$，则 Eve 相关的正则变量为$(x_{E'}, p_{E'}, x_{E''}, p_{E''})$，对应协方差矩阵为

$$\boldsymbol{\gamma}_E=\begin{bmatrix}[(1-T)V+TW]\boldsymbol{I}_2 & \sqrt{T(W^2-1)}\sigma_z \\ \sqrt{T(W^2-1)}\sigma_z & W\boldsymbol{I}_2\end{bmatrix} \tag{7.17}$$

$\boldsymbol{I}_2$ 为 2 维单位矩阵，$\boldsymbol{\sigma}_z$ 为 Pauli Z 算子，对于形如

$$\begin{bmatrix}a\boldsymbol{I}_2 & c\boldsymbol{\sigma}_z \\ c\boldsymbol{\sigma}_z & b\boldsymbol{I}_2\end{bmatrix}$$

的矩阵，其辛本征值为

$$\lambda_{1,2}=\frac{1}{2}\left[\sqrt{(a+b)^2-4c^2}\pm(b-a)\right] \tag{7.18}$$

则

$$S_E=\sum_{k=1}^{2}g(\lambda_k) \tag{7.19}$$

其中，$g(\lambda_k)=\frac{\lambda_k+1}{2}\mathrm{lb}\left(\frac{\lambda_k+1}{2}\right)-\frac{\lambda_k-1}{2}\mathrm{lb}\left(\frac{\lambda_k-1}{2}\right)$。

零差检测时，条件协方差矩阵为

$$\boldsymbol{\gamma}_{\mathrm{E|B}}^{\mathrm{hom}}=\begin{bmatrix}\frac{VW}{W(1-T)+TV} & 0 & \frac{V\sqrt{T(W^2-1)}}{W(1-T)+TV} & 0 \\ 0 & (1-T)V+TW & 0 & -\sqrt{T(W^2-1)} \\ \frac{V\sqrt{T(W^2-1)}}{W(1-T)+TV} & 0 & \frac{VWT-T+1}{W(1-T)+TV} & 0 \\ 0 & -\sqrt{T(W^2-1)} & 0 & W\end{bmatrix} \tag{7.20}$$

$S_{E|B}$ 的辛本征值可以通过计算矩阵 $\mathrm{i}\boldsymbol{\Omega}\boldsymbol{\gamma}_{E|B}^{\mathrm{hom}}$ 的本征值取绝对值获得，其中 $\boldsymbol{\Omega}=\bigoplus_{l=1}^{2}\begin{bmatrix}0 & 1\\ -1 & 0\end{bmatrix}=\begin{bmatrix}0 & 1 & 0 & 0\\ -1 & 0 & 0 & 0\\ 0 & 0 & 0 & 1\\ 0 & 0 & -1 & 0\end{bmatrix}$。

外差检测时，条件协方差矩阵为

$$\boldsymbol{\gamma}_{E|B}^{\mathrm{hom}}=\begin{bmatrix}\dfrac{(1-T)V+VW+TW}{W(1-T)+TV+1}\boldsymbol{I}_2 & \dfrac{(V+1)\sqrt{T(W^2-1)}}{W(1-T)+TV+1}\boldsymbol{\sigma}_z\\ \dfrac{(V+1)\sqrt{T(W^2-1)}}{W(1-T)+TV+1}\boldsymbol{\sigma}_z & \dfrac{1-T+W+VWT}{W(1-T)+TV+1}\boldsymbol{I}_2\end{bmatrix}\tag{7.21}$$

其辛本征值和条件熵可分别由式(7.18)和式(7.19)得到。

### 7.2.3 基于相干态的 CV-QKD 实现

尽管发展较晚，但 CV-QKD 实验经过不断改进，在光纤中的传输距离已超过 100 km。这里给出几个实验例子。

图 7.7 中的实验方案采用 GG02 协议[101]，波长为 1550 nm 的激光管(L)发出重复频率为 1 MHz、宽度为 100 ns 的相干光脉冲，经过分束比为 1/99 的分束器(BS)后，一部分进行高斯调制(图中由幅度调制器(AM)和相位调制器(PM)实现)，一部分作为本振光，应用偏振复用、时间复用技术传给接收端。偏振复用基于偏振分束器(PBS)来实现信号光和本振光的复用。时间复用使得信号脉冲和本振脉冲的时间间隔为 200 ns，采用法拉第反射镜

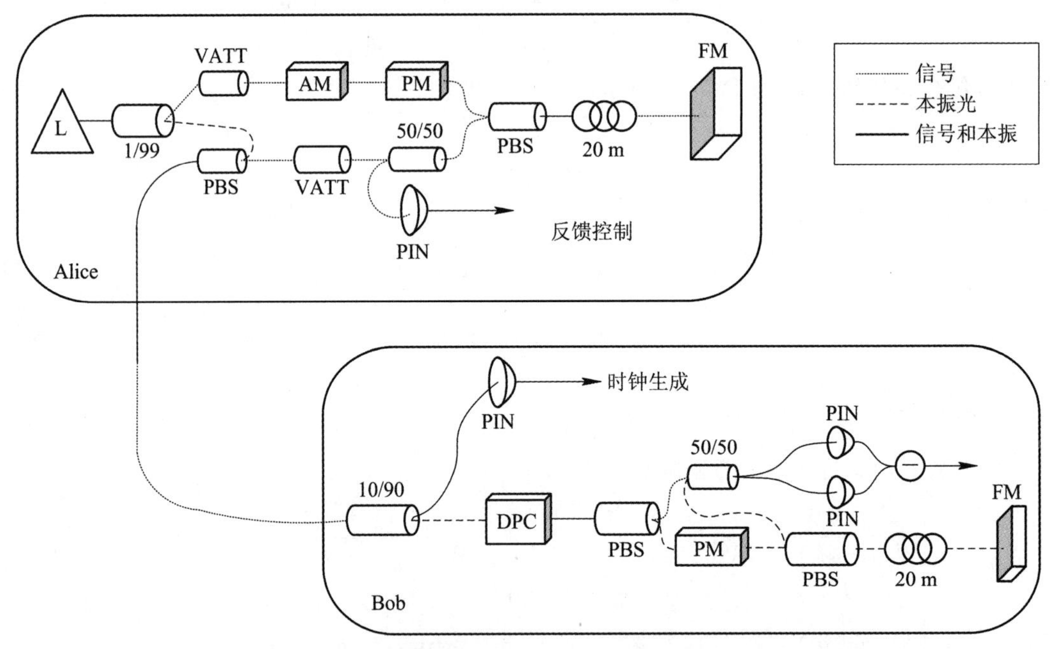


L—激光；FM—法拉第反射镜；PIN—PIN二极管；PM—相位调制器；AM—幅度调制器；VATT—可变衰减器；PBS—偏振分束器；DPC—动态偏振控制器。

图 7.7 CV-QKD 实验实例

(FM)与约 20 m 长的延时线对信号光延时。接收端应用 PBS 实现解复用，用另一个延时线和 FM 对本振光延时，从而使得信号光和本振光在时间上重叠以进行干涉，采用零差检测随机测量任一正则分量(由相位调制器(PM)控制本振光脉冲的相位)，采用反向协调的方法。此外，发端采用可变衰减器(VATT)控制脉冲光强，收端采用动态偏振控制器(Dynamic Polarization Controller，DPC)进行偏振参考系对齐，经过分束比为 10/90 的分束器获得系统时钟。基于这些稳定措施，安全成码距离达到了 80 km。

图 7.8 也是基于高斯调制相干态 CV-QKD 的实验[102]。在发射端，一个波长为 1550 nm、线宽为 1.9 kHz 的连续波激光器(CW-Laser)经过铌酸锂电光幅度调制器(AM)之后变为重复频率为 50 MHz 的脉冲串(消光比达 65 dB)，脉冲半功率全宽度(FWHM)为 2 ns。经分束器(BS)分出的一部分脉冲经可变衰减器(VOA)衰减后用作本振(LO)，另一部分脉冲经相位调制器($PM_1$)和幅度调制器($AM_2$)实现高斯调制，本振信号与高斯弱相干脉冲进行偏振与时分复用，本振和信号脉冲相隔 130 ns。PBS 为偏振分束器，DL 为光延时线(时间分辨精度 10 ps)，MOVDL 手动可变光延时线，时间复用和偏振复用由法拉第反射镜(FM)、延时线(MVODL)和偏振分束器实现。

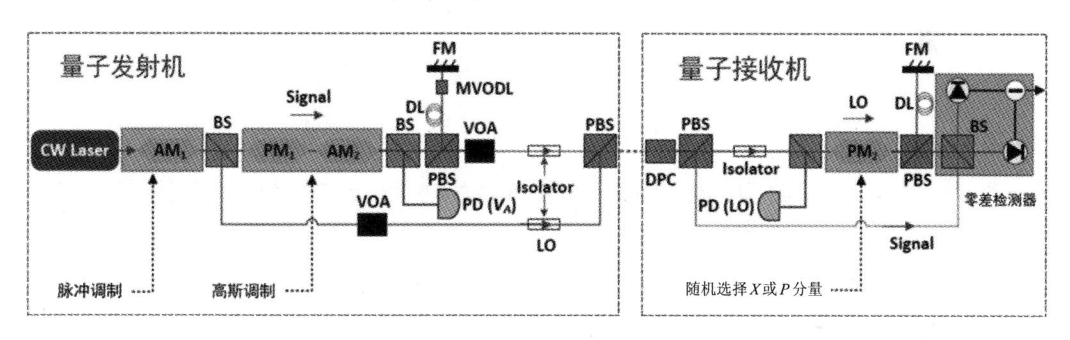


图 7.8　高斯调制相干态 CV-QKD 系统的实现

接收端采用零差检测随机测量 $\boldsymbol{x}$ 或 $\boldsymbol{p}$ 分量。实验中也使用了功率检测(Power Detection，PD)来监视控制光脉冲强度，接收端基于 DPC 实现偏振参考系对齐。

通过控制带外噪声，采用高效协调算法(效率 98%)和超低损耗光纤，图 7.9 的方案实现距离为 200 km、密钥速率为 6.214 kb/s 的高斯调制 CV-QKD 实验[103]。如图，波长为 1550 nm、线宽为 100 Hz 的激光器(L)输出的连续激光，经过两个级联的幅度调制器 $AM_1$ 和 $AM_2$(消光比 45 dB)后变为重复频率为 5 MHz 的激光脉冲，随后经分束比为 1∶99 的光分束器(BS)分为两路，较弱的信号光经幅度调制器 $AM_3$(瑞利分布)和相位调制器 $PM_1$(均匀分布)实现零均值高斯变量调制的相干光，再由 $AM_4$ 衰减至单光子级别。另一路强光用作本振。两路光间隔 38 ns，由 PBS 合路后发给接收者。

到达接收方 Bob 后，先经过动态偏振控制器(DPC)进行偏振补偿，两路光由 PBS 解复用，本振光经 BS 分为两路，一路进行功率监测(PD)，另一路经过掺铒光纤放大器(EDFA)和窄带滤波器，由相位调制器 $PM_2$ 选择测量的正则分量。随后信号光和本振光在 BS 处干涉，实现零差检测。总光纤长度为 202.81 km，衰减 32.45 dB。

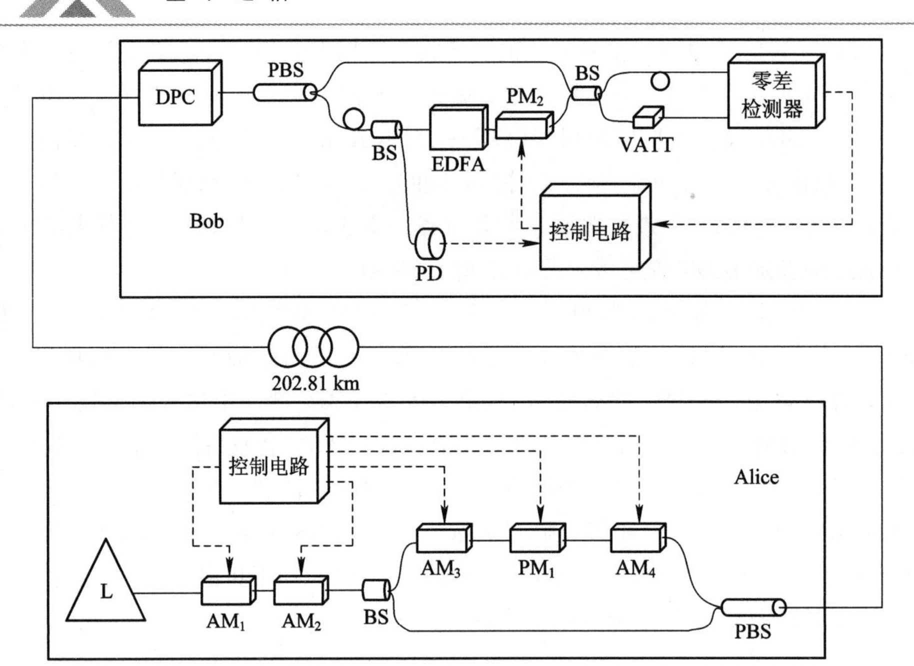


图 7.9 高斯调制相干态 CV-QKD 实验

## 7.3 基于离散调制的连续变量量子密钥分发

离散调制的 CV-QKD 协议具有较易实现、协调(纠错)算法效率高等特点，本节将进行详细介绍。

### 7.3.1 基于离散调制的 CV-QKD 协议

实际上第一个 CV-QKD 协议就是离散调制方式，后来经过不断发展，提出了多种形式，这里介绍其一般形式和四态调制方案。

若采用 $N$ 个具有相位 $2\pi k/N$、固定幅度 $a$ 的相干态 $|\alpha_k\rangle=|a\mathrm{e}^{\mathrm{i}2\pi k/N}\rangle$，则离散调制 CV-QKD 协议的基本工作流程如下：

(1) Alice 等概率地选择随机数 $k\in\{1, 2, \cdots, N\}$，将对应相干态 $|\alpha_k\rangle=|a\mathrm{e}^{\mathrm{i}2\pi k/N}\rangle$ 发给 Bob。

(2) Bob 用分束器将信号光分为两路，采用外差检测测量两个正则分量 $\boldsymbol{x}$ 和 $\boldsymbol{p}$，测量结果为 $\beta_x$ 和 $\beta_p$，对应相干态可写为 $|\beta\rangle=|\beta_x+\mathrm{i}\beta_p\rangle$。

(3) Bob 确定整数 $l$，使得相干态 $|\alpha_l\rangle$ 与 $|\beta\rangle$ 最为接近，即 $|\langle\alpha_l|\beta\rangle|^2=\max\limits_n|\langle\alpha_n|\beta\rangle|^2$。

(4) 执行信息协调和密性放大，得到安全密钥。

注意，信道噪声、窃听及量子态不确定原理可能会导致 $l\neq k$。上述过程中，由于没有选择测量基这一环节，因此不需要基矢对比。但在有的离散调制协议中，采用零差检测，则需要基矢对比这一环节。该协议的密钥率分析参见文献[104]。

作为具体例子，下面介绍两种四态离散调制 CV-QKD 协议。第一种协议的工作流程如下：

(1) Alice 从集合$\{|\alpha e^{i\pi/4}\rangle, |\alpha e^{i3\pi/4}\rangle, |\alpha e^{i5\pi/4}\rangle, |\alpha e^{i7\pi/4}\rangle\}$($\alpha$ 为正实数)中随机选择 $n$ 个相干态发给 Bob。

(2) Bob 随机选择正则分量 $\boldsymbol{x}$ 或 $\boldsymbol{p}$ 进行零差检测，得到实随机变量 $y_i$，$i=1, 2, \cdots, n$。

(3) 双方选取部分数据进行信道估计，计算协方差矩阵，计算安全码率，若小于 0，则协议终止。

(4) Alice 和 Bob 采用基于线性纠错码的反向协调算法进行纠错，Bob 根据测量结果构造向量 $\boldsymbol{b}=\{b_1, b_2, \cdots, b_n\}$。当 $y_i \geqslant 0$ 时，$b_i=1$；当 $y_i<0$ 时，$b_i=0$。随后，将所选的测量分量 $y_i$ 的绝对值以及码字 $\boldsymbol{b}$ 的校验子(Syndrome)发给 Alice，Alice 据此对自己的码字 $\boldsymbol{x}=\{x_1, x_2, \cdots, x_n\}$进行译码(这里 $x_i$ 为与 Bob 测量的相干态正则分量相对应的 Alice 发送的分量数值的符号(正负号))，从而得到初始密钥 $\boldsymbol{b}$。

(5) 双方执行密性放大，获得安全密钥。

当然，也可以进行外差检测，同时测量两个分量。

前述四态协议所用相干态也可写为$\{|\alpha\rangle, |-\alpha\rangle, |i\alpha\rangle, |-i\alpha\rangle\}$(提出公共相位因子 $e^{i\pi/4}$)，给定每个态的概率，则第二种协议的工作流程如下：

(1) 制备：Alice 以概率$\{p_A/2, p_A/2, (1-p_A)/2, (1-p_A)/2\}$从集合$\{|\alpha\rangle, |-\alpha\rangle, |i\alpha\rangle, |-i\alpha\rangle\}$中制备 $N$ 个相干态$|\psi_k\rangle$，依次发送给 Bob(定义集合$[N]=\{1, 2, \cdots, N\}$，$k\in[N]$)。

(2) 测量：Bob 产生二进制随机序列$\{b_k, k=1, 2, \cdots, N\}$，$b_k=\{0, 1\}$，对应概率为$\{p_B, 1-p_B\}$，若 $b_k=0$，测量 $\boldsymbol{x}$ 分量；否则测量 $\boldsymbol{p}$ 分量，测量输出记为 $y_k$。

(3) 筛选：经过 $N$ 轮制备-测量后，Bob 公布测量分量、Alice 告知其制备的态是$\{|\alpha\rangle, |-\alpha\rangle\}$或$\{|i\alpha\rangle, |-i\alpha\rangle\}$，则双方可将制备的相干态脉冲及测量结果数据集分为四类，分别是

$$I_{xx}=\{k\in[N] \mid |\psi_k\rangle\in\{|\alpha\rangle, |-\alpha\rangle\}, b_k=0\}$$
$$I_{xp}=\{k\in[N] \mid |\psi_k\rangle\in\{|\alpha\rangle, |-\alpha\rangle\}, b_k=1\}$$
$$I_{px}=\{k\in[N] \mid |\psi_k\rangle\in\{|i\alpha\rangle, |-i\alpha\rangle\}, b_k=0\}$$
$$I_{pp}=\{k\in[N] \mid |\psi_k\rangle\in\{|i\alpha\rangle, |-i\alpha\rangle\}, b_k=1\}$$

从集合 $I_{xx}$ 中随机选取部分结果构造测试集 $I_{xx,\text{test}}\subset I_{xx}$，集合 $I_{xx}$ 中剩余的数据可用来产生密钥，定义其为 $I_{\text{key}}$。其余所有数据均为测试集，即 $I_{\text{test}}=I_{xx,\text{test}}\cup I_{xp}\cup I_{px}\cup I_{pp}$。令集合 $I_{\text{key}}$ 中的数据个数为 $m$，定义集合$[m]=\{1, 2, \cdots, m\}$，定义 $f$ 为从集合$[m]$到集合 $I_{\text{key}}$ 的映射函数(将 $I_{\text{key}}$ 中的序号与 Alice 发送的相干态的序号对应起来)。

Alice 定义比特串 $\boldsymbol{X}=(x_1, x_2, \cdots, x_m)$，对于$\forall j\in[m]$，有

$$x_j=\begin{cases}0 & |\psi_{f(j)}\rangle=|\alpha\rangle \\ 1 & |\psi_{f(j)}\rangle=|-\alpha\rangle\end{cases}$$

(4) 参数估计：Alice 和 Bob 公开测试集 $I_{\text{test}}$，估计正则分量的一阶矩和二阶矩，计算密钥率，若小于零，则协议终止，否则继续下一步。

(5) 密钥映射：Bob 对集合 $I_{key}$ 中的测量输出 $y_k$ 进行离散化，结果包括

$$z_j=\begin{cases}0 & y_{f(j)}\in[\Delta_c,\infty)\\ 1 & y_{f(j)}\in(-\infty,-\Delta_c]\\ \perp & y_{f(j)}\in(-\Delta_c,\Delta_c)\end{cases}$$

其中，$\Delta_c(\Delta_c\geqslant 0)$是与数据后选择相关的参数。若不进行后选择的话，则 $\Delta_c=0$。最终，Bob 得到初始密钥 $\boldsymbol{Z}=(z_1,z_2,\cdots,z_m)$。注意，双方删除值为$\perp$的比特。

(6) 信息协调和密性放大：双方进行纠错和密性放大，得到安全密钥。

结合安全性证明，上述第二种协议在密钥率和距离上获得较好的优势，当然在接收端也可以采用外差接收方法。

### 7.3.2 密钥率分析

本节基于数值优化方法给出四态协议的安全性分析，给出了采用反向协调和存在集体攻击时的渐进(Asymptotic Limit)密钥率[155]。与 BB84 协议的安全性证明类似，这里进行了等效转换，将制备-测量型离散调制 CV-QKD 协议表述为等效的纠缠型协议，进而进行安全性分析(计算安全密钥率)。此时密钥率可由 Devetak-Winter 公式表述[105]。

Alice 制备的相干态$\{|\varphi_x\rangle,\boldsymbol{p}_x\}$，对应的纠缠型协议两体态为

$$|\Psi\rangle_{AA'}=\sum_x\sqrt{\boldsymbol{p}_x}\,|x\rangle_A|\varphi_x\rangle_{A'} \tag{7.22}$$

以 7.3.1 节第二种四态协议为例，$A'$的相干态集为$\{|\varphi_x\rangle\}=\{|\alpha\rangle,|-\alpha\rangle,|\mathrm{i}\alpha\rangle,|-\mathrm{i}\alpha\rangle\}$。Alice 保留寄存器 $A$，将 $A'$发给 Bob，Alice 为了确定发给 Bob 的相干态，她对保留的相干态执行 POVM 测量 $\boldsymbol{M}_A=\{\boldsymbol{M}_A^x=|x\rangle\langle x|\}$。若测得 $x$，则发送给 Bob 的相干态为$|\varphi_x\rangle$。此时 Alice 和 Bob 的两体态 $\boldsymbol{\rho}_{AB}$ 可借助于正定保迹(Completely Positive and Trace-Preserving，CPTP)映射 $\varepsilon_{A'\to B}$ 来表示，即

$$\boldsymbol{\rho}_{AB}=(\boldsymbol{I}_A\otimes\varepsilon_{A'\to B})(|\Psi\rangle\langle\Psi|_{AA'}) \tag{7.23}$$

其中，$\boldsymbol{I}_A$ 是单位矩阵。当 Alice 执行投影测量$|x\rangle\langle x|$后，Bob 接收到的态 $\boldsymbol{\rho}_B^x$ 为

$$\boldsymbol{\rho}_B^x=\frac{1}{p_x}\mathrm{Tr}_A[\boldsymbol{\rho}_{AB}(|x\rangle\langle x|_A\otimes\boldsymbol{I}_B)] \tag{7.24}$$

在反向协调算法、存在集体攻击时的渐进密钥率可写为[105]：

$$R^{\mathrm{Asym}}=p_{\mathrm{pass}}[I(\boldsymbol{X};\boldsymbol{Z})-\max_{\boldsymbol{\rho}\in S}\chi(\boldsymbol{Z}:\boldsymbol{E})] \tag{7.25}$$

其中，$I(\boldsymbol{X};\boldsymbol{Z})$为 Alice 的比特串 $\boldsymbol{X}$ 与初始密钥 $\boldsymbol{Z}$ 的经典(Shannon)互信息，$\chi(\boldsymbol{Z}:\boldsymbol{E})$为 Eve 从初始密钥 $\boldsymbol{Z}$ 获得的 Holevo 信息(最大信息量)，$p_{\mathrm{pass}}$ 是筛选概率(经过筛选后一个脉冲被用作密钥生成的概率)，$S$ 为实验可观测到的所有密度算子集合。式(7.25)也可以写为

$$R^{\mathrm{Asym}}=p_{\mathrm{pass}}[\min_{\boldsymbol{\rho}\in S}H(\boldsymbol{Z}|\boldsymbol{E})-H(\boldsymbol{Z}|\boldsymbol{X})] \tag{7.26}$$

$H(\boldsymbol{Z}|\boldsymbol{E})$为纠错过程中泄露的信息量，考虑纠错协议的效率很难达到 100%，令每个信号实际泄露的信息量为 $\delta_{\mathrm{EC}}$，按联合态重新表述条件熵 $H(\boldsymbol{Z}|\boldsymbol{E})$，则密钥率可改写为

$$R^{\mathrm{Asym}}=\min_{\boldsymbol{\rho}_{AB}\in S}D\{\mathbb{C}(\boldsymbol{\rho}_{AB})\parallel\mathbb{Z}[\mathbb{C}(\boldsymbol{\rho}_{AB})]\}-p_{\mathrm{pass}}\delta_{\mathrm{EC}} \tag{7.27}$$

其中，$D[\boldsymbol{\rho}\parallel\boldsymbol{\sigma}]=\mathrm{Tr}(\boldsymbol{\rho}\,\mathrm{lb}\boldsymbol{\rho})-\mathrm{Tr}(\boldsymbol{\rho}\,\mathrm{lb}\boldsymbol{\sigma})$为量子相对熵。函数$\mathbb{C}$ 作用在联合态 $\boldsymbol{\rho}_{AB}$ 上，用

来表述协议中经典后处理步骤的正定、迹非增映射，包括信息声明(包括发端相干态子集、收端测量分量选择)映射 $\Lambda$、筛选过程 $\Pi$ 和密钥映射 $\Upsilon$。$\Lambda$ 为 CPTP 映射，用经典寄存器 $\widetilde{A}$ 和 $\widetilde{B}$ 存储公开的信息，引入量子寄存器 $\overline{A}$ 和 $\overline{B}$，用以存储测量输出。筛选过程 $\Pi$ 将公开声明后的量子态投影到由公开声明的输出张成的子空间上，用来产生密钥。$\Upsilon$ 映射指利用经典公开声明寄存器和量子测量输出寄存器执行密钥映射(协议第(5)步)，将得到的密钥存到量子寄存器 $R$ 中。因此，对输入态 $\sigma$，有

$$\mathbb{C}(\sigma)=\Upsilon\Pi\Lambda(\sigma)\Pi\Upsilon^{\dagger} \tag{7.28}$$

$\mathbb{Z}$ 称为挤压量子信道(Pinching Quantum Channel)，实现寄存器 $R$ 完全消相位(Completely Dephasing)，获得密钥映射的结果。若投影测量 $\{\boldsymbol{Z}_j\}$ 可从寄存器 $R$ 中获得密钥映射结果，则对于输入态 $\sigma$，有

$$\mathbb{Z}(\sigma)=\sum_j \boldsymbol{Z}_j\sigma\boldsymbol{Z}_j \tag{7.29}$$

因此，安全密钥率的下限为一个优化问题。其搜索空间，即可行集合 $S$，它包括了所有与实验测量相应的联合密度算子 $\boldsymbol{\rho}_{AB}$。若实验观测量集合为 $\{\boldsymbol{\Gamma}_i\,|\,\Gamma_i=\Gamma_i^{\dagger},\ 1\leqslant i\leqslant M\}$($M$ 为整数)，每个观测量 $\Gamma_i$ 得到的期望值集合为 $\{\gamma_i\in\mathbf{R}\,|\,1\leqslant i\leqslant M\}$，则优化问题的有效集合为

$$S=\{\boldsymbol{\rho}_{AB}\geqslant 0\,|\,\mathrm{Tr}(\boldsymbol{\rho}_{AB}\boldsymbol{\Gamma}_i)=\gamma_i,\ \forall i\} \tag{7.30}$$

对 $\{\Gamma_i\}$ 中的单位算子，应有 $\mathrm{Tr}(\boldsymbol{\rho}_{AB})=1$。由于在制备-测量型协议中，Eve 无法改变 Alice 的系统 $A$，则应有

$$\boldsymbol{\rho}_A=\mathrm{Tr}_B(\boldsymbol{\rho}_{AB})=\sum_{x,x'}\sqrt{p_x p_{x'}}\langle\varphi_{x'}|\varphi_x\rangle|x\rangle\langle x'|_A \tag{7.31}$$

这里的优化属于凸优化问题。如第 2 章所述，正则分量算符 $\boldsymbol{q}$、$\boldsymbol{p}$ 与湮灭算符、产生算符的关系为 $\boldsymbol{q}=(\boldsymbol{a}^{\dagger}+\boldsymbol{a})/\sqrt{2}$、$\boldsymbol{p}=\mathrm{i}(\boldsymbol{a}^{\dagger}-\boldsymbol{a})/\sqrt{2}$，且 $[\boldsymbol{q},\boldsymbol{p}]=\mathrm{i}$，$[\boldsymbol{a},\boldsymbol{a}^{\dagger}]=1$。由零差检测，可以得到正则分量一阶矩和二阶矩，即 $\langle\boldsymbol{q}\rangle$，$\langle\boldsymbol{q}^2\rangle$，$\langle\boldsymbol{p}\rangle$，$\langle\boldsymbol{p}^2\rangle$。光子数算符 $\boldsymbol{n}=(\boldsymbol{q}^2+\boldsymbol{p}^2-1)/2$。定义 $\boldsymbol{d}=\boldsymbol{q}^2-\boldsymbol{p}^2=\boldsymbol{a}^2+(\boldsymbol{a}^{\dagger})^2$，则优化问题为

$$\begin{aligned}
&\min D\{\mathbb{C}(\boldsymbol{\rho}_{AB})\,\|\,\mathbb{Z}[\mathbb{C}(\boldsymbol{\rho}_{AB})]\}\\
&\text{s. t.}\\
&\mathrm{Tr}[\boldsymbol{\rho}_{AB}(|x\rangle\langle x|_A\otimes\boldsymbol{q})]=p_x\langle\boldsymbol{q}\rangle_x,\\
&\mathrm{Tr}[\boldsymbol{\rho}_{AB}(|x\rangle\langle x|_A\otimes\boldsymbol{p})]=p_x\langle\boldsymbol{p}\rangle_x,\\
&\mathrm{Tr}[\boldsymbol{\rho}_{AB}(|x\rangle\langle x|_A\otimes\boldsymbol{n})]=p_x\langle\boldsymbol{n}\rangle_x,\\
&\mathrm{Tr}[\boldsymbol{\rho}_{AB}(|x\rangle\langle x|_A\otimes\boldsymbol{d})]=p_x\langle\boldsymbol{d}\rangle_x,\\
&\mathrm{Tr}[\boldsymbol{\rho}_{AB}]=1,\\
&\mathrm{Tr}_B[\boldsymbol{\rho}_{AB}]=\sum_{i,j=0}^{3}\sqrt{p_i p_j}\langle\varphi_j|\varphi_i\rangle|i\rangle\langle j|_A,\\
&\boldsymbol{\rho}_{AB}\geqslant 0,
\end{aligned} \tag{7.32}$$

这里，$x\in\{0,1,2,3\}$，$\langle\boldsymbol{q}\rangle_x$、$\langle\boldsymbol{p}\rangle_x$、$\langle\boldsymbol{n}\rangle_x$、$\langle\boldsymbol{d}\rangle_x$ 表示条件态 $\boldsymbol{\rho}_B^x$ 对应算子 $\boldsymbol{q}$、$\boldsymbol{p}$、$\boldsymbol{n}$、$\boldsymbol{d}$ 的均值。注意，当采用反向协调时，后处理映射 $\boldsymbol{C}(\sigma)$ 可以为

$$\mathbb{C}(\sigma)=k\sigma K^{\dagger} \tag{7.33}$$

$$K = \sum_{z=0}^{1} |z\rangle_R \otimes (|0\rangle\langle 0| + |1\rangle\langle 1|)_A \otimes (\sqrt{I_z})_B \tag{7.34}$$

$\boldsymbol{I}_0$ 和 $\boldsymbol{I}_1$ 为投影到 $\boldsymbol{q}$ 分量本征态上的区间算子，$\boldsymbol{I}_0=\int_{\Delta_c}^{\infty} \mathrm{d}\boldsymbol{q}\,|q\rangle\langle q|$，$\boldsymbol{I}_1=\int_{-\infty}^{-\Delta_c} \mathrm{d}\boldsymbol{q}\,|q\rangle\langle q|$。

离散调制 CV-QKD 的安全性分析方法不断改进，感兴趣的读者可进一步查阅。

### 7.3.3 基于离散调制的 CV-QKD 实现

图 7.10 给出了离散调制 CV-QKD 的一种实现方法[106]。Alice 采用波长为 1550 nm 的 DFB 激光器，脉冲重复频率为 10 MHz，脉宽为 5 ns。光脉冲经过分束比为 1∶99 的光分束器后分为两路，较弱的用作信号光(Signal)，较强的用作本振(LO)光，相位调制器(PM)随机地将信号光调制成四种相干态 $\{|\alpha\rangle, |-\alpha\rangle, |\mathrm{i}\alpha\rangle, |-\mathrm{i}\alpha\rangle\}$ 之一，再经可变光衰减器(VOA)衰减到单光子级别。偏振方向相互正交、时间间隔 50 ns 的信号光和本振光经偏振分束器(PBS)合路后传送至 Bob。

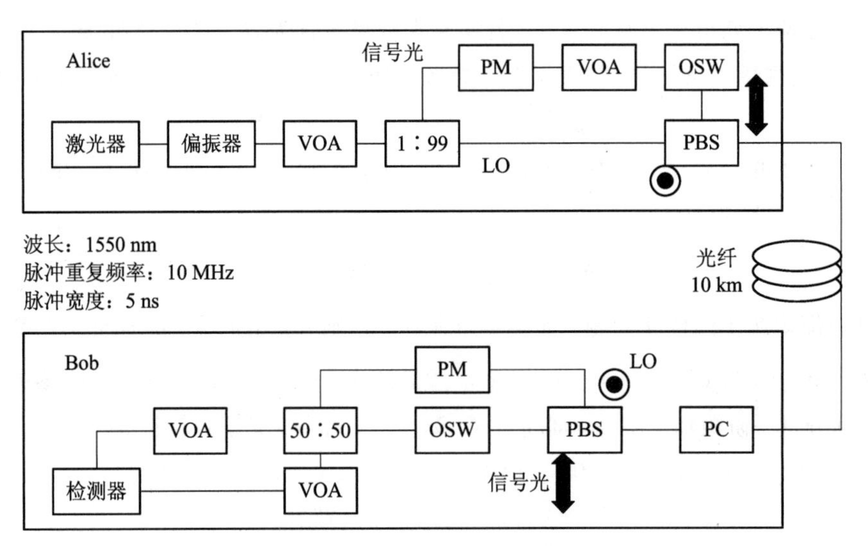


图 7.10 离散调制 CV-QKD 实验

到达 Bob 后，先进行偏振控制(PC)，随后由偏振分束器(PBS)分开，本振光由 PM 进行随机调制，以测量 $\boldsymbol{x}$ 或 $\boldsymbol{p}$ 分量，随后信号光和本振光在分束比为 50∶50 的分束器上进行干涉、检测，检测器之前的两个可变光衰减器(VOA)用来平衡两路输出的光强。在长度为 10 km 的光纤上进行实验，安全密钥速率可达 50 kb/s。

## 7.4 基于纠缠态的连续变量量子密钥分发

与 DV-QKD 一样，也可以基于纠缠态实现 CV-QKD[107-108]。

### 7.4.1 基于纠缠态的CV-QKD协议

如图7.11所示[108]，基于纠缠态的CV-QKD协议主要工作流程如下：

(1) Alice制备连续变量纠缠态，保留一个脉冲，将另一个发送给Bob。

(2) Alice和Bob采用平衡零差检测(BHD)，随机测量两个正则分量之一。

(3) 双方公开测量的分量，仅保留分量相同的结果。

(4) 纠错，例如反向协调算法，Bob将数据的校验子发给Alice，Alice据其进行译码，使两者数据一致。

(5) 双方执行密性放大，获得最终安全密钥。

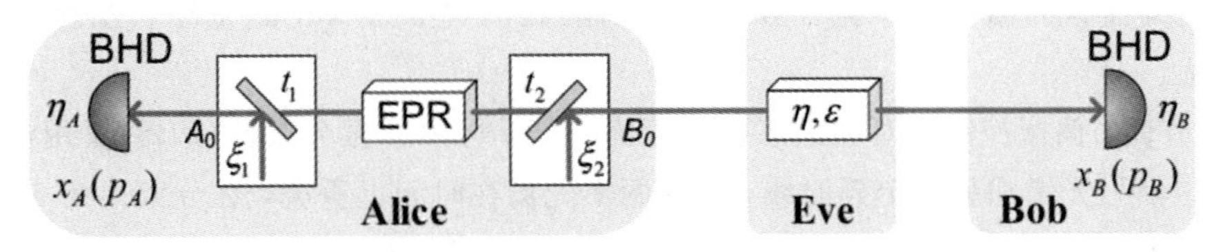


图7.11　基于纠缠态的CV-QKD协议

基于纠缠态的CV-QKD协议密钥率在无限长数据(渐进情形)、集体攻击和反向协调算法下也可由$R=\beta I_{AB}-\chi_{BE}$给出，其中$I_{AB}$为Alice和Bob测量结果的Shannon互信息，$\beta$为协调算法的效率，$\chi_{BE}$为Bob的数据和Eve的量子态之间的Holevo信息(Eve窃取的最大信息量)。详细的分析参见文献[108]。

### 7.4.2 基于纠缠态的CV-QKD实验

这里给出基于纠缠源的CV-QKD实验组成，如图7.12所示。图7.12中，在Alice处，双波长连续波EPR纠缠态由非简并光参量放大器(Nondegenerate Optical Parametrical Amplifier，NOPA)产生，NOPA包括一个位于腔中的非线性周期极化磷酸氧钛钾(Periodically

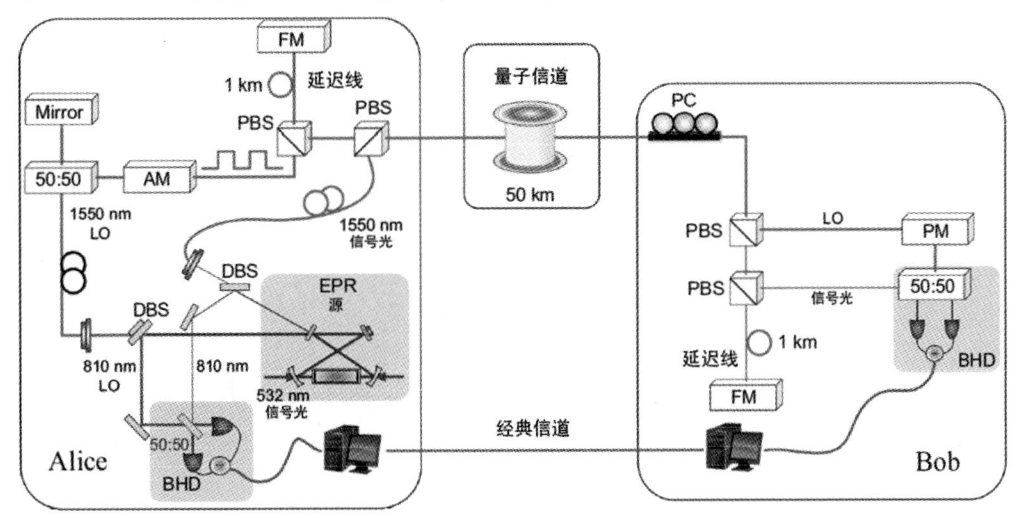


图7.12　基于纠缠的CV-QKD实验

Poled $KTiOPO_4$，PPKTP)晶体。波长为532 nm的激光从两个相对方向泵浦一非线性谐振器(Resonator)，在一个方向上，非线性谐振腔产生强的下转换场，用作Alice和Bob零差检测的本振，并给NOPA提供种子场(Seed Field)；在另一方向上，NOPA产生强的双模纠缠态，DBS为二色分光镜(Dichroic Beam Splitter)，能将810 nm、1550 nm两个波长的光分开。

Alice保留EPR源的波长为810 nm的光场，由平衡零差检测器(Balanced Homodyne Detector，BHD)随机测量两个正则分量之一。另一个波长为1550 nm的光场及本振(LO)耦合到单模光纤中，为了降低干扰，两者采用偏振复用和时间复用。本振首先由分束比为50∶50的分束器分为两路，一路经反射回到NOPA用作种子场，另外一路经幅度调制器(AM)调制编程脉冲激光。本振、信号光之间的延时由长1 km的光纤和法拉第反射镜(FM)完成。

在Bob侧，偏振控制器对偏振态进行精确补偿，再由偏振分束器(PBS)复用信号光和本振光，给信号光增加另一个延时线，确保两个光场在时间上重叠，在分束比为50∶50的分束器上进行干涉及平衡零差检测。Alice的BHD电子噪声为0.005、效率为86%，Bob的BHD电子噪声为0.09、效率为55%。由测量数据得到EPR参数为0.982(证明两个分量纠缠)。

在实际实现上，连续变量量子密钥分发系统同样存在各种安全隐患[109]，包括器件的非完美(如分束器)、光源非完美和探测器漏洞等，连续变量MDI-QKD也得到了发展。

# 第8章

# 量子安全直接通信

本章介绍量子安全直接通信协议的原理与实验，包括概述、Ping-Pong 协议、基于纠缠对的两步量子安全直接通信协议和基于单光子的量子安全直接通信协议。

## 8.1 量子安全直接通信概述

### 8.1.1 量子安全直接通信的概念

量子安全直接通信(Quantum Secure Direct Communication，QSDC)是一种在量子信道中直接传输秘密信息的通信模式[110]。QSDC 以(光)量子态为信息载体，利用量子力学原理保障传输过程中的信息安全。

QSDC 无须协商量子密钥，可以直接安全地传输机密信息。与基于 QKD 的保密通信类似，QSDC 的安全基于量子力学中的海森堡不确定性原理、未知量子态不可克隆定理以及纠缠粒子非定域关联等量子特性。与 QKD 不同之处在于，QKD 要求能够检测出窃听者，进而终止密钥协商过程；而 QSDC 传递信息，要求在检测到窃听者之前没有泄露信息。这就是在设计协议时需要着重考虑的地方，也就是说，QSDC 需要满足两个基本要求：

(1) 作为合法的接收者 Bob，当他接收到作为信息载体的量子态后，应该能直接读出发送者 Alice 发来的机密信息而不需要与 Alice 交换额外的经典辅助信息。

(2) 即使窃听者 Eve 监听了量子信道，她也得不到任何机密信息。

如第 6 章所述，QKD 之所以是一种安全的密钥产生方式，其本质在于通信双方 Alice 和 Bob 能够判断是否有人监听了量子信道，而不是窃听者不能监听量子信道。事实上。窃听者是否监听量子信道不是量子力学原理所能束缚的。量子力学原理只能保证窃听者不能得到量子信号的完备信息，使窃听行为会在接收者 Bob 的测量结果中有所表现，即会留下痕迹(误码率升高或 Bell 参数值下降)，由此，Alice 和 Bob 可以判断他们通过量子信道传输得到的量子数据是否可信。QKD 正是利用这一特点来达到安全协商密钥的目的，但其安全性分析是一种基于概率统计理论的分析，为此通信双方需要做随机抽样来进行统计分析；QKD 的另一个特征在于 Alice 和 Bob 如果发现有人监听量子信道，那么他们可以抛弃已经传输的结果，从头开始传输量子比特，直到他们得到没有人窃听量子信道的传输结果，这样他们不会泄露机密信息。

与QSDC相关的两个协议是确定的量子密钥分发(Deterministic Quantum Key Distribution，DQKD)协议和确定安全的量子通信(Deterministic Secure Quantum Communication，DSQC)协议[111]。DQKD协议是直接将发送的数据作为密钥，如果将信息直接加载在这些数据(非随机数)上，一旦抽检判断存在窃听，尽管协商过程终止，但被窃听者截获的数据已经泄露信息，而QSDC不存在数据泄露问题，这是两者的区别。DSQC协议是发端将加密后的数据通过量子信道发给接收者，在判断信道安全后，借助经典信道传送密钥，以对密文进行解密，没有像QKD存在基矢对比的筛选过程。

### 8.1.2 Long-Liu协议与量子安全直接通信的判据

2002年，清华大学龙桂鲁和刘晓曙提出了基于光量子脉冲成块传输和两次安全检测思想的新型通信协议(简称Long-Liu协议，或LL00协议)，对纠缠光子对序列进行随机抽样执行局域单光子测量和本地Bell态测量[112]。该协议基于Bell态 $|\phi^+\rangle$、$|\phi^-\rangle$、$|\psi^+\rangle$、$|\psi^-\rangle$，分别对应两比特经典信息00、01、10、11。协议工作流程如下：

(1) Alice制备 $N$ 个Bell态，每对中的粒子分别记为 $P_{A,i}$，$P_{B,i}$，$i=1$，…，$N$，则纠缠对序列为 $\{(P_{A,1}, P_{B,1}), (P_{A,2}, P_{B,2}), \cdots, (P_{A,N}, P_{B,N})\}$。

(2) Alice将每对粒子中的一个 $\{P_{B,1}, P_{B,2}, \cdots, P_{B,N}\}$ 发给Bob。

(3) Bob收到了粒子序列后，从中选出部分粒子，进行测量，其余粒子保存。

(4) Bob通过经典信道告诉Alice他所测量的粒子序号、测量基，Alice也对相应的粒子进行测量，然后在公开信道上对比测量结果，检测是否存在窃听(第一次窃听检测)。

(5) 如果检测结果显示不存在窃听，Alice将纠缠对中剩余的量子比特发给Bob。

(6) Bob收到Alice发来的粒子后，执行Bell态测量，记录测量结果。

(7) Alice和Bob取出部分Bell态测量结果进行错误率检测，若错误率低于设定门限(第二次窃听检测)，则判定不存在窃听，除去安全检测的测量结果可用作初始密钥，经过纠错和密性放大即可获得安全密钥。

上述协议采用两次安全检测，保证了信息比特的安全。尽管上述协议是为了获得安全密钥，但发端采用2比特编码，根据Bell态测量结果以及编码规则，在第(7)步也可恢复发端的信息，因而可以用于QSDC。

由于QSDC传输的是机密信息本身，Alice和Bob就不能简单地采用当发现有人窃听时抛弃传输结果的办法来保障机密信息不会泄漏给Eve。由此，Alice和Bob必须在机密信息泄漏前就能判断窃听者Eve是否监听了量子信道，即能判断量子信道的安全性。与QKD相同，在安全分析前，Alice和Bob需要有一批随机抽样数据，这就要求量子安全直接通信中的量子数据必须以块状传输。只有这样，Alice和Bob才能从块传输的量子数据中做抽样分析，以此来判断量子信道的安全性。

综合QSDC的基本要求可以看出，判断量子通信方案是否真正QSDC的四个基本依据是：

(1) 除相对于整个通信可以忽略的因安全检测而需要的少量经典信息交流外，接收者Bob接收到发送的所有量子态后可以直接读出机密信息，原则上对携带机密信息的量子比特不再需要辅助的经典信息交换。

(2) 即使窃听者监听了量子信道他也得不到机密信息，他得到的只是一个随机结果，不包含任何机密信息。

(3) 通信双方在机密信息泄漏前能够准确判断是否有人窃听了量子信道。

(4) 以量子态作为信息载体的数据必须成块传输。

### 8.1.3 量子安全直接通信协议与实验

在 Long-Liu 协议之后，2001 年，A. Beige 等提出了直接进行安全量子通信的协议(不需要先建立密钥)。2002 年，Bostrom 和 Felbinger 基于纠缠态，借鉴量子密集编码的思想提出了 Ping-Pong 协议[113]，它是一个准安全的直接通信协议。2003 年，邓富国等利用块传输的思想提出了基于纠缠对的两步 QSDC 方案[115]；2004 年他又提出了基于单光子的 QSDC 方案[116]，这两个协议成为 QSDC 理论基础。随后，又发展出了高维 QSDC 方案、基于单光子顺序重排的 QSDC 协议和多方控制的 QSDC 协议、基于 GHZ 态和纠缠交换的 QSDC 协议、一步 QSDC 等。此外，经典编码被引入 QSDC，用于解决高的数据丢失率和误码；利用 Wyner 搭线信道(Wire-tap Channel)理论定量分析了 QSDC 协议的安全性。

2016 年，第一个 QSDC 实验被报道，它基于单光子频率编码，采用 FRECO-DL04 协议[117]；2017 年实验验证了基于原子量子存储器的两步 QSDC 方案[118]。随后，多个研究机构开展了一系列实验，例如，基于光纤纠缠源的实验、基于单光子相位编码的实验、15 用户量子直接通信网络、相位与时间窗混合编码的实验系统(22.4 kb/s @30 km 光纤)、无须主动偏振补偿的光纤 QSDC(43.5 kb/s@3 km 光纤)、光纤和自由空间链路混合网络实验等。

## 8.2 基于纠缠光子对的 Ping-Pong QSDC 协议及其安全性

本节首先介绍 Ping-Pong QSDC 协议的基本原理[113]，接着对其的性能和安全性进行分析，最后针对安全漏洞给出相应改进措施。

### 8.2.1 Ping-Pong 协议的工作过程

Ping-Pong 协议以纠缠粒子为信息载体，利用了局域编码的非局域性进行安全通信。假设 Alice 为通信的发送方，Bob 为通信的接收方，则每次 Bob 制备一个两光子最大纠缠态 $|\psi^+\rangle_{AB}=(|01\rangle_{AB}+|10\rangle_{AB})/\sqrt{2}$，并将 $A$ 粒子(travel qubit) 发送给 Alice，自己保留 $B$ 粒子(home qubit)。 Alice 在收到 $A$ 粒子后，以一定概率随机地选择控制模式或消息传输模式，并对 $A$ 粒子进行相应操作。

如果 Alice 选择控制模式，如图 8.1 所示，则 Alice 对粒子 $A$ 在$\boldsymbol{B}_z=\{|0\rangle, |1\rangle\}$基下进行测量，并通过经典信道将测量结果告诉 Bob。Bob 在接收到 Alice 的通知后，对自己保留的粒子 $B$ 也在 $\boldsymbol{B}_z$ 基下进行测量，并将测量结果和 Alice 的测量结果进行比较。如果Alice 和 Bob 的测量结果不相同，则说明不存在窃听者，继续通信；如果 Alice 和 Bob 的测量结果

相同，则说明存在窃听，此次通信无效。

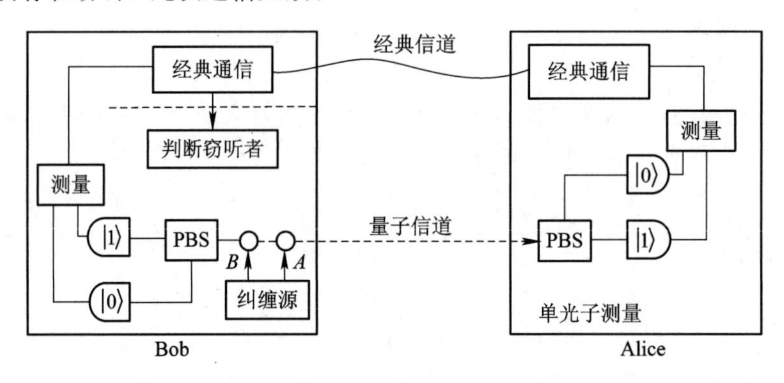


图 8.1 Ping-Pong 协议的控制模式

如果 Alice 选择的是消息传输模式，如图 8.2 所示，Alice 根据要传递的信息比特是“0”或“1”对粒子 $A$ 进行相应的编码操作，并将编码后的 $A$ 粒子返回给 Bob。如果信息比特是“0”，则对粒子 $A$ 进行 $U_0=|0\rangle\langle 0|+|1\rangle\langle 1|$ 操作；如果信息比特是“1”，则对粒子 $A$ 进行 $\boldsymbol{U}_1=|0\rangle\langle 0|-|1\rangle\langle 1|$ 操作。经过 Alice 对粒子 $A$ 的编码操作后，可得：

$$(\boldsymbol{U}_0\otimes\boldsymbol{I})\,|\psi^+\rangle_{AB}=|\psi^+\rangle_{AB},\ (\boldsymbol{U}_1\otimes\boldsymbol{I})\,|\psi^+\rangle_{AB}=|\psi^-\rangle_{AB} \tag{8.1}$$

其中，$\boldsymbol{I}=|0\rangle\langle 0|+|1\rangle\langle 1|$，$|\psi^-\rangle_{AB}=(|01\rangle_{AB}-|10\rangle_{AB})/\sqrt{2}$。

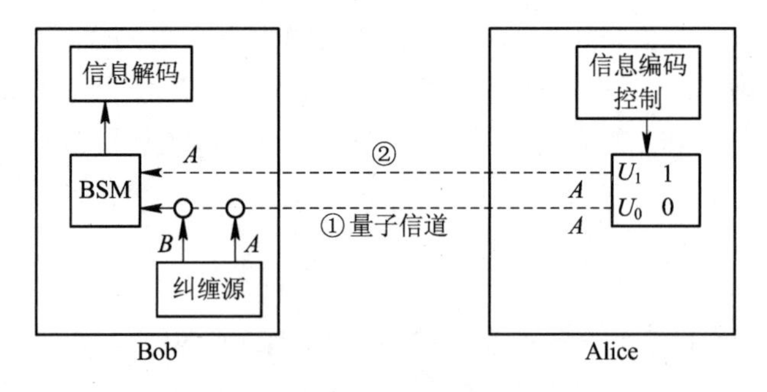


图 8.2 Ping-Pong 协议的消息传输模式

Bob 收到 Alice 返回的粒子 $A$ 后，对其和本地保留的粒子 $B$ 进行 Bell 基联合测量。如果测量结果为 $|\psi^+\rangle_{AB}$，则可断定 Alice 发送的信息为“0”，如果测量结果为 $|\psi^-\rangle_{AB}$，则可断定 Alice 发送的信息为“1”。

Ping-Pong 协议的流程如图 8.3 所示，详细描述如下：

(1) 协议初始化：$n=0$。要发送的信息表示为 $x^N=(x_1, x_2, \cdots, x_N)$，其中 $x_n\in\{0, 1\}$。

(2) $n=n+1$。Alice 和 Bob 设置模式为信息模式，Bob 准备两粒子纠缠态 $|\psi^+\rangle=\frac{1}{\sqrt{2}}(|01\rangle_{AB}+|10\rangle_{AB})$。

(3) Bob 自己保留粒子 $B$(home qubit)，将粒子 $A$(travel qubit)通过量子信道发送给 Alice。

(4) Alice 接收到粒子 $A$ 后，以概率 $c$ 进入控制模式，进入步骤 c. 1，否则跳转至步骤 m. 1。

c. 1 Alice 对 travel qubit $A$ 在 $\boldsymbol{B}_z=\{|0\rangle, |1\rangle\}$ 基下进行测量，以 1/2 的概率得到 0

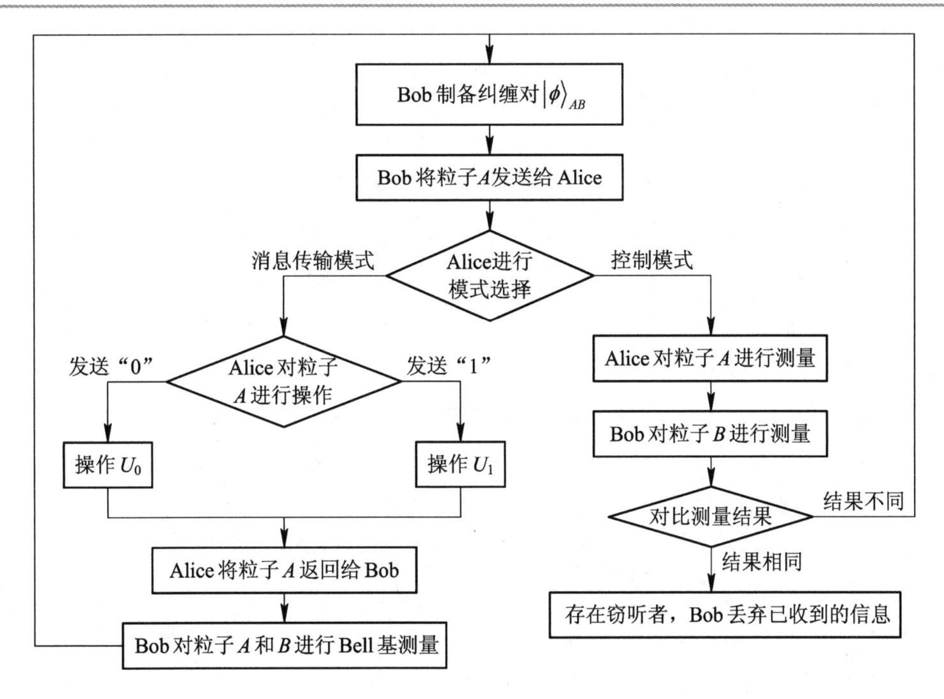


图 8.3　Ping-Pong 协议流程图

或 1，将结果记为 $i$。

c.2　Alice 通过经典信道告诉 Bob 她的测量结果。

c.3　Bob 接收到测量结果后，也转入控制模式，对 home qubit $B$ 在 $\boldsymbol{B}_z$ 基下进行测量，结果记为 $j$。

c.4　如果 $i=j$，则说明有窃听存在，终止通信。否则，$n=n-1$，返回步骤(2)。

m.1　定义 $\boldsymbol{C}_0:=\boldsymbol{I}$，$\boldsymbol{C}_1:=\sigma_z$。对于 $x_n\in\{0, 1\}$，Alice 对 travel qubit $A$ 执行编码操作 $\boldsymbol{C}_{x_n}$，然后将编码后的粒子发送给 Bob。

m.2　Bob 接收到 travel qubit 后，将它和 home qubit 进行联合测量，得到 $|\psi'\rangle\in\{|\psi^+\rangle, |\psi^-\rangle\}$。然后按如下规则解码：

$$|\psi'\rangle=\begin{cases}|\psi^+\rangle\Rightarrow x_n=0\\|\psi^-\rangle\Rightarrow x_n=1\end{cases}\tag{8.2}$$

m.3　如果 $n<N$，则返回步骤(2)，当 $n=N$ 时，进入步骤(5)。

(5) 信息 $x^N$ 由 Alice 传输给了 Bob，通信过程结束。

## 8.2.2　Ping-Pong 协议的安全性分析

正如文献[113]所述，基于 Ping-Pong 协议的直接通信是准安全的(Quasi-Secure)。文献[114]分析了 Ping-Pong 协议在信道存在损耗时的安全性。这里分析其在纠缠攻击时的信息泄露概率以及在拒绝服务攻击、木马攻击等情形下的安全性。

### 1. 信息泄漏分析

由于纠缠态的特性，Eve 直接窃听 Alice 编码后的粒子得不到任何信息，为了获得信息，必须在粒子由 $B$ 到 $A$ 的过程中进行纠缠攻击，然后在编码之后进行信息提取。

假定 Eve 借助辅助粒子$|0\rangle_E$来进行攻击，图 8.4(a)是 Eve 的纠缠攻击量子线路；图 8.4(b)是 Eve 的信息提取攻击量子线路，其中

$$\boldsymbol{U}=\begin{bmatrix}\alpha & \beta \\ \beta & -\alpha\end{bmatrix},\ |\alpha|^2+|\beta|^2=1 \tag{8.3}$$

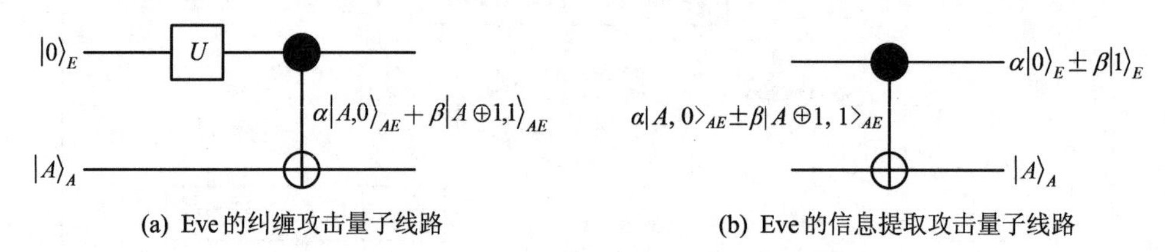


图 8.4 Eve 的攻击量子线路

在 Eve 进行纠缠攻击后，粒子 $A$、$B$ 以及 $E$ 组成的系统的状态为

$$\frac{|0\rangle_B(\alpha|10\rangle_{AE}+\beta|01\rangle_{AE})}{\sqrt{2}}+\frac{|1\rangle_B(\alpha|00\rangle_{AE}+\beta|11\rangle_{AE})}{\sqrt{2}} \tag{8.4}$$

在控制模式下 Alice 在基$\{|0\rangle, |1\rangle\}$下对粒子 $A$ 进行测量，Alice 测量结果为“0”和“1”的概率都是 0.5。在 Alice 测量结果为“1”时，Bob 的测量结果为“0”的概率是$|\alpha|^2$。因此发现 Eve 窃听的概率为

$$\eta=1-|\alpha|^2=|\beta|^2 \tag{8.5}$$

同理，在 Alice 测量结果为“0”时，Bob 测量结果“1”的概率也是$|\alpha|^2$。因此在一次控制模式下发现 Eve 窃听的概率为

$$\eta=|\beta|^2 \tag{8.6}$$

所以此类攻击会带来错误率，能够被发现。下面分析此类攻击窃取的信息量。在消息模式下，Alice 以概率 $p_0$ 对粒子 $A$ 进行 $\boldsymbol{U}_0$ 操作，以概率 $p_1$ 对粒子 $A$ 进行 $\boldsymbol{U}_1$ 操作。假定 Alice 发送的信息为“1”，则式(8.4)将变为

$$\frac{|0\rangle_B(\beta|01\rangle_{AE}-\alpha|10\rangle_{AE})}{\sqrt{2}}+\frac{|1\rangle_B(\alpha|00\rangle_{AE}-\beta|11\rangle_{AE})}{\sqrt{2}} \tag{8.7}$$

Eve 对 Alice 编码后的粒子 $A$ 进行信息提取攻击，则式(8.7)将变为

$$(|1\rangle_B|0\rangle_A-|0\rangle_B|1\rangle_A)\frac{(\alpha|0\rangle_E-\beta|1\rangle_E)}{\sqrt{2}} \tag{8.8}$$

Eve 在基$\{\alpha|0\rangle_E+\beta|1\rangle_E, \alpha|0\rangle_E-\beta|1\rangle_E\}$下对粒子 $E$ 进行测量，如果测量结果为 $\alpha|0\rangle_E-\beta|1\rangle_E$，则可以确定 Alice 发送的信息为“1”；如果 Eve 的测量结果为 $\alpha|0\rangle_E+\beta|1\rangle_E$，则可以确定 Alice 发送的信息为“0”。同时 Eve 将截获的粒子 $A$ 返回给 Bob，Bob 收到粒子 $A$ 后在基$\{|\phi^+\rangle_{AB}, |\phi^-\rangle_{AB}\}$下进行测量，也能准确获得信息。

下面对 Eve 能获取的信息进行分析。在 Eve 进行纠缠攻击后，由式(8.4)可知 Alice 每次以 0.5 的概率得到$|0\rangle_A$或者$|1\rangle_A$。假定 Alice 收到的是$|0\rangle_A$，则 $A$ 粒子和 Eve 的辅助粒子 $E$ 的密度矩阵为

$$\boldsymbol{\rho}_{0AE}=|\alpha|^2|00\rangle_{AE\,EA}\langle00|+\alpha\beta^*|00\rangle_{AE\,EA}\langle11|+\alpha^*\beta|11\rangle_{AE\,EA}\langle00|+|\beta|^2|11\rangle_{AE\,EA}\langle11| \tag{8.9}$$

其中，“*”表示共轭。以$\{|00\rangle_{AE}, |11\rangle_{AE}\}$为基，(8.9)式可写为[113]

$$\boldsymbol{\rho}_{0AE}=\begin{bmatrix}|\alpha|^2 & \alpha\beta^*\\ \alpha^*\beta & |\beta|^2\end{bmatrix} \tag{8.10}$$

Alice 对粒子 $A$ 编码后，则 $\boldsymbol{\rho}_{0AE}$ 以概率 $p_0$ 演化为 $\boldsymbol{\rho}_{0AE0}$ 或者以概率 $p_1$ 演化为 $\boldsymbol{\rho}_{0AE1}$，其中

$$\boldsymbol{\rho}_{0AE0}=\begin{bmatrix}|\alpha|^2 & \alpha\beta^*\\ \alpha^*\beta & |\beta|^2\end{bmatrix},\ \boldsymbol{\rho}_{0AE1}=\begin{bmatrix}|\alpha|^2 & -\alpha\beta^*\\ -\alpha^*\beta & |\beta|^2\end{bmatrix} \tag{8.11}$$

于是 Alice 编码后粒子 $A$ 和 $E$ 组成的系统的状态可以由集合 $X=\{(p_0,\boldsymbol{\rho}_{0AE0}),(p_1,\boldsymbol{\rho}_{0AE1})\}$表示。

Holevo 定理给出了 Eve 能从该集合 $X$ 中获取的最大信息的上界为

$$I\leqslant\chi(X) \tag{8.12}$$

其中，$\chi(X)=S\left(\sum_i p_i\boldsymbol{\rho}_i\right)-\sum_i p_iS(\boldsymbol{\rho}_i)$。合理假设 $p_0=p_1=1/2$。$\boldsymbol{\rho}_{0AE0}$ 的特征值为

$$\lambda_{00}=0,\ \lambda_{01}=1 \tag{8.13}$$

从而 $S(\boldsymbol{\rho}_{0AE0})=S(\boldsymbol{\rho}_{0AE1})=0$，于是

$$I\leqslant\chi(X)=-|\alpha|^2\mathrm{lb}(|\alpha|^2)-|\beta|^2\mathrm{lb}(|\beta|^2) \tag{8.14}$$

将式(8.6)代入式(8.14)可得

$$I_{\max}=\chi(X)=-(1-\eta)\,\mathrm{lb}(1-\eta)-\eta\mathrm{lb}\eta \tag{8.15}$$

图 8.5 给出了 Eve 在一次窃听中窃听到信息量和被发现的概率的关系。从图 8.5 可以看出，在 $\eta=0.5$ 处，Eve 可以获取最大信息量 $I(\eta)=1$，此时 Eve 可以完全确定 Alice 发送的信息，因为此时 $\alpha|0\rangle_E+\beta|1\rangle_E$ 和 $\alpha|0\rangle_E-\beta|1\rangle_E$ 相互正交。从 Eve 的角度看，Eve 希望 $\eta$ 尽可能小，从图 8.5 可以看出，当 $\eta=0$ 时，$I(\eta)=0$，这表明当 Eve 选择操作使自己被发现的概率为 0 的同时，她也将窃听不到任何信息。Eve 的任何有效攻击都有可能被发现，窃听者获取的信息量和被发现的概率是相互制约的。

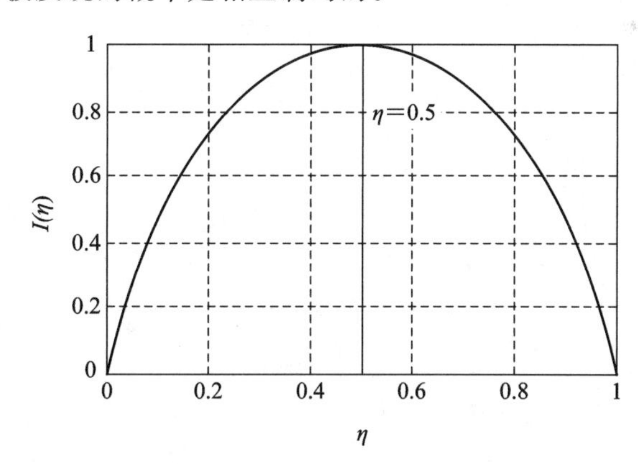


图 8.5　Eve 每次窃听的信息量和被发现的概率的关系曲线

经过 $n$ 次成功的攻击后，Eve 成功窃听 $I=nI(\eta)$比特信息而不被发现的概率为

$$s(I,c,\eta)=\left(\frac{1-c}{1-c(1-\eta)}\right)^{\frac{I}{I(\eta)}} \tag{8.16}$$

图 8.6 给出了 $c=0.5$，$\eta$ 取不同值时，$I$-$s$ 的函数关系曲线。由图可看出，当 $\eta$ 变小时，虽然 Eve 成功的概率有所提高，但是 Eve 只能获取部分信息。在 $c=0.5$，$\eta=0.5$ 时，Eve 成功获取 10 bit 和 20 bit 的信息的可能性分别为 $s\approx0.01734$ 和 $s=0.000\,300\,7$。

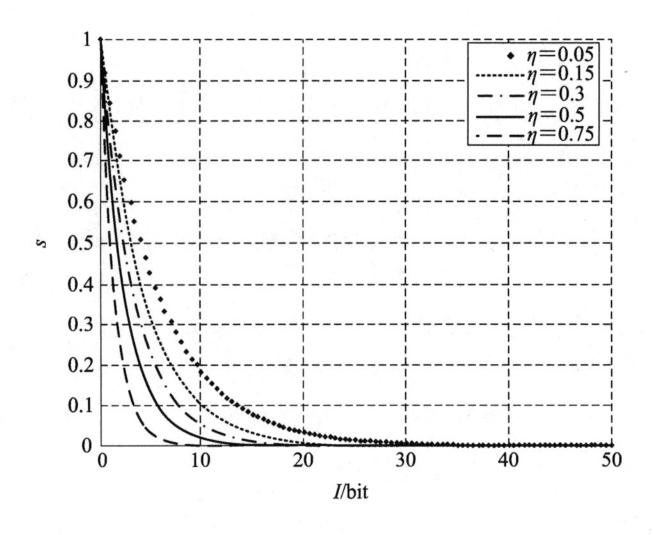


图 8.6 $I$-$s$ 的函数关系曲线

图 8.7 给出了 $\eta=0.5$ 时，在不同 $c$ 下，$I$-$s$ 的函数关系曲线。由图可看出，显然增大控制模式的概率 $c$，Eve 成功窃听的概率大大下降，信道安全性增强，但这以降低传输效率为代价；在 $\eta=0.5$，$c=0.7$ 时，Eve 成功获取 10 bit 和 20 bit 的信息的可能性分别为 $s\approx 0.0004386$ 和 $s=1.924\times10^{-7}$。

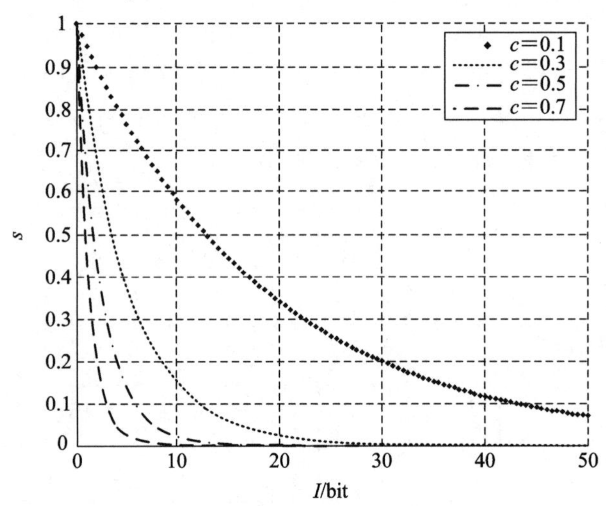


图 8.7 $I$-$s$ 的函数关系曲线

**2. 安全性分析**

(1) 此协议在利用两粒子的纠缠特性判断量子信道的安全性时存在缺陷。假设在光子由 Bob 到 Alice 的传输过程中，窃听者 Eve 对光子在 $\boldsymbol{B}_z=\{|0\rangle, |1\rangle\}$ 基下进行测量，然后根据测量结果制备相同的量子态发送给 Alice。这样 Alice 在 $\boldsymbol{B}_z=\{|0\rangle, |1\rangle\}$ 基下的测量结果就是 Eve 制备的量子态，Bob 在 $\boldsymbol{B}_z=\{|0\rangle, |1\rangle\}$ 基下的测量结果和 Alice 的测量结果相反，因此不能发现窃听者。为了防止此类攻击，Alice 需要在接收到光子后随机地选择 $\boldsymbol{Z}$ 基或者 $\boldsymbol{X}$ 基对 travel qubit 进行测量，这样 Eve 的窃听肯定会带来错误，从而被发现。

(2) 由于 Alice 过早地公布是信息模式还是控制模式，因此 Eve 可以采取如下的攻击策略：在光子由 Bob 到 Alice 的传输过程中，Eve 不采取任何攻击措施。在信息模式下，Alice 编码之后，光子要由 Alice 再传送给 Bob。在这个过程中，Eve 可以进行任意的操作来改变量子态。这样，Bob 对两个粒子的联合测量只能得到一串随机数，不能得到任何有用的信息。这种攻击策略被称为拒绝服务攻击，窃听者不试图获取任何信息，只是使得接收者不能正确地读出发送者发送的信息。

为了防止此类攻击，Alice 可以在信息比特串中插入部分校验比特。接收方收到光子并测量之后，发送者公布校验比特的信息，接收方判断粒子在 Alice 到 Bob 的传输过程中是否存在攻击。如果存在攻击，则丢弃信息即可，窃听者也只是扰乱了信息，不能获得任何有用信息。

(3) 为了防止木马攻击，发送者要在接收装置前端用滤波片滤除不可见光子，并且随机地选取部分光脉冲进行光子数目检测，以排除木马攻击。

(4) 文献[114]出了一种攻击策略，采用两个辅助粒子 $|\mathrm{vac}\rangle_x|0\rangle_y$，在粒子 $t$ 由 Bob 到 Alice 的传输过程中，通过如下操作：

$$\boldsymbol{Q}_{txy}=\mathrm{SWAP}_{tx}\mathrm{CPBS}_{txy}H_y \tag{8.17}$$

其中，Hadamard 门改变编码基，SWAP 门交换粒子 $t$ 和 $x$ 的量子态，CPBS(受控偏振分束器)由控制非门和偏振分束器构成，偏振分束器能够通过 $|0\rangle$，反射 $|1\rangle$。将这个由四个粒子构成的系统转变成

$$\begin{aligned}|B\text{-}A\rangle=&\frac{1}{2}|0\rangle_h(|\mathrm{vac}\rangle_t|1\rangle_x|0\rangle_y+|1\rangle_t|1\rangle_x|\mathrm{vac}\rangle_y)+\\&\frac{1}{2}|1\rangle_h(|\mathrm{vac}\rangle_t|0\rangle_x|1\rangle_y+|0\rangle_t|0\rangle_x|\mathrm{vac}\rangle_y)\end{aligned} \tag{8.18}$$

式中，$h$ 为留在 Bob 本地的粒子。

如果是控制模式，Alice 对粒子 $t$ 进行测量，可以看出，Alice 有一半的概率得不到测量结果。在有测量结果的情况下，其结果永远与 Bob 的测量结果相反。也就是说，通过 $\boldsymbol{Q}$ 操作，只会使得信道的丢失率增大，而不会带来错误。因此仅仅通过测量结果的相关性不能判断此类攻击的存在。

如果是信息模式，用 $j$ 代表 Alice 要发送的信息，在 Alice 执行编码操作后，光子在由 Alice 到 Bob 的传输过程中，Eve 执行 $\boldsymbol{Q}_{txy}^{-1}$ 操作，可以得到

$$|A\text{-}B\rangle=\frac{1}{\sqrt{2}}(|0\rangle_h|1\rangle_t|j\rangle_y+|1\rangle_h|0\rangle_t|0\rangle_y)|\mathrm{vac}\rangle_x \tag{8.19}$$

由于 Alice 是对两个粒子进行联合测量，式(8.19)又可以写成

$$|A\text{-}B\rangle=\frac{1}{2}(|\psi^+\rangle_{ht}|j\rangle_y+|\psi^-\rangle_{ht}|j\rangle_y+|\psi^+\rangle_{ht}|0\rangle_y-|\psi^-\rangle_{ht}|0\rangle_y) \tag{8.20}$$

通过计算可以得到 Eve，Alice 和 Bob 之间的互信息分别为

$$I_{AE}=I_{AB}=0.311\qquad I_{BE}=0.074 \tag{8.21}$$

Alice 和 Bob 之间的错误率为 25%。可以看出 Eve 和 Alice 的互信息与 Alice 和 Bob 的互信息相等，造成了信息的泄露。通过采取额外的 $\boldsymbol{U}$ 操作，可以改变结果的不对称性，但是会降低 $A$、$B$ 之间的互信息。

可以看出，通过这种攻击，在控制模式下不会带来错误，因此不能发现窃听；在信息模

式下，Eve 和 Alice 之间的互信息在通信效率较低的情况下，会大于 Alice 和 Bob 之间的互信息，造成信息泄露。但是这种攻击在信息模式下会带来 25% 的错误率。可以在要发送的信息中随机地加入部分校验序列，通过校验序列的错误率来判断是否存在攻击。但是采取这一措施只能判断攻击的存在，不能阻止信息的泄露，因此这是一个准安全的通信协议。

**3. Ping-Pong 协议的改进**

通过以上分析，对 Ping-Pong 协议作如下改进：

在控制模式下，双方随机地选择 $\boldsymbol{Z}$ 基或 $\boldsymbol{X}$ 基对量子态进行测量，以判断粒子在从 Bob 到 Alice 的传输过程的安全性；在 Alice 的接收装置前端添加滤波片滤除不可见光子，然后以一定概率随机地选取部分光脉冲进行光子数目检测以排除木马攻击；在信息序列中添加部分校验序列，通信完成以后，通过校验序列的错误率判断粒子从 Alice 到 Bob 的传输过程中是否存在攻击；Alice 采用四个幺正操作来提高编码效率。

从本质上讲，Ping-Pong 协议是一个准安全的量子安全直接通信协议。由于 Ping-Pong 协议是以单个粒子为单位进行传输的，统计错误率需要传输一定数目的光子。如果我们通过一定数目的光子判断出有攻击存在，但是此前已经传输了部分信息，造成了信息的泄露。因此这只是一个准安全的量子安全直接通信协议。

## 8.3 基于纠缠光子对的两步 QSDC 协议及实验

尽管前面介绍的 Ping-Pong 协议是准安全的量子安全直接通信协议，但是读者可以通过该协议理解 QSDC 的基本过程及设计依据。本节介绍两步量子安全直接通信协议（Two-Step QSDC），它也是基于纠缠光子对，但是采用了块传输的思想，能够保证通信的安全性。

### 8.3.1 基于纠缠的两步 QSDC 协议

基于纠缠对的两步 QSDC 方案利用块传输的思想[115]。该方案的原理如图 8.8 所示，协议工作流程如下：

(1) Alice 和 Bob 将四个 Bell 态 $|\psi^-\rangle$、$|\psi^+\rangle$、$|\phi^-\rangle$ 和 $|\phi^+\rangle$ 分别编码为经典比特 00、01、10 和 11。

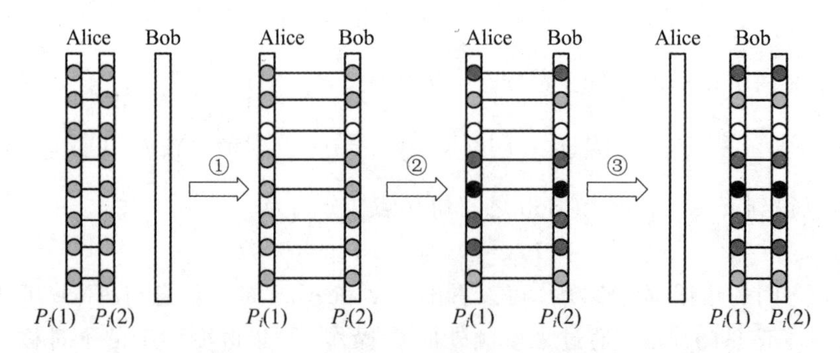


图 8.8 Two-Step QSDC 原理示意图

(2) Alice 产生 $N$ 个纠缠光子对，均处于 $|\psi^-\rangle_{AB}=\frac{1}{\sqrt{2}}(|0\rangle_A|1\rangle_B-|1\rangle_A|0\rangle_B)$，将这 $N$ 个纠缠对表示为 $[(P_1(A), P_1(B)), (P_2(A), P_2(B)), \cdots, (P_N(A), P_N(B))]$，下标表示光子的顺序，$A$，$B$ 分别代表每个纠缠对的两个粒子。

(3) Alice 从每个纠缠对中拿出一个粒子，比如 $[P_1(A), P_2(A), \cdots, P_N(A)]$ 组成 $A$ 序列，其余的粒子 $[P_1(B), P_2(B), \cdots, P_N(B)]$ 组成 $B$ 序列。将 $A$ 序列称为信息序列，$B$ 序列称为检测序列。

(4) Alice 将检测序列发送给信息接收方 Bob，但她仍然控制信息序列 $A$。Bob 接收到光子后，随机地选取部分光子在 $\boldsymbol{Z}$ 基或 $\boldsymbol{X}$ 基下对光子进行测量，并将结果和所用的测量基告诉 Alice，Alice 也在同样的测量基下对相应的粒子 $A$ 进行测量，通过测量结果的相关性判断是否存在攻击。如果错误率大于门限值，则返回步骤(1)，否则进入下一步。

(5) Alice 随机选择信息序列中部分位置构成校验序列，校验比特的数目能够统计出量子态传输过程的错误率即可。然后按照如下规则对粒子 $A$ 进行编码操作：

$$\begin{cases}\boldsymbol{U}_{00}=\boldsymbol{I}=|0\rangle\langle 0|+|1\rangle\langle 1| \\ \boldsymbol{U}_{01}=\boldsymbol{\sigma}_z=|0\rangle\langle 0|-|1\rangle\langle 1| \\ \boldsymbol{U}_{10}=\boldsymbol{\sigma}_x=|1\rangle\langle 0|+|0\rangle\langle 1| \\ \boldsymbol{U}_{11}=\mathrm{i}\boldsymbol{\sigma}_y=|0\rangle\langle 1|-|1\rangle\langle 0|\end{cases} \tag{8.22}$$

其中：

$$\begin{cases}\boldsymbol{U}_{00}|\psi^-\rangle=\boldsymbol{I}|\psi^-\rangle=|\psi^-\rangle \\ \boldsymbol{U}_{01}|\psi^-\rangle=\boldsymbol{\sigma}_z|\psi^-\rangle=|\psi^+\rangle \\ \boldsymbol{U}_{10}|\psi^-\rangle=\boldsymbol{\sigma}_x|\psi^-\rangle=|\phi^-\rangle \\ \boldsymbol{U}_{11}|\psi^-\rangle=\mathrm{i}\boldsymbol{\sigma}_y|\psi^-\rangle=|\phi^+\rangle\end{cases} \tag{8.23}$$

并将 $A$ 序列发送给 Bob。

(6) Bob 接收到 $A$ 序列后，Alice 告诉 Bob 校验序列的位置和数值，Bob 对相应位置的光子对进行联合 Bell 态测量，根据结果判断粒子 $A$ 传输过程中量子信道的安全性。

(7) 如果信道不安全，则由于窃听者只能截取纠缠对中的一个粒子，因此她只能扰乱通信，不能得到有用信息，只要放弃通信就可以了，仍然能够保证信息序列的安全性。如果信道是安全的，则可以对其他的纠缠粒子对进行联合测量，得到 Alice 传递的信息。

(8) Alice 和 Bob 对获得消息进行纠错。

协议分析如下：

此协议中，在通过第一次安全分析的情况下，由于 Eve 不能同时得到纠缠对的两个光子 $A$ 和 $B$，因此她已经无法得到机密信息。这是纠缠系统的量子比特性质局限了她对机密信息的窃听，纠缠量子系统的特性要求 Eve 只有对整个纠缠体系作联合测量才能够读出 Alice 所做的幺正操作。第二次安全性分析主要是为了判断窃听者是否在 $A$ 序列的传输过程中破坏了 $A$ 与 $B$ 的量子关联性，从而判断所得到的结果是否正确。

此协议和 Ping-Pong 协议相比，具有以下优点：① 采用四种量子幺正操作进行编码，这样对纠缠的量子信号而言，使得编码容量达到最大；② 它采用了块传输的思想，在分析出整块量子态安全传输以后才进行编码操作。在 $A$ 序列的传输过程中窃听者不能区分出信息比特和校验比特，她的攻击肯定会扰乱校验比特，通过错误率就能够发现攻击的存在。因此这是一个安全的量子直接通信协议。

在实现上，发送端和接收端都需要对量子态做存储，考虑到目前量子态的存储技术在实际应用中还不是很成熟，可以用光学延迟的办法来实现两步的量子安全直接通信协议。原理如图 8.9 所示，其中，SR 代表光学延迟线圈，W 代表开关，CE 代表为安全检测而设计的设备。纠缠序列产生后，信息序列通过延迟线进行延迟，检测序列通过上行信道传输。当检测序列到达接收端后，通信双方通过安全检测设备 $CE_1$ 和 $CE_2$ 进行安全性检测，其余的通过延迟线进行延迟。在通过一块纠缠光子的传输判断信道安全后，发送端 $W_1$ 闭合，通过 CM 对信息序列进行编码操作，之后信息序列沿下行信道发送给信息接收方。接收方 $W_2$ 闭合，将纠缠粒子对进行联合测量，判断 Alice 发送的信息。

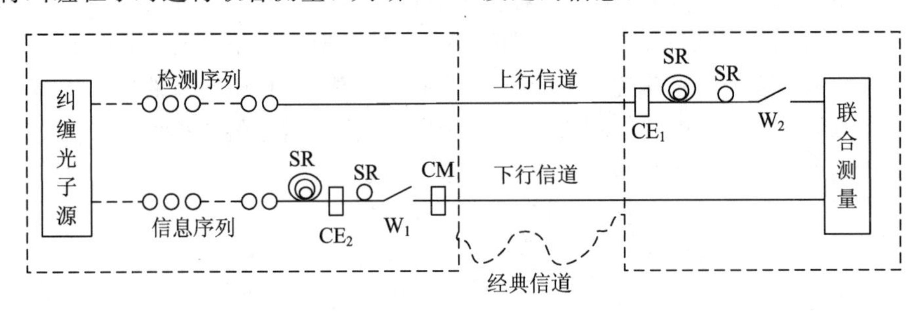


图 8.9　利用光学延迟方法来实现两步 QSDC 的原理图

## 8.3.2　基于纠缠的 QSDC 实验

2017 年，基于原子量子存储器的两步 QSDC 方案得到验证[118]，实验系统包含纠缠对的产生、纠缠光子自由空间传输、存储和编码等关键技术，验证了基于纠缠的 QSDC 方案，如图 8.10 所示。

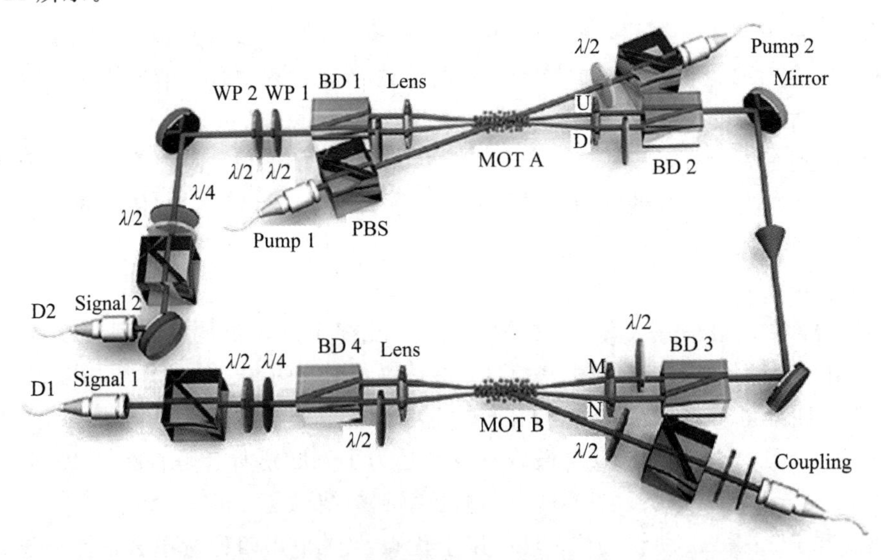


图 8.10　基于纠缠的 QSDC 实验

图 8.10 中，囚禁在二维磁光阱(Magneto-Optical Trap，MOT)中的铷原子 $^{85}$Rb 通过瞬

时拉曼散射(Spontaneous Raman Scattering, SRS)过程产生原子-光子的路径-偏振纠缠态。此外，磁光阱(MOT)还用来存储光量子态(转换为原子自旋)。波长为795 nm的信号光子1(Signal 1)充当飞行量子比特，在脉宽为30 ns的泵浦光(Pump 1)照射及光束移位器(Beam Displacer, BD)辅助下，在磁光阱A(MOT A)中与原子自旋产生纠缠。之后信号光子1传输到磁光阱B处(MOT B)进行存储。使用BD 3和BD 4确保信号1在不同偏振态下具有相同的存储效率。关掉耦合光，信号1光子以原子自旋波的形式存储在MOT B中，从而在两个原子的系综中建立了纠缠。

在MOT A中存储50 ns后，自旋波恢复为信号2光子，与MOT B中的原子自旋波纠缠。应用两个半波片(WP 1和WP 2)对信号2光子进行编码，之后传输到MOT B处。经过120ns存储后，MOT B处的原子自旋波恢复出信号1光子。通过投影测量探测信号2和信号1，以重构(确定)纠缠态。

在两步QSDC协议中，第一次安全性检测检测信号1光子和信号2光子的纠缠态，不在MOT A和MOT B中存储，也不进行编码(基于WP 1和WP 2)，只是两方建立纠缠信道；第二次安全性检测是在经存储恢复后的光子对上进行Bell态测量。

## 8.4　基于单光子的QSDC协议及实验

在实际应用中，单光子也可以用来进行直接通信，且相比于纠缠光子对更易于测量。邓富国等利用块传输的思想于2004年提出了基于单光子的量子安全直接通信协议(简称DL04协议)[116]。Lucamarini M等借鉴Ping-Pong协议和BB84协议的思想，提出了基于单光子的QSDC协议，但是这个协议没有采用块传输的思想，不能保证通信的安全性。

### 8.4.1　基于单光子的QSDC协议

假设Alice要将信息传输给Bob，DL04协议的工作流程如下所述。

(1) Bob准备$N$个单光子，这些单光子随机地处于下列四个BB84态之一：

$$\left\{|0\rangle,\ |1\rangle,\ |+\rangle=\frac{|0\rangle+|1\rangle}{\sqrt{2}},\ |-\rangle=\frac{|0\rangle-|1\rangle}{\sqrt{2}}\right\} \tag{8.24}$$

然后将这$N$个光子依次发送给Alice。

(2) Alice接收到光子后，随机地选择部分光子在$\boldsymbol{Z}$基或$\boldsymbol{X}$基下对光子进行测量，然后将这些光子的位置、测量基和测量结果告诉Bob。Bob通过这些光子的错误率判断信道的安全性，如果信道安全则进入下一步，否则终止通信。

(3) Alice对要传输的信息先进行纠错编码，然后对在第(2)步测量后的剩余光子按如下规则进行编码操作：

$$\begin{aligned}&\text{“0”:}\quad \boldsymbol{U}_0=\boldsymbol{I}=|0\rangle\langle 0|+|1\rangle\langle 1|\\&\text{“1”:}\quad \boldsymbol{U}_1=\mathrm{i}\boldsymbol{\sigma}_y=|0\rangle\langle 1|-|1\rangle\langle 0|\end{aligned} \tag{8.25}$$

其中：

$$\begin{aligned}&\boldsymbol{U}_1|0\rangle=-|1\rangle,\ \boldsymbol{U}_1|1\rangle=|0\rangle\\&\boldsymbol{U}_1|+\rangle=|-\rangle,\ \boldsymbol{U}_1|-\rangle=-|+\rangle\end{aligned} \tag{8.26}$$

可见，$\boldsymbol{U}$ 操作不改变编码基。这里，Alice 从中选择部分光子用作校验序列，采用随机比特序列进行编码。将编码后的光子再依次发送给 Bob。

(4) 由于 $\boldsymbol{U}$ 操作不改变光子的编码基，因此 Bob 接收到光子后，在自己的编码基下对接收到的光子进行测量。然后 Alice 公布校验光子的位置和数值，Bob 根据自己的测量结果判断信道的安全性。如果信道安全，则 Bob 可以根据光子的初始信息得到 Alice 传递的信息。即使信道不安全，由于不知道光子的编码基和初始状态，因此 Eve 只能得到随机的测量结果，信息序列仍然是安全的。

一种利用延迟线实现协议的示意图，如图 8.11 所示[116]。其中，CE 代表第一次窃听检测，SR 代表延迟。首先光子序列通过量子信道传送给 Alice，Alice 接收到光子后随机地选取部分光子进行窃听检测，其余的光子进行延迟。如果通过一个子序列的传输判断信道安全后，则合上开关，Alice 进行编码操作(CM)，然后通过反射镜将光子返回给 Bob，Bob 接收到光子后在自己的发送基下对光子进行测量，根据测量结果和自己制备的初始态判断 Alice 发送的信息。

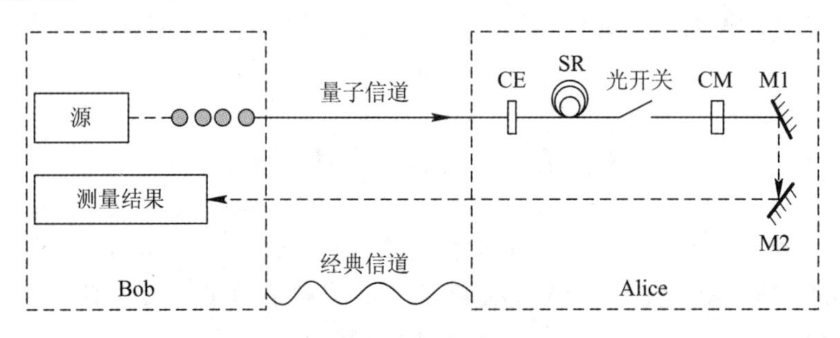


图 8.11　利用延迟实现的基于单光子的 QSDC 示意图

该协议采用了块传输的思想。光子序列由 Bob 传送给 Alice 的过程中并没有携带信息，这个过程的安全性分析与 BB84 协议一致。在通过安全性检测后，实际上在 Alice 和 Bob 之间已经形成了“密钥”，只是没有进行测量转换成经典比特而已。Alice 对量子态所进行的编码操作相当于经典“密钥”形成后利用其对信息进行一次一密操作。此时的安全性比利用经典密钥进行一次一密更好，因为经典通信过程中，Eve 可以获得全部密文，而在 QSDC 中，Eve 无法获得密文的信息。

单光子 QSDC 协议后来也被拓展至高维编码的情形。

## 8.4.2　基于单光子的 QSDC 实验

第一个 QSDC 实验基于单光子频率编码，采用 FRECO-DL04 协议(与 DL04 协议不同之处在于对一组单光子脉冲进行频率编码，而不是对单个脉冲进行编码)，方案如图 8.12 所示[117]。该方案采用 16 个频率，对应 4 bit 信息。Bob 根据周期函数(周期 $T=1/f$，$f$ 为调制频率，用以编码信息)对一组脉冲执行 $\boldsymbol{U}_1$ 或 $\boldsymbol{I}$ 操作(这里可称为偏振调制)。不同调制频率对应不同二进制比特串序列。在 Alice 测量一组单光子脉冲获得调制频率之后，她可获得 Bob 发送的信息。Bob 的调制操作如下：

$$\begin{cases}\boldsymbol{U}_1 & \sin(2\pi f\tau_i+\delta)>0 \quad \text{flip} \\ \boldsymbol{I} & \sin(2\pi f\tau_i+\delta)<0 \quad \text{no flip}\end{cases}$$

式中，$\delta$ 为调制信号的随机初始相位，$f$ 为调制频率，$\tau_i$ 是脉冲到达时间。对收到的单光子脉冲块中的信息脉冲(去除校验比特后共 $N$ 个)进行傅里叶变换

$$X_{(f)}=\sum_{i=1}^{N}x_{(i)}\mathrm{e}^{-j2\pi f\tau_i}$$

由调制频率即可得到编码频率和秘密信息。

图 8.12 中，激光器脉冲波长为 1550 nm，重复频率为 10 MHz，衰减到单光子级。在 FPGA 的控制下，Alice 发送一组 BB84 编码的单光子脉冲到 Bob，在控制模式(CM，由分束器 BS 随机选择)时，Bob 随机选取一部分检测窃听，测量基随机选择 **X** 基或 **Z** 基。随后 Bob 告知 Alice 测量光子的位置与测量结果、测量基，对比结果进行安全性检测。在剩余的脉冲中，Bob 随机选一部分作为校验比特，检测从 Bob 到 Alice 的窃听，其余光脉冲进行频率编码携带信息。编码操作(即偏振翻转)通过两个串行的电光调制器实现。光脉冲返回 Alice，经过测量校验比特检测窃听，其余脉冲分析其频谱恢复信息。

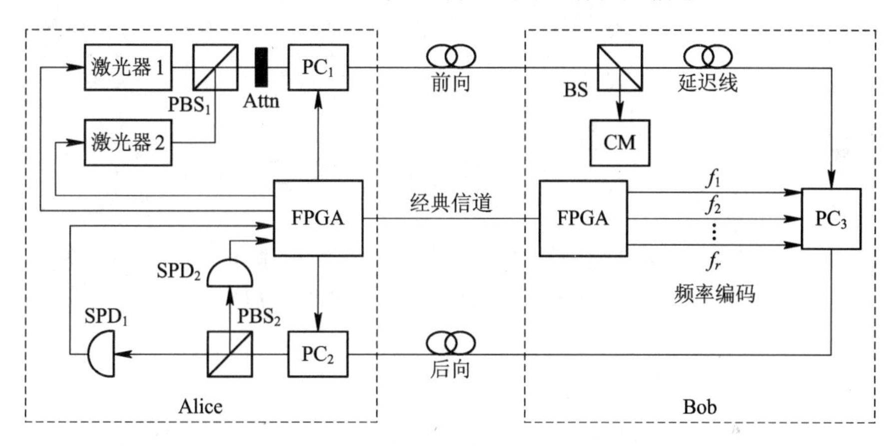


图 8.12 基于单光子的 QSDC 实验

图 8.12 的实验中，光纤延时线用来对齐光脉冲，PC 为偏振控制，SPD 为单光子探测器。16 个调制频率从 25 kHz 到 400 kHz，间隔 25 kHz，对应比特串 0000～1111，当 1 个数据块时长 1 ms 时信息传输速率可达 4 kb/s。

# 第9章

# 量 子 编 码

本章简要回顾经典信源编码和经典纠错码，介绍量子信源编码、量子纠错编码的基本概念，重点讲解CSS码和稳定子码，并介绍目前被广泛研究的量子表面码。

## 9.1 量子信源编码

本节首先介绍经典信源编码的基本概念和原理，给出量子信源编码定理；其次介绍Schumacher无噪声信道编码定理；最后举例说明量子信源编码的方法。

### 9.1.1 经典信源编码简介

信源包括离散信源和连续信源。信源编码有两个目的：一是将模拟信号变为数字信号，二是压缩信源符号所占用的比特数，提高通信的效率。

信源编码包括无失真信源编码和有失真信源编码[119]。无失真信源编码是在不损失信息的前提下压缩信息的冗余度，编码过程不改变信息的熵；而有失真编码又名熵压缩编码，基于率失真理论，允许信息有一定损失或波形失真(对连续信源)，从而达到降低信息速率的目的。

**1. 无失真信源编码**

无失真信源编码包括等长编码和不等长编码。

1) 等长编码

对于等长编码，如果将长度为 $L$ 的消息序列 $\boldsymbol{u}_L=(u_1, u_2, \cdots, u_L)\in \boldsymbol{U}^L$ 编成长度为 $N$ 的码字 $\boldsymbol{x}=(x_1, x_2, \cdots, x_N)$，其中 $u_i$ 为消息字符，$x_i\in\{0, 1, \cdots, D-1\}$。若码字总数为 $M$，则编码速率为

$$R=\frac{1}{L}\mathrm{lb}M \tag{9.1}$$

由于 $M=D^N$，代入式(9.1)，得

$$R=\frac{N}{L}\mathrm{lb}D \tag{9.2}$$

码字 $\boldsymbol{x}$ 经过信道传输后，在接收端译码结果记为 $\hat{\boldsymbol{u}}_L$，译码错误概率记为

$$P_e = P_r\{\hat{\boldsymbol{u}}_L \neq \boldsymbol{u}_L\} \tag{9.3}$$

对于给定的信源和编码速率 $R$ 及任意 $\varepsilon>0$，若存在 $L_0$ 及编译码方法，使得当码长 $L>L_0$ 时，$P_e<\varepsilon$，称 $R$ 是可达的，否则是不可达的。

**无失真信源编码定理 1**：对于无噪声信道，若 $R\geqslant H(\boldsymbol{U})$，则 $R$ 是可达的，若 $R<H(\boldsymbol{U})$，则 $R$ 是不可达的。

$H(\boldsymbol{U})$为每个信源符号包含的平均信息量。编码效率定义为

$$\eta = \frac{H(\boldsymbol{U})}{R} \tag{9.4}$$

由无失真信源编码定理，当 $R$ 可达时，$\eta\leqslant 1$。

2）不等长编码

不等长编码是指对信源输出的消息采用不同长度的码字表示。若信源有 $K$ 个符号 $a_1$，$a_2$，…，$a_K$，每个符号出现的概率分别为 $P(a_1)$，$P(a_2)$，…，$P(a_K)$，编码时按照符号出现的概率选择码长，对最常出现的消息采用最短码长编码，不常出现的消息采用较长码长编码。令第 $k$ 个消息对应长为 $n_k$ 的 $D$ 元码，当信源为无记忆信源时，每个信源字符所需码平均符号数为

$$\bar{n} = \sum_k p(a_k) n_k \tag{9.5}$$

对于不等长编码，可以证明存在下述编码定理[119]：

**无失真信源编码定理 2**：若任意唯一可译码满足

$$\bar{n}\,\mathrm{lb}D \geqslant H(\boldsymbol{U}) \tag{9.6}$$

则存在 $D$ 元唯一可译码，其平均长度满足下述关系

$$\bar{n} < \frac{H(\boldsymbol{U})}{\mathrm{lb}D} + 1 \tag{9.7}$$

对于 2 元码，即当 $D=2$ 时，有

$$H(\boldsymbol{U}) \leqslant \bar{n} < H(\boldsymbol{U}) + 1 \tag{9.8}$$

若信源输出的消息符号序列长为 $L$，此时信源可写为$\{\boldsymbol{U}^L,\ P(\boldsymbol{u}_L)\}$，若 $\boldsymbol{U}^L$ 的熵为 $H(\boldsymbol{U}^L)$，则平均一个消息符号的编码长度为

$$\bar{n} = \frac{\bar{n}(\boldsymbol{U}^L)}{L} \tag{9.9}$$

其中

$$\bar{n}(\boldsymbol{U}^L) = \sum_{\boldsymbol{u}_L} P(\boldsymbol{u}_L) n(\boldsymbol{u}_L) \tag{9.10}$$

而 $n(\boldsymbol{u}_L)$是消息序列 $\boldsymbol{u}_L$ 的码组长度。由不等长编码定理可得

$$\bar{n} \geqslant \frac{H(\boldsymbol{U}^L)}{L\,\mathrm{lb}D} \tag{9.11}$$

$$\bar{n} < \frac{H(\boldsymbol{U}^L)}{L\,\mathrm{lb}D} + \frac{1}{L} \tag{9.12}$$

若$\{\boldsymbol{U}^L,\ P(\boldsymbol{u}_L)\}$为简单无记忆信源，则有 $H(\boldsymbol{U}^L)=LH(\boldsymbol{U})$，从而有

$$\frac{H(\boldsymbol{U})}{\mathrm{lb}D} \leqslant \bar{n} < \frac{H(\boldsymbol{U})}{\mathrm{lb}D} + \frac{1}{L} \tag{9.13}$$

当 $L$ 增大时，$\bar{n}$ 逐渐趋近于$\dfrac{H(\boldsymbol{U})}{\mathrm{lb}D}$。不等长编码的编码速率为

$$R = \bar{n}\,\mathrm{lb}D \tag{9.14}$$

这样不等长编码定理可描述为：若 $H(\boldsymbol{U}) \leqslant R < H(\boldsymbol{U}) + \varepsilon$，**则存在唯一可译的不等长编码；若 $R < H(\boldsymbol{U})$，则不存在唯一可译的不等长编码**。不等长编码的编码效率仍为式(9.4)所示。

无失真信源编码方法包括 Shannon 编码、Huffman 编码、Fano 编码、算术编码和 LZ 编码。对于有记忆信源编码，请详见本书参考文献[119]。

**2. 有失真信源编码**

若传输的信息允许一定的失真，则信息速率可进一步降低，这在语音、图像和视频信源的压缩上有很大的应用。

若 $U$ 为信源产生的信息空间，$V$ 为接收方收到(译码后)的信息空间。令信道的失真 $d(u, v)$是 $U$ 和 $V$ 的非负函数，若 $U$、$V$ 为离散变量，且其定义域为 $U = V = \{a_1, a_2, \cdots, a_k\}$。则信道失真的定义域可写为 $d_{ij} = d(u = a_i, v = a_j)$。对于离散变量，具体的失真函数可定义为

$$d_{ij} = \begin{cases} 0 & (i = j) \\ a > 0 & (i \neq j) \end{cases} \tag{9.15}$$

或

$$d_{ij} = |i - j| \tag{9.16}$$

其平均失真为

$$\bar{d} = E[d(u, v)] = \sum_i \sum_j Q_i P_{ji} d_{ij} \tag{9.17}$$

对于连续变量，失真函数可定义为

$$d(u, v) = (u - v)^2 \tag{9.18}$$

其平均失真为

$$\bar{d} = \iint_{uv} Q(u) P_{V|U}(v|u) d(u, v) \mathrm{d}u \mathrm{d}v \tag{9.19}$$

若 $\boldsymbol{u}$，$\boldsymbol{v}$ 是 $L$ 维向量，则向量间的失真可定义为

$$d_L(\boldsymbol{u}, \boldsymbol{v}) = \frac{1}{L} \sum_{l=1}^{L} d(u_l, v_l) \tag{9.20}$$

平均失真为

$$\bar{d}_L = E[d_L(\boldsymbol{u}, \boldsymbol{v})] = \frac{1}{L} \sum_{l=1}^{L} E[d(u_l, v_l)] = \frac{1}{L} \sum_{l=1}^{L} \bar{d}_l \tag{9.21}$$

$\bar{d}_l$ 是第 $l$ 个分量的平均失真。如果要求平均失真 $\bar{d} \leqslant D$，在信源特性 $Q(\boldsymbol{u})$及失真函数 $d(\boldsymbol{u}, \boldsymbol{v})$已知时，不同的编码相当于 $P_{ji}$ 或 $P_{V|U}(\boldsymbol{v}|\boldsymbol{u})$不同，有失真时的信源编码相当于从满足 $\bar{d} \leqslant D$ 的所有编码方式 $P_{ji}$ 或 $P_{V|U}(\boldsymbol{v}|\boldsymbol{u})$中选择一种使信息率最小的编码方式。记 $P_D$ 为满足 $\bar{d} \leqslant D$ 的 $P_{ji}$ 全体，于是引入以下的信息率-失真函数(简称率失真函数)

$$R(D) = \min_{P_{ji} \in E_D} I(U; V) \tag{9.22}$$

由式(9.22)可见，率失真函数反映了失真不超过 $D$ 时传输所需的最小互信息量。再定义失真-信息率函数

$$D(R)=\min_{D\in D_R} D \tag{9.23}$$

失真-信息率函数体现了给定信息率 $R$，寻找最小失真的编码方式。由定义可见，率失真函数的取值范围为 $0\leqslant R(D)<H(U)$，且 $\lim\limits_{D\to 0}R(D)=H(U)$。基于率失真函数，有如下的信源编码逆定理。

**有失真时的逆信源编码定理**：当速率 $R<R(D)$，不论采取什么编译码方式，平均失真必大于 $D$。

对于离散无记忆信源，令 $I(P)$ 为对应于某种编码方式 $P$ 的发送与接收方的互信息，令在参数 $\rho$ 和编码方式 $P$ 下的速率 $R$ 的数学期望为

$$E(R;\rho,P)=-\rho R-\ln\sum_{\boldsymbol{u}}\left[\sum_{\boldsymbol{v}}\Omega(\boldsymbol{v})Q(\boldsymbol{u}\mid\boldsymbol{v})^{\frac{1}{1+\rho}}\right]^{1+\rho} \tag{9.24}$$

其中，$Q(\boldsymbol{u}\mid\boldsymbol{v})$ 为反向传输时的转移概率，则有如下的编码定理：

**有失真时的离散无记忆信源编码定理**：给定失真 $D$，令 $\boldsymbol{P}^*$ 为使 $D(\boldsymbol{P})\leqslant D$，且 $I(\boldsymbol{P})$ 达到极小的条件概率，则存在长度为 $N$ 的分组码 $C$，它的平均失真 $d(C)$ 满足

$$d(C)<D+d_0\mathrm{e}^{-NE(R,D)} \tag{9.25}$$

其中，$E(R,D)=\max\limits_{-1\leqslant\rho\leqslant 0}E(R;\rho,\boldsymbol{P}^*)$，当 $R>R(D)$ 时，$E(R,D)$ 恒大于 0。

该定理表明，随着分组长度 $N$ 的增加，总能找到一种编码方式，它在速率 $R>R(D)$ 时，可使失真任意接近 $D$。上述定理也可表述为：**给定任意 $\varepsilon>0$，存在一分组码 $C$，它的速率为 $R(D)<R<R(D)+\varepsilon$，平均失真度满足 $d(C)<D+\varepsilon$。**

### 9.1.2　量子信源编码定理

一个量子信源可由一个 Hilbert 空间 $H$ 和该空间上的密度矩阵 $\boldsymbol{\rho}$ 描述。设压缩率为 $R$，则压缩运算(信源编码)是将 $H^{\otimes n}$ 中的状态映射到 $2^{nR}$ 维状态空间。

在给出量子信源编码定理之前，先讨论量子版本的典型序列概念。设量子信源输出的量子态的密度算子为 $\boldsymbol{\rho}$，对其进行正交分解

$$\boldsymbol{\rho}=\sum_x p(x)\,|x\rangle\langle x| \tag{9.26}$$

其中，$|x\rangle$ 是标准正交基，$p(x)$ 是 $\boldsymbol{\rho}$ 的特征值。与概率分布相似，$\boldsymbol{\rho}$ 的特征值非负且和为 1，且有 $H[p(x)]=S(\boldsymbol{\rho})$。与经典的典型序列类似，$\varepsilon$ 典型序列 $x_1, x_2, \cdots, x_n$ 满足

$$\left|\frac{1}{n}\mathrm{lb}\left(\frac{1}{p(x_1)p(x_2)\cdots p(x_n)}\right)-S(\boldsymbol{\rho})\right|\leqslant\varepsilon \tag{9.27}$$

定义 $\varepsilon$ 典型序列 $x_1, x_2, \cdots, x_n$ 对应的状态 $|x_1\rangle, |x_2\rangle, \cdots, |x_n\rangle$ 为 $\varepsilon$ 典型状态，$\varepsilon$ 典型状态 $|x_1\rangle, |x_2\rangle, \cdots, |x_n\rangle$ 张成的子空间称为 $\varepsilon$ 典型子空间，记作 $\boldsymbol{T}(n,\varepsilon)$，并把到 $\varepsilon$ 典型子空间上的投影算符记作 $\boldsymbol{P}(n,\varepsilon)$，其表达式为

$$\boldsymbol{P}(n,\varepsilon)=\sum_{\varepsilon\text{典型序列}x}|x_1\rangle\langle x_1|\otimes|x_2\rangle\langle x_2|\otimes\cdots|x_n\rangle\langle x_n| \tag{9.28}$$

与经典的典型序列定理相对应得到如下的典型子空间定理[25, 45]。

**典型子空间定理：**

(1) 若对任意确定的 $\varepsilon>0$，则对任意 $\delta>0$ 和充分大的 $n$，有

$$\mathrm{tr}[\boldsymbol{P}(n,\varepsilon)\rho^{\otimes n}]\geqslant 1-\delta \tag{9.29}$$

(2) 对任意确定的 $\varepsilon>0$ 和 $\delta>0$ 以及充分大的 $n$，$\boldsymbol{T}(n,\varepsilon)$ 的维数 $|\boldsymbol{T}(n,\varepsilon)|=\mathrm{tr}[\boldsymbol{P}(n,\varepsilon)]$，满足

$$(1-\delta)2^{n[S(\boldsymbol{\rho})-\varepsilon]}\leqslant|\boldsymbol{T}(n,\varepsilon)|\leqslant 2^{n[S(\boldsymbol{\rho})+\varepsilon]} \tag{9.30}$$

(3) 令 $\boldsymbol{S}(n)$ 为到 $H^{\otimes n}$ 的任意至多 $2^{nR}$ 维子空间的一个投影，其中 $R<S(\boldsymbol{\rho})$ 为固定值，则对任意 $\delta>0$ 和充分大的 $n$，有

$$\mathrm{tr}[\boldsymbol{S}(n,\varepsilon)\boldsymbol{\rho}^{\otimes n}]\leqslant\delta \tag{9.31}$$

**证明：**(1) 由于 $\mathrm{tr}[\boldsymbol{P}(n,\varepsilon)\boldsymbol{\rho}^{\otimes n}]=\sum\limits_{\varepsilon\text{典型序列}x}p(x_1)p(x_2)\cdots p(x_n)$，根据经典典型序列定理(1) 即可得到。

(2) 可直接由经典典型序列定理得到。

(3) 算子的迹可以分为典型子空间上的迹和非典型子空间上的迹，即

$$\mathrm{tr}[\boldsymbol{S}(n)\boldsymbol{\rho}^{\otimes n}]=\mathrm{tr}[\boldsymbol{S}(n)\boldsymbol{\rho}^{\otimes n}\boldsymbol{P}(n,\varepsilon)]+\mathrm{tr}[\boldsymbol{S}(n)\boldsymbol{\rho}^{\otimes n}(\boldsymbol{I}-\boldsymbol{P}(n,\varepsilon))] \tag{9.32}$$

对式(9.32)中的每项分别估界，对第一项有

$$\boldsymbol{\rho}^{\otimes n}\boldsymbol{P}(n,\varepsilon)=\boldsymbol{P}(n,\varepsilon)\boldsymbol{\rho}^{\otimes n}\boldsymbol{P}(n,\varepsilon) \tag{9.33}$$

因为 $\boldsymbol{P}(n,\varepsilon)$ 是与 $\boldsymbol{\rho}^{\otimes n}$ 可对易的投影算子，且 $\boldsymbol{P}(n,\varepsilon)\boldsymbol{\rho}^{\otimes n}\boldsymbol{P}(n,\varepsilon)$ 的特征值有上界 $2^{-n[S(\boldsymbol{\rho})-\varepsilon]}$，所以有

$$\mathrm{tr}[\boldsymbol{S}(n)\boldsymbol{P}(n,\varepsilon)\boldsymbol{\rho}^{\otimes n}\boldsymbol{P}(n,\varepsilon)]\leqslant 2^{nR}2^{-n[S(\boldsymbol{\rho})-\varepsilon]} \tag{9.34}$$

令 $n\to\infty$，可见式(9.32)中第一项趋于 0。对第二项，注意到 $\boldsymbol{S}(n)\leqslant\boldsymbol{I}$。由于 $\boldsymbol{S}(n)$ 和 $\boldsymbol{\rho}^{\otimes n}(1-\boldsymbol{P}(n,\varepsilon))$ 都是半正定算子，故当 $n\to\infty$ 时，有 $0\leqslant\mathrm{tr}[\boldsymbol{S}(n)\boldsymbol{\rho}^{\otimes n}(\boldsymbol{I}-\boldsymbol{P}(n,\varepsilon))]\leqslant\mathrm{tr}[\boldsymbol{\rho}^{\otimes n}(\boldsymbol{I}-\boldsymbol{P}(n,\varepsilon))]\to 0$。于是，当 $n$ 增加时第二项也趋于 0，所以式(9.31)成立。　证毕

基于典型子空间定理，可以得到如下的量子形式的信源编码定理[25, 45]。

**Schumacher 无噪声信道编码定理：**令 $\{\boldsymbol{H},\boldsymbol{\rho}\}$ 是独立同分布的量子信源，若 $R>S(\boldsymbol{\rho})$，则对该源 $\{\boldsymbol{H},\boldsymbol{\rho}\}$ 存在比率为 $R$ 的可靠压缩方案；若 $R<S(\boldsymbol{\rho})$，则比率为 $R$ 的任何压缩方案都是不可靠的。

**证明：**(1) 设 $R>S(\boldsymbol{\rho})$ 且取 $\varepsilon>0$，使其满足 $R\geqslant S(\boldsymbol{\rho})+\varepsilon$。根据典型子空间定理，对 $\forall\delta>0$ 和充分大的 $n$，$\mathrm{tr}[\boldsymbol{P}(n,\varepsilon)\boldsymbol{\rho}^{\otimes n}]\geqslant 1-\delta$，且 $\dim[\boldsymbol{T}(n,\varepsilon)]\leqslant 2^{nR}$。

令 $\boldsymbol{H}_c^n$ 为包含 $\boldsymbol{T}(n,\varepsilon)$ 的任意 $2^{nR}$ 维 Hilbert 子空间，编码过程如下：首先，进行投影测量，投影算子为 $\boldsymbol{P}(n,\varepsilon)$ 和 $\boldsymbol{I}-\boldsymbol{P}(n,\varepsilon)$，相应的输出结果记为 0 和 1；其次，若测量结果为 0，则状态保留在典型子空间中；如果出现 1，则将状态变为典型子空间中的某个基态 $|0\rangle$。由前述可知，编码是将 $\boldsymbol{H}^{\otimes n}$ 中的状态变到 $2^{nR}$ 维子空间 $\boldsymbol{H}_c^n$ 中的映射，记作 $C^n$：$\boldsymbol{H}^{\otimes n}\to\boldsymbol{H}_c^n$，其算子和表示为

$$\boldsymbol{C}^n(\boldsymbol{\sigma})=\boldsymbol{P}(n,\varepsilon)\boldsymbol{\sigma}\boldsymbol{P}(n,\varepsilon)+\sum_i\boldsymbol{A}_i\boldsymbol{\sigma}\boldsymbol{A}_i^+ \tag{9.35}$$

其中，$\boldsymbol{A}_i=|0\rangle\langle i|$，$\langle i|$ 是典型子空间正交补的标准正交基。

译码运算为映射 $D^n$：$\boldsymbol{H}_c^n\to\boldsymbol{H}^{\otimes n}$，对未编码的状态应能正确译码，即 $D^n(\sigma)=\sigma$。运用典型子空间定理，对应编解码方法 $C^n$ 和 $D^n$，用 $D^n\circ C^n$ 表示压缩-解压缩运算，保真度为

$$\begin{aligned}F(\boldsymbol{\rho}^{\otimes n},D^n\circ C^n)&=|\mathrm{tr}[\boldsymbol{\rho}^{\otimes n}\boldsymbol{P}(n,\varepsilon)]|^2+|\mathrm{tr}[\boldsymbol{\rho}^{\otimes n}\boldsymbol{A}_i]|^2\\&\geqslant|\mathrm{tr}[\boldsymbol{\rho}^{\otimes n}\boldsymbol{P}(n,\varepsilon)]|^2\\&\geqslant|1-\delta|^2\geqslant 1-2\delta\end{aligned} \tag{9.36}$$

由于 $\delta$ 对充分大的 $n$ 可变的任意小，故可知只要 $R>S(\boldsymbol{\rho})$，总存在一个比率为 $R$ 的可靠压缩方案 $\{C^n, D^n\}$。

(2) 设 $R<S(\boldsymbol{\rho})$，压缩运算(信源编码)把 $\boldsymbol{H}^{\otimes n}$ 通过算子 $S(n)$ 映射到 $2^{nR}$ 维子空间。令 $C_j$ 为压缩运算 $C^n$ 的运算元，而 $D_k$ 为解压缩运算(译码)$D^n$ 的运算元，则

$$F(\boldsymbol{\rho}^{\otimes n}, D^n \circ C^n)=\sum_{j,k}|\operatorname{tr}[D_k C_j \boldsymbol{\rho}^{\otimes n}]|^2 \tag{9.37}$$

每个 $C_j$ 算子都用投影 $S(n)$ 映射到子空间中，故 $C_j=S(n)C_j$。令 $S^k(n)$ 为通过 $D_k$ 将算子 $S(n)$ 映射到子空间上的投影，则有 $S^k(n)D_kS(n)=D_kS(n)$，且 $D_kC_j=D_kS(n)C_j=S^k(n)D_kS(n)C_j=S^k(n)D_kC_j$，其中

$$F(\boldsymbol{\rho}^{\otimes n}, D^n \circ C^n)=\sum_{j,k}|\operatorname{tr}[D_k C_j \boldsymbol{\rho}^{\otimes n} S^k(n)]|^2 \tag{9.38}$$

由 Cauchy-Schwarz 不等式，可得

$$F(\boldsymbol{\rho}^{\otimes n}, D^n \circ C^n)\leqslant\sum_{j,k}\operatorname{tr}[D_k C_j \boldsymbol{\rho}^{\otimes n} C_j^{+} D_k^{+}]\operatorname{tr}[S^k(n)\boldsymbol{\rho}^{\otimes n}] \tag{9.39}$$

根据典型子空间定理中的(3)可知，对 $\forall\delta>0$ 和充分大的 $n$，有 $\operatorname{tr}[S^k(n)\boldsymbol{\rho}^{\otimes n}]\leqslant\delta$，这个结果对任何 $n$ 都成立，而不依赖于 $k$。因为 $C^n$ 和 $D^n$ 是保迹的，所以有

$$F(\boldsymbol{\rho}^{\otimes n}, D^n \circ C^n)\leqslant\delta\sum_{j,k}\operatorname{tr}[D_k C_j \boldsymbol{\rho}^{\otimes n} C_j^{+} D_k^{+}]=\delta \tag{9.40}$$

由于 $\delta$ 是任意的，故当 $n\to\infty$ 时，$F(\boldsymbol{\rho}^{\otimes n}, D^n\circ C^n)\to 0$，从而该压缩方案是不可靠的。

证毕

由 Schumacher 定理可知，信源编码的关键是构造到 $2^{nR}$ 维典型子空间的映射。映射算法的线路必须完全可逆，并且信源压缩过程中要完全擦除原来的状态。这是因为根据不可克隆定理，原状态无法复制，不可能像经典压缩方案那样在压缩后保持状态。

若量子信源以概率 $p_i$ 发送密度算子为 $\boldsymbol{\rho}_i$ 的量子态，$\boldsymbol{\rho}$ 是信源的总的密度算子。如果所有 $\boldsymbol{\rho}_i$ 均限制为纯态，则 Von Neumann 熵确定了精确表示信源发送的信息所需的最小量子位。特别地，当各个 $\boldsymbol{\rho}_i$ 互相正交时，Von Neumann 熵回到经典的 Shannon 信息熵的情形。需要指出的是，以上的定理仅仅是针对信源信号量子态是纯态的情形。

Holevo 进一步研究了混合态信源，指出当 $\boldsymbol{\rho}_i$ 为混合态时所需最少量子位数为 Holevo 信息熵。

### 9.1.3 量子信源编码实例

若信源产生的序列为 $|M\rangle=|x_1x_2\cdots x_n\rangle$，将其看作 $n$ 位量子位的张量积($|x_i\rangle\in\{|a_k\rangle, k=1, \cdots, N\}$，$\{|a_k\rangle\}$为一给定的字符表)，而不是 $n$ 位量子位组成的时间序列。设信源以概率 $p_k$ 发送每一个信源量子位 $|a_k\rangle$，定义字符密度算子为

$$\boldsymbol{\rho}=\sum_{k=1}^{N}p_k|a_k\rangle\langle a_k| \tag{9.41}$$

信源总的密度算子为

$$\boldsymbol{\rho}_M=\boldsymbol{\rho}\otimes\boldsymbol{\rho}\otimes\cdots\otimes\boldsymbol{\rho}\equiv\boldsymbol{\rho}^{\otimes n} \tag{9.42}$$

假设在量子通信信道中传输的信息是由两个纯态量子位$\{|a\rangle, |b\rangle\}$组成，定义$|a\rangle$，$|b\rangle$分别为

$$\begin{cases} |a\rangle = |0\rangle = \begin{pmatrix} 1 \\ 0 \end{pmatrix} \\ |b\rangle = \dfrac{1}{\sqrt{2}}(|0\rangle + |1\rangle) = \dfrac{1}{\sqrt{2}}\begin{pmatrix} 1 \\ 1 \end{pmatrix} \end{cases} \tag{9.43}$$

假设信源 $\boldsymbol{X}$ 服从均匀分布，两个纯态的概率相同，为 $p_a = p_b = 1/2$，则字符密度算子为

$$\boldsymbol{\rho} = p_a |a\rangle\langle a| + p_b |b\rangle\langle b| = \frac{1}{2}\begin{pmatrix} 1 & 0 \\ 0 & 0 \end{pmatrix} + \frac{1}{4}\begin{pmatrix} 1 & 1 \\ 1 & 1 \end{pmatrix} = \frac{1}{4}\begin{pmatrix} 3 & 1 \\ 1 & 1 \end{pmatrix} \tag{9.44}$$

$\boldsymbol{\rho}$ 的特征值为 $\lambda_a = \dfrac{1+\dfrac{1}{\sqrt{2}}}{2} \equiv \cos^2\dfrac{\pi}{8}$，$\lambda_b = \dfrac{1-\dfrac{1}{\sqrt{2}}}{2} \equiv \sin^2\dfrac{\pi}{8}$，特征向量 $|\lambda_a\rangle$，$|\lambda_b\rangle$ 为

$$|\lambda_a\rangle = \begin{pmatrix} \cos\dfrac{\pi}{8} \\ \sin\dfrac{\pi}{8} \end{pmatrix}, \quad |\lambda_b\rangle = \begin{pmatrix} \sin\dfrac{\pi}{8} \\ -\cos\dfrac{\pi}{8} \end{pmatrix} \tag{9.45}$$

密度算子的对角矩阵形式为

$$\boldsymbol{\rho} = \begin{pmatrix} \lambda_a & \\ & \lambda_b \end{pmatrix} = \begin{pmatrix} \cos^2\dfrac{\pi}{8} & \\ & \sin^2\dfrac{\pi}{8} \end{pmatrix} \tag{9.46}$$

所以，任意消息字符（每个量子位）的诺依曼熵为

$$\begin{aligned} S(\boldsymbol{\rho}) &= -\lambda_a \mathrm{lb}\lambda_a - \lambda_b \mathrm{lb}\lambda_b = -\lambda_a \mathrm{lb}\lambda_a - (1-\lambda_a)\mathrm{lb}(1-\lambda_a) \\ &\equiv f\left(\cos^2\frac{\pi}{8}\right) \equiv 0.6008 \end{aligned} \tag{9.47}$$

特征向量 $|\lambda_a\rangle$，$|\lambda_b\rangle$ 和量子符号 $|a\rangle$，$|b\rangle$ 内积的模方为

$$\begin{cases} |\langle\lambda_a|a\rangle|^2 = |\langle\lambda_a|b\rangle|^2 = \cos^2\dfrac{\pi}{8} = \lambda_a \approx 0.8535 \\ |\langle\lambda_b|a\rangle|^2 = |\langle\lambda_b|b\rangle|^2 = \sin^2\dfrac{\pi}{8} = \lambda_b \approx 0.1465 \end{cases} \tag{9.48}$$

定义保真度为

$$F = \langle\psi|\boldsymbol{\rho}|\psi\rangle \equiv p_a |\langle\psi|a\rangle|^2 + p_b |\langle\psi|b\rangle|^2 \tag{9.49}$$

其中，$|\psi\rangle$ 为任意的测量态。

由于 $\boldsymbol{p}_a = \boldsymbol{p}_b = 1/2$，所以保真度为 $F = (|\langle\psi|a\rangle|^2 + |\langle\psi|b\rangle|^2)/2$，由式(9.49)可知，当 $\{|\psi\rangle\} = \{|\lambda_a\rangle\}$ 时，无论发送的是 $|a\rangle$ 还是 $|b\rangle$，保真度达到最大，此时 $F=0.853$。因此，$\{|\psi\rangle\} = \{|\lambda_a\rangle\}$ 对应一个一维类子空间(Likely Subspace)，在这个空间中，任意的信息字符都是最强重叠的(Most Strongly Overlapping)[45]。

将上述类子空间的维数增加为三维，则相应的字符为

$$|M\rangle = |aaa\rangle, |aab\rangle, |aba\rangle, |abb\rangle, |baa\rangle, |bab\rangle, |bba\rangle, |bbb\rangle \tag{9.50}$$

令 $|\psi\rangle = |\lambda_i\lambda_j\lambda_k\rangle$ 为一任意的测量状态，其中 $\lambda_i$，$\lambda_j$，$\lambda_k = \lambda_a$，$\lambda_b$。利用性质

$$|\langle\psi|M\rangle|^2 = |\langle\lambda_i\lambda_j\lambda_k|xyz\rangle|^2 = |\langle\lambda_i|x\rangle|^2 |\langle\lambda_j|y\rangle|^2 |\langle\lambda_k|z\rangle|^2 \tag{9.51}$$

以及前述结论可知，对任意信息 $|M\rangle$，有

$$|\langle\lambda_a\lambda_a\lambda_a|M\rangle|^2=\lambda_a^3=\cos^6\frac{\pi}{8}=0.6219 \tag{9.52}$$

$$\begin{aligned}|\langle\lambda_a\lambda_a\lambda_b|M\rangle|^2&=|\langle\lambda_a\lambda_b\lambda_a|M\rangle|^2=|\langle\lambda_b\lambda_a\lambda_a|M\rangle|^2\\&=\lambda_a^2\lambda_b=\cos^4\frac{\pi}{8}\sin^2\frac{\pi}{8}=0.1067\end{aligned} \tag{9.53}$$

$$\begin{aligned}|\langle\lambda_a\lambda_b\lambda_b|M\rangle|^2&=|\langle\lambda_b\lambda_a\lambda_b|M\rangle|^2=|\langle\lambda_b\lambda_b\lambda_a|M\rangle|^2\\&=\lambda_a\lambda_b^2=\cos^2\frac{\pi}{8}\sin^4\frac{\pi}{8}=0.0183\end{aligned} \tag{9.54}$$

$$|\langle\lambda_b\lambda_b\lambda_b|M\rangle|^2=\lambda_b^3=\sin^6\frac{\pi}{8}=0.0031 \tag{9.55}$$

由式(9.55)可以看出，$\boldsymbol{\Omega}=\{|\lambda_a\lambda_a\lambda_a\rangle, |\lambda_a\lambda_a\lambda_b\rangle, |\lambda_a\lambda_b\lambda_a\rangle, |\lambda_b\lambda_a\lambda_a\rangle\}$定义的子空间是最可能的(most likely)，而其正交子空间 $\boldsymbol{\Omega}^{\perp}=\{|\lambda_a\lambda_b\lambda_b\rangle, |\lambda_b\lambda_a\lambda_b\rangle, |\lambda_b\lambda_b\lambda_a\rangle, |\lambda_b\lambda_b\lambda_b\rangle\}$是最不可能的。所以，用通过特征基 $\boldsymbol{\Lambda}=\{|\lambda_a\rangle, |\lambda_b\rangle\}^{\otimes 3}$ 得到的状态 $|\psi\rangle$ 测量任意信息 $|M\rangle$，所得到的结果更容易落在 $\boldsymbol{\Omega}$ 空间，概率为 $p(\boldsymbol{\Omega})=\lambda_a^3+3\lambda_a^2\lambda_b=0.6219+3\times0.1067=0.942\equiv1-\delta$，而所得结果落入 $\boldsymbol{\Omega}$ 正交空间 $\boldsymbol{\Omega}^{\perp}$ 的概率为 $p(\boldsymbol{\Omega}^{\perp})=3\lambda_a\lambda_b^2+\lambda_b^3=3\times0.0183+0.0031=0.058\equiv\delta$。定义 $\boldsymbol{E}$ 为可能的四维子空间 $\boldsymbol{\Omega}$ 上的投影算子，有

$$\begin{aligned}\boldsymbol{E}&=\sum_{|\lambda_i\lambda_j\lambda_k\rangle\in\boldsymbol{\Omega}}|\lambda_i\lambda_j\lambda_k\rangle\langle\lambda_i\lambda_j\lambda_k|\\&=|\lambda_a\lambda_a\lambda_a\rangle\langle\lambda_a\lambda_a\lambda_a|+|\lambda_a\lambda_a\lambda_b\rangle\langle\lambda_a\lambda_a\lambda_b|+|\lambda_a\lambda_b\lambda_a\rangle\langle\lambda_a\lambda_b\lambda_a|+|\lambda_b\lambda_a\lambda_a\rangle\langle\lambda_b\lambda_a\lambda_a|\end{aligned} \tag{9.56}$$

也可表示为

$$\boldsymbol{E}=\begin{bmatrix}1&0&0&0&0&0&0&0\\0&1&0&0&0&0&0&0\\0&0&1&0&0&0&0&0\\0&0&0&1&0&0&0&0\\0&0&0&0&0&0&0&0\\0&0&0&0&0&0&0&0\\0&0&0&0&0&0&0&0\\0&0&0&0&0&0&0&0\end{bmatrix} \tag{9.57}$$

在相同的本征基下，消息的密度算子的对角形式为

$$\boldsymbol{\rho}_M=\begin{bmatrix}\lambda_a^3&&&&&&&\\&\lambda_a^2\lambda_b&&&&&0&\\&&\lambda_a^2\lambda_b&&&&&\\&&&\lambda_a^2\lambda_b&&&&\\&0&&&\lambda_a\lambda_b^2&&&\\&&&&&\lambda_a\lambda_b^2&&\\&&&&&&\lambda_a\lambda_b^2&\\&&&&&&&\lambda_b^3\end{bmatrix} \tag{9.58}$$

基于上述定义，可以得到

$$\mathrm{tr}(\boldsymbol{\rho}_M \boldsymbol{E}) = \boldsymbol{\rho}(\boldsymbol{\Omega}) = 1 - \delta \tag{9.59}$$

若将空间 $\boldsymbol{\Omega}$ 看作典型子空间，对于任意类型的信息

$$|\psi_{\mathrm{typ}}\rangle = |\lambda_a\lambda_a\lambda_a\rangle, \ |\lambda_a\lambda_a\lambda_b\rangle, \ |\lambda_a\lambda_b\lambda_a\rangle, \ |\lambda_b\lambda_a\lambda_a\rangle \tag{9.60}$$

可视为对经典信息序列的量子化模拟。此处，我们认为随着信息长度的增加，典型子空间的概率会渐渐增大，不确定性 $\delta$ 会任意小，可以近似认为 $\mathrm{tr}(\boldsymbol{\rho}_M \boldsymbol{E})$ 等于 1。

下面以将上述的 3 量子比特压缩为 2 量子比特为例介绍信源消息 $|\psi\rangle$ 压缩和解压缩的具体过程[45]。

### 1. 压缩过程

首先，对信源进行 $U$ 变换，将四个典型态转换为态 $|xy0\rangle = |xy\rangle \otimes |0\rangle$，另外四个非典型态转换为态 $|xy1\rangle = |xy\rangle \otimes |1\rangle$。

令所得结果为 $|\psi'\rangle$，即 $|\psi'\rangle = U|\psi\rangle$，接收端若知道 $U$ 算子，则可通过逆运算得到 $|\psi\rangle$，即 $|\psi\rangle = U^{-1}|\psi'\rangle$。

其次，发送方对 $|\psi'\rangle$ 的第三个比特进行测量，根据测量输出的不同可得出不同的结果。若测量输出为 0，则信息态为 $|xy0\rangle$，即原信源信息为一典型态；若测量输出为 1，则信息态为 $|zk1\rangle$，即原信源信息为一非典型态。

根据测量输出的不同，信源可以采取不同的对应处理方法：若输出为 0，则其他两量子位为 $|xy\rangle$，称其为 $|\psi_{\mathrm{comp1}}\rangle$，经量子通信信道发送；若输出为 1，则经量子信道发送 $|\psi_{\mathrm{comp2}}\rangle$，其中，$|\psi_{\mathrm{comp2}}\rangle$ 满足 $U^{-1}(|\psi_{\mathrm{comp2}}\rangle \otimes |0\rangle) = |\lambda_a\lambda_a\lambda_a\rangle$。

### 2. 解压缩过程

接收端在所接收信息后面添加 $|0\rangle$，即为 $|\psi_{\mathrm{comp1}}\rangle \otimes |0\rangle$ 或者 $|\psi_{\mathrm{comp2}}\rangle \otimes |0\rangle$，从而实现 $U^{-1}$ 变换。通过上述解压缩操作，接收端能够得到下面两种状态中的一个

$$\begin{cases} |\psi''\rangle = U^{-1}(|\psi_{\mathrm{comp1}}\rangle \otimes |0\rangle) = U^{-1}U|xy0\rangle = |\psi_{\mathrm{typ}}\rangle \\ |\psi'''\rangle = U^{-1}(|\psi_{\mathrm{comp2}}\rangle \otimes |0\rangle) = |\lambda_a\lambda_a\lambda_a\rangle \end{cases} \tag{9.61}$$

在解压缩过程中，接收端能够恢复信源信息 $|\psi_{\mathrm{typ}}\rangle$，并得到最好的猜测信息 $|\lambda_a\lambda_a\lambda_a\rangle$。这个编解码过程为在信源处将 3 量子位信息压缩为 2 量子位，在接收端再将 2 量子位的信息通过解压缩，还原为 3 量子位。

### 3. 可信度分析

这里分析整个操作过程的可信度。令接收方恢复的信息的密度算子为 $\bar{\boldsymbol{\rho}}$，信源信息 $|\psi\rangle$ 的密度函数为 $|\psi\rangle\langle\psi|$，在典型子空间 $\boldsymbol{\Omega}$ 上的投影为 $\boldsymbol{E}|\psi\rangle\langle\psi|\boldsymbol{E}^{+} = \boldsymbol{E}|\psi\rangle\langle\psi|\boldsymbol{E}$，这构成了 $\bar{\boldsymbol{\rho}}$ 的第一部分，即典型信息态 $|\psi_{\mathrm{typ}}\rangle$；另一部分为 $\bar{\boldsymbol{\rho}}_{\mathrm{junk}} = \langle\psi|(\boldsymbol{I}-\boldsymbol{E})|\psi\rangle|\lambda_a\lambda_a\lambda_a\rangle\langle\lambda_a\lambda_a\lambda_a|$，其中 $\boldsymbol{I} = \boldsymbol{I}^{\otimes 3}$。$\boldsymbol{I}-\boldsymbol{E}$ 为非典型空间 $\boldsymbol{\Omega}^{\perp}$ 上的投影算子，如果 $|\psi\rangle$ 为非典型态，则 $\langle\psi|(\boldsymbol{I}-\boldsymbol{E})|\psi\rangle$ 为 1，对应的投影算子为 $|\lambda_a\lambda_a\lambda_a\rangle\langle\lambda_a\lambda_a\lambda_a|$，否则 $\langle\psi|(\boldsymbol{I}-\boldsymbol{E})|\psi\rangle$ 为 0。发送和恢复的信息的总密度算子为

$$\begin{aligned} \bar{\boldsymbol{\rho}} &= \boldsymbol{E}|\psi\rangle\langle\psi|\boldsymbol{E} + \langle\psi|(\boldsymbol{I}-\boldsymbol{E})|\psi\rangle|\lambda_a\lambda_a\lambda_a\rangle\langle\lambda_a\lambda_a\lambda_a| \\ &= \boldsymbol{E}|\psi\rangle\langle\psi|\boldsymbol{E} + \bar{\boldsymbol{\rho}}_{\mathrm{junk}} \end{aligned} \tag{9.62}$$

则保真度为

$$
\begin{aligned}
\bar{F} &= \langle \psi | \bar{\boldsymbol{\rho}} | \psi \rangle = \langle \psi | \boldsymbol{E} | \psi \rangle \langle \psi | \boldsymbol{E} | \psi \rangle + \langle \psi | \bar{\boldsymbol{\rho}}_{\text{junk}} | \psi \rangle \\
&= | \langle \psi | \boldsymbol{E} | \psi \rangle |^2 + \langle \psi | (\boldsymbol{I} - \boldsymbol{E}) | \psi \rangle | \langle \psi | \lambda_a \lambda_a \lambda_a \rangle |^2 \\
&= P(\boldsymbol{\Omega})^2 + P(\boldsymbol{\Omega}^{\perp}) \times | \langle \psi | \lambda_a \lambda_a \lambda_a \rangle |^2 \\
&= (1-\delta)^2 + \delta | \langle \psi | \lambda_a \lambda_a \lambda_a \rangle |^2
\end{aligned} \tag{9.63}
$$

将 $\delta = 0.058$，$| \langle \psi | \lambda_a \lambda_a \lambda_a \rangle |^2 = \lambda_a^3 = 0.6219$ 代入式(9.63)，则

$$
\bar{F} = (1 - 0.058)^2 + 0.058 \times 0.6219 \approx 0.923 \tag{9.64}
$$

与前面所得到的保真度 $F = 0.853$ 相比，该保真度要好得多，这是通过对丢失的所有比特进行猜测，假设其为 $|\lambda_a\rangle$ 所获得的。所以，若不对发送信息的前两个比特进行编码而是直接传输，而接收端假设第三个数据比特为 $|\lambda_a\rangle$，则所获得的保真度为 $F = 0.853$，这种基于假设的压缩编码方法所得到的保真度低于基于 $\boldsymbol{U}$ 操作和测量的压缩编码方法所得到的保真度 $\bar{F} = 0.923$。

上述例子说明在较高保真度的前提下，可以将量子信息由 $n$ 量子位压缩为 $m$ 量子位，其中 $m < n$，定义压缩因子为

$$
\eta = \frac{m}{n} = \frac{2}{3} = 0.666\cdots = 66.66\% \tag{9.65}
$$

随着信息长度的增加，压缩因子受限于诺依曼熵，即 $\eta \geqslant S(\boldsymbol{\rho})$，这即为 Schumacher 定理(也称为量子编码定理)。在这个例子中，每一个量子位的诺依曼熵为 $S(\boldsymbol{\rho}) = 0.6008$，相应的最大压缩率为 $\eta = 60.08\%$，因此任意 3 量子位信息不可能通过压缩编码减少为 1 比特，而保证较高的保真度。同样，由 Schumacher 定理，诺依曼熵越小，信息的压缩程度就会越高，所以可用诺依曼熵大小表示冗余信息的多少。当 $S(\boldsymbol{\rho}) = 1$ 时，不能实现压缩。此时，密度算子所对应的信息比特可写为 $|\pm\rangle = (|0\rangle \pm |1\rangle)/\sqrt{2}$，信息随机性在 0～1 之间服从均匀分布，类似于具有最大熵 $H(X) = 1$ 的经典信源。这与由经典信源 $H(X^n) = n$ 产生的纯随机序列不能被压缩的结果相吻合。一旦信息随机性不服从 0－1 均匀分布(此时信源熵 $H(X^n) < n$)，则信息有冗余，可以通过编码压缩为较少的量子位。

# 9.2 量子纠错编码的基本概念

本节首先简要介绍经典噪声信道编码定理和经典信道纠错码；接着介绍量子信道编码的特点，通过 3 比特量子重复码和 Shor 码理解量子纠错码的基本原理，为后续量子稳定子码、CSS 量子纠错码和表面码奠定基础；最后给出了几个量子纠错码的性能限。

## 9.2.1 经典纠错码简介

### 1. 经典噪声信道编码定理

1948 年，Shannon 在其论文中提出并证明了信道编码的正定理和逆定理，给出了编码后的信息能以任意小的错误概率传输给接收方的条件。这里先给出 Fano 不等式和信道编码逆定理，然后给出典型序列和信道编码定理[119]。

1) Fano不等式和信道编码逆定理

若信源产生的消息序列为$\boldsymbol{u}=(u_1, u_2, \cdots, u_L)\in U^L$，长度为$L$，编码后的码序列为$\boldsymbol{x}=(x_1, x_2, \cdots, x_N)$，长度为$N$，到达接收机的接收序列为$\boldsymbol{y}=(y_1, y_2, \cdots, y_N)$，长度为$N$，经译码后得到信息序列为$\boldsymbol{v}=(v_1, v_2, \cdots, v_L)\in V^L$。若信道误码率为$p_b$，在$L=1$时，接收端收到$V$后，关于$U$的平均不确定性或含糊度若不为0，则编码信道上一定有误码，即$p_b\geqslant f[H(U|V)]$或$f^{-1}(p_b)=\phi(p_b)\geqslant H(U|V)$，其中$f(H)$是非减函数。

设空间$U$和$V$各有$M$个元素$a_1, a_2, \cdots, a_M$，平均误码率为

$$p_b=\sum_m Q(u_m)\sum_{j\neq m}p(v_j|u_m)=\sum_j \Omega(v_j)p(e|v_j) \tag{9.66}$$

其中：

$$p(e|v_j)=1-p(u_j|v_j)=\sum_{m\neq j}p(u_m|v_j) \tag{9.67}$$

为将接收向量$\boldsymbol{y}$判为$v_j$时的错误概率。由含糊度的定义，在判决空间$V$已知的条件下，消息空间$U$的含糊度为

$$H(U|V)=\sum_j H(U|v_j)\Omega(v_j) \tag{9.68}$$

译码判决为正确或错误的平均不确定性为

$$H(p_b)=-p_b\operatorname{lb}p_b-(1-p_b)\operatorname{lb}(1-p_b) \tag{9.69}$$

$U$和$V$空间中的事件满足Fano不等式：

$$p_b\operatorname{lb}(M-1)+H(p_b)\geqslant H(U|V) \tag{9.70}$$

当$L>1$时，式(9.70)可改写为

$$p_b\operatorname{lb}(M-1)+H(p_b)\geqslant \frac{1}{L}H(U^L|V^L) \tag{9.71}$$

由于

$$I(U^L;V^L)\leqslant I(X^N;Y^N)\leqslant NC \tag{9.72}$$

因此代入式(9.71)可得

$$\begin{aligned}p_b\operatorname{lb}(M-1)+H(p_b)&\geqslant \frac{1}{L}H(U^L|V^L)\\&=\frac{1}{L}[H(U^L)-I(U^L;V^L)]\\&\geqslant H_L(U)-\frac{1}{L}I(X^N;Y^N)\\&\geqslant H_L(U)-\frac{N}{L}C\end{aligned} \tag{9.73}$$

由于$H_L(U)\geqslant H_\infty(U)$，可得下面的信道编码逆定理。

**信道编码逆定理：** 设离散平稳源的字母表有$M$个字母，且熵为$H_\infty(U)=\lim\limits_{L\to\infty}H_L(U)$，每$\tau_s$秒产生一个字母。令离散无记忆信道的容量为$C$，每$\tau_c$秒发送一个信道符号。若长为$L$的信息序列被编成长为$N=\left[L\dfrac{\tau_s}{\tau_c}\right]$的码字，则误码率满足

$$p_b\operatorname{lb}(M-1)+H(p_b)\geqslant H_\infty(U)-\frac{\tau_s}{\tau_c}C \tag{9.74}$$

当 $H_\infty(U)-\frac{\tau_s}{\tau_c}C>0$，$p_b$ 为非零值。

信道编码逆定理说明，对于信源在 $L\tau_s$ 秒产生的信息序列，当以长为 $N$ 的分组码表示，经过信道传输和译码，若信源每符号所含的熵 $H_\infty(U)$ 大于信道容量 $\frac{\tau_s}{\tau_c}C$，则不管采取何种编码和译码方法都不能使平均误码率为 0。

2）典型序列和信道编码定理

令 $X$、$Y$ 是两个概率空间 $\boldsymbol{x}=(x_1, x_2, \cdots, x_N)\in\boldsymbol{X}^N$，$\boldsymbol{y}=(y_1, y_2, \cdots, y_N)\in\boldsymbol{Y}^N$，若序列对 $\boldsymbol{x}$，$\boldsymbol{y}$ 满足：

（1）$\boldsymbol{x}$ 是 ε 典型序列，即对任意小的正数 ε，存在 $N$，使

$$\left|-\frac{1}{N}\mathrm{lb}p(x)-H(X)\right|\leqslant\varepsilon \tag{9.75}$$

（2）$\boldsymbol{y}$ 是 ε 典型序列，即对任意小的正数 ε，存在 $N$，使

$$\left|-\frac{1}{N}\mathrm{lb}p(y)-H(Y)\right|\leqslant\varepsilon \tag{9.76}$$

（3）$\boldsymbol{xy}$ 是典型序列，即对任意小的正数 ε，存在 $N$，使

$$\left|-\frac{1}{N}\mathrm{lb}p(xy)-H(XY)\right|\leqslant\varepsilon \tag{9.77}$$

就称 $x$，$y$ 是联合 ε 典型序列。

令 $T_X(N, \varepsilon)$ 表示 $\boldsymbol{X}^N$ 中 ε 典型序列的集合，$T_Y(N, \varepsilon)$ 表示 $\boldsymbol{Y}^N$ 中的 ε 典型序列集合，$T_{XY}(N, \varepsilon)$ 表示 $(\boldsymbol{X}^N, \boldsymbol{Y}^N)$ 中的 ε 典型序列集合。对于每个给定的 $\boldsymbol{y}$，令和 $\boldsymbol{y}$ 构成联合 ε 典型序列的所有 $\boldsymbol{x}$ 序列的集合为 $T_{X|Y}(N, \varepsilon)$，可写为

$$T_{X|Y}(N, \varepsilon)=\{\boldsymbol{x}: (\boldsymbol{x}, \boldsymbol{y})\in T_{XY}(N, \varepsilon)\} \tag{9.78}$$

类似地，有

$$T_{Y|X}(N, \varepsilon)=\{\boldsymbol{y}: (\boldsymbol{x}, \boldsymbol{y})\in T_{XY}(N, \varepsilon)\} \tag{9.79}$$

可以证明，对 $\forall\varepsilon>0$，当 $N$ 足够大时，有

$$|T_{X|Y}(N, \varepsilon)|\leqslant 2^{N[H(X|Y)+2\varepsilon]} \tag{9.80}$$

$$|T_{Y|X}(N, \varepsilon)|\leqslant 2^{N[H(Y|X)+2\varepsilon]} \tag{9.81}$$

$$(1-\varepsilon)2^{-N[I(X:Y)+3\varepsilon]}\leqslant\sum_{\boldsymbol{x}}\sum_{\substack{\boldsymbol{y}\\(\boldsymbol{x},\boldsymbol{y})\in T_{XY}(N,\varepsilon)}}p(\boldsymbol{x})p(\boldsymbol{y})\leqslant 2^{-N[I(X:Y)-3\varepsilon]} \tag{9.82}$$

$$p_r\{T_{XY}(N, \varepsilon)\}\geqslant 1-\varepsilon \tag{9.83}$$

**Shannon 有噪信道编码定理**：如果噪声通信信道为离散无记忆信道，其容量为 $C$，信源 $X$ 的熵为 $H(X)$，若信道编码的码率 $R\ll C$，则存在一个码率为 $R$ 的码，使得信息能以任意小的概率错误 ε 在信道中传输，即对 $\forall\varepsilon>0$，有 $P_e<\varepsilon$。这里，若信源 $X$ 中的字符概率分布为 $p(x)$，信宿（信道的输出）接收到的信息为 $Y$，则信道容量 $C$ 为

$$C=\max_{p(x)}I(X, Y) \tag{9.84}$$

**证明**：从 $X^N$ 中独立随机地选择 $2^{NR}$ 个序列作为码字，每个码字出现的概率为

$$Q(\boldsymbol{x})=\prod_{n=1}^{N}Q(x_n) \tag{9.85}$$

其中，$Q(x_n)$为$x_n$的概率，$X$中任一元素独立、等概率地出现。译码规则如下：对给定的接收序列$\boldsymbol{y}$，若存在唯一$m'\in[1, 2^{NR}]$，使$(\boldsymbol{x}_{m'}, \boldsymbol{y})\in T_{XY}(N, \varepsilon)$，就将$\boldsymbol{y}$译为$\boldsymbol{x}_{m'}$。当$m'\neq m$或有两个以上的$m'$和$y$是联合典型序列时就认为出现译码错误。由于采用了随机编码，则随机码集合的平均错误概率就是任一特定消息被错误译码的概率。假定发送的是第一个消息，令事件$E_m=\{(\boldsymbol{x}_m, \boldsymbol{y})\in T_{XY}(N, \varepsilon)\}$，$m\in[1, 2^{NR}]$，则发送标号为1的消息时，译码错误概率为

$$p_e=p_{e_1}=p_r\{\bigcup_{m\neq 1}E_m\cup E_1^c\}\leqslant p(E_1^c)+\sum_{m\neq 1}p(E_m) \tag{9.86}$$

其中，$p(E_1^c)$是$(\boldsymbol{x}_1, \boldsymbol{y})\notin T_{XY}(N, \varepsilon)$的概率。由式(9.83)可知，当$N$足够大时有$p(E_1^c)\to 0$。由式(9.82)可知，序列$\boldsymbol{x}_m$和序列$\boldsymbol{y}$是联合典型$\varepsilon$序列，其概率的上限为$p(E_m)\leqslant 2^{-N[I(X;Y)-3\varepsilon]}$，因而有

$$\sum_{m\neq 1}p(E_m)\leqslant 2^{NR}\cdot 2^{-N[I(X;Y)-3\varepsilon]}=2^{N[R-I(X;Y)+3\varepsilon]} \tag{9.87}$$

为了使$R$增大，可使$I(X;Y)$极大化，即用$C$取代，若$R<C-3\varepsilon$，$N\to\infty$，$\sum_{m\neq 1}p(E_m)\to 0$，所以必存在一种码，当$N$足够大时，其译码错误概率为0。

**2. 经典纠错码简介**

在经典通信系统中，简单的信道编码有奇偶校验码、重复码、线性分组码、卷积码等。奇偶校验码是在码字后面加1个冗余码元(校验元)，可以检测出奇数个错误。重复码是码长为$n$，信息只有1位的码，如3比特重复码，分别用000及111两个码字表示0和1。

信道编码按功能可分为检错码和纠错码；按信息码元和校验码元之间的校验关系可分为线性码和非线性码；按信息码元和校验码元之间的约束方式分为分组码和卷积码。

$(n, k)$线性分组码是码长为$n$、信息长度为$k$的分组码，其编码效率(码率)为$R=k/n$。对于最小汉明距离$d_0$，若要在接收时检测出$e$位错，则$d_0\geqslant e+1$；如果要纠正$t$位错，则$d_0\geqslant 2t+1$；如果要求纠正$t$位错，且同时可检出$e$位错，则要求$d_0\geqslant e+t+1(e>t)$。

1) 线性分组码

线性分组码的校验位是信息位的线性组合。对$(n, k)$码，可列出$n-k$个独立的线性方程，计算$n-k$个校验位。例如，对(7, 4)线性分组码，3个校验位$a_2a_1a_0$和4个信息位$a_6a_5a_4a_3$之间的关系为

$$\begin{cases}a_2=a_6+a_5+a_4\\a_1=a_6+a_5+a_3\\a_0=a_6+a_4+a_3\end{cases} \tag{9.88}$$

其中，“+”指模2加。上述关系可改写如下：

$$\begin{cases}1\cdot a_6+1\cdot a_5+1\cdot a_4+0\cdot a_3+1\cdot a_2+0\cdot a_1+0\cdot a_0=0\\1\cdot a_6+1\cdot a_5+0\cdot a_4+1\cdot a_3+0\cdot a_2+1\cdot a_1+0\cdot a_0=0\\1\cdot a_6+0\cdot a_5+1\cdot a_4+1\cdot a_3+0\cdot a_2+0\cdot a_1+1\cdot a_0=0\end{cases} \tag{9.89}$$

表示成矩阵形式为

$$\begin{bmatrix}1&1&1&0&1&0&0\\1&1&0&1&0&1&0\\1&0&1&1&0&0&1\end{bmatrix}[a_6a_5a_4a_3a_2a_1a_0]^{\mathrm{T}}=\begin{bmatrix}0\\0\\0\end{bmatrix} \tag{9.90}$$

令

$$\boldsymbol{H}=\begin{bmatrix}1&1&1&0&1&0&0\\1&1&0&1&0&1&0\\1&0&1&1&0&0&1\end{bmatrix} \tag{9.91}$$

为校验矩阵，它由 $n-k$ 个线性独立方程组的系数组成。为了进行编码，引入生成矩阵 $\boldsymbol{G}$

$$\boldsymbol{G}=\begin{bmatrix}1&0&0&0&1&1&1\\0&1&0&0&1&1&0\\0&0&1&0&1&0&1\\0&0&0&1&0&1&1\end{bmatrix} \tag{9.92}$$

$$[a_6a_5a_4a_3a_2a_1a_0]=[a_6a_5a_4a_3]\boldsymbol{G} \tag{9.93}$$

比较典型监督矩阵(式(9.91))和典型生成矩阵(式(9.92))，可以看到，典型监督矩阵和典型生成矩阵存在以下关系

$$\boldsymbol{G}\cdot\boldsymbol{H}^{\mathrm{T}}=\boldsymbol{0} \tag{9.94}$$

码字在传输过程中可能会出错，令收发码字的差为错误图样，记为 $\boldsymbol{E}=[e_{n-1}\quad e_{n-2}\quad\cdots\quad e_0]$，若发送的码字为 $\boldsymbol{C}_A$，接收的码字为 $\boldsymbol{C}_B$，即

$$\boldsymbol{C}_B=\boldsymbol{C}_A+\boldsymbol{E} \tag{9.95}$$

令 $\boldsymbol{S}=\boldsymbol{C}_B\boldsymbol{H}^{\mathrm{T}}$ 为分组码的校正子(也称为伴随式)，有

$$\boldsymbol{S}=(\boldsymbol{C}_A+\boldsymbol{E})\boldsymbol{H}^{\mathrm{T}}=\boldsymbol{E}\boldsymbol{H}^{\mathrm{T}} \tag{9.96}$$

对于前述的(7，4)线性分组码，设接收码字的最高位出错，错误图样为 $\boldsymbol{E}=[1\quad 0\quad 0\quad 0\quad 0\quad 0\quad 0]$，则

$$\boldsymbol{S}=\boldsymbol{E}\boldsymbol{H}^{\mathrm{T}}=[1\quad 1\quad 1] \tag{9.97}$$

如果接收码字的第二位出错，$\boldsymbol{E}=[0\ 1\ 0\ 0\ 0\ 0\ 0]$，则 $\boldsymbol{S}=[1\quad 1\quad 0]$，所以可以根据计算获得的校验子来判断出错样式，进而进行纠错。

线性分组码中的循环码是重要的一类码，其代数结构的特点使得其编码电路及伴随式解码电路简单易行，因此在实际中较为常用。常见的循环码包括 CRC、BCH 和 R-S 码等。

2）卷积码和其他编码

线性分组码的校验位只与本码字的信息位有关，长度为 $n$ 的码字独立生成并独立检错和纠错，它适合于以分组包进行数据通信的检错和反馈重传纠错。而卷积码的信息位不以分组进入编码器缓存而形成它们的校验位之后再输出，而是以很短的信息码段连续进入编码器，每个信息段形成的校验不但与本段有关，而且与它之前的信息段有关，因此监督元与多个信息段相关，对这些信息段均具有校验作用。卷积码适合于串行数据的传输，时延小。

此外，还有一类性能接近 Shannon 极限的编码，如 Turbo 码和 LDPC 码。Turbo 码是由两个或两个以上的简单分量码编码器通过交织器并行级联在一起构成的。信息序列先送入第一个编码器，交织后送入第二个编码器。输出的码字由三个部分组成：输入的信息序列、第一个编码器产生的校验序列和第二个编码器对交织后的信息序列产生的校验序列。Turbo 码的译码采用迭代译码，每次迭代采用的是软输入和软输出。

LDPC码是一类特殊的$(n, k)$线性分组码，其校验矩阵中绝大多数元素为0，只有少部分为1，是稀疏矩阵。校验矩阵的稀疏性使译码复杂度降低，实现更为简单。

### 9.2.2 量子纠错编码的概念

在经典纠错码中，通过增加冗余来编码消息从而可以从被噪声污染的已编码消息中恢复出原来消息。但是在第3章中已经了解到量子信息与经典信息有很大的不同，因而在纠错编码中有其不同于经典编码的特点：

(1) 非正交量子态不可克隆定理使得采用复制方法构造重复码在量子信息编码中行不通。

(2) 在经典信息中，二值信息0和1只有一种出错：即0变为1或1变为0，而在量子信息中，如二值态$|\psi\rangle=\alpha|0\rangle+\beta|1\rangle$，$\alpha$，$\beta$为复数，其错误将有无数多个，因而确定错误比较困难。特别地，相位错误是量子信息所特有的，无经典对应。

(3) 量子测量会造成量子态坍缩，从而破坏量子信息。

以上三点一直是困扰量子编码的难题，直到1995年，Peter Shor提出了9量子位码[120]，比较好地克服了这些困难，量子纠错码得以快速发展。下面以3 bit码和Shor码(9量子位)为例说明量子编码的特点。

**1. 3量子位量子码**

与经典编码类似，最简单的量子编码方法也是重复发送，即将$|0\rangle$编码为$|000\rangle$，将$|1\rangle$编码为$|111\rangle$，编码线路如图9.1所示，这样，$\alpha|0\rangle+\beta|1\rangle$就被编码为$\alpha|000\rangle+\beta|111\rangle$。

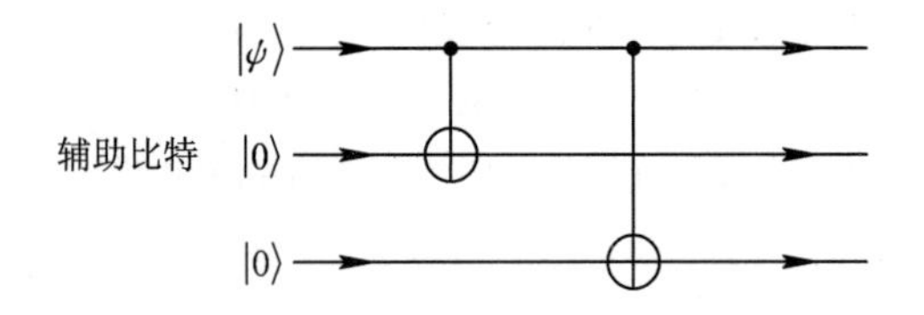


图9.1 3量子位比特翻转码编码线路

该码称为3量子位比特翻转码。假设通过比特翻转信道最多出现一个比特翻转。在检错和纠错时可以设计四个投影算子

$$\begin{cases}P_0=|000\rangle\langle 000|+|111\rangle\langle 111|\\P_1=|100\rangle\langle 100|+|011\rangle\langle 011|\\P_2=|010\rangle\langle 010|+|101\rangle\langle 101|\\P_3=|001\rangle\langle 001|+|110\rangle\langle 110|\end{cases}\tag{9.98}$$

分别对应无错误和第1、2、3个量子位上的翻转，通过测量可以得到校验子(或伴随式)。假设第1个比特出现翻转变为$|\psi'\rangle=\alpha|100\rangle+\beta|011\rangle$，如用$\boldsymbol{p}_1$测量，得到结果1的概率为$\langle\psi'|\boldsymbol{p}_1|\psi\rangle=1$，指示错误出现在第1个比特上，只需要再次翻转第1个比特即可实现纠错。如用$\boldsymbol{p}_2$测量，得到结果2的概率为1，则第2个量子位翻转；如用$\boldsymbol{p}_3$测量，得到结果3的概率为1，则第3个量子位翻转。这里测量过程不改变量子态，且通过测量过程，我们仅能够推断可能发生的错误，得不到任何关于$\alpha$和$\beta$的信息，即量子态保护的信息是安全的。

3量子位比特翻转码的检错过程也可以采用下面的方式进行理解。这里不是进行上述四个投影算子的测量，而是进行$\boldsymbol{Z}\otimes\boldsymbol{Z}\otimes\boldsymbol{I}$和$\boldsymbol{I}\otimes\boldsymbol{Z}\otimes\boldsymbol{Z}$的测量，测量线路如图9.2所示。

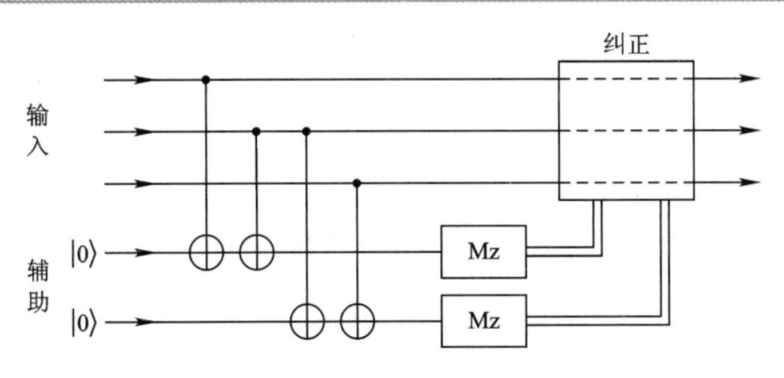


图 9.2 3量子位比特翻转码检错线路

因为

$$Z_1Z_2I=(|00\rangle\langle 00|+|11\rangle\langle 11|)\otimes I-(|01\rangle\langle 01|+|10\rangle\langle 10|)\otimes I \quad (9.99)$$

所以 $Z\otimes Z\otimes I$ 测量就相当于$(|00\rangle\langle 00|+|11\rangle\langle 11|)\otimes I$ 和$(|01\rangle\langle 01|+|10\rangle\langle 11|0)\otimes I$ 的投影测量，即比较前两个数据比特是否一致。如果测量结果为$+1(|0\rangle)$，则说明前两个比特一致；如果为$-1(|1\rangle)$，则说明前两个比特相反。类似地，进行 $I\otimes Z\otimes Z$ 测量即为比较第 2 个和第 3 个数据比特是否一样。如果两个辅助比特的测量结果为$|00\rangle$，则说明无错误；若为$|01\rangle$，则第 3 个量子位取反；若为$|10\rangle$，则第 1 个量子位取反；若结果为$|11\rangle$，则第 2 个量子位取反。

上面介绍的比特翻转码适用于比特翻转信道，比特的相位翻转信道也是常会遇到的情形。

3 量子位相位翻转码将$|0\rangle$编码为$|+++\rangle$，将$|1\rangle$编码为$|---\rangle$。编码线路如图9.3 所示，$H$ 为 Hadamard 门。这个编码线路包含两个过程，第一步通过前两个 CNOT 门实现 3 量子位比特翻转码，第二步通过三个并行的 $H$ 门实现相位翻转码的编码。

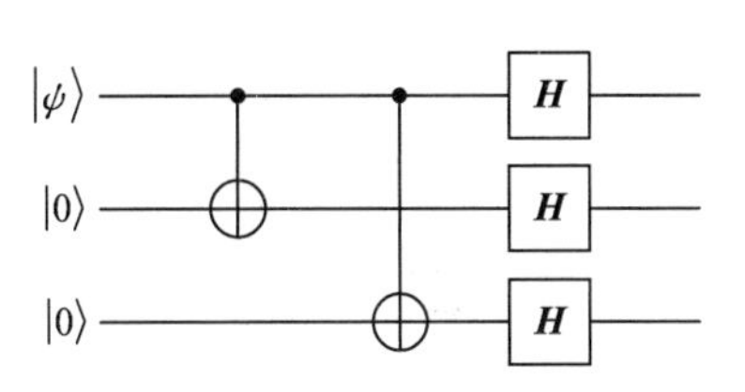


图 9.3 3量子位相位翻转码编码线路

投影测量算子为

$$P'_j=H^{\otimes 3}P_jH^{\otimes 3} \quad (9.100)$$

$P_j$ 如式(9.98)所示。类似地，可以通过 $X\otimes X\otimes I$ 和 $I\otimes X\otimes X$ 的测量进行相位错误的检测。$X\otimes X\otimes I$ 的测量形如$|+\rangle|+\rangle\otimes(\cdot)$或$|-\rangle|-\rangle\otimes(\cdot)$的状态得到$+1(|+\rangle)$，形如$|+\rangle|-\rangle\otimes(\cdot)$或$|-\rangle|+\rangle\otimes(\cdot)$的状态得到$-1(|-\rangle)$，即比较前两个比特的符号是否一致。3 量子位相位翻转码检错线路如图 9.4 所示。

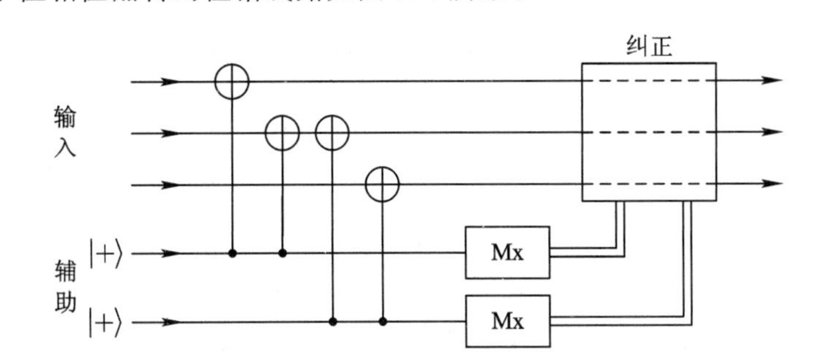


图 9.4 3量子位相位翻转码检错线路

如果两个辅助比特的测量结果为$|++\rangle$，则说明无错误；若为$|+-\rangle$，则第3个量子位进行$\boldsymbol{Z}$操作；若为$|-+\rangle$，则第1个量子位进行$\boldsymbol{Z}$操作；若结果为$|--\rangle$，则第2个量子位进行$\boldsymbol{Z}$操作。

**2. Shor 码**

3比特量子码仅能纠正单比特的比特错误或者相位错误，不能同时识别比特错误和相位错误，Shor码将3量子位相位翻转码和3量子位比特翻转码进行级联，利用9个物理比特编码一个逻辑比特，码距为3，记为[[9，1，3]]量子码，可以纠正任意单比特错误，这是由Shor最先提出的量子纠错码，因此称为Shor码。编码方案描述如下：

(1) 用3量子位相位翻转码来编码信息量子位，即

$$\begin{cases}|0\rangle \to |+++\rangle = |+\rangle^{\otimes 3} \\ |1\rangle \to |---\rangle = |-\rangle^{\otimes 3}\end{cases} \tag{9.101}$$

(2) 用3量子位比特翻转码对上一步得到的三个量子比特分别进行编码

$$\begin{cases}|+\rangle = \dfrac{1}{\sqrt{2}}(|000\rangle + |111\rangle) \\ |-\rangle = \dfrac{1}{\sqrt{2}}(|000\rangle - |111\rangle)\end{cases} \tag{9.102}$$

经过这两个步骤以后，编码的结果就是[[9，1，3]]量子纠错码，即

$$\begin{cases}|0\rangle \to |0_L\rangle \stackrel{\text{def}}{=} \dfrac{(|000\rangle + |111\rangle)(|000\rangle + |111\rangle)(|000\rangle + |111\rangle)}{2\sqrt{2}} \\ |1\rangle \to |1_L\rangle \stackrel{\text{def}}{=} \dfrac{(|000\rangle - |111\rangle)(|000\rangle - |111\rangle)(|000\rangle - |111\rangle)}{2\sqrt{2}}\end{cases} \tag{9.103}$$

Shor码的编码线路如图9.5所示。

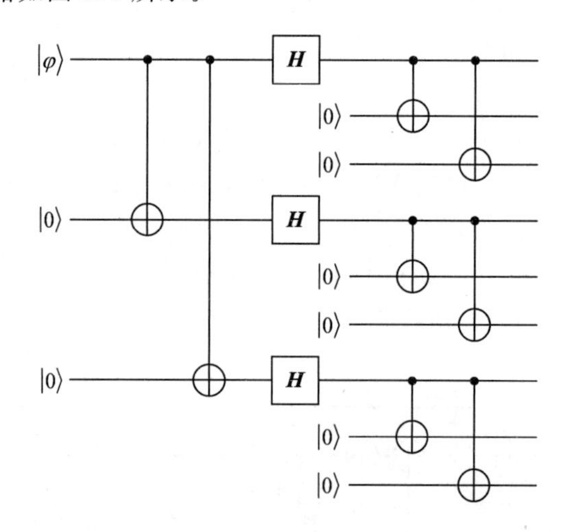


图9.5 Shor码编码线路

由于量子比特(1，2，3)、(4，5，6)、(7，8，9)分别对应一个3量子位比特翻转码，因此分别对这3个量子比特码块进行$\boldsymbol{Z}\otimes\boldsymbol{Z}\otimes\boldsymbol{I}$和$\boldsymbol{I}\otimes\boldsymbol{Z}\otimes\boldsymbol{Z}$测量，可以发现所有的量子比特翻转错误。下面对相位错误进行分析：假设第一个量子比特发生了相位错误，则会将$|000\rangle+|111\rangle$转化为$|000\rangle-|111\rangle$，或者将$|000\rangle-|111\rangle$转化为$|000\rangle+|111\rangle$。实际上，前三个比特中

任何一位产生Z错误都将会产生上述态的转化，虽然 $\boldsymbol{Z}_1$、$\boldsymbol{Z}_2$ 和 $\boldsymbol{Z}_3$ 是不同的错误，但对逻辑0和逻辑1的影响是一样的，因此我们不需要知道具体哪一个比特产生了错误，对这三个比特中任意一个量子比特进行 $\boldsymbol{Z}$ 操作就能够实现纠错。Shor码三个码块的符号本来是一致的，相位错误会翻转某一个码块的符号。为了检测这种符号翻转，我们可以比较第一个编码块和第二个编码块以及第二个编码块和第三个编码块的符号进行判断。假设第一个编码块产生了Z错误，则通过比较可以发现第一个编码块和第二个编码块的符号不一致，第二个编码块和第三个编码块的符号一致，因此可以判断出是第一个编码块产生了Z错误。

实际上这种两个编码块的符号比较就是进行 $\boldsymbol{X}_1\boldsymbol{X}_2\boldsymbol{X}_3\boldsymbol{X}_4\boldsymbol{X}_5\boldsymbol{X}_6$ 和 $\boldsymbol{X}_4\boldsymbol{X}_5\boldsymbol{X}_6\boldsymbol{X}_7\boldsymbol{X}_8\boldsymbol{X}_9$ 测量。因为

$$\begin{cases}|000\rangle+|111\rangle=|+++\rangle+|+--\rangle+|-+-\rangle+|--+\rangle \\ |000\rangle-|111\rangle=|++-\rangle+|+-+\rangle+|-++\rangle+|---\rangle\end{cases} \tag{9.104}$$

可以看出中间符号为＋时，三个量子比特中有偶数个 $|-\rangle$，中间符号为－时，三个量子比特中有奇数个 $|-\rangle$，即Z错误会改变一个编码块 $|-\rangle$ 的奇偶性。Shor码任意两个编码块的奇偶性本来是一致的，因此进行 $\boldsymbol{X}_1\boldsymbol{X}_2\boldsymbol{X}_3\boldsymbol{X}_4\boldsymbol{X}_5\boldsymbol{X}_6$ 和 $\boldsymbol{X}_4\boldsymbol{X}_5\boldsymbol{X}_6\boldsymbol{X}_7\boldsymbol{X}_8\boldsymbol{X}_9$ 测量就能够对比第一个编码块和第二个编码块以及第二个编码块和第三个编码块 $|-\rangle$ 态的奇偶性，从而判断哪一个码块产生了Z错误。如果第一个码块产生了Z错误，则测量结果为 $|-+\rangle$，采用 $Z_1Z_2Z_3$、$Z_1$、$Z_2$ 或者 $Z_3$ 都能够纠正该错误，因为它们都能够实现 $|000\rangle+|111\rangle$ 和 $|000\rangle-|111\rangle$ 的互相转换。

**3. 量子纠错条件**

量子纠错条件就是量子纠错码必须满足的一些条件[25]，当然满足这些条件不能保证一定有好的量子码，但是基于这些理论能够指导我们去寻找好的量子码。量子纠错码理论的基本思想来自Shor码。量子纠错码被一些 $\boldsymbol{U}$ 操作编码为Hilbert空间的子空间 $C$，码空间 $C$ 上的投影用 $P$ 表示，对于3量子位比特翻转码，$\boldsymbol{P}=|000\rangle\langle 000|+|111\rangle\langle 111|$。编码之后，量子态会受到噪声的影响而产生错误，我们可以进行症状测量(就是前面进行的联合X测量或者联合Z测量)来发现错误，从而进一步利用纠正操作纠正错误。为了能够发现和纠正错误，就要求对于不同的错误量子态被转换到没有变形且正交的码空间。变形到正交的码空间可以保证所有的错误可以被正确区分，变换后的码空间和原码空间形状一致，可以保证能够通过恢复操作转变回原码空间。好码和坏码的空间示意图如图9.6所示。

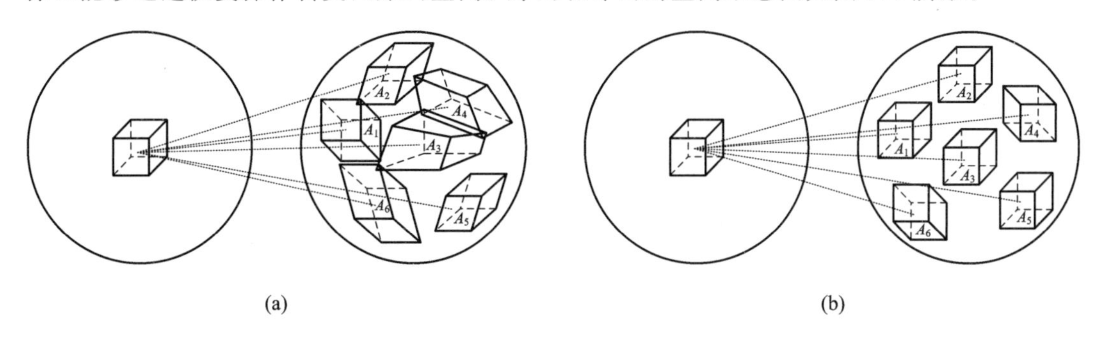


图9.6　好码和坏码的空间示意图

设量子噪声由量子运算 $\varepsilon$ 表示，整个纠错过程(包括错误检测和恢复)采用保迹量子运

算 $R$ 来实现。要实现纠错，对任意状态，其子集位于码空间 $C$ 中，有

$$(R\circ\varepsilon)(\boldsymbol{\rho})\propto\boldsymbol{\rho} \tag{9.105}$$

当 $\varepsilon$ 为保迹量子运算时，式(9.105)取等号，但对非保迹量子运算，比如测量只能用 $\propto$。因为要求纠错过程必须以概率 1 成功，因此 $R$ 必须是保迹的。量子纠错条件可以描述为：令 $C$ 是一个量子码，$P$ 为到 $C$ 的投影算符，噪声 $\varepsilon$ 的运算元为 $\{E_i\}$，则纠正 $C$ 上的 $\varepsilon$ 的运算 $R$ 存在的充要条件(即量子纠错条件)如下：

对某个复 Hermite 阵子 $\boldsymbol{\alpha}$，以下关系成立

$$\boldsymbol{P}\boldsymbol{E}_i^{\dagger}\boldsymbol{E}_j\boldsymbol{P}=\boldsymbol{\alpha}_{ij}\boldsymbol{P} \tag{9.106}$$

如果存在满足式(9.106)的 $R$，则 $\{\boldsymbol{E}_i\}$ 组成一个可纠正的错误集合。事实上，任一噪声过程 $\varepsilon$，若其运算元为错误算子 $\{\boldsymbol{E}_i\}$ 的线性组合，则都可通过恢复运算 $R$ 纠正(证明详见文献[25])。这表明，因为量子错误可以离散化，即量子错误均可写成泡利算子的线性组合，所以为了对抗单个量子位上可能的连续错误，只需对抗有限错误集，即四个泡利算子即可。

### 9.2.3 量子纠错码的性能限

令[[$n$，$k$，$d$]]表示利用 $n$ 位物理量子比特编码 $k$ 位逻辑量子比特且码距为 $d$ 的量子纠错码，研究量子纠错码的纠错能力就是分析码参数 $n$，$k$，$d$ 之间的关系，不仅能从理论上指出哪些码可以构造，哪些码不能构造，而且为工程与物理实验提供了对各种码进行性能估计的理论依据。因此，研究码的纠错能力始终是编码理论中的一个重要课题。

理解码的渐近性能具有特别重大的理论意义。在经典信息论中，Shannon 的信道编码定理指出，仅当分组码的码长 $n$ 趋于无穷大时，译码的错误概率才能任意地接近于零。但是到目前为止，在量子信息论中还没有与之对应的定理。

这里给出量子 Hamming 限、量子 Gilbert-Varshamov 限、量子不可克隆限和量子 Knill-Laflamme 限(量子 Singleton 限)[25, 30, 121]。

**1. 量子 Hamming 限**

量子纠错码最简单的码限是量子 Hamming 限。对于经典的长度为 $n$ 可以纠正任意 $t$ 个错误的 $q$ 进制分组码的码字数 $M=q^k$ 满足的 Hamming 限，有如下表达式：

$$M\leqslant\frac{q^n}{\sum_{j=0}^{t}\binom{n}{j}(q-1)^j} \tag{9.107}$$

当 $q=2$ 时，可得

$$M\leqslant\frac{2^n}{\sum_{j=0}^{t}\binom{n}{j}} \tag{9.108}$$

对于码长为 $n$ 量子位的量子纠错码，其相应的 Hilbert 空间的维数为 $2^n$，其中共有 $2^n$ 个线性独立的态矢量。如果量子码的码长为 $n$，信息量子位数为 $k$，能纠正 $t$ 个量子位的量子错误，那么 $n$，$k$，$t=\left\lfloor\frac{d-1}{2}\right\rfloor$应当满足如下条件：

$$M=2^k\leqslant\frac{2^n}{\sum_{j=0}^{t}3^j\binom{n}{j}} \tag{9.109}$$

其中，$\binom{n}{j}$表示在$n$个量子位中有$j$个量子位出错的种类，而$3^j$表示$j$个量子位出现错误的种类，其中单个量子位错误有三种基本形式，可以由Pauli算子$\boldsymbol{\sigma}_x$，$\boldsymbol{\sigma}_y$，$\boldsymbol{\sigma}_z$来描述。

由量子Hamming限可知，如果$t=1$，即对于纠单个量子位错误的量子码，其码长应当满足不等式

$$2^k(1+3n)\leqslant 2^n \tag{9.110}$$

如果取$k=1$，则有$n\geqslant 5$。由此可见，对于码率为$R=k/n=1/n$的量子码，如果要纠正一个错误，码长至少为5个量子位。前面介绍的[[9，1，3]]、[[7，1，3]]与[[5，1，3]]量子纠错方案都满足此要求。

与经典纠错码一样的问题是，如果码长$n$趋于无限，码率会如何变化呢？这里以退极化量子信道为例来研究该问题。在退极化量子信道中，三种基本错误类型是等概的。假定对于单个量子位错误发生的概率为$p$，则$\boldsymbol{\sigma}_x$，$\boldsymbol{\sigma}_y$，$\boldsymbol{\sigma}_z$发生的概率为$p/3$，单个量子位不发生错误的概率为$1-p$。对于分组长度为$n$的码字，平均的错误数为$t=np$，那么可能的错误类型数大约为码字中有$np$个错误的类型总数，这样一来，量子Hamming限变为

$$3^{np}\binom{n}{np}2^k\leqslant 2^n \tag{9.111}$$

将式(9.111)变形后两边取对数，利用Stirling公式，得

$$R_Q=\frac{k}{n}\leqslant 1-H(p)-p\,\mathrm{lb}3 \tag{9.112}$$

其中，$H(p)=-p\ \mathrm{lb}p-(1-p)\mathrm{lb}(1-p)$。相比之下，经典汉明限的渐近限为

$$R=\frac{k}{n}\leqslant 1-H\left(\frac{t}{n}\right) \tag{9.113}$$

量子情形比经典情形多了$-p\ \mathrm{lb}3$这一项，这正是量子错误的自由度为3而非1所引起的，它反映了量子信息与经典信息的差异。

**2. 量子Gilbert-Varshamov限**

Hamming限虽然简单，但它给出的估计是上限，对于下限没有做出任何判断。Gilbert-Varshamov限则给出了一个下限。与前面类似，我们还是给出经典与量子两种情形下的Gilbert-Varshamov限，并作出对比。

经典Gilbert-Varshamov限：

$$2^k\geqslant\frac{2^n}{\sum\limits_{j=0}^{d-1}\binom{n}{j}} \tag{9.114}$$

渐近限如下：

$$R=\frac{k}{n}\geqslant 1-H\left(\frac{2t}{n}\right) \tag{9.115}$$

相比之下，量子Gilbert-Varshamov限如下：

$$2^k\geqslant\frac{2^n}{\sum\limits_{j=0}^{d-1}3^j\binom{n}{j}} \tag{9.116}$$

在码长很大的极限情况下，$t=pn=d/2$，渐进的码率为

$$R_Q=\frac{k}{n}\geqslant 1-H(2p)-2p\,\mathrm{lb}3 \tag{9.117}$$

很显然，与经典情形相比多出了$-2p\,\mathrm{lb}3$这一项，这同样是由于量子位错误的不同特性所引起的。

**3. 量子不可克隆限**

从经典纠错码理论可知，能够纠正 $t$ 个任意位置错误的码可以纠正错误位置已知的 $2t$ 个错误。结合未知量子态不可克隆定理，可以证明对于码距为 $d$ 的量子码，其码长 $n$ 应当满足

$$n>2(d-1) \tag{9.118}$$

这是量子不可克隆限。对于 $d=3$ 的量子码，有 $n>4$，所以至少要用五个量子位才可以纠正一个量子位的错误。

**4. 量子 Knill-Laflamme 限(量子 Singleton 限)**

量子 Hamming 限仅适用于非简并码，量子不可克隆限则对于非简并码和简并码(具有相同的校验子)都适用，但是量子不可克隆限给出的估计不够紧。对于$[[n,k,d]]$量子码，我们可以任意选定 $d-1$ 个量子位将其去除，剩下的 $n-d+1$ 个量子位包含的信息必定足够用来重构 $2^k$ 个可能的码字，而且也能够重构丢失的量子位状态。由于丢失的量子位可以是任意的量子位，可以选择使熵最大的量子位。这样有

$$n-d+1\geqslant d-1+k \tag{9.119}$$

可以写成

$$n-k\geqslant 2(d-1) \tag{9.120}$$

这就是量子 Knill-Laflamme 限，也叫量子 Singleton 限，它是经典 Singleton 限

$$n-k\geqslant d-1 \tag{9.121}$$

的量子对比。我们知道，如果要纠正 $t$ 个错误，最小码距离应当为 $d=2t+1$。对于这种码，Knill-Laflamme 限要求码长要满足 $n\geqslant 4t+k$，当 $t=k=1$ 时，$n$ 有最小值 5，这与前面的结论一致。需要特别指出的是，Knill-Laflamme 限对于简并码与非简并码都适用。

作为总结，我们用表 9.1 给出量子纠错码与经典纠错码的性能参数对比。

**表 9.1 量子码与经典码性能参数对比**

| 码类型 | $[[n,k,d]]$量子码 | $[n,k,d]$经典码 |
|---|---|---|
| 量子 Hamming 限 | $\sum_{j=0}^{t}3^j\binom{n}{j}2^k\leqslant 2^n$ | $\sum_{j=0}^{t}\binom{n}{j}2^k\leqslant 2^n$ |
| 量子Gilbert-Varshamov 限 | $\sum_{j=0}^{d-1}3^j\binom{n}{j}2^k\geqslant 2^n$ | $\sum_{j=0}^{d-1}\binom{n}{j}2^k\geqslant 2^n$ |
| 量子不可克隆限 | $n>2(d-1)$ | 不存在 |
| 量子 Knill-Laflamme 限<br>(量子 Singleton 限) | $n-k\geqslant 2(d-1)$ | $n-k\geqslant d-1$ |

# 9.3 CSS量子纠错码

Calderbank-Shor-Steane码简称CSS码，它是Calderbank、Shor、Steane三个人的姓氏缩写[25, 122, 123]。CSS码是由经典线性码导出的一类量子纠错码，它是稳定子码的一个重要的子类。

在介绍CSS码的构造之前，先引入对偶码的概念。设$\boldsymbol{C}$为一个$[n, k]$经典线性码，其生成矩阵为$\boldsymbol{G}$，奇偶校验矩阵为$\boldsymbol{H}$，则称生成矩阵为$\boldsymbol{H}^{\mathrm{T}}$、奇偶校验矩阵为$\boldsymbol{G}^{\mathrm{T}}$的码为$\boldsymbol{C}$的对偶码，记作$\boldsymbol{C}^{\perp}$。如果$\boldsymbol{C}\subseteq\boldsymbol{C}^{\perp}$，称$\boldsymbol{C}$为弱对偶码(Weakly Self-Dual)；如果$\boldsymbol{C}=\boldsymbol{C}^{\perp}$，称$\boldsymbol{C}$为严格自对偶码(Strictly Self-Dual)。

**1. CSS码的构造**

若$\boldsymbol{C}_1$与$\boldsymbol{C}_2$分别为$[n, k_1]$，$[n, k_2]$经典线性码，$\boldsymbol{C}_2\subset\boldsymbol{C}_1$(这意味着一定有$k_1>k_2$)，并且$\boldsymbol{C}_1$与$\boldsymbol{C}_2$的对偶码$\boldsymbol{C}_2^{\perp}$都能纠正$t$个错误。$[[n, k_1-k_2]]$量子码CSS($\boldsymbol{C}_1$，$\boldsymbol{C}_2$)构造过程如下：

令$x\in\boldsymbol{C}_1$是码$\boldsymbol{C}_1$中的任意码字，定义量子态

$$|\boldsymbol{x}+\boldsymbol{C}_2\rangle\equiv\frac{1}{\sqrt{2^{k_2}}}\sum_{\boldsymbol{y}\in\boldsymbol{C}_2}|\boldsymbol{x}+\boldsymbol{y}\rangle \tag{9.122}$$

其中，+是比特模2加法，则量子态$|\boldsymbol{x}+\boldsymbol{C}_2\rangle$张成的线性空间为$[[n, k_1-k_2]]$量子CSS($\boldsymbol{C}_1$，$\boldsymbol{C}_2$)码。

在上面的构成过程中，如果$\boldsymbol{x}'\in\boldsymbol{C}_1$满足$\boldsymbol{x}-\boldsymbol{x}'\in\boldsymbol{C}_2$，则有$|\boldsymbol{x}+\boldsymbol{C}_2\rangle=|\boldsymbol{x}'+\boldsymbol{C}_2\rangle$，这样一来，量子态$|\boldsymbol{x}+\boldsymbol{C}_2\rangle$仅依赖于$\boldsymbol{x}$所在的陪集$\boldsymbol{C}_1/\boldsymbol{C}_2$。如果$\boldsymbol{x}$与$\boldsymbol{x}'$属于$\boldsymbol{C}_2$的两个不同的陪集，那么$|\boldsymbol{x}+\boldsymbol{C}_2\rangle$与$|\boldsymbol{x}'+\boldsymbol{C}_2\rangle$是正交的量子态。由于$\boldsymbol{C}_1$中$\boldsymbol{C}_2$的陪集的数目为$2^{k_1-k_2}$，所以CSS($\boldsymbol{C}_1$，$\boldsymbol{C}_2$)码的维数为$2^{k_1-k_2}$。

**2. CSS码的纠错性能**

可以利用$\boldsymbol{C}_1$和$\boldsymbol{C}_2^{\perp}$经典纠错码的性质来检测和纠正$t$个比特翻转错误和$t$个相位翻转错误。设比特翻转错误用$n$比特向量$\boldsymbol{e}_1$表示，$\boldsymbol{e}_1$在比特翻转出现的位上值为1，在其他位上值为0。令相位翻转错误用$n$比特向量$\boldsymbol{e}_2$表示，$\boldsymbol{e}_2$在相位翻转出现的位上值为1，在其他位上值为0。如果编码后的量子态为$|\boldsymbol{x}+\boldsymbol{C}_2\rangle$，则由于错误导致的状态为

$$\frac{1}{\sqrt{2^{k_2}}}\sum_{\boldsymbol{y}\in\boldsymbol{C}_2}(-1)^{(\boldsymbol{x}+\boldsymbol{y})\boldsymbol{e}_2}|\boldsymbol{x}+\boldsymbol{y}+\boldsymbol{e}_1\rangle \tag{9.123}$$

1) 比特翻转错误纠错

为了检测比特翻转出现的位置，引入一些初始状态为$|0\rangle$的辅助量子态来存储码$\boldsymbol{C}_1$的校验子。用可逆奇偶校验矩阵(算子)$\boldsymbol{H}_1$对码$\boldsymbol{C}_1$进行变换，使其由$|\boldsymbol{x}+\boldsymbol{y}+\boldsymbol{e}_1\rangle|0\rangle$变为$|\boldsymbol{x}+\boldsymbol{y}+\boldsymbol{e}_1\rangle|\boldsymbol{H}_1(\boldsymbol{x}+\boldsymbol{y}+\boldsymbol{e}_1)\rangle$，由于$\boldsymbol{H}_1(\boldsymbol{x}+\boldsymbol{y})=\boldsymbol{0}$，从而得到状态

$$\frac{1}{\sqrt{2^{k_2}}}\sum_{\boldsymbol{y}\in\boldsymbol{C}_2}(-1)^{(\boldsymbol{x}+\boldsymbol{y})\boldsymbol{e}_2}|\boldsymbol{x}+\boldsymbol{y}+\boldsymbol{e}_1\rangle|\boldsymbol{H}_1\boldsymbol{e}_1\rangle \tag{9.124}$$

接着，对辅助比特进行测量得到结果 $\boldsymbol{H}_1\boldsymbol{e}_1$，这个过程称为症状测量，可以借助 CNOT 门和 $\boldsymbol{H}$ 门实现。症状测量过程只是探测了量子比特之间的关系，不会破坏原来的量子态，此时量子状态还如式(9.123)所示。由于 $\boldsymbol{C}_1$ 能纠正最多 $t$ 个错误，得到校验子 $\boldsymbol{H}_1\boldsymbol{e}_1$ 后，可以推断出错误 $\boldsymbol{e}_1$，随后对错误 $\boldsymbol{e}_1$ 中出现比特翻转的位置上用非门即可实现纠错。纠正比特翻转错误后的状态为

$$\frac{1}{\sqrt{2^{k_2}}}\sum_{y\in \boldsymbol{C}_2}(-1)^{(x+y)e_2}\,|\boldsymbol{x}+\boldsymbol{y}\rangle \tag{9.125}$$

2）相位翻转错误纠错

为检测相位翻转错误，对每个量子位进行 Hadamard 变换 $\boldsymbol{H}^{\otimes n}$，状态变为

$$\frac{1}{\sqrt{2^{k_2+n}}}\sum_{n}\sum_{y\in \boldsymbol{C}_2}(-1)^{(x+y)(e_2+z)}\,|\boldsymbol{z}\rangle \tag{9.126}$$

式中，第一个求和项取 $n$ 量子位 $\boldsymbol{z}$ 的所有可能值。令 $\boldsymbol{z}'\equiv\boldsymbol{z}+\boldsymbol{e}_2$，则该状态可写为

$$\frac{1}{\sqrt{2^{k_2+n}}}\sum_{z'}\sum_{y\in \boldsymbol{C}_2}(-1)^{(x+y)z'}\,|\boldsymbol{z}'+\boldsymbol{e}_2\rangle \tag{9.127}$$

设 $\boldsymbol{z}'\in\boldsymbol{C}_2^{\perp}$，则有 $\sum_{y\in \boldsymbol{C}_2}(-1)^{y\cdot z'}=2^{k_2}$，若 $\boldsymbol{z}'\notin\boldsymbol{C}_2^{\perp}$，则 $\sum_{y\in \boldsymbol{C}_2}(-1)^{y\cdot z'}=0$。因此式(9.127)所表示的状态可写为

$$\frac{1}{\sqrt{2^{n-k_2}}}\sum_{z'\in \boldsymbol{C}_2^{\perp}}(-1)^{xz'}\,|\boldsymbol{z}'+\boldsymbol{e}_2\rangle \tag{9.128}$$

从表达式上看，式(9.128)表示的是向量 $\boldsymbol{e}_2$ 表示的比特翻转错误。与前面进行比特翻转错误的检测过程类似，引入辅助比特并对 $\boldsymbol{C}_2^{\perp}$ 逆向应用奇偶校验矩阵 $\boldsymbol{H}_2$ 得到 $\boldsymbol{H}_2\boldsymbol{e}_2$，并在 $\boldsymbol{H}$ 变换后的基下纠正比特翻转错误 $\boldsymbol{e}_2$，得到状态

$$\frac{1}{\sqrt{2^{n-k_2}}}\sum_{z'\in \boldsymbol{C}_2^{\perp}}(-1)^{xz'}\,|\boldsymbol{z}'\rangle \tag{9.129}$$

对式(9.129)中的每个量子位应用 Hadamard 变换，即可得到式(9.122)所述的状态，完成纠错。

下面给出一个 7 量子位码[[7, 1, 3]] 量子码，由经典的 7 比特[7, 4, 3]Hamming 码($n=7$, $k_1=4$, $d=3$)构造，它是由 Steane 提出的，因此又叫 Steane 码。记[7, 4, 3]Hamming 码为 $\boldsymbol{C}_1$，其校验矩阵为

$$\boldsymbol{H}=\begin{pmatrix}0&0&0&1&1&1&1\\1&0&1&0&1&0&1\end{pmatrix} \tag{9.130}$$

$\boldsymbol{C}_1$ 的对偶码 $\boldsymbol{C}_1^{\perp}$ 是[7, 3, 4]码($n=7$, $k_2=3$, $d=4$)。由经典纠错码可知，$\boldsymbol{C}_2=\boldsymbol{C}_1^{\perp}\subset\boldsymbol{C}_1$，$k_1-k_2=1$，从而 CSS($\boldsymbol{C}_1$, $\boldsymbol{C}_1^{\perp}$)是[[7, 1, 3]]量子纠错码，它的逻辑码字为

$$\begin{aligned}|0_L\rangle &\overset{\text{def}}{=}\frac{1}{\sqrt{|\boldsymbol{C}^{\perp}|}}|\boldsymbol{0}+\boldsymbol{C}^{\perp}\rangle=\frac{1}{\sqrt{|\boldsymbol{C}^{\perp}|}}\sum_{y\in \boldsymbol{C}^{\perp}}|\boldsymbol{0}+\boldsymbol{y}\rangle\\&=\frac{1}{\sqrt{8}}[|0000000\rangle+|1010101\rangle+|0110011\rangle+|1100110\rangle+\\&\qquad|0001111\rangle+|1011010\rangle+|0111100\rangle+|1101001\rangle]\end{aligned} \tag{9.131}$$

$$
\begin{aligned}
|1_L\rangle &\stackrel{\text{def}}{=} \frac{1}{\sqrt{|C^{\perp}|}}|\mathbf{1}+C^{\perp}\rangle = \frac{1}{\sqrt{|C^{\perp}|}}\sum_{y\in C^{\perp}}|\mathbf{1}+y\rangle \\
&= \frac{1}{\sqrt{8}}[|1111111\rangle + |0101010\rangle + |1001100\rangle + |0011001\rangle + \\
&\quad |1110000\rangle + |0100101\rangle + |1000011\rangle + |0010110\rangle]
\end{aligned} \tag{9.132}
$$

## 9.4 稳定子码

量子稳定子码也被称为加性量子码，是 Gottesman 提出的[124-127]，随后引起了广泛的关注和研究，不断得到拓展。CSS 码、表面码都属于稳定子码。这里介绍稳定子码的原理，并借助几个具体的例子介绍稳定子码的编译码方法。

**1. 稳定子的基本概念**

1) $n$ 量子位 Pauli 群

群是指定义了群乘积运算“·”的非空集合 $\boldsymbol{G}$。若 $\boldsymbol{g}_1$、$\boldsymbol{g}_2$ 为群 $\boldsymbol{G}$ 的两个元素，群乘积运算满足以下性质：

(1) 封闭性：$\boldsymbol{g}_1\cdot\boldsymbol{g}_2\in\boldsymbol{G}$。

(2) 结合律：$(\boldsymbol{g}_1\cdot\boldsymbol{g}_2)\cdot\boldsymbol{g}_3=\boldsymbol{g}_1\cdot(\boldsymbol{g}_2\cdot\boldsymbol{g}_3)$。

(3) 存在单位元：$\boldsymbol{g}\cdot\boldsymbol{e}=\boldsymbol{e}\cdot\boldsymbol{g}=\boldsymbol{g}$。

(4) 存在逆：$\boldsymbol{g}^{-1}\cdot\boldsymbol{g}=\boldsymbol{g}\cdot\boldsymbol{g}^{-1}=\boldsymbol{e}$。

通常可以省掉“·”，即 $\boldsymbol{g}_1\cdot\boldsymbol{g}_2=\boldsymbol{g}_1\boldsymbol{g}_2$。

$n$ 量子位 Pauli 群 $\boldsymbol{G}_n$ 的元素由 Pauli 算子的所有 $n$ 重直积及乘积因子±1，±i 组成。$\boldsymbol{G}_n$ 中元素的乘积定义为相应位 Pauli 算子的矩阵乘积，如 $\boldsymbol{g}_1=\boldsymbol{I}_1\boldsymbol{Z}_2\boldsymbol{X}_3\cdots\boldsymbol{Y}_n$，$\boldsymbol{g}_2=\boldsymbol{Y}_1\boldsymbol{I}_2\boldsymbol{Z}_3\cdots\boldsymbol{I}_n$，则

$$
\begin{aligned}
\boldsymbol{g}_1\boldsymbol{g}_2 &= (\boldsymbol{I}_1\boldsymbol{Y}_1)(\boldsymbol{Z}_2\boldsymbol{I}_2)(\boldsymbol{X}_3\boldsymbol{Z}_3)\cdots(\boldsymbol{Y}_n\boldsymbol{I}_n) \\
&= (\boldsymbol{Y}_1)(\boldsymbol{Z}_2)(-\mathrm{i}\boldsymbol{Y}_3)\cdots(\boldsymbol{Y}_n) \\
&= -\mathrm{i}\boldsymbol{Y}_1\boldsymbol{Z}_2\boldsymbol{Y}_3\cdots\boldsymbol{Y}_n
\end{aligned} \tag{9.133}
$$

对于单量子位 Pauli 群定义为由所有 Pauli 阵子再加上乘积因子±1，±i 组成，即 $\boldsymbol{G}_1=\{\pm\boldsymbol{I},\pm\mathrm{i}\boldsymbol{I},\pm\boldsymbol{X},\pm\mathrm{i}\boldsymbol{X},\pm\boldsymbol{Y},\pm\mathrm{i}\boldsymbol{Y},\pm\boldsymbol{Z},\pm\mathrm{i}\boldsymbol{Z}\}$，这组矩阵在矩阵直积下构成群。

2) 量子码的稳定子

量子态(向量)被算子(矩阵)所稳定是指状态 $|\psi\rangle$ 和算子 $\boldsymbol{A}$ 满足如下关系：$\boldsymbol{A}|\psi\rangle=|\psi\rangle$，即算子 $\boldsymbol{A}$ 作用以后，量子态保持不变。比如对于纠缠态 $|\psi\rangle=\frac{(|00\rangle+|11\rangle)}{\sqrt{2}}$，容易验证 $\boldsymbol{X}_1\boldsymbol{X}_2|\psi\rangle=|\psi\rangle$，$\boldsymbol{Z}_1\boldsymbol{Z}_2|\psi\rangle=|\psi\rangle$，所以说量子态 $|\psi\rangle$ 被算子 $\boldsymbol{X}_1\boldsymbol{X}_2$ 和 $\boldsymbol{Z}_1\boldsymbol{Z}_2$ 稳定。设 $\boldsymbol{S}$ 为 $\boldsymbol{G}_n$ 的一个子群，$\boldsymbol{V}_S$ 为由 $\boldsymbol{S}$ 的每个元素所稳定的 $n$ 量子位的集合，$\boldsymbol{S}$ 称为空间 $\boldsymbol{V}_S$ 的稳定子。可以证明，$\boldsymbol{V}_S$ 是 $\boldsymbol{S}$ 中每个算子所稳定的子空间的交集，可表示为 $\boldsymbol{V}_S=\bigcap_{U\in\boldsymbol{S}}\{|\psi\rangle\,|\,U|\psi\rangle=|\psi\rangle\}$，$\boldsymbol{V}_S$ 中任意两个元的任意线性组合也必在 $\boldsymbol{V}_S$ 中，因此 $\boldsymbol{V}_S$ 是 $n$ 量子

位状态空间的一个子空间。

这里以 3 量子比特为例来理解稳定子的相关概念。$\boldsymbol{S}=\{\boldsymbol{I},\ \boldsymbol{Z}_1\boldsymbol{Z}_2,\ \boldsymbol{Z}_2\boldsymbol{Z}_3,\ \boldsymbol{Z}_1\boldsymbol{Z}_3\}$，$\boldsymbol{Z}_1\boldsymbol{Z}_2$ 稳定的子空间由 $|000\rangle$、$|001\rangle$、$|110\rangle$ 和 $|111\rangle$ 张成。$\boldsymbol{Z}_2\boldsymbol{Z}_3$ 所稳定的子空间由 $|000\rangle$、$|100\rangle$、$|011\rangle$ 和 $|111\rangle$ 张成，两者中共同元素为 $|000\rangle$ 和 $|111\rangle$，故 $\boldsymbol{V}_S$ 是由 $|000\rangle$ 和 $|111\rangle$ 所张成的子空间。由于 $\boldsymbol{Z}_1\boldsymbol{Z}_3=(\boldsymbol{Z}_1\boldsymbol{Z}_2)(\boldsymbol{Z}_2\boldsymbol{Z}_3)$，$\boldsymbol{I}=(\boldsymbol{Z}_1\boldsymbol{Z}_2)(\boldsymbol{Z}_1\boldsymbol{Z}_2)$，由群论知识，如果 $\boldsymbol{G}$ 中的每个元素可以写成 $\boldsymbol{g}_1,\ \boldsymbol{g}_2,\ \cdots,\ \boldsymbol{g}_l$ 的元素的乘积，则可称群 $\boldsymbol{G}$ 的生成元为 $\boldsymbol{g}_1,\ \boldsymbol{g}_2,\ \cdots,\ \boldsymbol{g}_l$，记作 $\boldsymbol{G}=\langle\boldsymbol{g}_1,\ \boldsymbol{g}_2,\ \cdots,\ \boldsymbol{g}_l\rangle$，此时 $\boldsymbol{S}=\langle\boldsymbol{Z}_1\boldsymbol{Z}_2,\ \boldsymbol{Z}_2\boldsymbol{Z}_3\rangle$。

此外，为了判断一个特定的向量是否可以用群 $\boldsymbol{S}$ 来稳定，只需要检验向量是否可由生成元稳定，因为向量如果被生成元稳定则会自动被生成元的乘积稳定。

对于前一节介绍的 Steane 码，可以利用稳定子进行更简明的表示，如表 9.2 所示

**表 9.2　Steane 码的稳定子**

| X 型稳定子 | | Z 型稳定子 | |
|---|---|---|---|
| 名称 | 算子 | 名称 | 算子 |
| $\boldsymbol{g}_1$ | ***IIIXXXX*** | $\boldsymbol{g}_4$ | ***IIIZZZZ*** |
| $\boldsymbol{g}_2$ | ***IXXIIXX*** | $\boldsymbol{g}_5$ | ***IZZIIZZ*** |
| $\boldsymbol{g}_3$ | ***XIXIXIX*** | $\boldsymbol{g}_6$ | ***ZIZIZIZ*** |

3）非平凡向量空间稳定子的充要条件

并非 Pauli 群的任一子群 $\boldsymbol{S}$ 都可解为非平凡向量空间的稳定子。例如，由$(\pm\boldsymbol{I},\ \pm\boldsymbol{X})$组成的 $\boldsymbol{G}_1$ 的子群，因为$(-\boldsymbol{I})|\psi\rangle=|\psi\rangle$的解为$|\psi\rangle=0$，所以$(\pm\boldsymbol{I},\ \pm\boldsymbol{X})$是平凡向量空间稳定子。

$\boldsymbol{S}$ 是非平凡向量空间 $\boldsymbol{V}_S$ 的稳定子的充要条件如下[25]：

（1）$\boldsymbol{S}$ 中的元素互相对易。

（2）$-\boldsymbol{I}\notin\boldsymbol{S}$。

这里需要指出的是，若$-\boldsymbol{I}\notin\boldsymbol{S}$，则$\pm\mathrm{i}\boldsymbol{I}\notin\boldsymbol{S}$。

4）校验矩阵的构造

与经典线性码类似，量子码的稳定子表示中也可定义一个校验矩阵来表示生成元。若 $\boldsymbol{S}=\langle\boldsymbol{g}_1,\ \boldsymbol{g}_2,\ \cdots,\ \boldsymbol{g}_l\rangle$，校验矩阵是一个 $l\times 2n$ 的矩阵，其行对应于生成元 $\boldsymbol{g}_1,\ \boldsymbol{g}_2,\ \cdots,\ \boldsymbol{g}_l$，矩阵左边 $n$ 列中的 1 表明哪些生成元包含 $\boldsymbol{X}$，矩阵右边 $n$ 列中的 1 表明哪些生成元包含 $\boldsymbol{Z}$。矩阵两边都出现表明生成元中有 $\boldsymbol{Y}$。构造方法如表 9.3 所示，校验矩阵并不包含生成元前面的算子的任何信息。

**表 9.3　构造方法**

| $\boldsymbol{g}_i$ 的第 $j$ 个量子位包含 | 校验元第 $j$ 列 | 校验元的第 $n+j$ 列 |
|---|---|---|
| $\boldsymbol{I}$ | 0 | 0 |
| $\boldsymbol{X}$ | 1 | 0 |
| $\boldsymbol{Z}$ | 0 | 1 |
| $\boldsymbol{Y}$ | 1 | 1 |

Steane码的校验矩阵可以表示为

$$\left[\begin{array}{ccccccc|ccccccc} 0&0&0&1&1&1&1&0&0&0&0&0&0&0\\ 0&1&1&0&0&1&1&0&0&0&0&0&0&0\\ 1&0&1&0&1&0&1&0&0&0&0&0&0&0\\ 0&0&0&0&0&0&0&0&0&0&1&1&1&1\\ 0&0&0&0&0&0&0&0&1&1&0&0&1&1\\ 0&0&0&0&0&0&0&1&0&1&0&1&0&1 \end{array}\right] \tag{9.134}$$

5）码空间的维数

若 $\boldsymbol{S}=\langle \boldsymbol{g}_1, \boldsymbol{g}_2, \cdots, \boldsymbol{g}_{n-k}\rangle$ 由 $\boldsymbol{G}_n$ 的 $n-k$ 个独立且对易的元所生成，且 $-\boldsymbol{I}\notin \boldsymbol{S}$，则 $\boldsymbol{V}_S$ 是一个 $2^k$ 维向量空间[2]。

**证明：** 令 $\boldsymbol{x}=\langle x_1, x_2, \cdots, x_{n-k}\rangle$ 是一个长度为 $n-k$ 的二值向量，定义

$$\boldsymbol{P}_S^X \equiv \frac{\prod_{j=1}^{n-k}[\boldsymbol{I}+(-1)^{x_j}\boldsymbol{g}_i]}{2^{n-k}} \tag{9.135}$$

由于 $\frac{\boldsymbol{I}+\boldsymbol{g}_j}{2}$ 为到 $\boldsymbol{g}_j$ 的+1特征空间上的投影算子，$\boldsymbol{P}_S^{(0,\cdots,0)}$ 是 $\boldsymbol{V}_S$ 上的投影算子。对于任意的 $x$，存在属于 $\boldsymbol{G}_n$ 的 $\boldsymbol{g}_x$，有 $\boldsymbol{g}_x\boldsymbol{P}_S{}^{(0,\cdots,0)}(\boldsymbol{g}_x)^+=\boldsymbol{P}_S^x$，则 $\boldsymbol{P}_S^x$ 的维数等同于 $\boldsymbol{V}_S$ 的维数。然而，对于不同的 $x$，容易看出 $\boldsymbol{P}_S^x$ 是互相正交的。又由于 $\boldsymbol{I}=\sum_x \boldsymbol{P}_S^x$，等式左边为到 $2^n$ 维空间上的投影算子，而右边为维数与 $\boldsymbol{V}_S$ 相同的 $2^{n-k}$ 个正交投影算子的求和，因此 $\boldsymbol{V}_S$ 的维数为 $2^n/2^{n-k}=2^k$。

证毕

现在给出稳定子码的定义。设 $\boldsymbol{S}$ 是 $\boldsymbol{G}_n$ 的子群，且 $-\boldsymbol{I}\notin \boldsymbol{S}$，$\boldsymbol{S}$ 具有 $n-k$ 个独立和对易的生成元 $\boldsymbol{g}_1, \boldsymbol{g}_2, \cdots, \boldsymbol{g}_{n-k}$，即 $\boldsymbol{S}=\langle \boldsymbol{g}_1, \boldsymbol{g}_2, \cdots, \boldsymbol{g}_{n-k}\rangle$，则称 $\boldsymbol{S}$ 稳定的向量空间 $\boldsymbol{V}_S$ 为 $[n, k]$ 稳定子码，记为 $C(\boldsymbol{S})$。

**2. *U* 门以及稳定子的转换**

前面我们讨论了可以利用稳定子来描述矢量空间，其实利用稳定子也可以描述矢量空间在量子操作下在一个更大空间中的动态转变[25]。这里我们给出如何利用稳定子来描述量子纠错码，并且理解噪声和其他的动态过程对编码的影响。假设我们对被 $\boldsymbol{S}$ 稳定的矢量空间 $\boldsymbol{V}_S$ 施加一个 $\boldsymbol{U}$ 操作，$|\psi\rangle$ 是 $\boldsymbol{V}_S$ 中的任何一个元素，则对于 $\boldsymbol{S}$ 中的任何一个 $\boldsymbol{g}$ 有

$$\boldsymbol{U}|\psi\rangle=\boldsymbol{U}\boldsymbol{g}|\psi\rangle=\boldsymbol{U}\boldsymbol{g}\boldsymbol{U}^\dagger\boldsymbol{U}|\psi\rangle \tag{9.136}$$

此式表明 $\boldsymbol{U}|\psi\rangle$ 被 $\boldsymbol{U}\boldsymbol{g}\boldsymbol{U}^\dagger$ 稳定，由此可以得出矢量空间 $\boldsymbol{U}\boldsymbol{V}_S$ 被 $\boldsymbol{U}\boldsymbol{S}\boldsymbol{U}^\dagger\equiv\{\boldsymbol{U}\boldsymbol{g}\boldsymbol{U}^\dagger|\boldsymbol{g}\in \boldsymbol{S}\}$ 稳定。如果 $\boldsymbol{g}_1, \boldsymbol{g}_2, \cdots, \boldsymbol{g}_l$ 生成 $\boldsymbol{S}$，则 $\boldsymbol{U}\boldsymbol{g}_1\boldsymbol{U}^\dagger, \boldsymbol{U}\boldsymbol{g}_2\boldsymbol{U}^\dagger, \cdots, \boldsymbol{U}\boldsymbol{g}_l\boldsymbol{U}^\dagger$ 生成 $\boldsymbol{U}\boldsymbol{S}\boldsymbol{U}^\dagger$，因为我们只需要计算稳定子生成子的变化就可以得到变化后的稳定子。例如

$$\boldsymbol{HXH}^\dagger=\boldsymbol{Z},\ \boldsymbol{HYH}^\dagger=-\boldsymbol{Y},\ \boldsymbol{HZH}^\dagger=\boldsymbol{X} \tag{9.137}$$

所以，被 $\boldsymbol{Z}$ 稳定的量子态 $|0\rangle$，添加 $\boldsymbol{H}$ 操作后被 $\boldsymbol{HZH}^\dagger$ 稳定，即被 $\boldsymbol{X}$ 稳定。$|0\rangle$ 添加 $\boldsymbol{H}$ 操作后变成了 $|+\rangle$，很容易得到被 $\boldsymbol{X}$ 稳定。

前面提到，利用稳定子可以简洁表示量子纠错码。在这里再给出一个稳定子简洁表示的例子。例如，已知 $n$ 个量子比特的稳定子是 $\langle \boldsymbol{Z}_1, \boldsymbol{Z}_2, \cdots, \boldsymbol{Z}_n\rangle$，那么这个量子态就是

$|0\rangle^{\otimes n}$。如果对每一个比特都进行 $\boldsymbol{H}$ 操作，则量子态将变为 $2^n$ 个状态的均匀叠加态，量子态的具体表示非常复杂。如果从稳定子的角度考虑，稳定子将变为 $\langle \boldsymbol{X}_1, \boldsymbol{X}_2, \cdots, \boldsymbol{X}_n \rangle$，这种表示要简洁许多。

当 $\boldsymbol{U}$ 为两比特的 CNOT 门，控制比特为第一个比特，目标比特为第二个比特时，我们有

$$\boldsymbol{CN}_{12}\boldsymbol{X}_1\boldsymbol{CN}_{12}^{\dagger}=\begin{bmatrix}1&0&0&0\\0&1&0&0\\0&0&0&1\\0&0&1&0\end{bmatrix}\begin{bmatrix}0&0&1&0\\0&0&0&1\\1&0&0&0\\0&1&0&0\end{bmatrix}\begin{bmatrix}1&0&0&0\\0&1&0&0\\0&0&0&1\\0&0&1&0\end{bmatrix}=\begin{bmatrix}0&0&0&1\\0&0&1&0\\0&1&0&0\\1&0&0&0\end{bmatrix}=\boldsymbol{X}_1\boldsymbol{X}_2 \tag{9.138}$$

类似地，我们可以得到 $\boldsymbol{CN}_{12}\boldsymbol{X}_2\boldsymbol{CN}_{12}^{\dagger}=\boldsymbol{X}_2$，$\boldsymbol{CN}_{12}\boldsymbol{Z}_1\boldsymbol{CN}_{12}^{\dagger}=\boldsymbol{Z}_1$ 和 $\boldsymbol{CN}_{12}\boldsymbol{Z}_2\boldsymbol{CN}_{12}^{\dagger}=\boldsymbol{Z}_1\boldsymbol{Z}_2$。上面的公式可以变形为 $\boldsymbol{CN}_{12}\boldsymbol{X}_1=\boldsymbol{X}_1\boldsymbol{X}_2\boldsymbol{CN}_{12}$，$\boldsymbol{CN}_{12}\boldsymbol{X}_2=\boldsymbol{X}_2\boldsymbol{CN}_{12}$，$\boldsymbol{CN}_{12}\boldsymbol{Z}_1=\boldsymbol{Z}_1\boldsymbol{CN}_{12}$ 和 $\boldsymbol{CN}_{12}\boldsymbol{Z}_2=\boldsymbol{Z}_1\boldsymbol{Z}_2\boldsymbol{CN}_{12}$，说明控制位上的 $\boldsymbol{X}$ 操作会通过 CNOT 操作传播到目标位，目标位的 $\boldsymbol{Z}$ 操作会通过 CNOT 操作传播到控制位。利用变形后的公式可以理解线路中的错误传输，也可以分析利用三个 CNOT 门构造交换门的原理。我们能够利用以上结论来分析 CNOT 操作在其他两比特 Pauli 算子之间的转换，比如

$$\boldsymbol{CN}_{12}\boldsymbol{X}_1\boldsymbol{X}_2\boldsymbol{CN}_{12}^{\dagger}=\boldsymbol{CN}_{12}\boldsymbol{X}_1\boldsymbol{CN}_{12}^{\dagger}\boldsymbol{CN}_{12}\boldsymbol{X}_2\boldsymbol{CN}_{12}^{\dagger}=\boldsymbol{X}_1\boldsymbol{X}_2\boldsymbol{X}_2=\boldsymbol{X}_1 \tag{9.139}$$

$$\boldsymbol{CN}_{12}\boldsymbol{Y}_2\boldsymbol{CN}_{12}^{\dagger}=\mathrm{i}\boldsymbol{CN}_{12}\boldsymbol{X}_2\boldsymbol{Z}_2\boldsymbol{CN}_{12}^{\dagger}=\mathrm{i}\boldsymbol{CN}_{12}\boldsymbol{X}_2\boldsymbol{CN}_{12}^{\dagger}\boldsymbol{CN}_{12}\boldsymbol{Z}_2\boldsymbol{CN}_{12}^{\dagger}=\mathrm{i}\boldsymbol{X}_2\boldsymbol{Z}_1\boldsymbol{Z}_2=\boldsymbol{Z}_1\boldsymbol{Y}_2 \tag{9.140}$$

当 $\boldsymbol{U}$ 为相位门 $\boldsymbol{S}$ 时，我们有

$$\boldsymbol{SXS}^{\dagger}=\begin{bmatrix}1&0\\0&\mathrm{i}\end{bmatrix}\begin{bmatrix}0&1\\1&0\end{bmatrix}\begin{bmatrix}1&0\\0&-\mathrm{i}\end{bmatrix}=\begin{bmatrix}0&-\mathrm{i}\\\mathrm{i}&0\end{bmatrix}=\boldsymbol{Y} \tag{9.141}$$

$$\boldsymbol{SZS}^{\dagger}=\begin{bmatrix}1&0\\0&\mathrm{i}\end{bmatrix}\begin{bmatrix}1&0\\0&-1\end{bmatrix}\begin{bmatrix}1&0\\0&-\mathrm{i}\end{bmatrix}=\begin{bmatrix}1&0\\0&-1\end{bmatrix}=\boldsymbol{Z} \tag{9.142}$$

Pauli 操作在不同量子门下的转换如表 9.4 所示。

**表 9.4 Pauli 操作在不同量子门下的转换**

| 量子门 | 输入 | 输出 | 量子门 | 输入 | 输出 |
|---|---|---|---|---|---|
| $\mathrm{CNOT}_{12}$ | $\boldsymbol{X}_1$ | $\boldsymbol{X}_1\boldsymbol{X}_2$ | $\mathrm{CNOT}_{12}$ | $\boldsymbol{Z}_1$ | $\boldsymbol{Z}_1$ |
| $\mathrm{CNOT}_{12}$ | $\boldsymbol{X}_2$ | $\boldsymbol{X}_2$ | $\mathrm{CNOT}_{12}$ | $\boldsymbol{Z}_2$ | $\boldsymbol{Z}_1\boldsymbol{Z}_2$ |
| $\boldsymbol{X}$ | $\boldsymbol{X}$ | $\boldsymbol{X}$ | $\boldsymbol{X}$ | $\boldsymbol{Z}$ | $-\boldsymbol{Z}$ |
| $\boldsymbol{Z}$ | $\boldsymbol{X}$ | $-\boldsymbol{X}$ | $\boldsymbol{Z}$ | $\boldsymbol{Z}$ | $\boldsymbol{Z}$ |
| $\boldsymbol{Y}$ | $\boldsymbol{X}$ | $-\boldsymbol{X}$ | $\boldsymbol{Y}$ | $\boldsymbol{Z}$ | $-\boldsymbol{Z}$ |
| $\boldsymbol{H}$ | $\boldsymbol{X}$ | $\boldsymbol{Z}$ | $\boldsymbol{H}$ | $\boldsymbol{Z}$ | $\boldsymbol{X}$ |
| $\boldsymbol{S}$ | $\boldsymbol{X}$ | $\boldsymbol{Y}$ | $\boldsymbol{S}$ | $\boldsymbol{Z}$ | $\boldsymbol{Z}$ |

满足 $\boldsymbol{UG}_n\boldsymbol{U}^{\dagger}=\boldsymbol{G}_n$ 的集合 $\boldsymbol{U}$ 称为 $\boldsymbol{G}_n$ 的正规子，记为 $N(\boldsymbol{G}_n)$，$N(\boldsymbol{G}_n)$ 可以由 $\boldsymbol{H}$ 门、CNOT 门和 $\boldsymbol{S}$ 门构成。因此 $\boldsymbol{H}$ 门、CNOT 门和 $\boldsymbol{S}$ 门也简称为正规子门。并不是所有的量子门都属于正规子门，比如 $\pi/8$ 门和 Toffoli 门，因此对于含有 $\pi/8$ 门和 Toffoli 门的量子线

路利用稳定子的形式来分析并不能带来很大的便捷。但幸运的是，仅仅利用正规子门就能够实现编码线路、症状测量、纠错线路和解码线路。

**3. 稳定子在测量时的转换**

计算基下的测量也可以利用稳定子进行便捷描述[25]。假设量子系统处于被稳定子$\langle \boldsymbol{g}_1, \boldsymbol{g}_2, \cdots, \boldsymbol{g}_n\rangle$稳定的量子态$|\psi\rangle$，要进行的测量算子是$\boldsymbol{g}$。当$\boldsymbol{g}$与稳定子的所有生成子对易时，对于任意的$\boldsymbol{g}_j$，有$\boldsymbol{g}_j\boldsymbol{g}|\psi\rangle=\boldsymbol{g}\boldsymbol{g}_j|\psi\rangle=\boldsymbol{g}|\psi\rangle$，即$\boldsymbol{g}|\psi\rangle\in \boldsymbol{V}_S$。又因为$\boldsymbol{g}^2=\boldsymbol{I}$，所以$\boldsymbol{g}|\psi\rangle=\pm|\psi\rangle$，即$\boldsymbol{g}$或者$-\boldsymbol{g}$属于稳定子。假设$\boldsymbol{g}$是其稳定子，$\boldsymbol{g}|\psi\rangle=|\psi\rangle$，那么进行$\boldsymbol{g}$测量将会得到$+1$，测量不会改变原来的状态$|\psi\rangle$。

当$\boldsymbol{g}$与稳定子生成子中的一个或者几个反对易时，假设$\boldsymbol{g}$与$\boldsymbol{g}_1$反对易，如果$\boldsymbol{g}$与$\boldsymbol{g}_i$也反对易，那么可以把$\boldsymbol{g}_i$更换成$\boldsymbol{g}_i\boldsymbol{g}_1$，则$\boldsymbol{g}$与$\boldsymbol{g}_i\boldsymbol{g}_1$对易。通过这样的替换，此时有$\boldsymbol{g}$与$\boldsymbol{g}_1$反对易，与$\boldsymbol{g}_2, \cdots, \boldsymbol{g}_n$对易。因为$\boldsymbol{g}$的特征值为$\pm1$，所以测量算子可以表示为$(\boldsymbol{I}\pm\boldsymbol{g})/2$，测量结果的概率为

$$p(+1)=\mathrm{tr}\left(\frac{\boldsymbol{I}+\boldsymbol{g}}{2}|\psi\rangle\langle\psi|\right) \tag{9.143}$$

$$p(-1)=\mathrm{tr}\left(\frac{\boldsymbol{I}-\boldsymbol{g}}{2}|\psi\rangle\langle\psi|\right) \tag{9.144}$$

又因为$\boldsymbol{g}_1|\psi\rangle=|\psi\rangle$，$\boldsymbol{g}\boldsymbol{g}_1=-\boldsymbol{g}_1\boldsymbol{g}$，所以有

$$\begin{aligned}p(+1)&=\mathrm{tr}\left(\frac{\boldsymbol{I}+\boldsymbol{g}}{2}\boldsymbol{g}_1|\psi\rangle\langle\psi|\right)\\&=\mathrm{tr}\left(g_1\frac{\boldsymbol{I}-\boldsymbol{g}}{2}|\psi\rangle\langle\psi|\right)\\&=\mathrm{tr}\left(\frac{\boldsymbol{I}-\boldsymbol{g}}{2}|\psi\rangle\langle\psi|\right)\\&=p(-1)\end{aligned} \tag{9.145}$$

又因为$p(+1)+p(-1)=1$，所以$p(+1)=p(-1)=1/2$。如果测量结果为$+1$，得到的量子态为$|\psi^+\rangle\equiv(\boldsymbol{I}+\boldsymbol{g})|\psi\rangle/\sqrt{2}$，即该量子态的稳定子为$\langle\boldsymbol{g}, \boldsymbol{g}_2, \cdots, \boldsymbol{g}_n\rangle$，即原来不对易的稳定子$\boldsymbol{g}_1$被$\boldsymbol{g}$代替。如果测量结果为$-1$，得到的量子态为$|\psi^-\rangle\equiv(\boldsymbol{I}-\boldsymbol{g})|\psi\rangle/\sqrt{2}$，即该量子态的稳定子为$\langle-\boldsymbol{g}, \boldsymbol{g}_2, \cdots, \boldsymbol{g}_n\rangle$。

以上两种情况说明，进行稳定子测量将不会改变量子态。如果进行的测量$\boldsymbol{g}$与某个稳定子不对易，则测量过程会破坏掉与测量不对易的稳定子，随机地坍缩到$\pm\boldsymbol{g}$的本征态上。

**4. 稳定子码的构造及纠错**

1）稳定子码的构造

由稳定子码的定义可见，如果给定稳定子$\boldsymbol{S}$的$n-k$个生成元，可在码$C(\boldsymbol{S})$中选取任意$2^k$个正交归一向量作为基态，从而实现码的构造。一种更为一般的方法是[25]，选取算子$\bar{\boldsymbol{Z}}_1, \cdots, \bar{\boldsymbol{Z}}_k\in\boldsymbol{G}_n$，使得$\boldsymbol{g}_1, \boldsymbol{g}_2, \cdots, \boldsymbol{g}_{n-k}, \bar{\boldsymbol{Z}}_1, \cdots, \bar{\boldsymbol{Z}}_k$形成一个独立且对易的集合，算子$\bar{\boldsymbol{Z}}_j$表示在逻辑量子位$j$上的Pauli $\boldsymbol{Z}$算子，则可得到如下稳定子：$\langle\boldsymbol{g}_1, \cdots, \boldsymbol{g}_{n-k}, (-1)^{x_1}\bar{\boldsymbol{Z}}_1, \cdots, (-1)^{x_k}\bar{\boldsymbol{Z}}_k\rangle$稳定的基态$|x_1, \cdots, x_k\rangle_L$。

类似地，我们可以定义逻辑量子位$j$上的非运算(量子非门)，算子$\bar{\boldsymbol{X}}_j$满足$\bar{\boldsymbol{X}}_j\bar{\boldsymbol{Z}}_j\bar{\boldsymbol{X}}_j^{\dagger}=-\bar{\boldsymbol{Z}}_j$，

$\bar{X}_j\bar{Z}_i\bar{X}_j^\dagger=\bar{Z}_i(i\neq j)$，$\bar{X}_j g_k \bar{X}_j^\dagger=g_k$，即 $\bar{X}_j$ 与除 $\bar{Z}_j$ 外的所有 $\bar{Z}_i$ 对易，与稳定子的所有生成元对易，与 $\bar{Z}_j$ 反对易。

2）稳定子码的纠错条件

设$[n, k]$稳定子码 $C(\boldsymbol{S})$为一个状态的编码，错误用 $\boldsymbol{E}$ 表示，$\boldsymbol{E}\in\boldsymbol{G}_n$。当 $\boldsymbol{E}$ 与稳定子的一个元反对易时，$\boldsymbol{E}$ 把码 $C(\boldsymbol{S})$变成一个正交子空间，且通过投影测量，在原理上可以检测出错误 $\boldsymbol{E}$。当 $\boldsymbol{E}\in\boldsymbol{S}$ 时，稳定子的作用对量子态没有任何影响，不用识别和纠正 $\boldsymbol{E}$。当 $\boldsymbol{E}$ 与 $\boldsymbol{S}$ 中所有生成元对易但不属于 $\boldsymbol{S}$，即对 $\forall \boldsymbol{g}\in\boldsymbol{S}$，有 $\boldsymbol{Eg}=\boldsymbol{gE}$，这时候要考虑这个错误是否可以被纠正。这里令对所有 $\boldsymbol{g}\in\boldsymbol{S}$，使 $\boldsymbol{Eg}=\boldsymbol{gE}$ 成立的所有 $\boldsymbol{E}$ 的集合($\boldsymbol{E}\in\boldsymbol{G}_n$)称为 $\boldsymbol{G}_n$ 中 $\boldsymbol{S}$ 的中心子(Centralizer)，用 $\boldsymbol{Z}(\boldsymbol{S})$ 表示。定义 $\boldsymbol{S}$ 的正规子(Normalizer)为对 $\forall \boldsymbol{g}\in\boldsymbol{S}$，使 $\boldsymbol{EgE}^+\in\boldsymbol{S}$ 成立的 $\boldsymbol{G}_n$ 中所有 $\boldsymbol{E}(\boldsymbol{E}\in\boldsymbol{G}_n)$的集合，记作 $\boldsymbol{N}(\boldsymbol{S})$。

可以证明，对 $\boldsymbol{G}_n$ 的任一子群 $\boldsymbol{S}$，有 $\boldsymbol{S}\in\boldsymbol{N}(\boldsymbol{S})$；对不包含 $-\boldsymbol{I}$ 的 $\boldsymbol{G}_n$ 的任一子群 $\boldsymbol{S}$，有 $\boldsymbol{N}(\boldsymbol{S})=\boldsymbol{Z}(\boldsymbol{S})$。下面给出稳定子码的纠错条件。

定理：令 $\boldsymbol{S}$ 为稳定子码 $C(\boldsymbol{S})$的稳定子，设$\{\boldsymbol{E}_j\}$为 $\boldsymbol{G}_n$ 中的一个集合，对所有 $j$ 和 $k$，$\boldsymbol{E}_j^\dagger\boldsymbol{E}_k\notin N(\boldsymbol{S})-\boldsymbol{S}$ 均成立，则$\{\boldsymbol{E}_j\}$为码 $C(\boldsymbol{S})$可纠正的错误集合。

这里不失一般性，只考虑 $\boldsymbol{G}_n$ 中满足 $\boldsymbol{E}_j^\dagger=\boldsymbol{E}_j$ 的错误 $\boldsymbol{E}_j$，这样纠错条件变为 $\boldsymbol{E}_j\boldsymbol{E}_k\notin \boldsymbol{N}(\boldsymbol{S})-\boldsymbol{S}$。

**证明：**令 $\boldsymbol{P}$ 为到码空间 $C(\boldsymbol{S})$上的投影算子，当给定 $j$、$k$ 时有两种情形：一种是 $\boldsymbol{E}_j^\dagger\boldsymbol{E}_k$ 位于 $\boldsymbol{S}$ 中；另一种是 $\boldsymbol{E}_j^\dagger\boldsymbol{E}_k$ 位于 $\boldsymbol{G}_n-\boldsymbol{N}(\boldsymbol{S})$。

对于第一种情形，由于 $\boldsymbol{P}$ 与 $\boldsymbol{S}$ 的元素相乘 $\boldsymbol{P}$ 保持不变，有 $\boldsymbol{PE}_j^\dagger\boldsymbol{E}_k\boldsymbol{P}=\boldsymbol{P}$。

对于第二种情形，即 $\boldsymbol{E}_j^\dagger\boldsymbol{E}_k\in\boldsymbol{G}_n-\boldsymbol{N}(\boldsymbol{S})$，$\boldsymbol{E}_j^\dagger\boldsymbol{E}_k$ 与 $\boldsymbol{S}$ 的某个元素 $\boldsymbol{g}_1$ 必为反对易。

令 $\boldsymbol{g}_1$，$\boldsymbol{g}_2$，…，$\boldsymbol{g}_{n-k}$ 为 $\boldsymbol{S}$ 的一组线性生成元，投影算子为 $\boldsymbol{P}=\dfrac{\prod_{l=1}^{n-k}(\boldsymbol{I}+\boldsymbol{g}_l)}{2^{n-k}}$。$\boldsymbol{E}_j^\dagger\boldsymbol{E}_k$ 与 $\boldsymbol{g}_1$ 反对易，所以有 $\boldsymbol{E}_j^+\boldsymbol{E}_k\boldsymbol{P}=(\boldsymbol{I}-\boldsymbol{g}_1)\boldsymbol{E}_j^+\boldsymbol{E}_k\dfrac{\prod_{l=2}^{n-k}(\boldsymbol{I}+\boldsymbol{g}_l)}{2^{n-k}}$。但是由于$(\boldsymbol{I}+\boldsymbol{g}_l)(\boldsymbol{I}-\boldsymbol{g}_l)=\boldsymbol{0}$，从而有 $\boldsymbol{P}(\boldsymbol{I}-\boldsymbol{g}_l)=\boldsymbol{0}$，因此当 $\boldsymbol{E}_j^+\boldsymbol{E}_k\notin\boldsymbol{G}_n-N(\boldsymbol{S})$，就有 $\boldsymbol{PE}_j^+\boldsymbol{E}_k\boldsymbol{P}=0$，即错误的集合$\{\boldsymbol{E}_j\}$满足量子纠错条件。

证毕

3）稳定子码的纠错方法

设 $\boldsymbol{g}_1$，$\boldsymbol{g}_2$，…，$\boldsymbol{g}_{n-k}$ 为$[n, k]$稳定子码稳定子的一组生成元，$\{\boldsymbol{E}_j\}$为该码可纠正的错误的集合。检错和纠错过程如下：依次测量稳定子生成元 $\boldsymbol{g}_1$，$\boldsymbol{g}_2$，…，$\boldsymbol{g}_{n-k}$，得到的校验子(错误图样)为 $\beta_1$，$\beta_2$，…，$\beta_{n-k}$。如果错误 $\boldsymbol{E}_j$ 对应唯一的错误症状 $\beta_l$，则有 $\boldsymbol{E}_j\boldsymbol{g}_l\boldsymbol{E}_j^+=\beta_l\boldsymbol{g}_l$，采用 $\boldsymbol{E}_j^+$ 可以恢复原码。如果有两个不同的错误 $\boldsymbol{E}_j$ 和 $\boldsymbol{E}_{j'}$ 导致同一个错误症状，则有 $\boldsymbol{E}_j\boldsymbol{PE}_j^+=\boldsymbol{E}_{j'}\boldsymbol{PE}_{j'}^+$，其中 $\boldsymbol{P}$ 为码空间的投影算子。只要 $\boldsymbol{E}_j^+\boldsymbol{E}_{j'}\in\boldsymbol{S}$，则有 $\boldsymbol{E}_j^+\boldsymbol{E}_{j'}\boldsymbol{PE}_{j'}^+\boldsymbol{E}_j=\boldsymbol{P}$，所以对于错误 $\boldsymbol{E}_{j'}$ 可以采用 $\boldsymbol{E}_j^+$ 纠正。因此，对于每个可能的错误症状，通过选择对应于该症状的错误 $\boldsymbol{E}_j$，当测量得到该症状时，应用 $\boldsymbol{E}_j^+$ 进行纠错。

与经典纠错码类似，量子纠错码也有权重的概念，错误 $\boldsymbol{E}\in\boldsymbol{G}_n$ 的权重等于张量积中不等于单位阵的项的数目。例如，$\boldsymbol{X}_1\boldsymbol{Z}_4\boldsymbol{Z}_8$ 的权重为 3。一个稳定子码 $C(\boldsymbol{S})$ 的码距定义为 $\boldsymbol{N}(\boldsymbol{S})-\boldsymbol{S}$ 中元素的最小权重，如果$[n, k]$稳定子码 $C(\boldsymbol{S})$ 的距离为 $d$，则称其为$[[n, k, d]]$稳定子码。类似于经典码，一个最小距离为 $2t+1$ 码可纠正任意 $t$ 量子位上的任意错误。

4) 稳定子码的标准型

为了更简单地找到稳定子码 $C(\boldsymbol{S})$ 中的 $\boldsymbol{Z}$ 逻辑操作和 $\boldsymbol{X}$ 逻辑操作，引入稳定子码的标准型。如前所述$[n, k]$稳定子码 $C(\boldsymbol{S})$ 的校验矩阵为 $\boldsymbol{G}=[\boldsymbol{G}_1|\boldsymbol{G}_2]$，矩阵 $\boldsymbol{G}$ 有 $n-k$ 行 $2n$ 列，其行的对换对应于重新标记生成元，列的对换(注意 $\boldsymbol{G}_1$ 和 $\boldsymbol{G}_2$ 要同时对换)对应于重新标记量子位，将两行相加对应于乘以生成元。当 $i\neq j$ 时，可以用 $\boldsymbol{g}_i\boldsymbol{g}_j$ 替换 $\boldsymbol{g}_i$。对 $\boldsymbol{G}_1$ 应用高斯消元法，当有必要时对换量子位，这样 $\boldsymbol{G}$ 可以化为

$$\begin{array}{c} \\ r \\ n-k-r \end{array}\begin{array}{c} \begin{array}{cccc} r & n-r & r & n-r \end{array} \\ \left[\begin{array}{cc|cc} \boldsymbol{I} & \boldsymbol{A} & \boldsymbol{B} & \boldsymbol{C} \\ \boldsymbol{0} & \boldsymbol{0} & \boldsymbol{D} & \boldsymbol{E} \end{array}\right] \end{array} \tag{9.146}$$

其中，$r$ 是矩阵 $\boldsymbol{G}_1$ 的秩，$\boldsymbol{D}$ 是$(n-k-r)\times r$ 矩阵，$\boldsymbol{E}$ 是$(n-k-r)\times(n-r)$矩阵，$\boldsymbol{I}$ 和 $\boldsymbol{B}$ 是 $r\times r$ 矩阵，$\boldsymbol{A}$ 和 $\boldsymbol{C}$ 是 $r\times(n-r)$矩阵。接下来对 $\boldsymbol{E}$ 进行 Gauss 消元，有必要时对换量子位，可得到

$$\begin{array}{c} \\ r \\ n-k-r-s \\ s \end{array}\begin{array}{c} \begin{array}{cccccc} r & n-r-k-s & k+s & r & n-r-k-s & k+s \end{array} \\ \left[\begin{array}{ccc|ccc} \boldsymbol{I} & \boldsymbol{A}_1 & \boldsymbol{A}_2 & \boldsymbol{B} & \boldsymbol{C}_1 & \boldsymbol{C}_2 \\ \boldsymbol{0} & \boldsymbol{0} & \boldsymbol{0} & \boldsymbol{D}_1 & \boldsymbol{I} & \boldsymbol{E}_2 \\ \boldsymbol{0} & \boldsymbol{0} & \boldsymbol{0} & \boldsymbol{D}_2 & \boldsymbol{0} & \boldsymbol{0} \end{array}\right] \end{array} \tag{9.147}$$

如果 $\boldsymbol{D}_2\neq\boldsymbol{0}$，最后 $s$ 个生成元与前 $r$ 个生成元不对易，与所有的稳定子之间互相对易矛盾，由此可以假定 $\boldsymbol{D}_2=\boldsymbol{0}$。进而，通过行变换也可使 $\boldsymbol{C}_1=\boldsymbol{0}$，这样将 $\boldsymbol{E}_2$ 写为 $\boldsymbol{E}$，$\boldsymbol{C}_2$ 写为 $\boldsymbol{C}$，$\boldsymbol{D}_1$ 写为 $\boldsymbol{D}$，则校验矩阵可化为

$$\begin{array}{c} \\ r \\ n-k-r \end{array}\begin{array}{c} \begin{array}{cccccc} r & n-r-k & k & r & n-r-k & k \end{array} \\ \left[\begin{array}{ccc|ccc} \boldsymbol{I} & \boldsymbol{A}_1 & \boldsymbol{A}_2 & \boldsymbol{B} & \boldsymbol{0} & \boldsymbol{C} \\ \boldsymbol{0} & \boldsymbol{0} & \boldsymbol{0} & \boldsymbol{D} & \boldsymbol{I} & \boldsymbol{E} \end{array}\right] \end{array} \tag{9.148}$$

式(9.148)称为校验矩阵的标准型。

利用标准型我们能够找到 $k$ 个互相独立且对易，并且与稳定子的生成元独立且对易的操作，从而得到逻辑 $\boldsymbol{Z}$ 操作和逻辑 $\boldsymbol{X}$ 操作。我们用一个 $k$ 行的矩阵 $\boldsymbol{G}_Z=[\boldsymbol{F}_1\boldsymbol{F}_2\boldsymbol{F}_3|\boldsymbol{F}_4\boldsymbol{F}_5\boldsymbol{F}_6]$来表示 $k$ 个逻辑 $\boldsymbol{Z}$ 操作，$\boldsymbol{F}_1$，$\boldsymbol{F}_2$，$\boldsymbol{F}_3$，$\boldsymbol{F}_4$，$\boldsymbol{F}_5$，$\boldsymbol{F}_6$ 的列数分别是 $r$，$n-k-r$，$k$，$r$，$n-k-r$ 和 $k$。令 $\boldsymbol{G}_Z=[\boldsymbol{000}|\boldsymbol{A}_2^{\mathrm{T}}\boldsymbol{0I}]$，可以看出 $\boldsymbol{G}_Z$ 仅仅含有 $\boldsymbol{Z}$ 操作，所以 $k$ 个逻辑操作互相对易，又因为 $\boldsymbol{I}\times(\boldsymbol{A}_2^{\mathrm{T}})^{\mathrm{T}}+\boldsymbol{A}_2\times\boldsymbol{I}=\boldsymbol{0}$，所以 $\boldsymbol{G}_Z$ 与所有的稳定子也对易；而这 $k$ 个逻辑操作也互相独立，并且与稳定子的生成元也互相独立，因此 $\boldsymbol{G}_Z$ 的每一行就是一个逻辑 $\boldsymbol{Z}$ 操作。类似地，我们可以得到 $k$ 个逻辑 $\boldsymbol{X}$ 操作为 $\boldsymbol{G}_X=[\boldsymbol{0E}^{\mathrm{T}}\boldsymbol{I}|\boldsymbol{C}^{\mathrm{T}}\boldsymbol{00}]$。

Steane 码的校验矩阵如式(9.134)所示，$n=1$，$k=7$，$r=3$。通过交换第 1 列和第 4 列、第 3 列和第 4 列、第 6 列和第 7 列，把第 6 行加到第 4 行、第 6 行加到第 5 行、第 4 行和第 5 行都加到第 6 行，可以得到校验矩阵的标准型

$$\begin{array}{ccccccc|ccccccc} 4 & 2 & 1 & 3 & 5 & 7 & 6 & 4 & 2 & 1 & 3 & 5 & 7 & 6 \end{array}$$

$$\left[\begin{array}{ccccccc|ccccccc} 1 & 0 & 0 & 0 & 1 & 1 & 1 & 0 & 0 & 0 & 0 & 0 & 0 & 0 \\ 0 & 1 & 0 & 1 & 0 & 1 & 1 & 0 & 0 & 0 & 0 & 0 & 0 & 0 \\ 0 & 0 & 1 & 1 & 1 & 1 & 0 & 0 & 0 & 0 & 0 & 0 & 0 & 0 \\ 0 & 0 & 0 & 0 & 0 & 0 & 0 & 1 & 0 & 1 & 1 & 0 & 0 & 1 \\ 0 & 0 & 0 & 0 & 0 & 0 & 0 & 0 & 1 & 1 & 0 & 1 & 0 & 1 \\ 0 & 0 & 0 & 0 & 0 & 0 & 0 & 1 & 1 & 1 & 0 & 0 & 1 & 0 \end{array}\right] \tag{9.149}$$

第 1 行给出的是物理量子比特的编号。根据前面的理论分析，可以得到 $\boldsymbol{G}_Z=[0000000|1100001]$和 $\boldsymbol{G}_X=[0001101|0000000]$。考虑量子比特的编号，可以得到对应的逻辑操作分别为 $\boldsymbol{Z}_{\mathrm{L}}=\boldsymbol{Z}_2\boldsymbol{Z}_4\boldsymbol{Z}_6$，$\boldsymbol{X}_{\mathrm{L}}=\boldsymbol{X}_3\boldsymbol{X}_5\boldsymbol{X}_6$，可以检验这两个逻辑操作反对易，且与所有的稳定子均对易。

**5. 稳定子码举例**

下面给出几个稳定子码的例子，其中有的码之前已介绍过，这里从稳定子的观点出发进行介绍。

1) 3 量子位码

3 量子位比特翻转码由状态$|000\rangle$和$|111\rangle$所张成，其稳定子由 $\boldsymbol{Z}_1\boldsymbol{Z}_2$ 和 $\boldsymbol{Z}_2\boldsymbol{Z}_3$ 生成。若错误集为$\{\boldsymbol{I}, \boldsymbol{X}_1, \boldsymbol{X}_2, \boldsymbol{X}_3\}$，其任意两个错误元的组合构成的集合为$\{\boldsymbol{I}, \boldsymbol{X}_1, \boldsymbol{X}_2, \boldsymbol{X}_3, \boldsymbol{X}_1\boldsymbol{X}_2, \boldsymbol{X}_1\boldsymbol{X}_3, \boldsymbol{X}_2\boldsymbol{X}_3\}$，除 $\boldsymbol{I}$ 外，其他的错误至少与稳定子的一个生成元反对易，根据稳定子码的纠错条件，错误集合$\{\boldsymbol{I}, \boldsymbol{X}_1, \boldsymbol{X}_2, \boldsymbol{X}_3\}$是 3 量子位比特翻转码的可纠正错误集。

比特翻转码的错误检测可通过测量稳定子生成元 $\boldsymbol{Z}_1\boldsymbol{Z}_2$ 和 $\boldsymbol{Z}_2\boldsymbol{Z}_3$ 来实现。如果出现错误 $\boldsymbol{X}_1$，则稳定子变为$\{-\boldsymbol{Z}_1\boldsymbol{Z}_2, \boldsymbol{Z}_2\boldsymbol{Z}_3\}$，故错误校验子的测量结果为$-1$ 和$+1$；若出现错误 $\boldsymbol{X}_2$，则错误校验子的测量结果为$-1$ 和$-1$；若出现错误 $\boldsymbol{X}_3$，则错误校验子的测量结果为$+1$ 和$-1$；若无错误，则测量结果为$+1$ 和$+1$。只要根据症状测量结果，就能够识别出具体的错误，然后应用错误的逆运算就能够实现纠错，具体的对应关系如表 9.5 所示。

**表 9.5　3 量子位比特翻转码的症状测量结果及其对应的纠正操作**

| $\boldsymbol{Z}_1\boldsymbol{Z}_2$ | $\boldsymbol{Z}_2\boldsymbol{Z}_3$ | 错误类型 | 纠正操作 |
|---|---|---|---|
| $+1$ | $+1$ | 无错误 | 无须操作 |
| $+1$ | $-1$ | 第三量子位被翻转 | 翻转第三量子位 |
| $-1$ | $+1$ | 第一量子位被翻转 | 翻转第一量子位 |
| $-1$ | $-1$ | 第二量子位被翻转 | 翻转第二量子位 |

对于 3 量子位比特翻转码，这里基于稳定子的描述并没有比之前的描述带来十分明显的优势。接下来看 9 量子位的 Shor 码，我们能明显看出稳定子描述的优势。

2) 9 量子位码

9 量子位 Shor 码具有 8 个稳定子生成元，如表 9.6 所示。稳定子之间互相对易，逻辑操作与稳定子对易，两个逻辑操作之间反对易。

表 9.6 9 量子位 Shor 码的稳定子及其逻辑操作

| 名称 | 算子(稳定子与逻辑操作) |
| --- | --- |
| $g_1$ | $Z\ Z\ I\ I\ I\ I\ I\ I\ I$ |
| $g_2$ | $I\ Z\ Z\ I\ I\ I\ I\ I\ I$ |
| $g_3$ | $I\ I\ I\ Z\ Z\ I\ I\ I\ I$ |
| $g_4$ | $I\ I\ I\ I\ Z\ Z\ I\ I\ I$ |
| $g_5$ | $I\ I\ I\ I\ I\ I\ Z\ Z\ I$ |
| $g_6$ | $I\ I\ I\ I\ I\ I\ I\ Z\ Z$ |
| $g_7$ | $X\ X\ X\ X\ X\ X\ I\ I\ I$ |
| $g_8$ | $I\ I\ I\ X\ X\ X\ X\ X\ X$ |
| $\bar{Z}$ | $X\ X\ X\ X\ X\ X\ X\ X\ X$ |
| $\bar{X}$ | $Z\ Z\ Z\ Z\ Z\ Z\ Z\ Z\ Z$ |

前 6 个稳定子用来检测比特翻转错误，后面 2 个稳定子用来检测相位翻转错误。若错误集为$\{I, X_i, Z_i, Y_i\}$，$1\leqslant i\leqslant 9$，则其中任意两个错误元的直积(除 $I$ 外)要么属于 $S$(比如 $Z_1Z_2$)，要么至少与一个稳定子非对易(比如 $X_1Y_4$ 与 $g_1$，$g_3$，$g_7$，$g_8$ 均反对易)，因此不属于 $N(S)$。根据稳定子码的纠错条件，Shor 码可以纠正任意的单量子比特错误。

3) 5 量子位码

5 量子位码的稳定子生成元如表 9.7 所示，可以看出它的每个稳定子既包括 $X$ 操作也包括 $Z$ 操作，不属于 CSS 码。

表 9.7 5 量子位码的稳定子及其逻辑操作

| 名称 | 算子(稳定子与逻辑操作) |
| --- | --- |
| $g_1$ | $X\ Z\ Z\ X\ I$ |
| $g_2$ | $I\ X\ Z\ Z\ X$ |
| $g_3$ | $X\ I\ X\ Z\ Z$ |
| $g_4$ | $Z\ X\ I\ X\ Z$ |
| $\bar{Z}$ | $Z\ Z\ Z\ Z\ Z$ |
| $\bar{X}$ | $X\ X\ X\ X\ X$ |

容易验证，5 量子位码能纠正任意单量子位错误。5 量子位码的逻辑码字分别为

$$
\begin{aligned}
|0_L\rangle &= \frac{\prod_{i=1}^{4}(I+g_i)}{(\sqrt{2})^4}|00000\rangle \\
&= \frac{1}{4}(|00000\rangle+|10010\rangle+|01001\rangle-|11011\rangle+|10100\rangle-|00110\rangle-|11101\rangle-|01111\rangle+ \\
&\quad |01010\rangle-|11000\rangle-|00011\rangle-|10001\rangle-|11110\rangle-|01100\rangle-|10111\rangle+|00101\rangle)
\end{aligned} \tag{9.150}
$$

$$|1_L\rangle = \bar{\boldsymbol{X}}|0_L\rangle = \frac{\prod_{i=1}^{4}(\boldsymbol{I}+\boldsymbol{g}_i)}{(\sqrt{2})^4}|11111\rangle$$

$$= \frac{1}{4}(|11111\rangle + |01101\rangle + |10110\rangle - |00100\rangle + |01011\rangle - |11001\rangle - |00010\rangle - |10000\rangle + |10101\rangle - |00111\rangle - |11100\rangle - |01110\rangle - |00001\rangle - |10011\rangle - |01000\rangle + |11010\rangle) \tag{9.151}$$

虽然5位量子码是最短的量子码，但由于它不是CSS码，稳定子的测量都需要测量基的转换，因此应用并不广泛。7量子位的Steane码是CSS码，而且由于稳定子的对称性使其对于逻辑 $\boldsymbol{H}$ 操作是横截的，因此应用较多。

4）7量子位码

在讨论7量子位Steane码之前，我们先看CSS码。设 $C_1$ 和 $C_2$ 分别为 $[n, k_1]$ 和 $[n, k_2]$ 经典线性码，且有 $C_2 \subset C_1$，$C_1$ 和 $C_2^{\perp}$ 都可纠正 $t$ 个错误，则其校验矩阵可定义为

$$\begin{bmatrix} \boldsymbol{H}(C_2^{\perp}) & \boldsymbol{0} \\ \boldsymbol{0} & \boldsymbol{H}(C_1) \end{bmatrix} \tag{9.152}$$

由 $C_2 \subset C_1$，有 $\boldsymbol{H}(C_2^{\perp})\boldsymbol{H}(C_1)^{\mathrm{T}} = [\boldsymbol{H}(C_1)\boldsymbol{G}(C_2)]^{\mathrm{T}} = \boldsymbol{0}$，即校验矩阵满足对易条件，故该校验矩阵定义了稳定子码。实际上该稳定子码正是CSS($C_1$，$C_2$)码，能纠正 $t$ 量子位的任意错误。7量子位Steane码是CSS码的一个例子，它是由[7，4]和[7，3]经典码得到的一个逻辑量子比特的量子纠错码，有6个生成元，其稳定子如表9.2所示，校验矩阵如式(9.134)所示，转化成标准型如式(9.149)所示。对应的逻辑操作为 $\boldsymbol{Z}_L = \boldsymbol{Z}_2\boldsymbol{Z}_4\boldsymbol{Z}_6$，$\boldsymbol{X}_L = \boldsymbol{X}_3\boldsymbol{X}_5\boldsymbol{X}_6$。编码后的逻辑操作通常分别选择为

$$\bar{\boldsymbol{Z}} = \boldsymbol{Z}_1\boldsymbol{Z}_2\boldsymbol{Z}_3\boldsymbol{Z}_4\boldsymbol{Z}_5\boldsymbol{Z}_6\boldsymbol{Z}_7 \tag{9.153}$$

$$\bar{\boldsymbol{X}} = \boldsymbol{X}_1\boldsymbol{X}_2\boldsymbol{X}_3\boldsymbol{X}_4\boldsymbol{X}_5\boldsymbol{X}_6\boldsymbol{X}_7 \tag{9.154}$$

可以看出，$\boldsymbol{Z}_L = \bar{\boldsymbol{Z}} \times \boldsymbol{Z}_1\boldsymbol{Z}_3\boldsymbol{Z}_5\boldsymbol{Z}_7$，$\boldsymbol{X}_L = \bar{\boldsymbol{X}} \times \boldsymbol{X}_1\boldsymbol{X}_3\boldsymbol{X}_5\boldsymbol{X}_7 \times \boldsymbol{X}_2\boldsymbol{X}_3\boldsymbol{X}_6\boldsymbol{X}_7 \times \boldsymbol{X}_4\boldsymbol{X}_5\boldsymbol{X}_6\boldsymbol{X}_7$，利用逻辑操作与稳定子的乘积仍然是逻辑操作可以对逻辑操作进行化简。逻辑码字如式(9.131)和式(9.132)所示，逻辑码字也可以根据稳定子进行计算，结果是一致的。Steane码的 $\boldsymbol{X}$ 稳定子和 $\boldsymbol{Z}$ 稳定子形式一样，所以对每一个比特进行 $\boldsymbol{H}$ 操作后稳定子不变，对编码后的比特进行横截的 $\boldsymbol{H}$ 操作(即对每一个比特进行 $\boldsymbol{H}$ 操作)就能够实现逻辑 $\boldsymbol{H}$ 门，这是Steane码的优良特性。

**6. 稳定子码的编译码**

1）编码

编码线路的实现可以分为基于稳定子实现的编码线路与基于稳定子测量和纠正的编码线路。基于稳定子实现的编码线路用 $\boldsymbol{H}$ 门和CNOT门来实现，图9.7为Steane码的编码线路，该编码线路以第6个量子比特作为数据比特，以 $\boldsymbol{X}_L = \boldsymbol{X}_3\boldsymbol{X}_5\boldsymbol{X}_6$ 作为逻辑 $\boldsymbol{X}$ 操作。

前面2个CNOT实现的是逻辑操作，如果第6个比特为0，前面2个CNOT操作没有作用，初态仍然为 $|0000000\rangle$，是逻辑0码字中的一项；如果第6个比特为1，相当于第6

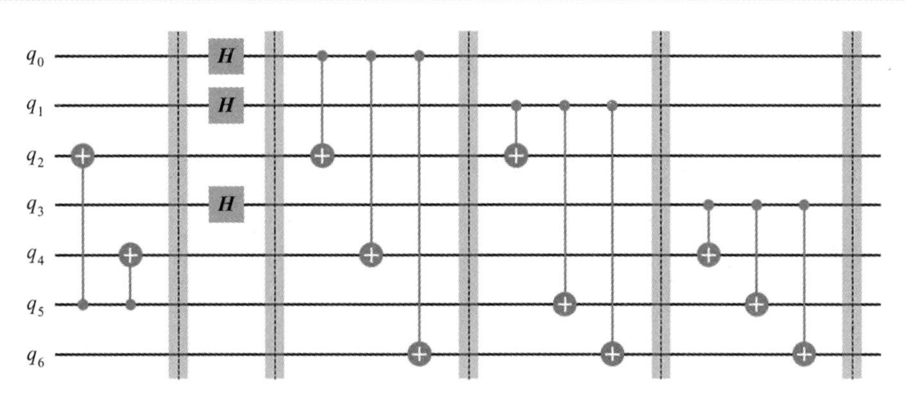


图 9.7　基于稳定子实现的 Steane 码的编码线路图

个比特上有了 $\boldsymbol{X}$ 操作，2 个 CNOT 门作用后，初态为 $|0010110\rangle$，是逻辑 1 码字中的一项。每个 $\boldsymbol{H}$ 门和以 $\boldsymbol{H}$ 门作用的量子比特为控制比特的 3 个 CNOT 门实现 1 个稳定子。$\boldsymbol{H}$ 门作用的量子比特的初态为 $|0\rangle$，通过 $\boldsymbol{H}$ 操作后变为 $\dfrac{(|0\rangle+|1\rangle)}{\sqrt{2}}$，即 $\dfrac{(\boldsymbol{I}+\boldsymbol{X})|0\rangle}{\sqrt{2}}$，然后通过 3 个 CNOT 操作就实现了第 1 个稳定子 $\dfrac{(\boldsymbol{I}+\boldsymbol{X}_1\boldsymbol{X}_3\boldsymbol{X}_5\boldsymbol{X}_7)|\phi\rangle}{\sqrt{2}}$，其中 $|\phi\rangle$ 表示这个稳定子实现之前的初态。后面以这时候得到的量子态为初态，继续寻找处于 $|0\rangle$ 的量子态进行 $\boldsymbol{H}$ 操作和 CNOT 操作，最终实现基于稳定子编码的量子线路。但是在此编码线路中由于 CNOT 门的存在，会出现不可纠正的两比特错误，从而最终带来逻辑错误。如果编码过程允许一定的失误，即编码以后进行稳定子的测量，如果有错误直接丢弃，那么该编码电路与基于稳定子测量和纠正的电路相比是更节省资源的。

下面介绍基于稳定子测量的编码线路。设[$n$，$k$]稳定子码的稳定子生成元为 $\boldsymbol{g}_1$，$\boldsymbol{g}_2$，…，$\boldsymbol{g}_{n-k}$，逻辑 $\boldsymbol{Z}$ 算子为 $\bar{z}_1$，$\bar{z}_2$，…，$\bar{z}_k$。

先制备初态 $|0\rangle^{\otimes n}$，依次对稳定子和逻辑操作 $\boldsymbol{g}_1$，$\boldsymbol{g}_2$，…，$\boldsymbol{g}_{n-k}$，$\bar{z}_1$，$\bar{z}_2$，…，$\bar{z}_k$ 进行测量，根据测量结果得到的量子态的稳定子为 $\langle\pm\boldsymbol{g}_1$，$\pm\boldsymbol{g}_2$，…，$\pm\boldsymbol{g}_{n-k}$，$\pm\bar{z}_1$，$\pm\bar{z}_2$，…，$\pm\bar{z}_k\rangle$，其符号“+”“−”根据测量结果来确定。根据测量结果找到与测量结果为负的稳定子反对易，与测量结果为正的稳定子对易的纠正操作，对量子态采用纠正操作，从而使得所有的稳定子都满足，这样得出了具有稳定子 $\langle\boldsymbol{g}_1$，$\boldsymbol{g}_2$，…，$\boldsymbol{g}_{n-k}$，$\bar{z}_1$，$\bar{z}_2$，…，$\bar{z}_k\rangle$ 的状态，即编码态 $|0\rangle^{\otimes k}$。若算子 $\boldsymbol{M}\in\boldsymbol{S}$，对于一个逻辑量子位时，逻辑态 $|\bar{0}\rangle$ 可写为

$$|\bar{0}\rangle=\sum_{\boldsymbol{M}\in\boldsymbol{S}}\boldsymbol{M}|00\cdots0\rangle \tag{9.155}$$

逻辑态 $|\bar{1}\rangle$ 可以通过对 $|\bar{0}\rangle$ 施加 $\bar{\boldsymbol{X}}$ 操作来实现，写为

$$|\bar{1}\rangle=\bar{\boldsymbol{X}}|\bar{0}\rangle=\bar{\boldsymbol{X}}\sum_{\boldsymbol{M}\in\boldsymbol{S}}\boldsymbol{M}|00\cdots0\rangle \tag{9.156}$$

由于稳定子群的全部元素可由稳定子的 $n-k$ 个生成元所有可能的乘积穷尽，即

$$\sum_{\boldsymbol{M}\in\boldsymbol{S}}\boldsymbol{M}=(\boldsymbol{I}+\boldsymbol{M}_{n-k})(\boldsymbol{I}+\boldsymbol{M}_{n-k-1})\cdots(\boldsymbol{I}+\boldsymbol{M}_1) \tag{9.157}$$

所以编码后的单量子态可写为

$$|\bar{\psi}\rangle=(\alpha+\beta\bar{\boldsymbol{X}})(\boldsymbol{I}+\boldsymbol{M}_{n-k})(\boldsymbol{I}+\boldsymbol{M}_{n-k-1})\cdots(\boldsymbol{I}+\boldsymbol{M}_1)|00\cdots0\rangle \tag{9.158}$$

基于稳定子测量的 Steane 码的编码线路如图 9.8 所示。

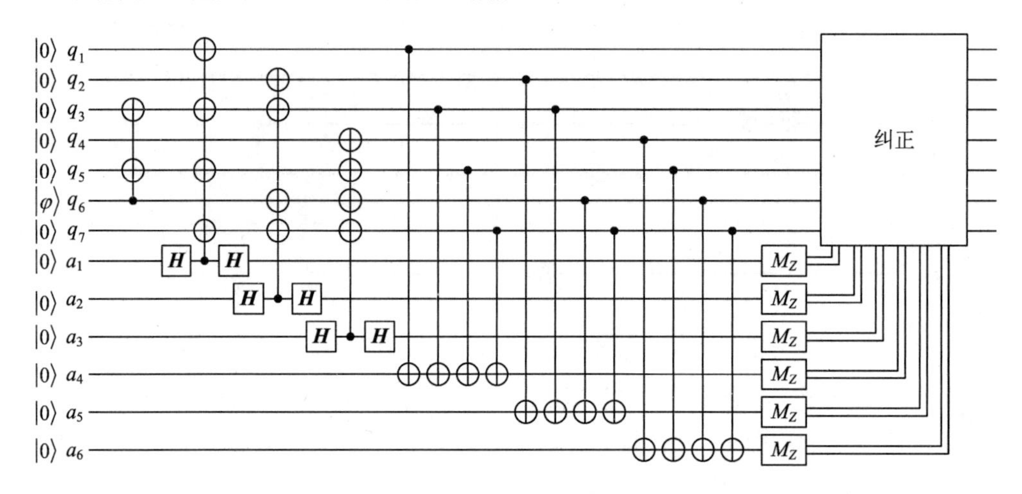


图 9.8 基于稳定子测量的 Steane 码编码线路图

逻辑操作后依次对 6 个稳定子进行测量。前面 3 个辅助比特 $a_1$，$a_2$ 和 $a_3$ 进行 X 型稳定子 $\boldsymbol{X}_1\boldsymbol{X}_3\boldsymbol{X}_5\boldsymbol{X}_7$、$\boldsymbol{X}_2\boldsymbol{X}_3\boldsymbol{X}_6\boldsymbol{X}_7$ 和 $\boldsymbol{X}_4\boldsymbol{X}_5\boldsymbol{X}_6\boldsymbol{X}_7$ 的测量，测量结果记为 $\boldsymbol{S}_1$，$\boldsymbol{S}_2$，$\boldsymbol{S}_3$，后面 3 个辅助比特 $a_4$，$a_5$ 和 $a_6$ 进行 Z 型稳定子 $\boldsymbol{Z}_1\boldsymbol{Z}_3\boldsymbol{Z}_5\boldsymbol{Z}_7$、$\boldsymbol{Z}_2\boldsymbol{Z}_3\boldsymbol{Z}_6\boldsymbol{Z}_7$ 和 $\boldsymbol{Z}_4\boldsymbol{Z}_5\boldsymbol{Z}_6\boldsymbol{Z}_7$ 的测量，测量结果记为 $\boldsymbol{S}_4$，$\boldsymbol{S}_5$，$\boldsymbol{S}_6$。然后根据测量结果进行相应的纠正操作，具体的纠正操作如表9.8 所示。前 3 个辅助比特进行 X 型稳定子的测量，因此采用 $\boldsymbol{Z}$ 操作纠正，纠正操作与结果为 1 的稳定子反对易，与结果为 0 的稳定子对易。例如，对于测量结果 011，选择 $\boldsymbol{Z}_6$ 为纠正操作，$\boldsymbol{Z}_6$ 与稳定子 $\boldsymbol{X}_2\boldsymbol{X}_3\boldsymbol{X}_6\boldsymbol{X}_7$ 和 $\boldsymbol{X}_4\boldsymbol{X}_5\boldsymbol{X}_6\boldsymbol{X}_7$ 反对易，与稳定子 $\boldsymbol{X}_1\boldsymbol{X}_3\boldsymbol{X}_5\boldsymbol{X}_7$ 对易。后面 3 个辅助比特进行 Z 型稳定子的测量，采用 X 操作纠正。

**表 9.8 稳定子测量结果对应的纠正操作**

| $\boldsymbol{S}_1\boldsymbol{S}_2\boldsymbol{S}_3$ | 000 | 001 | 010 | 011 | 100 | 101 | 110 | 111 |
|---|---|---|---|---|---|---|---|---|
| 纠错操作 | 无 | $\boldsymbol{Z}_4$ | $\boldsymbol{Z}_2$ | $\boldsymbol{Z}_6$ | $\boldsymbol{Z}_1$ | $\boldsymbol{Z}_5$ | $\boldsymbol{Z}_3$ | $\boldsymbol{Z}_7$ |
| $\boldsymbol{S}_4\boldsymbol{S}_5\boldsymbol{S}_6$ | 000 | 001 | 010 | 011 | 100 | 101 | 110 | 111 |
| 纠错操作 | 无 | $\boldsymbol{X}_4$ | $\boldsymbol{X}_2$ | $\boldsymbol{X}_6$ | $\boldsymbol{X}_1$ | $\boldsymbol{X}_5$ | $\boldsymbol{X}_3$ | $\boldsymbol{X}_7$ |

因为初态初始化为 $|0000000\rangle$，对所有的 Z 型稳定子都满足，因此在没有错误的情况下，对 Z 型稳定子的测量可以省略，实际上通过前面 3 个稳定子的测量和纠正就能够实现 *Steane* 码的编码。

2）纠错和译码

在实现编码以后，需要根据量子计算的过程进行逻辑比特之间的操作，包括逻辑非门、逻辑 $\boldsymbol{Z}$ 门、逻辑 $\boldsymbol{T}$ 门、逻辑 $\boldsymbol{H}$ 门、逻辑 CNOT 门等。在逻辑操作执行的过程中，量子计算可能会出现错误。当错误积累到一定程度时，需要及时进行症状测量来检测错误，并根据症状测量的结果进行纠错。症状测量就是进行稳定子的测量，在前面的 3 量子位比特翻转码、3 量子位相位翻转码的检错电路和基于稳定子测量的 Steane 码编码线路图中都直接应用了这类电路，这里给出具体的解释。

稳定子的测量就是投影测量，即将量子态投影到测量算子的本征态上并得到本征值。利用受控非门和受控 $\boldsymbol{Z}$ 门就能够进行 X 型稳定子和 Z 型稳定子的测量。X 型稳定子 $X_1X_3X_5X_7$ 的测量线路如图 9.9 所示，辅助比特初始化为 $|0\rangle$，然后通过 $H$ 门转换到 $X$ 基，CNOT 操作可以把作为受控比特的信息比特的 $\boldsymbol{Z}$ 操作传递到控制比特，即如果信息比特处于 $|+\rangle$，控制比特保持不变；如果信息比特处于 $|-\rangle$，控制比特会发生相位翻转。因此就能够通过对辅助比特的测量判断稳定子涉及的比特在 $\boldsymbol{X}$ 基下的奇偶性。利用 CNOT 门的等效性，可以知道图 9.9 中左右两个线路图是等效的，X 型稳定子的测量一般用左图实现。

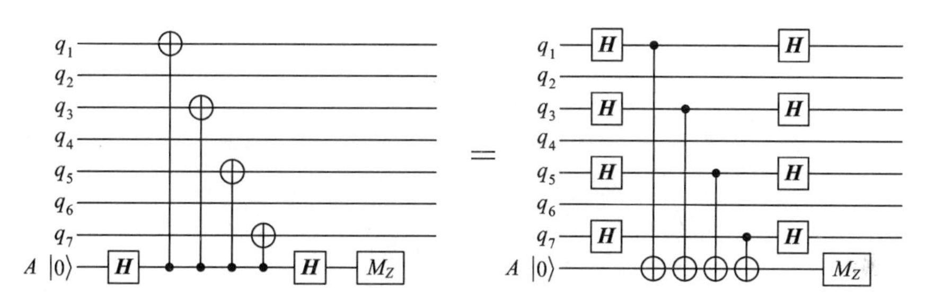


图 9.9　X 型稳定子测量的两个等价线路

同理，Z 型稳定子 $\boldsymbol{Z}_1\boldsymbol{Z}_3\boldsymbol{Z}_5\boldsymbol{Z}_7$ 的测量线路如图 9.10 所示，利用的是 CZ 操作可以把作为受控比特的信息比特的 $\boldsymbol{X}$ 操作传递到控制比特，即如果信息比特处于 $|0\rangle$，控制比特保持不变；如果信息比特处于 $|1\rangle$，控制比特会发生相位翻转。利用 CZ 门和 CNOT 门的等效性，可以知道图 9.10 中左右两个线路图是等效的，右图是我们常用的 Z 型稳定子的测量线路。

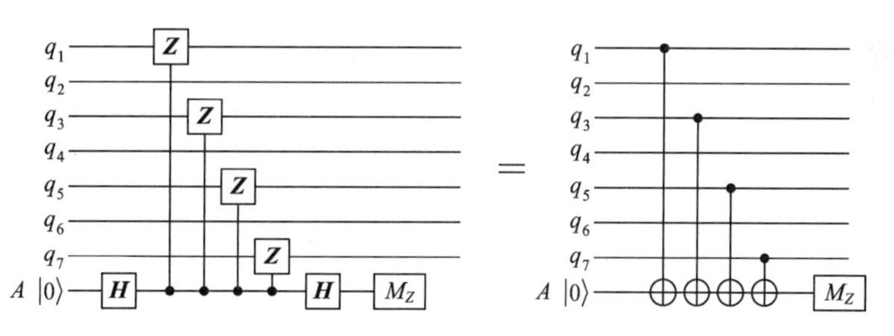


图 9.10　Z 型稳定子测量的两个等价线路

在上述稳定子测量的过程中，由于辅助比特和多个数据比特相互作用，因此，该稳定子测量过程是不容错的，可能会导致多比特错误。基于猫态 $\frac{1}{\sqrt{2}}(|00\cdots0\rangle+|11\cdots1\rangle)$ 的 X 型稳定子测量线路如图 9.11 所示。辅助比特首先产生纠缠态 $\frac{1}{\sqrt{2}}(|0000\rangle+|1111\rangle)$，然后对第 1 个和第 4 个辅助比特进行比较，验证猫态的制备是否正确。在验证正确后，每一个辅助比特和一个数据比特相互作用，整个测量过程对于编码态来讲，相当于进行了 $\boldsymbol{I}+\boldsymbol{X}_1\boldsymbol{X}_3\boldsymbol{X}_5\boldsymbol{X}_7$ 的操作，因此数据比特和辅助比特还是直积态，对辅助比特的测量不会影响数据比特。但是测量过程的 CNOT 操作会将数据比特的 $\boldsymbol{Z}$ 错误传递到辅助比特上，通过辅助

比特在 $\boldsymbol{X}$ 基下的测量就能够发现。通过增加 $\boldsymbol{H}$ 门和改变 CNOT 门的方向也能够进行 $\boldsymbol{Z}$ 基的测量，具体线路这里不再给出。该容错测量的思想就是一个辅助比特只和一个数据比特进行作用，辅助比特除了猫态也可以用相同的编码块，例如，对于 Steane 码的信息块，可以用另外一个 Steane 码作为辅助比特，辅助比特和信息比特之间进行一一对应的 CNOT 操作，然后对辅助比特进行测量得到症状信息。

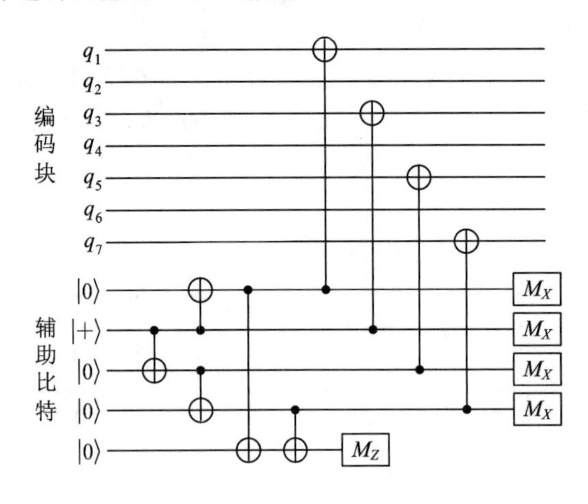


图 9.11 基于猫态的 X 型稳定子测量线路

为了避免单比特测量引入的错误，可以进行两次稳定子的测量，如果结果一致则认为测量结果有效，否则再进行第 3 次测量，利用多数投票的原则来确定测量结果。检错的过程就是依次对所有的稳定子进行测量，得到错误校验元 $\beta_1$，$\beta_2$，…，$\beta_{n-k}$，随后利用经典计算由 $\beta_j$ 确定恢复运算 $\boldsymbol{E}_j^{+}$。纠错过程就是对数据比特进行 $\boldsymbol{E}_j^{+}$ 操作。

译码就是在纠错的基础上利用编码线路的逆过程来实现，Steane 码的解码电路如图 9.7 所示，量子门按照从右向左的顺序执行，第 6 个数据比特就是解码后的量子态。解码一般只在运算的最后执行，在计算过程中不进行解码，这是因为解码一旦出现错误，将无法识别和纠正。

## 9.5 量子表面码

表面码是由 Kitaev 提出的复曲面码发展演变而来的[128-129]，在复曲面码的基础上，Kitaev 和 Bravyi[130] 以及 Freedman 和 Meyer[131] 分别发展出了平面版本的量子码模型。2003 年，Preskill 等人发现了表面码优良的容错性[132]。在量子表面码中，量子比特被放置到拉丁格上，稳定子只涉及邻近的数据比特，这种最近邻居的结构设计也有利于量子比特间操作的实现。因此量子表面码受到了广泛重视，成为实现容错量子计算的重点研究对象之一。谷歌、IBM、Intel 和中国科学技术大学等目前公开的量子芯片结构都利于表面码的实现。表面码主要包括基于边界的表面码和基于缺陷的表面码。

基于边界的表面码包括最早提出的表面码和旋转后更节省物理比特的表面码，早期的表面码结构如图 9.12 所示。

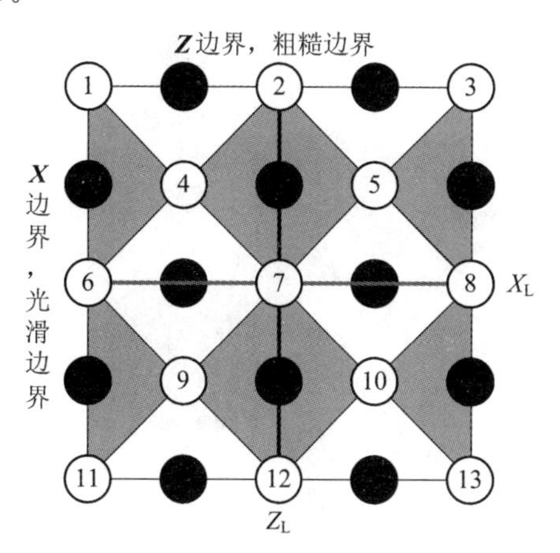


图 9.12 表面码示意图

图 9.12 中，白色的圆圈代表数据比特，黑色的圆圈代表辅助比特(也称为测量比特)。灰色区域代表 X 型稳定子，包括 $\boldsymbol{X}_1\boldsymbol{X}_4\boldsymbol{X}_6$、$\boldsymbol{X}_2\boldsymbol{X}_4\boldsymbol{X}_5\boldsymbol{X}_7$、$\boldsymbol{X}_3\boldsymbol{X}_5\boldsymbol{X}_8$、$\boldsymbol{X}_6\boldsymbol{X}_9\boldsymbol{X}_{11}$、$\boldsymbol{X}_7\boldsymbol{X}_9\boldsymbol{X}_{10}\boldsymbol{X}_{12}$ 和 $\boldsymbol{X}_8\boldsymbol{X}_{10}\boldsymbol{X}_{13}$，白色区域代表 Z 型稳定子，包括 $\boldsymbol{Z}_1\boldsymbol{Z}_2\boldsymbol{Z}_4$、$\boldsymbol{Z}_2\boldsymbol{Z}_3\boldsymbol{Z}_5$、$\boldsymbol{Z}_4\boldsymbol{Z}_6\boldsymbol{Z}_7\boldsymbol{Z}_9$、$\boldsymbol{Z}_5\boldsymbol{Z}_7\boldsymbol{Z}_8\boldsymbol{Z}_{10}$、$\boldsymbol{Z}_9\boldsymbol{Z}_{11}\boldsymbol{Z}_{12}$ 和 $\boldsymbol{Z}_{10}\boldsymbol{Z}_{12}\boldsymbol{Z}_{13}$。可以看到，不同类型的稳定子间都有 0 个或 2 个共同的数据比特，而同类型的稳定子本身互相对易，因此所有稳定子之间满足对易性；任何一个稳定子都不能由其他稳定子直积得到，因此也满足独立性。稳定子码编码的逻辑比特的数目等于物理比特数目和稳定子数目的差。在图 9.12 中有 13 个数据比特，12 个稳定子，可以编码 1 个逻辑比特。

表面码有两种边界：**X** 边界是由 X 型稳定子所形成的边界，又称为光滑边界；**Z** 边界是由 Z 型稳定子所形成的边界，又称为粗糙边界。连接两个 **X** 边界且与所经过的每个 Z 型稳定子有偶数个共同数据比特的连线上的所有数据比特 **X** 操作的直积就是 **X** 逻辑操作 $\boldsymbol{X}_\text{L}$，信息比特要选择 $\boldsymbol{X}_\text{L}$ 所涉及的量子比特。类似地，连接两个 **Z** 边界且与所经过的每个 X 型稳定子有偶数个共同数据比特的连线上的所有数据比特 **Z** 操作的直积就是 **Z** 逻辑操作 $\boldsymbol{Z}_\text{L}$。

图 9.12 中显示的逻辑操作 $\boldsymbol{X}_\text{L}=\boldsymbol{X}_6\boldsymbol{X}_7\boldsymbol{X}_8$，$\boldsymbol{Z}_\text{L}=\boldsymbol{Z}_2\boldsymbol{Z}_7\boldsymbol{Z}_{12}$。利用“逻辑操作与稳定子的乘积仍然是逻辑操作”的性质可以对逻辑操作进行变形，例如

$$\boldsymbol{X}'_\text{L}=\boldsymbol{X}_\text{L}\otimes X_1X_4X_6=\boldsymbol{X}_1\boldsymbol{X}_4\boldsymbol{X}_7\boldsymbol{X}_8 \tag{9.159}$$

$$\boldsymbol{X}'_\text{L}=\boldsymbol{X}_\text{L}\otimes\boldsymbol{X}_1\boldsymbol{X}_4\boldsymbol{X}_6\otimes\boldsymbol{X}_2\boldsymbol{X}_4\boldsymbol{X}_5\boldsymbol{X}_7\otimes\boldsymbol{X}_3\boldsymbol{X}_5\boldsymbol{X}_8=\boldsymbol{X}_1\boldsymbol{X}_2\boldsymbol{X}_3 \tag{9.160}$$

水平方向上数据比特的最大数目就是 **X** 逻辑操作的最短长度，垂直方向上数据比特的最大数目就是 **Z** 逻辑操作的最短长度，这里都是 3。

对于码距为 $d$ 的表面码，采用图 9.12 的结构，含有的数据比特数目是 $d^2+(d-1)^2$。在图 9.12 中，可以省略角落的 1，3，11，13 数据比特，并去除四个稳定子，将四个三端稳定子改为两端稳定子，旋转 45°后可以得到图 9.13 所示的表面码。

对于码距为 $d$ 的旋转表面码，数据比特数目为 $d^2$，相比于没有旋转的表面码，节省了量子比特数目，纠错能力并没有下降。灰色区域代表的 X 型稳定子包括 $\boldsymbol{X}_1\boldsymbol{X}_2\boldsymbol{X}_4\boldsymbol{X}_5$、$\boldsymbol{X}_2\boldsymbol{X}_3$、$\boldsymbol{X}_7\boldsymbol{X}_8$ 和 $\boldsymbol{X}_5\boldsymbol{X}_6\boldsymbol{X}_8\boldsymbol{X}_9$，白色区域代表的 Z 型稳定子包括 $\boldsymbol{Z}_1\boldsymbol{Z}_4$、$\boldsymbol{Z}_2\boldsymbol{Z}_3\boldsymbol{Z}_5\boldsymbol{Z}_6$、$\boldsymbol{Z}_4\boldsymbol{Z}_5\boldsymbol{Z}_7\boldsymbol{Z}_8$ 和 $\boldsymbol{Z}_6\boldsymbol{Z}_9$，稳定子之间也满足对易性。图中的 **X** 逻辑操作为 $\boldsymbol{X}_3\boldsymbol{X}_5\boldsymbol{X}_7$，**Z** 逻辑操

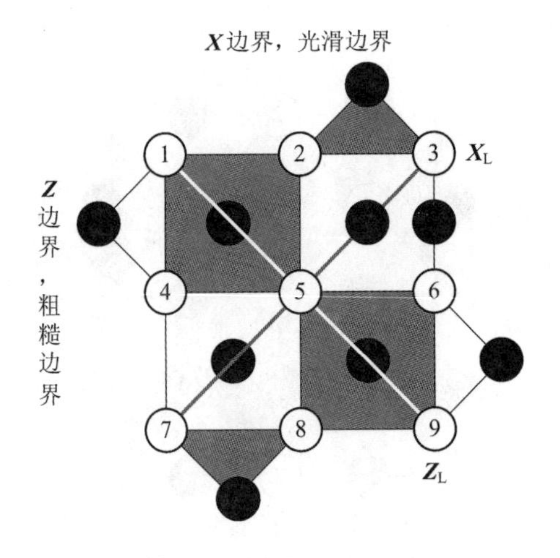


图 9.13 旋转表面码示意图

作为$Z_1Z_5Z_9$。

逻辑比特的产生也可以通过删除稳定子来实现，如图 9.14 所示。

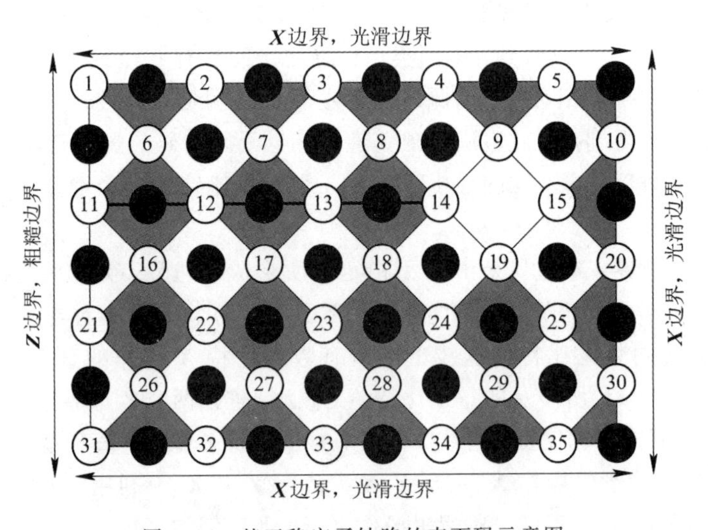


图 9.14 基于稳定子缺陷的表面码示意图

这里有三个相连的 $X$ 边界和一个 $Z$ 边界，删除了中间的一个 X 型稳定子 $X_9X_{14}X_{15}X_{19}$，实际上是在表面码内部形成一个 $Z$ 边界。Z 型稳定子的数目为 15 个，X 型稳定子有 19 个，一共有 35 个数据量子比特，因此同样编码一个逻辑量子比特。该量子码的距离是 4，逻辑 $X$ 操作就是删除的稳定子 $X_9X_{14}X_{15}X_{19}$，逻辑 $Z$ 操作是连接 $Z$ 边界的 $Z_{11}Z_{12}Z_{13}Z_{14}$。

上面给出了三种常用的表面码模型，给出了相应的稳定子和逻辑操作。表面码属于稳定子码，因此前面的编码线路设计方法、稳定子的测量方法、纠正操作的确定等在这里都是适用的。表面码结构具有规则性，每个测量比特和四个或者两个数据比特相关联，边界上的数据量子比特和三个稳定子相关联，角上的数据比特和两个稳定子相关联，其他的数据比特和四个稳定子相关联。结构的规则性使得我们可以分别规定 X 型稳定子和 Z 型稳定子的测量顺序，从而使得稳定子测量可以并行执行。图 9.15 给出一个码距为 5 的旋转晶格表面码的稳定子测量时隙设计。

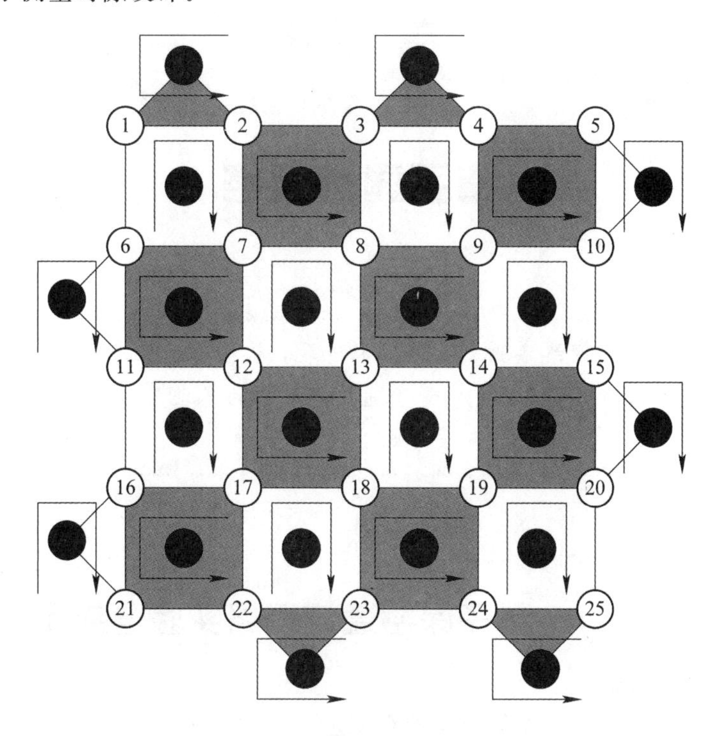


图 9.15 稳定子测量时隙设计

在 X 型稳定子测量中，测量比特依次与右上、左上、左下和右下方的数据比特作用，Z 型稳定子测量中，测量比特依次与左下、左上、右上、右下方的稳定子作用。对于数据比特，依次与左下、右下、右上、左上的测量比特作用或者依次与右上、右下、左下、左上的测量比特作用。X 型、Z 型稳定子的测量顺序能够避免产生不可识别的逻辑错误。具体来讲，对于 Z 型稳定子 $\boldsymbol{Z}_1\boldsymbol{Z}_2\boldsymbol{Z}_6\boldsymbol{Z}_7$，如果在测量中间产生了错误，导致两比特错误 $\boldsymbol{Z}_6\boldsymbol{Z}_7$，但 $\boldsymbol{Z}_6$、$\boldsymbol{Z}_7$ 不属于同一个最短逻辑操作，因此能够避免逻辑错误，对 X 型稳定子的分析也类似。这样的测量顺序保证了在任意时刻数据比特与周围四个测量比特中的一个作用，测量比特与周围的一个数据比特作用，能够在四个时隙完成整个表面码的稳定子测量。

表面码结构的规则性及其最近邻居的特点使其具有实现容错量子计算的潜力，研究机构目前的量子芯片都有利于表面码的实现。

# 第10章

# 量子通信网络

本章介绍量子通信网络实验及关键技术进展，包括量子保密通信网络实验与应用进展、量子保密通信网络体系结构、量子通信网络中的多址与交换、量子中继器、量子互联网。

## 10.1　量子保密通信网络实验与应用

本节先介绍早期建立的几个有影响的QKD实验网络，包括DARPA量子通信网、欧洲SECOQC量子密钥分发网络、东京量子密钥分发网络和我国的北京实验网、量子保密通信京沪干线等，然后介绍近几年QKD网络实验的进展及应用。

### 10.1.1　量子保密通信网络早期实验

**1. DARPA量子网络**

2003年，美国国防部高级研究计划署(Defense Advanced Research Projects Agency，DARPA)组织，由美国BBN公司、波士顿大学(BU)、哈佛大学(Harvard)建立第一个量子通信实验网，简称DARPA量子网络。DARPA量子网络采用弱相干光BB84协议，开始时有3个节点，节点之间通过光开关(也称量子交换机)连接，如图10.1(a)所示。图10.1(a)中，每个站点包括一个QKD端点(Endpoint)、一台由光开关组成的QKD交换机和一台个人计算机，计算机和QKD端点通过以太网互联，QKD交换机用来进行光量子路径切换。实验中，还设置了一个窃听者进行安全性测试。DARPA量子网络后来发展到6个节点以上，如图10.1(b)所示，节点Ali和Baba之间采用NIST研制的高速自由空间QKD，Alex和Barb之间拟采用基于纠缠的QKD协议。DARPA量子网络采用密钥中继的思想扩展QKD的距离，如图10.2所示。图10.2(a)中，由多个QKD链路和可信中继(Relay)节点构成QKD网络，若$S$与$D$要建立量子密钥，如图10.2(b)，先分别建立密钥$K_1(S, R_1)$、$K_2(R_1, R_2)$和$K_3(R_2, D)$，通信密钥$R$可通过这三个链路密钥加密传送给终端$D$。

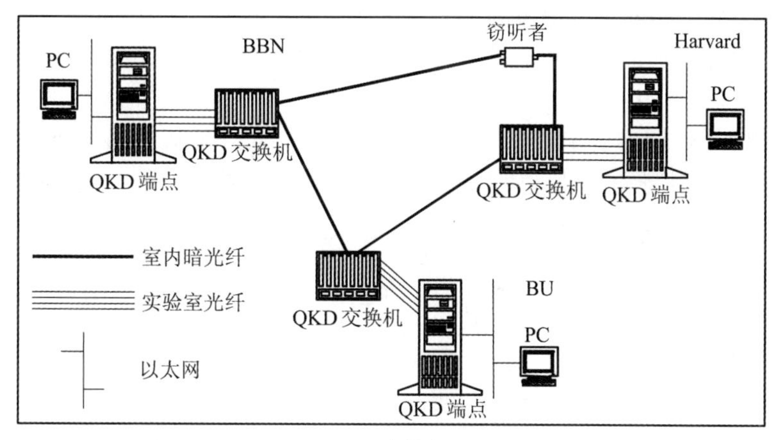


(a) 3 个节点

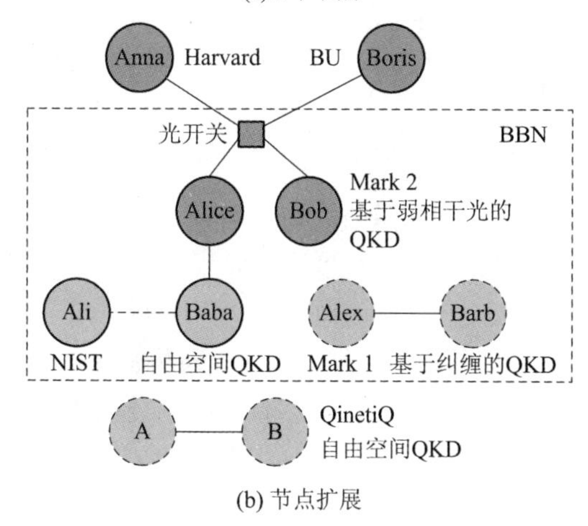


(b) 节点扩展

图 10.1　DARPA 量子网络

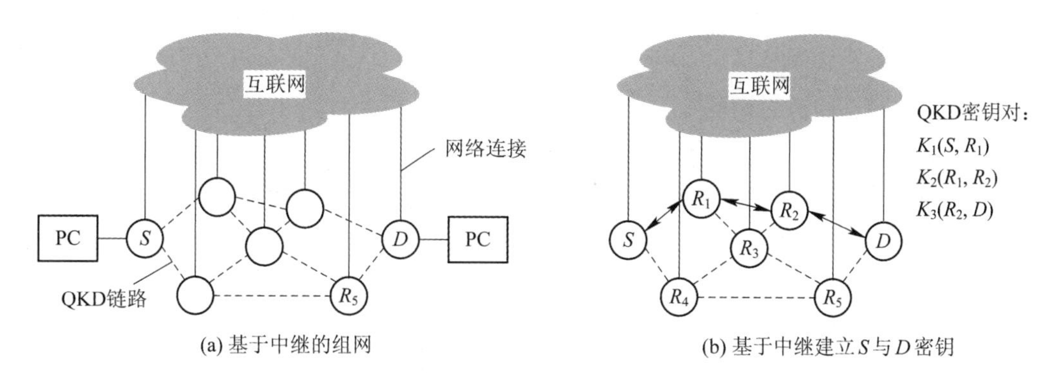


(a) 基于中继的组网　　　　(b) 基于中继建立 $S$ 与 $D$ 密钥

图 10.2　DARPA 量子网络的密钥中继

**2. 欧洲的 SECOQC**

在欧盟的资助下，欧洲 41 个研究机构和企业于 2008 年在奥地利维也纳建立 SECOQC (Secure Communication based on Quantum Cryptography)网络，其网络拓扑如图 10.3 所示，共 6 个节点，8 对点对点 QKD 系统相互连接，包括 id Quantique 公司的“即插即用”QKD 系统(idQ-1、idQ-2、idQ-3)、东芝剑桥研究实验室的基于诱骗态的相位编码 BB84 协议系统(Tosh)、N. Gisin小组的基于弱相干光的QKD系统(COW)、A. Zeilinger小组和AIT合作开发的基于偏振纠缠光子对的QKD系统(ENT)、P. Grangier小组使用高斯调制的相干态连续变量QKD系统(CV)以及H. Weinfurter小组研制的短距离自由空间QKD系统(FS)。SECOQC网络演示了基于一次一密和基于定时更新密钥的AES(高级加密系统)对VPN(虚拟专用网)进行加密的应用，实现了基于量子密钥的IP电话和IP视频会议系统。

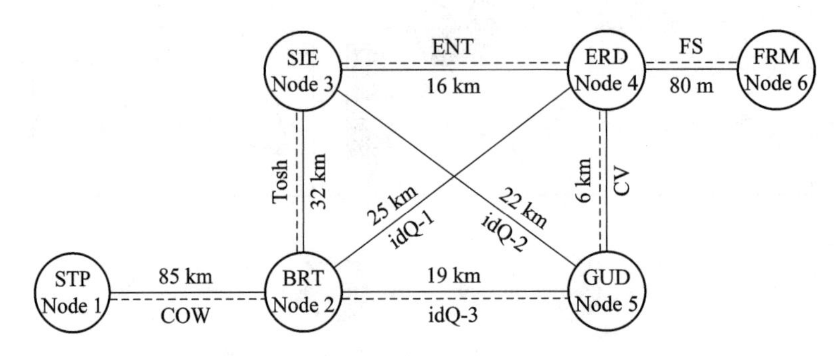


图10.3 SECOQC QKD网络的连接结构

SECOQC QKD网络采用可信中继策略。可信中继节点是指该节点可通过相连的每条链路与相邻节点协商密钥，比如节点$A$、$B$和可信中继节点相连，可信中继节点分别与$A$、$B$协商获得密钥$k_A$和$k_B$，然后将$k_A \oplus k_B$(按位异或)发给$B$，则$B$将$k_A \oplus k_B$再与$k_B$异或即可获得$k_A$。两个用户可通过位于中间的可信中继节点建立通信密钥$k_A$，从而扩展了通信距离。

SECOQC QKD网络中定义了每个节点的组成结构，包括应用层、量子传输层、量子网络层、链路层(Q3P层)和QKD设备。其中，Q3P层控制点对点QKD设备工作，接收其产生的密钥，并且为量子密钥分发系统提供经典链路；量子网络层进行路由选择，完成非相邻节点的路径选择；量子传输层实现密钥中继功能，完成端对端的安全密钥分发；应用层实现数据的加密传输。与经典网络相同，通过分层使得网络构架与设备无关，任何点对点QKD系统，只要符合网络接口，均可接入SECOQC网络。

**3. 东京量子密钥分发网络**

2010年，日本东京建立了东京QKD网络，共6个节点，演示了多种不同QKD链路保证的安全视频会议等业务，其拓扑结构如图10.4(a)所示，逻辑功能分层结构如图10.4(b)所示。整个实验网络建立在日本情报通信研究部(NICT)的网络测试平台(JGN2plus)上，QKD设备由三菱公司、NEC公司、NICT、NTT公司、维也纳团队(All-Vienna)、东芝欧洲研究有限公司(TREL)和IDQ开发。

如图10.4(b)所示，东京量子密钥分发网络也是基于可信中继器。其网络架构包括量子层、密钥管理层和通信层。量子层实现点对点QKD，并将生成的密钥向上传给密钥管理层。密钥管理层通过可信中继并选择路由使任意两个节点之间可建立通信密钥。通信层基于密钥管理层建立的密钥进行加密通信。东京QKD网络中包括了一个中央密钥管理服务器KMS，用来监控整个网络的密钥生成情况以及各条链路的安全状况等，实现网络监控和管理。东京QKD网络不仅在距离和密钥产生率上比SECOQC QKD网络有很大的进步，而且完善了网络体系结构、模块接口、系统管理等，且与SECOQC的Q3P接口兼容。

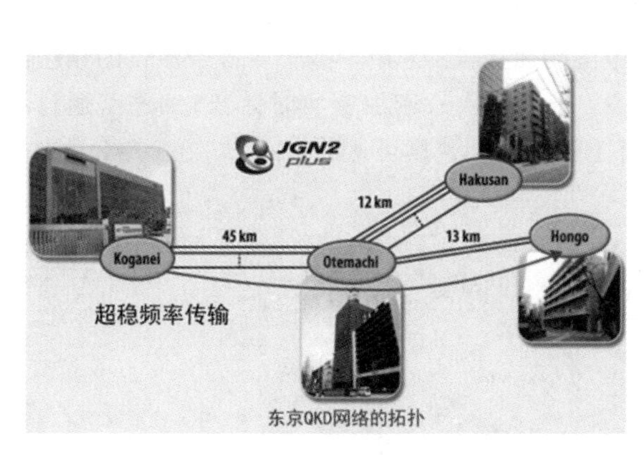


(a) 网络拓扑结构

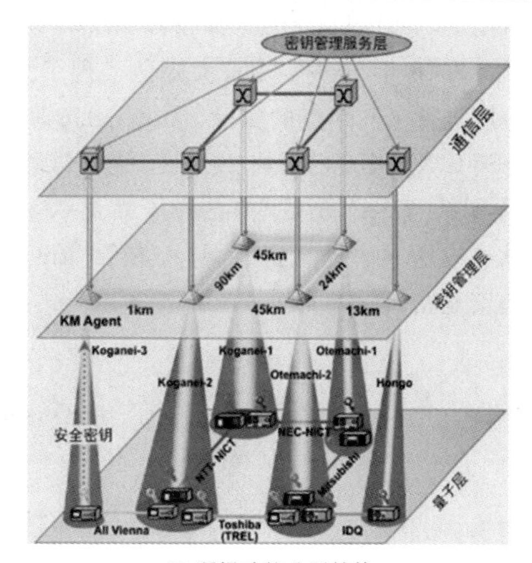


(b) 逻辑功能分层结构

图 10.4　东京 QKD 网络拓扑结构和逻辑功能分层结构

### 4. 我国早期量子保密通信网络实验

我国也较早开展了量子通信网络实验。2007 年 3 月，中国科学技术大学团队在北京网通公司商用通信网络上进行了四用户量子密码通信网络的实验，用户之间的最短距离约为 32 km，最长约 42.6 km，演示了一对三和任意两点互通的量子密钥分发，并在对原始密钥进行纠错和提纯的基础上，完成了加密的多媒体通信实验。网络实验原理如图 10.5 所示。

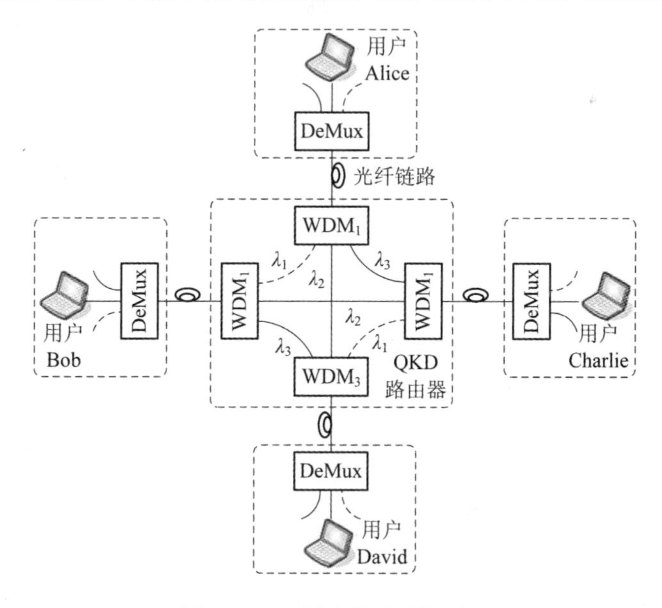


图 10.5　四用户量子网络原理

图 10.5 中，用户 Alice 分别采用波长 $\lambda_1$、$\lambda_2$ 和 $\lambda_3$ 分别与 Bob、David 和 Charlie 进行量子密钥分发，Alice 根据通信的终端用户将自己的波长调谐到指定波长或采用相应波长的激光器。采用波分复用器(WDM)将不同波长的光脉冲合路和分路，DeMux 为波分解复用器(Demultiplexer)，四个 WDM 组成 QKD 路由器。该实验采用基于法拉第-迈克耳逊

(Faraday-Michelson)干涉仪和BB84协议的相位编码单向量子密钥分发方案。

2008年10月，中科大团队实现了采用诱骗态量子密钥协商的量子电话保密通信，并在合肥进行了三个点的实验，如图10.6所示。USTC节点作为可信中继节点，USTC-Binhu与USTC-Xinglin相距约20 km，光纤链路由中国网通提供。采用了基于MZ干涉仪的相位编码BB84 QKD方案。将话音压缩至0.6 kb/s，采用一次一密加密实时话音。此外，通过将脉冲发送频率提高到1 GHz，在50 km光纤上安全密钥速度可达130 kb/s；在100 km光纤上安全密钥速率可达2 kb/s。

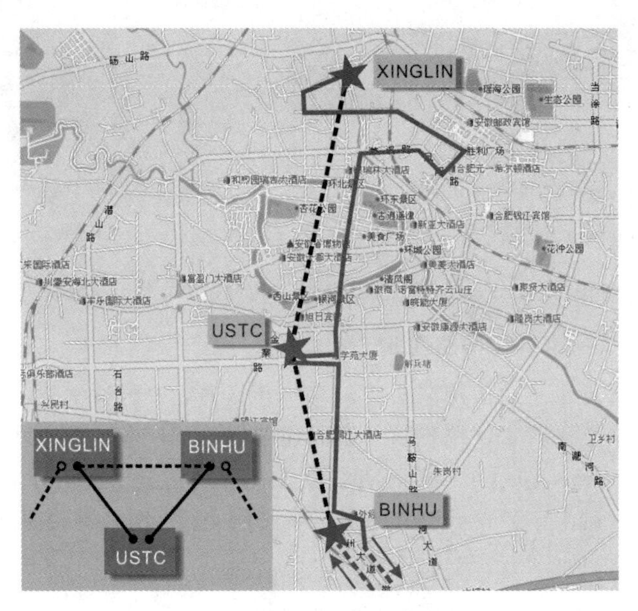


图10.6　中科大团队的量子保密电话网络

2009年5月，中科大团队在安徽省芜湖市建立了7用户量子密码网络，如图10.7所示，A～G表示7个终端节点，实线表示多根光纤连接，点划线代表单根光纤连接。使用了图10.5中的量子路由装置、光开关和可信中继节点。该网络中，根据优先级将7个节点分成多个层级。4个重要节点通过一个高优先级的全通主干网连接，每一个节点都可以当作一个子网网关来扩展网络结构。另外的两个节点属于同一子网，由光开关连接到主干网的

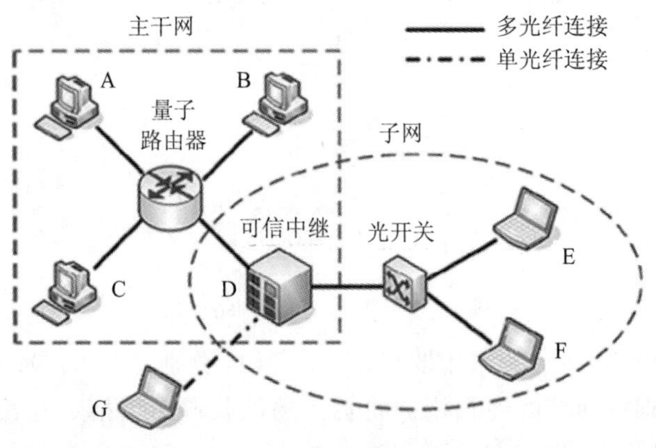


图10.7　7用户QKD网络结构

可信中继节点 D。第 7 个节点(G)通过一根单独光纤接入量子密码网络。经典信息交互和量子密钥分发都复用到同一根光纤中。实验中，所有的量子密钥分发连接都采用了基于诱骗态的相位编码 BB84 协议，保证通信的安全性，并且所有节点上均可用于加密声音图像以及文本。经典通信采用 TCP/IP 协议局域网。

随后国内开展一系列城域 QKD 网络实验，并于 2016 年建成京沪干线，长达 2000 km，拥有可信中继节点，连接合肥、济南、北京、上海的实验网络。

## 10.1.2　量子保密通信网络实验与应用新进展

近年来，量子保密通信网络逐步向规模化应用发展，很多国家的政府、运营商、某些行业(如电力、金融)、量子通信设备制造商和传统通信设备制造商都在积极探索和推进量子保密通信的应用模式。

### 1. 量子保密通信网络规模扩大，逐步走向商用

量子保密通信实验网络的规模越来越大。2019 年，中科大团队建立的合肥城域实验网，包括 3 个子网，共 46 个节点(40 个用户节点，3 个交换节点，3 个可信中继节点)，如图 10.8 所示。每个子网内部的节点通过光交换机(Optical Switch，OS)、可信中继(Trusted Relay，TR)互连。通过交换机相连的为 A 型用户(Type-A Users，UA)，具有量子发射机和接收机。基于可信中继互连的 B 型用户(Type-B Users，UB)仅包含量子发射机。网络拓扑包括星型和全连接结构。该网络采用标准商用 QKD 产品(基于诱骗态和偏振编码 BB84 协议)，采用系统密钥管理，并进行了实际应用，可通过增加用户和可信中继扩大规模，为规模化应用进行实际验证。

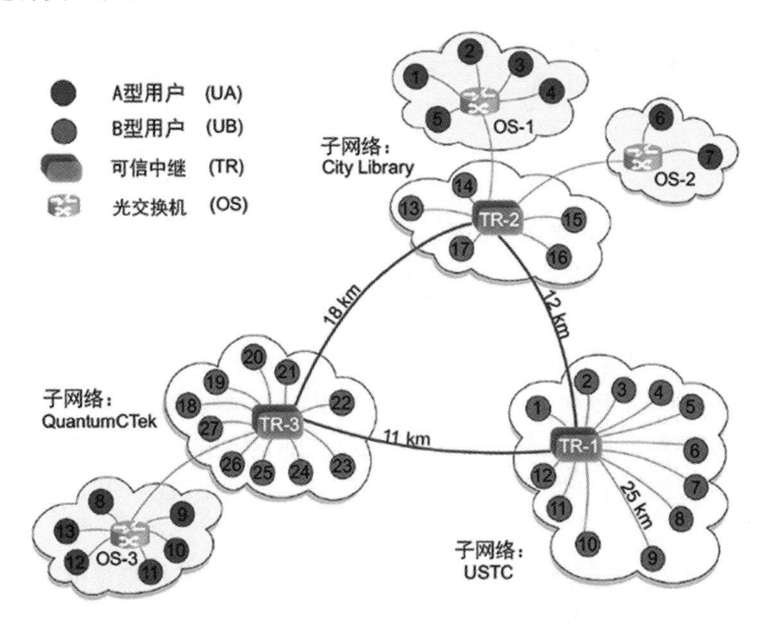


图 10.8　46 节点的合肥城域 QKD 网络

2022 年，清华大学团队进行了基于纠缠的 QKD 网络实验，包含 40 个节点，其网络结构如图 10.9 所示[133]。图中下标为相反数的两个波长属于同一个纠缠源。图 10.9(a)表示子

网内部连接，纠缠光子对通过光分束器随机分发给两个用户进行 QKD，从而实现了全连接。图 10.9(b)表示子网间连接，两个子网分别有一个纠缠源，为了实现子网间 QKD，增加了纠缠源 $\lambda_6$ 和 $\lambda_{-6}$，子网内不同波长的纠缠光采用波分复用连接。图 10.9(c)包含了 5 个子网，每个用户含有 6 个波长信道，其中 4 个波长信道用于连接子网间的用户，实现子网间 QKD。

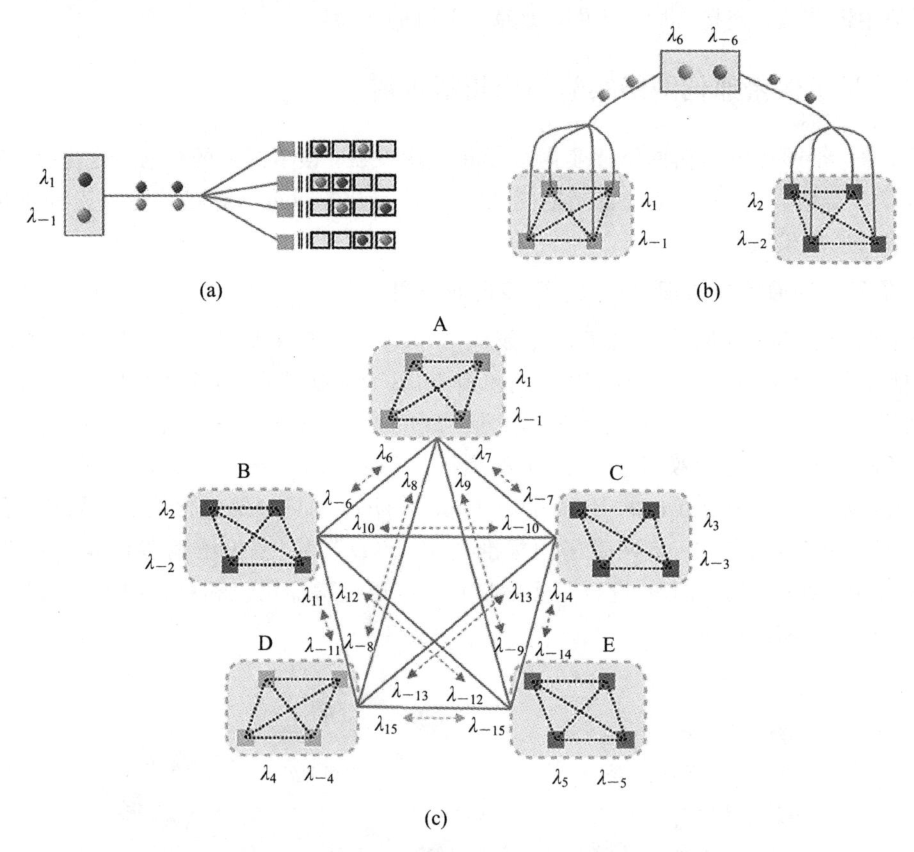


图 10.9 基于纠缠的 QKD 网络结构

2023 年，思科公司和多伦多大学团队研究了基于分组交换的 QKD 网络[134]，其网络拓扑如图 10.10 所示。网络中共有 16 个用户，每个路由器连接 4 个用户。路由器的原理如图 10.11 所示。一帧信号到达路由器后，由波分复用器分离出经典信号和量子信号，根据经典信息由控制单元控制光交换网络(Optical Switch Fabric)实现帧的转发，同时重构帧的首部。环形器用来实现双向传输，光开关中也可接入光延时线实现存储。此外，通过经典光信号的测量分析，还可实现量子信号的补偿(如采用电控偏振控制器 EPC 可实现光量子偏振态的补偿)。

2022 年 8 月 26 日，合肥量子城域网开通运营，它是目前全球规模最大、用户最多、应用最全的量子保密通信城域网，共有 8 个核心节点和 159 个接入节点，量子密钥分发网络光纤全长 1147 km，包括政务信息处理平台、大数据平台、公共信用信息平台、省市财政预算一体化、金农信 e 贷系统和国资监管信息系统等 6 大业务系统。

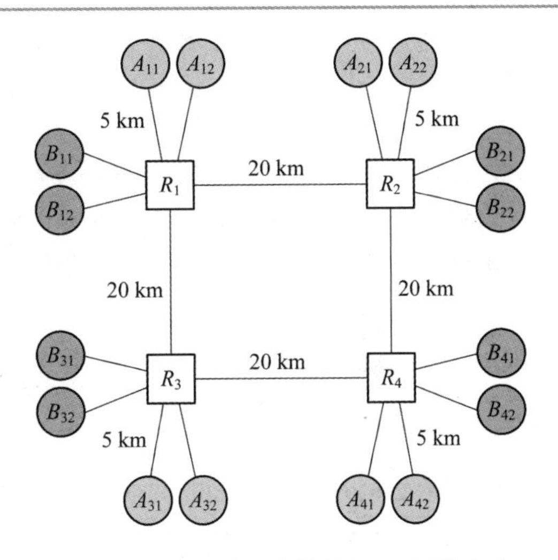


图 10.10　基于分组交换的 QKD 网络实验

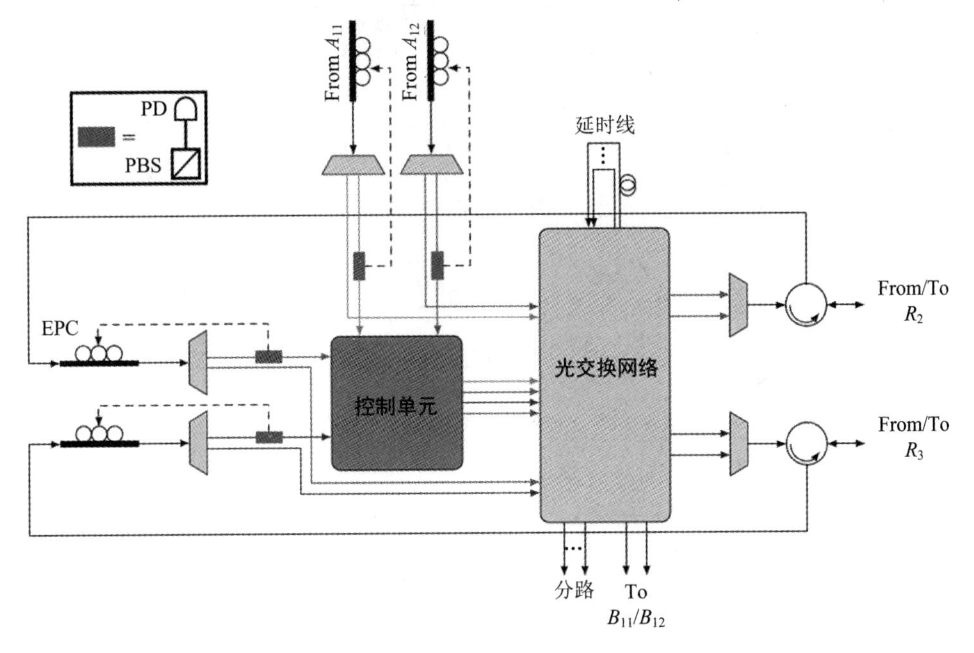


图 10.11　用于分组交换 QKD 网络的路由器

**2. 基于 SDN 的量子密钥分发网络**

为了促使 QKD 的实际应用，QKD 网络需要与经典电信网络融合。但经典网络类型多样，结构、协议不同，因此量子保密通信网络结构复杂，软件定义网络(Software Defined Network，SDN)技术用于量子保密通信网络是一种可行的解决方案。

2019 年，西班牙电信、华为欧洲研究所和马德里理工大学(Universidad Politécnica de Madrid，UPM)在马德里开展了 CV-QKD 和 SDN 控制的 QKD 网络实验，如图 10.12[135]和图 10.13[136]所示。与以前实验专注于获取量子密码系统的性能或速度不同，该实验则是努力让量子密码技术在现有光网络上运行，并克服由信号衰减或其他困难造成的问题。实验中运用了软件定义网络(SDN)技术，SDN 技术是由 Emulex 公司提出的一种新型网络创新架构，其核心技术 OpenFlow 通过将网络设备控制面与数据面分离开来，从而实现网络流量的灵活控制，为核心网络及应用的创新提供良好的平台。此次现场试验采用了西班牙电信提供的光学基础设施，连接马德里大都市区内的三个站点，在该区域中，安装了由慕尼黑华为研究实验室与 UPM 合作开发的软件控制 CV-QKD 设备、西班牙电信 GCTIO 网络创意团队开发的基于 SDN 的管理模块以及集成 QKD 与由 UPM 开发的网络功能虚拟化(Network Functions Virtualization，NFV)和 SDN 技术所需的组件。

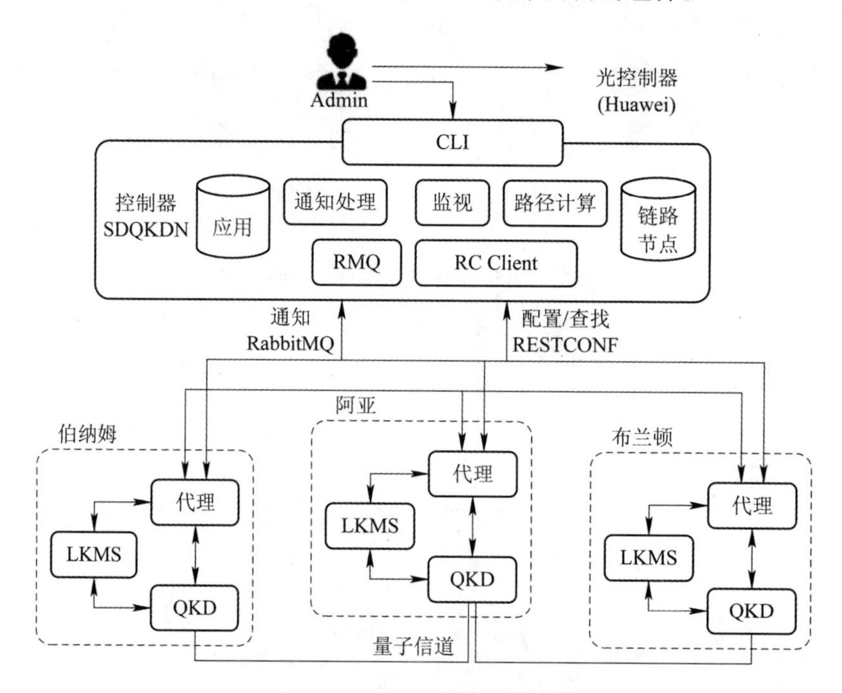


图 10.12 马德里 SDQKD 的 SW 结构

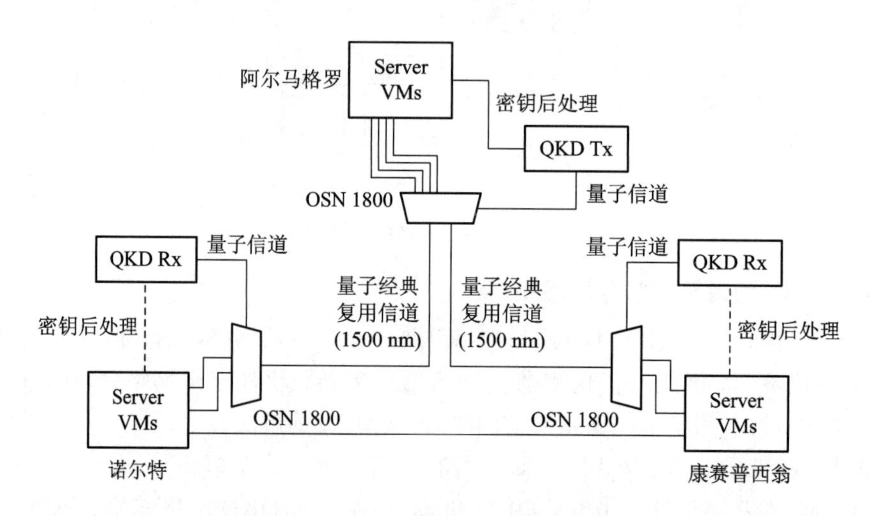


图 10.13 马德里 SDQKD 现场试验结构图

已经有多个团队开展了基于 SDN 的 QKD 网络实验。同时，基于 SDN 的 QKD 网络也启动了标准化工作。欧洲电信标准化协会(European Telecommunications Standards Insti-

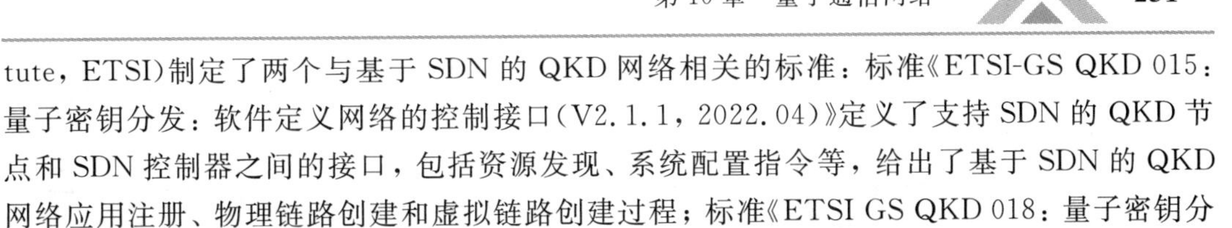

tute，ETSI)制定了两个与基于 SDN 的 QKD 网络相关的标准：标准《ETSI-GS QKD 015：量子密钥分发：软件定义网络的控制接口(V2.1.1，2022.04)》定义了支持 SDN 的 QKD 节点和 SDN 控制器之间的接口，包括资源发现、系统配置指令等，给出了基于 SDN 的 QKD 网络应用注册、物理链路创建和虚拟链路创建过程；标准《ETSI GS QKD 018：量子密钥分发：软件定义网络的编排接口(V1.1.1，2022-04)》定义了 SDN 编排器(Orchestrator)和 SDN 控制器之间的编排接口，包括多域 QKD 网络的资源管理、配置管理、性能管理、业务提供等的抽象信息模型工作流程。光传送网(Optical Transport Network，OTN)中节点的安全应用实体 SAE 通过密钥传送 API(Application Programming Interface，应用程序编程接口)从 QKD 节点中的密钥管理实体 KME 更新密钥。

ITU-T 标准《Y.3805：QKD 网络——软件定义的网络控制(2021.12)》制定了 QKDN (Quantum Key Distribution Network，量子密钥分发网络)中 SDN 控制的需求、功能结构、参考点、分层 SDN 控制器和总体流程。图 10.14 为标准 ITU-T Y.3805 中基于 SDN 的 QKD 网络功能结构图，SDN 控制器通过 SDN 代理控制和管理 QKD 节点。

图 10.14 中，各层功能定义如下：

(1) 量子层。量子层中的功能包括 QKD 链路和 QKD 模块，能够方便地与 SDN 控制器进行通信。QKD 链路和 QKD 模块的参数，例如，密钥生成速率、传输功率和接收功率，可以由 QKDN 管理层的 SDN 控制器进行调整。

(2) 密钥管理层。密钥管理层的功能包括密钥管理代理(Key Management Agent，KMA)和密钥供应代理(Key Supply Agent，KSA)，它们与 SDN 控制器交换控制和管理消息。

(3) QKDN 控制层。QKDN 控制层中的功能单元是 SDN 控制器。它控制可变资源，以确保 QKDN 的安全、稳定、高效和强健的运行。SDN 控制器的功能包括应用注册、拓扑构造、QKDN 虚拟化、可编程元件控制、路由控制、基于策略的控制、会议控制、配置控制和接入控制。此外，与传统的 QKDN 控制器不同，SDN 控制器在服务层和 QKDN 控制层之间有北向接口。SDN 控制器为服务层中的加密应用程序打开北向接口，从而使 QKDN 中的应用程序能够快速提供服务。

(4) 业务层。业务层中的加密应用程序利用 QKDN 提供的密钥对，在距离较远的两个用户之间执行加密通信。加密应用程序可以通过其北向接口由 SDN 控制器进行初始化和提供。服务层中的三个典型加密应用程序是点对点应用程序、点到多点应用程序和多点到多点应用程序。

(5) QKDN 管理层。QKDN 管理层中的单元与 SDN 控制器通信，以获取配置和管理信息。

(6) 用户网络管理层。用户网络管理层执行用户网络的 FCAPS 管理特性。FCAPS 是网络管理的五个关键方面的缩写，即故障管理(Fault Management)、配置管理(Configuration Management)、计费管理(Accounting Management)、性能管理(Performance Management)和安全管理(Security Management)。这是计算机网络管理的基本框架，提供了对网络进行有效管理的方法和工具。

图 10.14 中定义了各种接口，例如，Ac 接口：连接加密应用程序和 QKDN 控制层中的 SDN 控制器的接口，负责加密应用程序与 SDN 控制器进行交互；Ck 接口：连接 SDN 控制

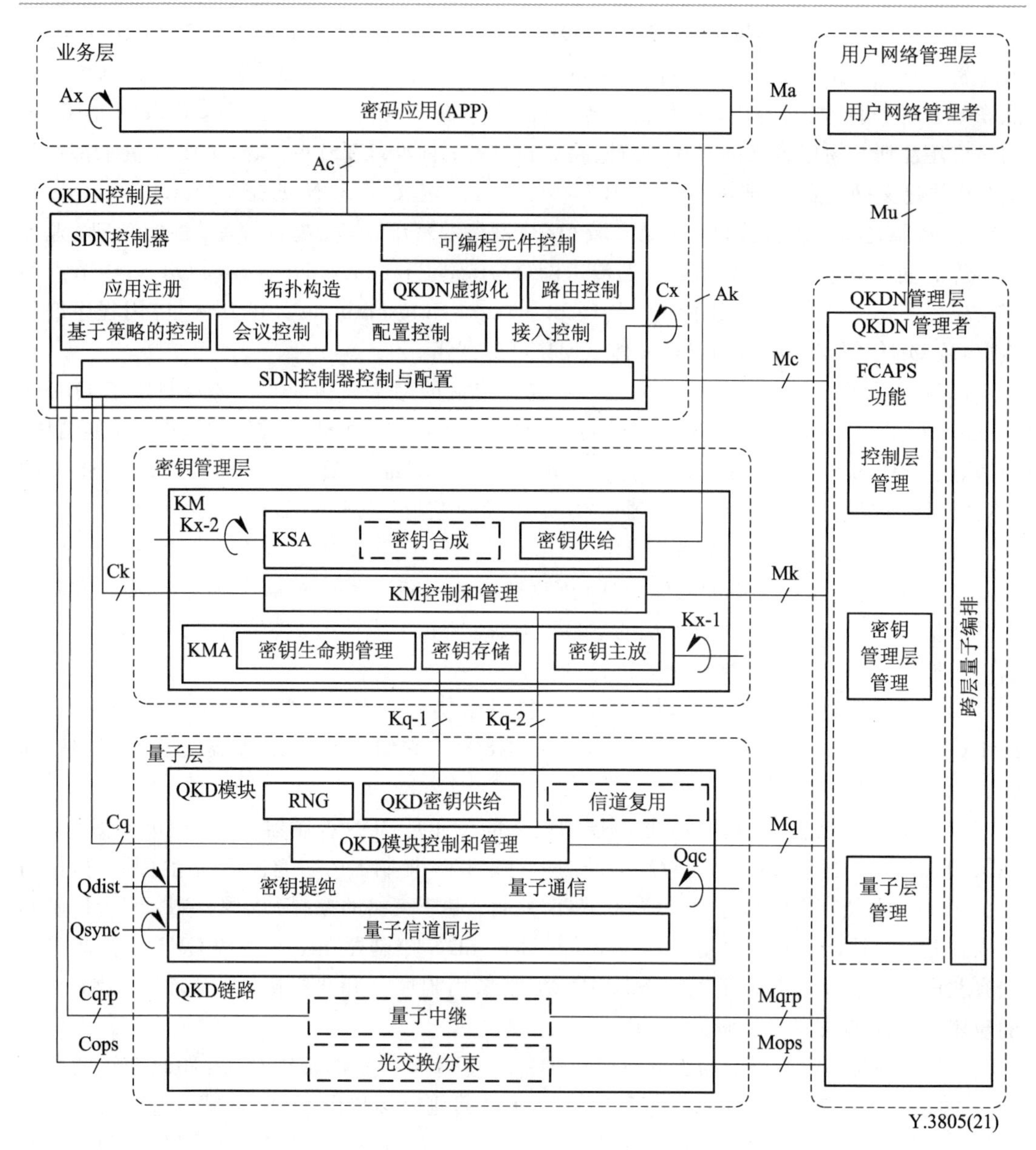


图 10.14 基于 SDN 的 QKD 网络功能结构图

器和 KM 控制和管理，负责在 SDN 控制器与 KM 控制和管理之间传输控制信息；Cq 接口：连接 SDN 控制器和 QKD 模块，负责在 SDN 控制器与 QKD 模块之间传输控制信息；Cqrp 接口：连接 SDN 控制器中的控制和管理功能与 QKD 链路中的量子中继点功能，负责 SDN 控制器与 QKD 链路之间量子中继点的通信控制信息；Mc 接口：连接 QKDN 管理器和 SDN 控制器，负责 QKDN 管理器与 SDN 控制器之间的管理信息通信；Cx 接口：连接两个 SDN 控制器中的控制和管理功能，负责两个 SDN 控制器之间的控制信息通信。

QKDN 中，SDN 控制的总体运行过程分为服务提供模式和密钥提供模式，当服务请求到达时，QKDN 进入服务提供模式，系统进行初始化，在 SDN 控制器的控制下生成量子密钥。当密钥请求到达时，QKDN 进入密钥提供模式，密钥请求、中继和供应阶段使用 SDN

控制器来确定路由信息，并通过提供的密钥向密钥请求方推送密钥。同时，两种模式下都会进行实时网络监控操作，收集并监测服务提供阶段中的所有 QKD 链路，并通过 SDN 控制器提供的全局视图分析密钥提供阶段的密钥状态。QKDN 虚拟化，可以在物理 QKDN 上构建多个逻辑 QKDN。实现 QKDN 虚拟化需要“密钥提供”功能的支持，以便重新映射虚拟资源和物理 QKDN 资源，以有效地满足特定服务或应用的需求。详细工作流程参见标准 ITU-T《Y.3805：QKD 网络——软件定义的网络控制(2021.12)》。

**3. QKD 网络的服务质量**

“QoS”(Quality of Service)指通信服务的质量水平，包括响应时间、可靠性、安全性等方面，用来确保该服务满足用户的预期需求。这里介绍 ITU-T Y.3807 标准中定义的 QKD 网络中的几个 QoS 指标。

(1) 吞吐量(Throughput)。吞吐量为指定时间间隔内成功接收的 KSA-Key(Key Supply Agent-Key)总数除以时间间隔。

(2) 密钥响应时间(KSA-Key Response Delay，KKRD)。一旦用户网络请求 QKDN 发送 KSA-key，应该根据响应时延来测量反应时间。KKRD 是两个响应事件的发生时间间隔($T_A$ 时在 CA-A 中发送 KSA-key 请求消息，$T_B$ 时在 CA-B 中接收所请求的 KSA-key，$T_B > T_A$，即 $T_B$-$T_A$)。KKRD 可以通过 CA-A 发出 KSA-key 请求，并由 CA-B 成功接收到相应密钥的每个事件来进行测量，记作 $KKRD_{A, B, n}$。这里 CA 指密码应用，$n$ 是第 $n$ 次测量。

(3) 密钥响应时间变化(KSA-Key Response Delay Variation，KKRDV)。KKRDV 指 KSA-key 响应时延变化。在某些加密应用程序中，密钥供应代理(KSA)会定期通过新密钥替换旧密钥来刷新密钥。如果 KKRDV 变化过大，可能会导致密钥刷新未能在所需时间内完成。为了定义 KKRDV，我们观察 CA-A 发送 KSA-key 请求的响应事件以及 CA-B 接收 KSA-key 请求的事件，并比较实际 KSA-key 接收事件的变化模式与中位 KKRD。对于 KSA-key 的 KKRDV，是实际 KKRD($KKRD_{A, B, n}$)与 CA-A 和 CA-B 之间的中位 KKRD ($KKRD_{m(A, B)}$)之间的差异：$V_n = KKRD_{A, B, n} - KKRD_{m(A, B)}$

(4) 密钥传送错误率(KSA-Key Delivery Error Ratio，KKDER)。KKDER 是指出现错误的 KSA 密钥总数与成功收到的 KSA 密钥加上出现错误的 KSA 密钥总数之比。

(5) 密钥传送丢失率(KSA-Key Delivery Loss Ratio，KKDLR)。KKDLR 是指所有丢失的 KSA 密钥的数量与已成功接收加上丢失的 KSA 密钥的数量之和的比值。

(6) 可用性(Availability)。前面定义的 QoS 参数旨在描述可用状态下的 QKDN。可用性将 QKD 的总服务时间分类为可用和不可用时期。基于这个分类，应指定 QKDN 可用性百分比和不可用性百分比。

## 10.2　量子保密通信网络体系结构

本节介绍量子保密通信网络的体系结构，包括量子保密通信网络的架构、功能模块和拓扑结构。

### 10.2.1 量子保密通信网络架构

如前所述，量子保密通信系统分为两个部分：一是产生量子密钥的 QKD 系统；二是基于量子密钥的保密通信系统。由于两者信息的载体及工作原理完全不同，因此量子保密通信网络为重叠网络架构，包括 QKD 网络和保密通信网络，如图 10.15 所示。QKD 网络包括 QKD 终端、可信中继(Quantum Relay)、光量子交换机(Switch)等，也可能包括量子中继器(Quantum Repeater)。显然，网络中的信号包括经典信号和光量子信号(单光子或者纠缠光子对)。

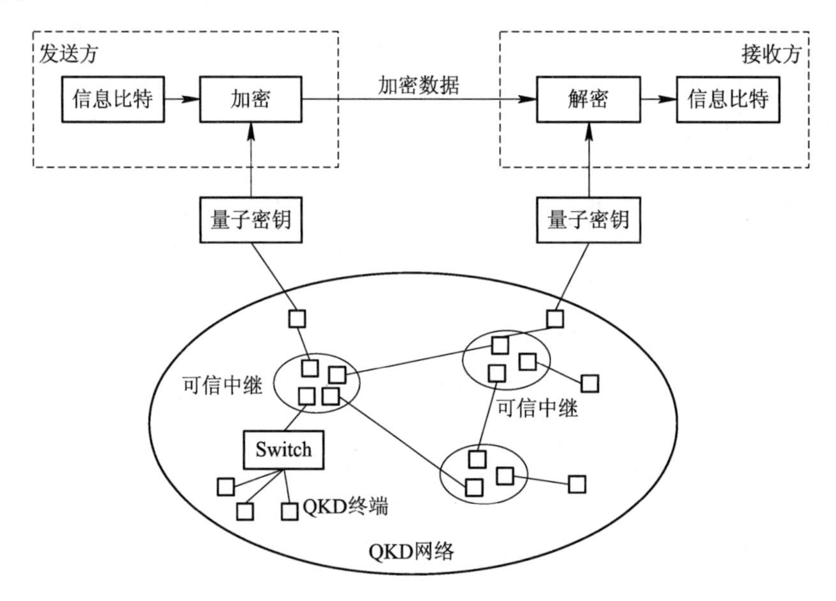


图 10.15 量子保密通信网络的重叠结构

一般来说，量子保密通信网络按逻辑功能分为应用层、控制层、传输层和经典网络。

应用层包括业务模式、业务管理、密钥管理和网络管理等模块。业务模式模块根据用户的要求可实现具体的通信方式，如采用基于 QKD 的量子保密通信，则需要同时协商密钥，用获得的密钥进行加密，协商的密钥由密钥管理模块进行管理；业务管理模块是指根据确定的业务模式管理调度量子控制层、量子传输层和经典网络协同工作；密钥管理模块负责量子密钥的存储和使用策略管理；网络管理模块是指对网络上的设备和线路进行管理，包括性能监测、故障告警、安全审计和配置管理。

控制层根据应用需求进行呼叫方和被呼方的呼叫、连接管理，连接管理调用量子路由模块为量子信号选择传输路径，建立端到端链接。量子控制层的消息通过经典网络进行传输和处理。

传输层实现量子通信协议的量子部分，包括量子态的制备、发送、接收和测量，也包括相关辅助信息的传输，如 QKD 中的数据协调和密性放大，辅助信息通过经典网络进行传输和处理；还有同步、链路补偿和矫正信号的传输和处理。

经典网络实现经典数据和量子控制层数据的传输，包括数据封装、传输控制、选路、链路竞争和物理连接。

ITU-T在2019年10月发布了Y.3800标准——《支持QKD的网络概述》(*Overview on Networks Supporting Quantum Key Distribution*)，定义了量子保密通信网络体系结构，如图10.16所示。量子密钥分发网络(QKDN)逻辑上分为5层，包括量子层、密钥管理层、QKDN控制层、业务层和QKDN管理层。用户网络包含用户网络管理层，其网络管理模块管理具体的应用。下面简要给出各层的功能。

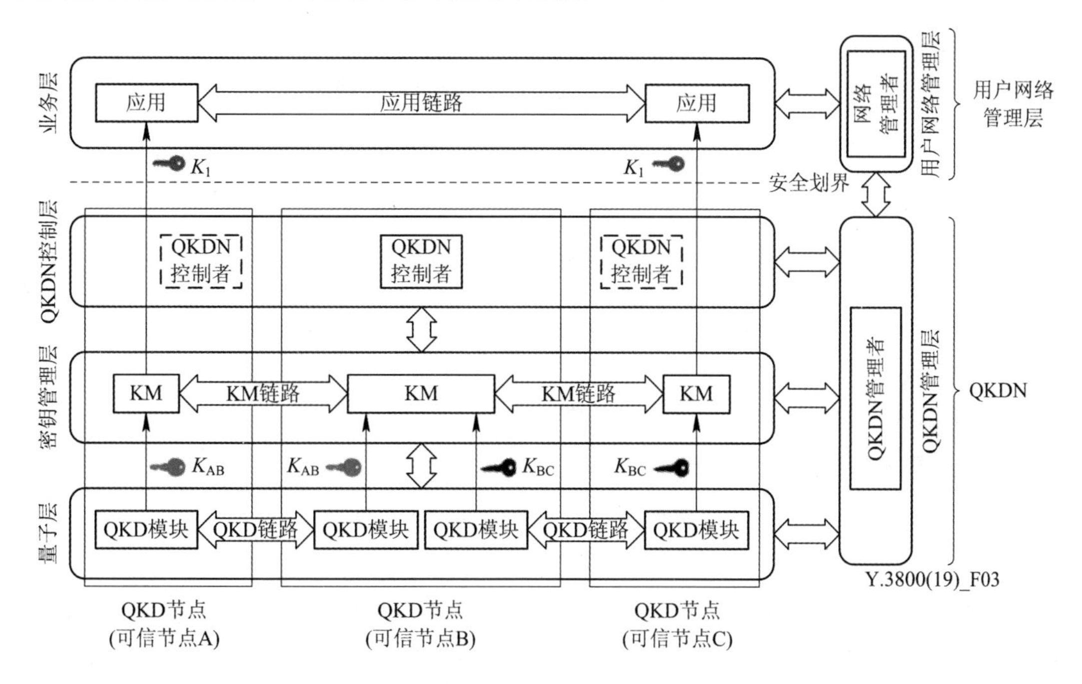


图10.16　量子保密通信网络体系结构(ITU-T Y.3800)

**1. 量子层**

在量子层，每个QKD节点包括QKD模块和密钥管理模块(KM)，一个QKD链路连接两个QKD模块，密钥管理链路(KM Link)连接密钥管理模块。KM执行密钥管理功能，包括密钥中继，KM给用户供给量子密钥。QKD链路连接每对QKD模块产生对称的随机比特串(量子密钥)。QKD模块将产生的密钥传送给位于同一QKD节点的KM模块，也将QKD链路参数(如量子误码率)发送给QKDN管理模块。

**2. 密钥管理层**

位于QKD节点的密钥管理模块接收QKD模块的密钥，对其同步、格式化，并保存在密钥池中。当KM收到加密应用的密钥请求时，从密钥池中获取足够的密钥；通过KM链路同步、认证获得的密钥并提供给加密应用。如果KM之间没有直达KM链路，则通过可信中继向QKDN控制器查询合适的中继路径，在其控制下该路径上的每个KM通过KM链路进行密钥中继，最终给加密应用提供量子密钥。如图10.16所示，节点A的通信密钥$K_{AB}$可通过$K_{BC}$加密传送给节点C。KM管理模块进行密钥生命期管理。

**3. QKDN控制层**

QKDN控制模块实现密钥中继的路由控制、QKD链路和KM链路控制、QKD业务的会话控制、认证和鉴权控制、QoS和计费策略控制(Charging Policy Control)。对于中心化结构，一个 QKDN 控制器进行 QKDN 的控制。对于分布式结构，每个 QKD 节点包括一个 QKDN 控制器，其执行控制功能。

**4. QKDN 管理层**

QKDN 管理层从整体上监视和管理 QKDN，包括故障、配置、计费、性能和安全管理。它收集 QKD 模块、QKD 链路和量子中继的性能信息以及密钥管理信息。

**5. 业务层**

业务层基于 QKDN 提供的密钥实现加密应用，从而在应用链路上实现安全通信。

**6. 用户网络管理层**

用户网络管理层执行用户网络中虚拟化和非虚拟化资源的管理和编排。

### 10.2.2 量子保密通信网络的拓扑结构

由 10.1 节可知，量子网络采用的互连设备包括量子交换机(基于光开关阵列)、可信中继，基于光量子交换机可实现量子节点局域互连，基于可信中继可以建立广域 QKD 网络。这里我们介绍量子局域网和广域网的拓扑结构。

**1. 量子局域网的拓扑**

量子局域网有星型拓扑、环型拓扑和总线型拓扑，下面分别介绍。

1) 星型拓扑

星型拓扑有一个中心节点，可以是一个终端节点，也可以是一个交换机。1997 年，Townsend 提出一种多用户 QKD 方案，Alice 作为网络控制器，采用光功分器随机地将光子发给 $N$ 个用户，$N$ 个用户的平均密钥产生速率为单个用户密钥速率的 $1/N$。2005 年，Kumavor 提出了类似的网络结构，称为无源星型网络(Passive-Star Multi-User QKD Network)[137]，光子随机地分给 $N$ 个用户的任一个，如图 10.17 所示。图中用户终端采用相位编码 QKD 方案，Alice 作为控制器，有 Bob、Chris、Dan 等 $N$ 个用户，它们通过 $N$ 路功分器(Splitter)与 Alice 连接。图 10.17 中 PLS(Pulsed Laser Source)为脉冲激光器，TA(Tunable Attenuator)为可调衰减器，PM 为相位调制器，Det 为探测器。

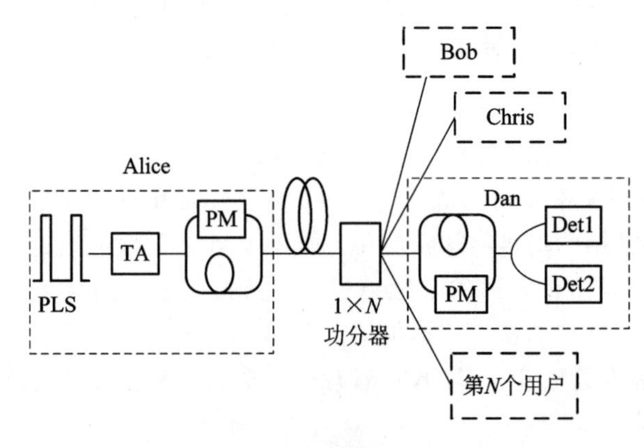


图 10.17 无源星型网络

图 10.17 所示的方案一方面使密钥速率降低为 $1/N$，造成衰减；另一方面由于随机发

放，造成不确定性(探测速率的不确定性)，影响通信效率。2005 年，Kumavor 提出了一种波长路由网络(Wavelength-Routed Multi-User QKD Network)，通过波长选路策略能决定哪一个用户接收光子，如图 10.18 所示。

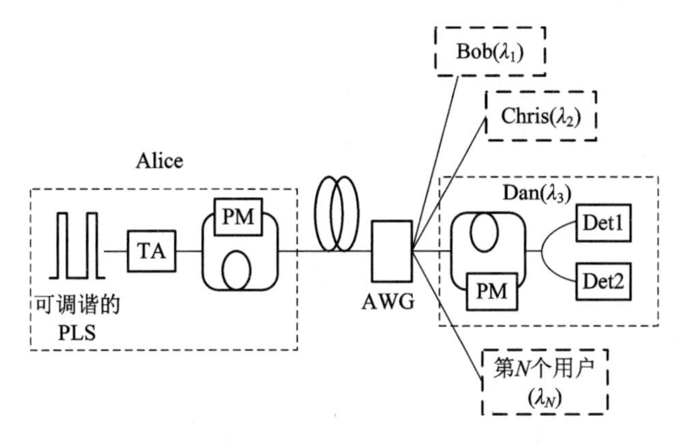


图 10.18　波长路由网络

图 10.18 中，用户终端仍然采用相位编码 QKD 方案。Alice 端激光器变成可调谐激光器(Tunable PLS)，与 Bob、Chris 和 Dan 等用户通信的波长分别为 $\lambda_1$，$\lambda_2$，$\lambda_3$，…，$\lambda_N$。其中，AWG(Arrayed Waveguide Grating)为阵列波导光栅，它可将不同波长的光脉冲分开。可见，Alice 与每个用户通信时，需要将激光器调谐到对应的波长上，每次只能与一个用户通信。若与除 Alice 外其他两个用户通信的话，须首先分别和 Alice 通信建立密钥，再由 Alice 将其中一个的密钥告知另外一个用户，Alice 起到中继的作用，此时 Alice 必须完全可信。

2) 环型拓扑

环型拓扑是指用户连成一个环。图 10.19 给出了 Kumavor 提出的光环型网络(Optical Ring multi-user QKD Network)拓扑，采用了 Sagnac 干涉计实现相位编码 QKD，图 10.19 中包括了一个环行器(Circulator)和一个耦合器(Coupler)，光子可延顺时针(Clockwise，CW)和逆时针(Counter Clockwise，CCW)方向传输。每个用户中都有一个相位调制器，

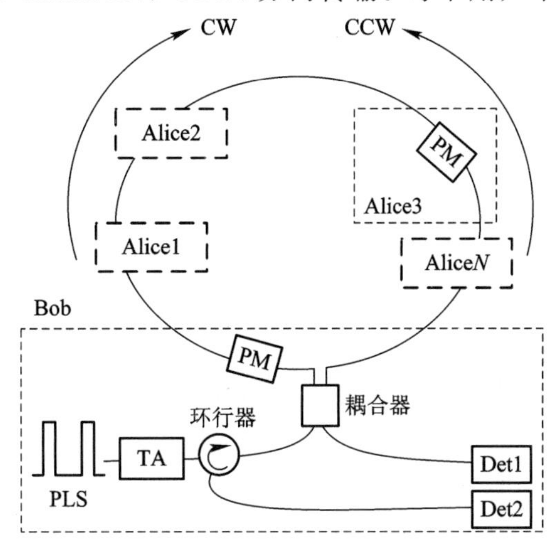


图 10.19　光环型网络

Bob 是通信的控制方，每次只有一个 Alice 调制光子。

3）总线型拓扑

总线型拓扑与经典局域网的总线型拓扑相似，所有用户都连接在一根“总线”上。图 10.20 给出一种波长寻址总线型网络（Wavelength-Addressed Bus Multi-User QKD Network）结构。图中，G 为光纤布拉格光栅，它能使特定波长的光反射，而其他波长的光通过。Alice 为控制器，Bob、Chris 和 Dan 等用户通信的波长分别为 $\lambda_1$，$\lambda_2$，$\lambda_3$，…，$\lambda_N$，Alice 可根据与其相连的用户调整自己激光器的波长从而实现通信，即波长寻址；网络仍然采用相位编码的 QKD 方案。

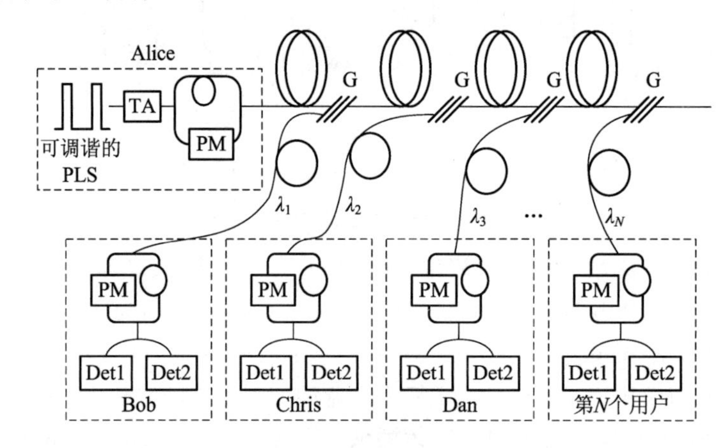


图 10.20 Kumavor 建议的波长寻址总线型网络

下面看一种采用光分插复用器（Optical Add-Drop Multiplexer，OADM）的总线型 QKD 网络拓扑[138]，实现了 6 个用户的 QKD。Bob 作为控制器，包括光源（Signal Source，SS）、非平衡马赫曾德尔干涉仪、铌酸锂相位调制器（PM）、环行器（CR）、耦合器（Coupler，CP）、偏振控制器（Polarization Controller，PC）、偏振分束器（Polarization Beam Splitter，PBS）、两个单光子探测器（Single Photon Detector，SPD）。Alice 端包括了无源 OADM 模块、可变衰减器（A）、相位调制器和法拉第反射镜（Faraday Mirror，FM）。图 10.21 中，OADM 相当于一个波长相关的路由器，它让特定波长的光脉冲进入用户，而让其他波长反

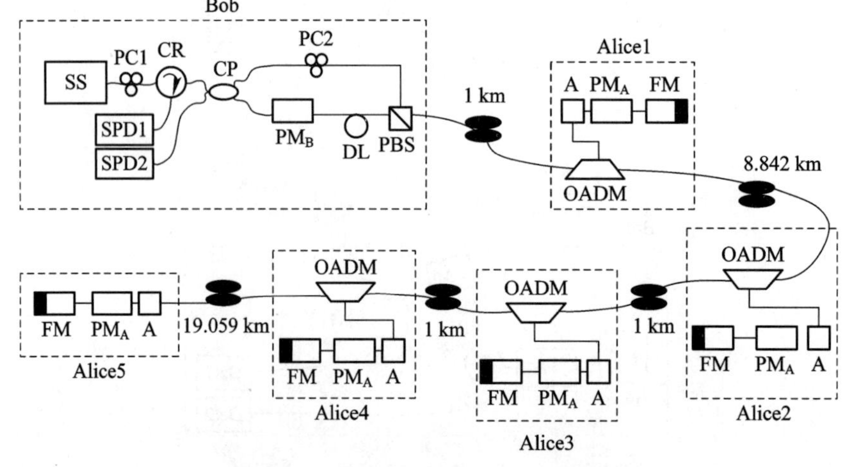


图 10.21 实现 6 个用户 QKD 的总线型拓扑

射回光纤信道(总线)。

上述各种拓扑中，环型拓扑和波长路由的拓扑适合于较多用户的大规模网络，星型网络随着用户数增多而效率大大降低，总线型拓扑随着用户数增多而损耗增加，不适合于大型网络。

**2. 量子广域网的拓扑**

由于受量子通信距离的限制，目前广域量子通信实验网都采用可信中继器的方案，即中继器作为量子通信(量子保密通信中指量子密钥)的中转站，信息(或密钥)在中继器处是透明的。而短距离的局域网可采用基于光量子交换机实现互联。量子广域网的拓扑可借鉴经典网络的拓扑，整体上可分为核心网和接入网，核心网互联节点可集成可信中继、光量子交换和路由控制功能，如图 10.22 所示(在图 10.15 的基础上扩展形成)。

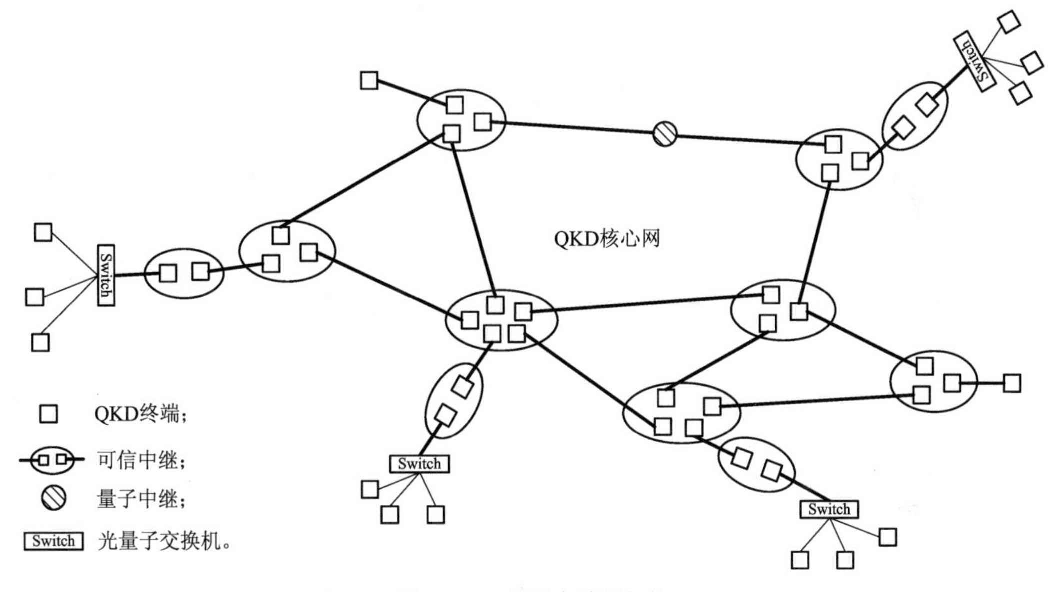


图 10.22　量子广域网拓扑

图 10.22 中，局域网中的 QKD 终端可通过光量子交换机直接进行密钥协商，若通信对方距离较远，可通过可信中继节点接入核心网，不管是城域还是广域，均可建立端到端量子密钥。随着 MDI-QKD、TF-QKD 等新型协议的实际应用，QKD 网络拓扑也随之调整，如 MDI-QKD 适合于城域星型拓扑。

## 10.3　量子通信网络中的多址与交换技术

随着 QKD 网络规模的不断扩大，用户数不断增加。在经典网络中，为了节约链路资源，采用多址技术可使多个用户共享链路，基于交换机可实现多个用户的互联互通。光量子多址与交换的目的和经典网络中一样，都是为了实现多用户共享量子信道资源，实现多个量子用户之间的任意互联，节省骨干网络资源。与经典通信中的多址交换相比，由于量子态不可克隆定理的限制使得经典多址交换方法应用于量子有较多技术障碍，比如存储量子态，要保持量子特性不变，等等。本节讨论量子通信网络中的多址技术与交换技术。

### 10.3.1 量子通信网络中的多址技术

多址技术是指如何在物理层面上让多个用户共享同一物理信道资源。在经典通信网络中，多址可分为两大类，即固定多址技术和随机多址技术。固定多址技术包括频分多址(Frequency Division Multiple Access，FDMA)、时分多址(Time Division Multiple Access，TDMA)、空分多址(Space Division Multiple Access，SDMA)、码分多址(Code Division Multiple Access，CDMA)以及正交频分复用多址(Orthogonal Frequency-Division Multiple Access，OFDMA)。随机多址技术，如 aloha 协议，载波侦听多址/碰撞检测(Carrier Sense Multiple Access/Collision Detect，CSMA/CD)。这里介绍固定多址技术，并分析其在量子通信网络中应用的可行性。

**1. 频分多址**

通过给每个用户分配不同的频率或波长实现多址。频分多址原理简单，是无线通信较常使用的技术(第一代移动通信系统采用频分多址技术)。在光纤通信中，频分多址又叫波分多址或波分复用，分为粗波分复用(Coarse Wavelength Division Multiplexing，CWDM)和密集波分复用(Dense Wavelength Division Multiplexing，DWDM)，分别应用在不同的场合。CWDM 系统中波长的间隔为 20 nm，因而对激光器、复用/解复用器的要求较低。CWDM 的常用波长为 1470～1610 nm 之间间隔 20 nm 的波长，共八个。DWDM 的波长间隔为12.5 GHz、25 GHz、50 GHz 或 100 GHz，参考波长为 193.1 THz。DWDM 可用的波长较多，可支持较多用户。

对于光量子通信来说，不同波长的激光器，甚至可调谐激光器已有成熟的产品，经衰减后都可以用作量子通信的光源。而且经典光通信系统中的波分复用器(Wavelength Division Multiplexer，WDM)可以直接用于光量子通信系统，所以波分多址可直接用于组建多用户光量子通信网络。已有多个研究小组开展了基于波分复用的 QKD 实验，如加拿大蒙特利尔大学 Brassard 小组进行了波分复用的实验[139]，实验组成如图 10.23 所示。

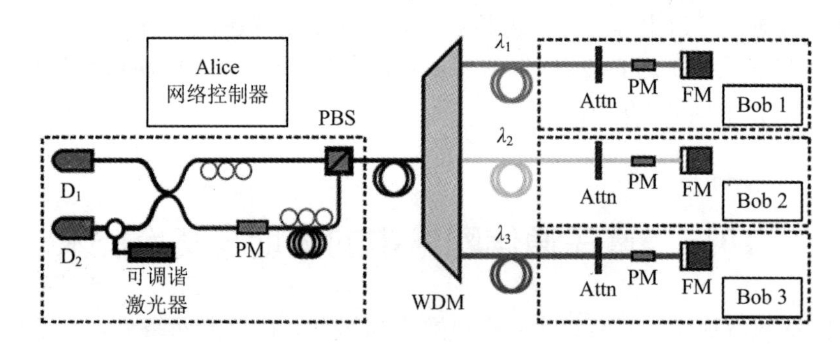


图 10.23 Brassard 小组的波分复用多用户 QKD 实验组成图

图 10.23 中，Alice 作为网络控制器，和 Bob1、Bob2 和 Bob3 进行密钥协商，分别采用不同的波长 $\lambda_1$，$\lambda_2$，$\lambda_3$。Alice 采用可调谐激光器，包含两个单光子探测器 $D_1$ 和 $D_2$、一个相位调制器 PM、一个偏振控制器和偏振分光器 PBS。在用户侧仅包括一个衰减器 Attn、

一个相位调制器 PM 和一个法拉第镜 FM。实验中采用了相位编码的 Plug-Play QKD 协议，详细原理参见第 6 章。

**2. 时分多址**

时分多址是将信息帧按时间分割为若干个时隙(Time Slot)，每个用户(或信道)占用一个时隙，在指定的时隙内收发信号。各用户必须在时间上保持严格同步。

对于光量子通信系统来说，各用户的单光子脉冲按各自的时隙进行发送，接收方在相应时隙内接收，则可以公用同一根光纤进行复用传输。但若接收方不在同一时隙，则必须将单光子脉冲从一个时隙取出放入另一个时隙，如图 10.24 所示。图中，有 2 个用户进入交换机，占 $T_1$、$T_2$ 时隙，要分别在 $T_4'$和 $T_2'$时隙输出，其中，光纤延时线延时量分别为 0、1 个时隙，2 个时隙，3 个时隙。当 $T_1$ 时隙到达时，将输入端切换为 4 端口，使其延时为 3 个时隙；当 $T_2$ 时隙到达时，$S_1$ 切换分路，不进行延时，此时，控制 $S_2$ 使其先切换至第 1 路，然后切换至第 4 路，切换时刻值由控制单元控制，可见，控制单元对 $S_1$、$S_2$ 的精确控制非常重要。

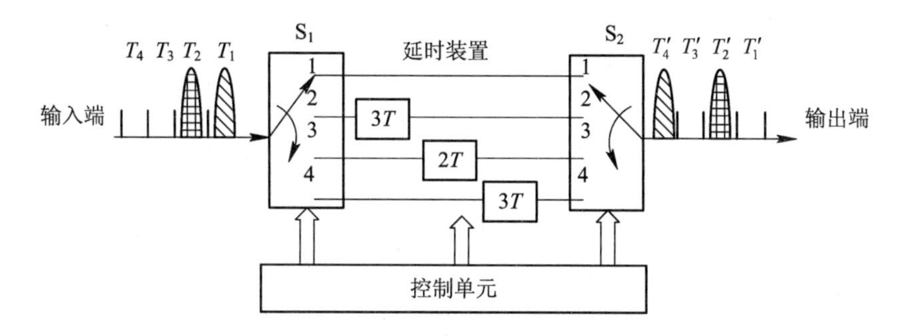


图 10.24　多用户量子信号的时分多址

图 10.24 所示的方案是以延时线(也可用存储器实现)为例，但是目前单光子延时/存储技术的实际应用仍然面临很大的挑战，所以时分多址技术目前只适用于用户数较少的情况。但是随着单光子存储技术的发展，时分多址技术终将获得应用。

**3. 空分多址**

空分多址利用不同的空间方向实现多个用户通信，例如，中心站可以利用不同指向的多个天线波束来分别与多个用户通信，这在卫星通信上常用。这种多址技术可用在多用户自由空间量子通信系统中，控制站位于网络中心，只要控制站是可信的，则任意两个用户之间可先和控制站通过量子密钥分发分别建立密钥，进而建立端到端的密钥。特别是基于卫星的量子密钥分发，空分多址和频分多址结合使用是比较合适的多用户多址方法。

**4. 码分多址**

在经典通信领域，码分多址采用扩频通信技术，给每个用户分配特定的地址码进行扩频，这些地址码之间相互正交或准正交。码分多址信号在频率、时间、空间上重叠，码分多址系统容量大，抗干扰、抗多径能力强。但这种多址方式在量子通信网络上还需进一步探讨。

### 10.3.2 量子通信网络中的交换技术

量子通信网络中的交换技术包括空分交换、波分交换、基于量子交换门的交换等[27]。

**1. 空分交换**

空分交换是指改变光量子脉冲的传输通道，从而在两个用户之间建立量子信道。量子空分交换机的结构如图10.25所示，它由开关矩阵、输入/输出接口和控制单元组成。其中，开关矩阵实现光量子传输通道的切换。输入接口将接收到的光量子信号送到开关矩阵，输出接口将开关矩阵的输出送至链路。控制单元负责接收并处理用户的呼叫/连接请求、路由选择。量子空分交换控制单元的消息通过经典接口来发送和接收。

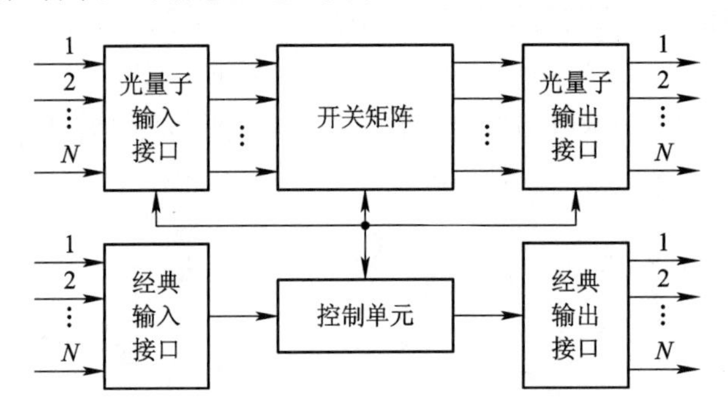


图 10.25　量子空分交换机结构图

开关矩阵，也称为交换网络(Switch Fabric)，其组成有很多种方法，典型的如Crossbar结构、Banyan结构、Benes结构和Clos结构[140]。这里简要介绍Benes结构，如图10.26所示，Benes互连结构为多通路网络，可根据需求灵活地重新规划通路，避免了竞争。

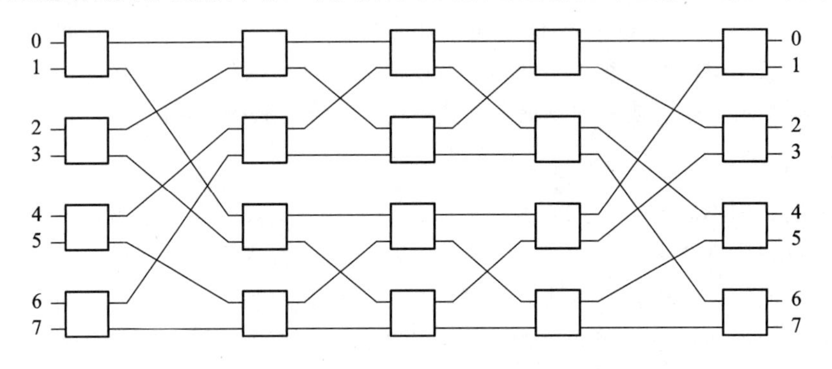


图 10.26　无阻塞 8×8 Benes 互连结构

Benes网络共有 $2\mathrm{lb}N-1$ 级，一般使用 $2\times2$ 交换单元，$N\times N$ Benes网络的构成方法为：两边各有 $N/2$ 个 $2\times2$ 交换单元，中间包括两个 $N/2\times N/2$ 的子网络，每个交换单元用一条链路连到每个子网；再将中间子网按上述方法继续分解，直到中间子网络为 $2\times2$ 交换单元为止，如图10.27所示。在Benes网络中，从输入端到中间级可以自由选择，即任意一条通路都可以到达所需的输出端，但是从中间级到输出端只能是指定选择。

其他结构参见文献[27][140]。

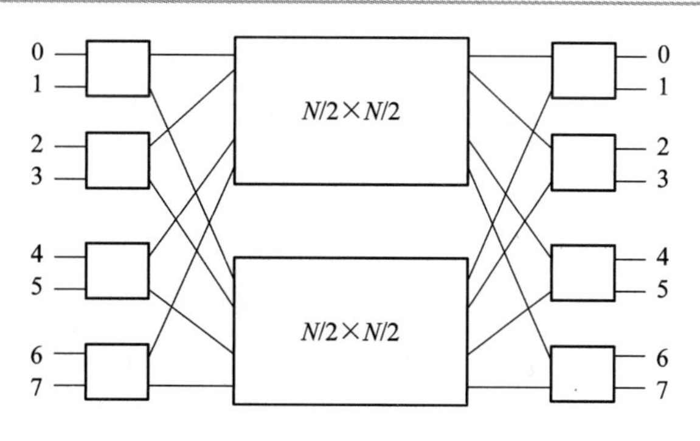


图 10.27　Benes 网络的构成

**2. 波分交换**

由于目前光量子通信网络大多采用不同波长来区分不同用户，因此波分交换是一种可行的方法，其基本原理与经典光网络中的实现方法相同，如图 10.28 所示。图中 $N$ 路复用的信号进入交换机，每路含有 $M$ 个波长的光量子脉冲，进入交换机后，首先进行解复用分离出不同波长的用户信号，然后进入开关矩阵，在控制单元的控制下进行选路(为 $MN\times MN$ 交换网络)，进入到指定出口后，进行波长变换，变到相应的波长后再经过波分复用器合路。

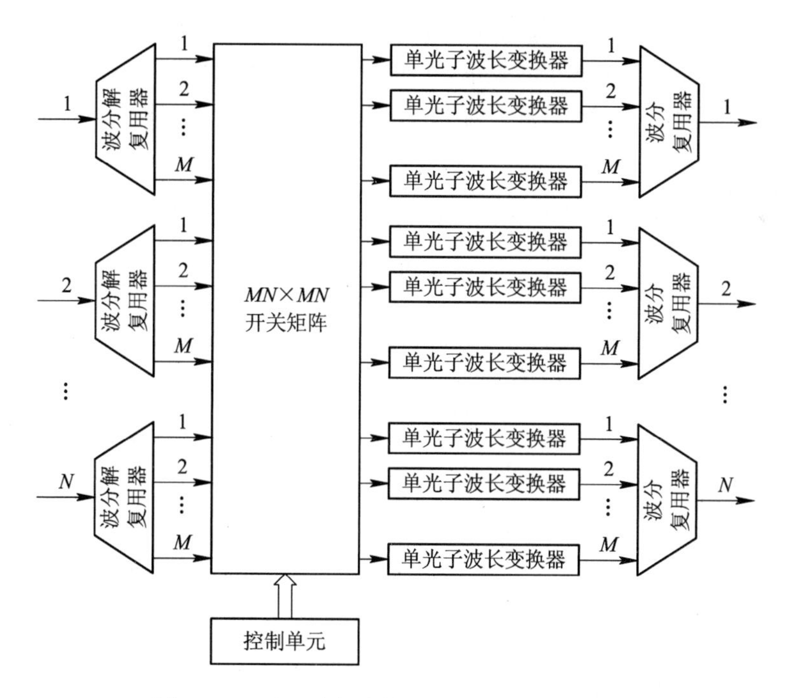


图 10.28　基于波长变换的波分交换原理示意图

在光量子波分交换系统中，单光子波长变换器是关键的部件，可将泵浦光和信号光送入非线性晶体通过非线性作用来实现，其原理如图 10.29 所示。图中信号光和泵浦光通过波分复用器(WDM)合路，送入 PPLN(周期性极化的铌酸锂)晶体进行非线性相互作用，然后经过一系列滤光系统，包括三棱镜(Prism)、小孔光阑(Slit)和滤波器(Filter)滤除杂质光。后面的单光子计数模块(SPCM)用来做波长变换后光子的探测。

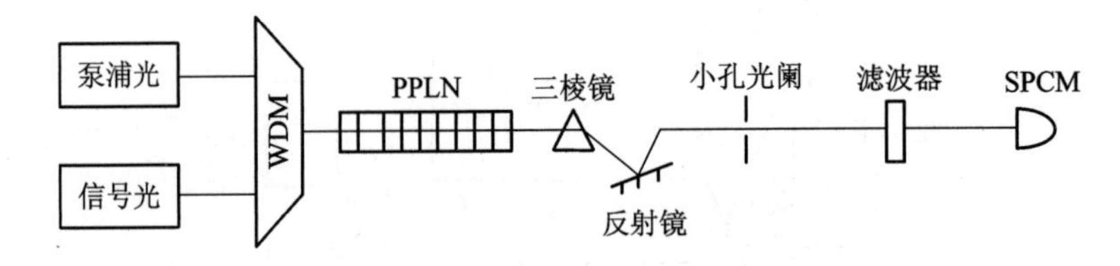


图 10.29 单光子波长变换的原理示意图

实际运用中要合理设计输入泵浦光的线宽、功率和晶体的结构，从而在波长变换的同时保持量子态特性不变。

**3. 基于量子交换门的交换**

量子 Swap 门可以实现两个输入量子态的对换，它由三个受控非门组成，如图 10.30 所示。

量子 Fredkin 门是在量子 Swap 门上增加了一个控制比特 $c$，当控制比特 $c$ 为 1 时，进行交换；当控制比特 $c$ 为 0 时，不进行交换。如图 10.31 所示，基本的量子 Fredkin 门可实现基本的 $2\times2$ 交换单元，进而组成各种交换网络。量子 Swap 门和量子 Fredkin 门可以用各种方法实现，这里介绍光学技术的实现方法[141-142]。设任意量子态为 $|\varphi\rangle=\alpha|0\rangle+\beta|1\rangle$，其中 $\alpha$、$\beta$ 为两个任意的复数，且满足 $|\alpha|^2+|\beta|^2=1$。这里采用光子的偏振方向对量子态进行编码，令光子的水平偏振状态表示 $|0\rangle$，垂直偏振状态表示 $|1\rangle$，水平偏振态可以用符号 $|H\rangle$ 表示，垂直偏振态用符号 $|V\rangle$ 表示，则该量子比特也可以表示为 $|\varphi\rangle=\alpha|H\rangle+\beta|V\rangle$。可见，对光量子的操作，也就变成了对光子的偏振态的操作。量子 Swap 门如图 10.32 所示。

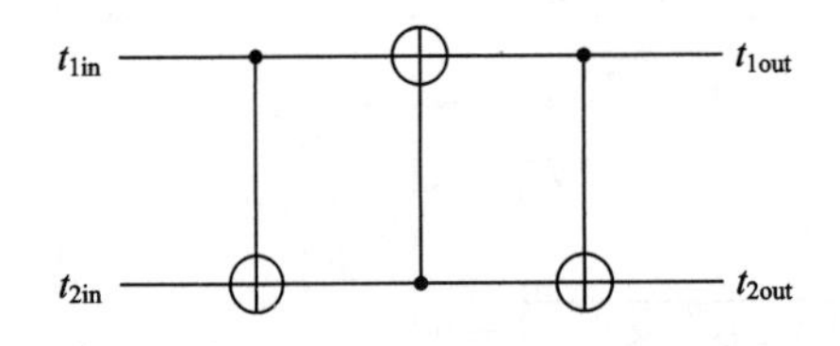


图 10.30 由受控非门构成的量子 Swap 门

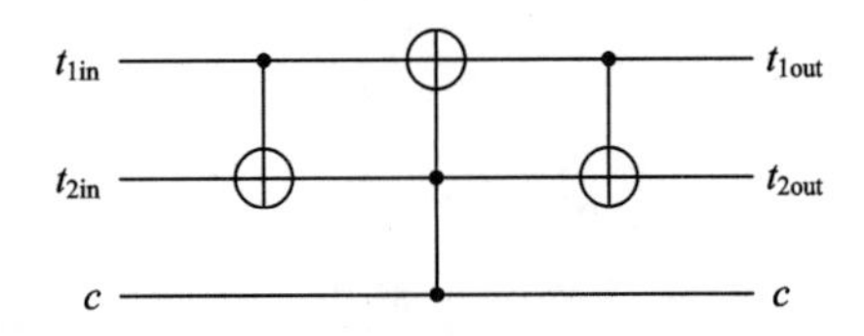


图 10.31 量子 Fredkin 门

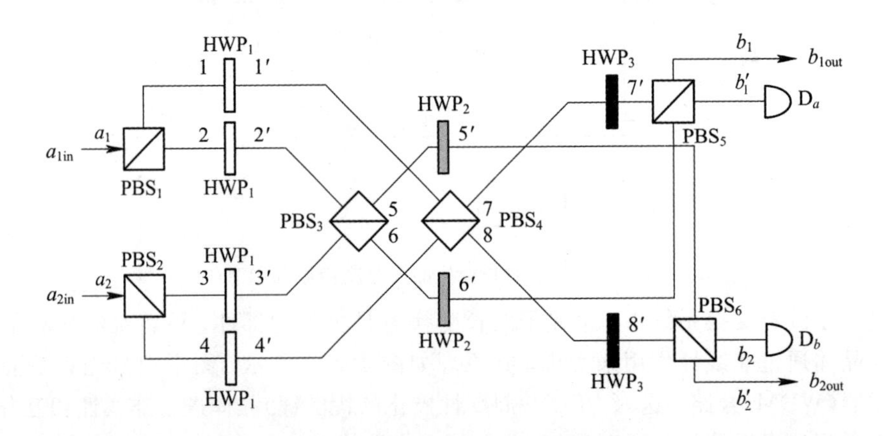


图 10.32 量子 Swap 门的光学实现

图10.32中，D为单光子探测器。$HWP_1$为一个主光轴与水平方向成45°的波片，当入射光为$|H\rangle$(或$|V\rangle$)时，波片对输入光产生$\pi/2$的偏振旋转变化，即$|H\rangle\to|V\rangle$(或$|V\rangle\to|H\rangle$)。$HWP_2$和$HWP_3$分别为主光轴与水平方向成22.5°和67.5°的波片，它们的作用分别为

$$HWP_2\to\begin{cases}|H\rangle\to\frac{1}{\sqrt{2}}(|H\rangle+|V\rangle)\\|V\rangle\to\frac{1}{\sqrt{2}}(|H\rangle-|V\rangle)\end{cases}\tag{10.1}$$

$$HWP_3\to\begin{cases}|H\rangle\to\frac{1}{\sqrt{2}}(|V\rangle-|H\rangle)\\|V\rangle\to\frac{1}{\sqrt{2}}(|H\rangle+|V\rangle)\end{cases}\tag{10.2}$$

设对于任意的输入$a_{1in}=\alpha|H\rangle+\beta|V\rangle$，$a_{2in}=\gamma|H\rangle+\eta|V\rangle$，它们的直积为

$$|\varphi_0\rangle=k_1|H\rangle_{a_1}|H\rangle_{a_2}+k_2|H\rangle_{a_1}|V\rangle_{a_2}+k_3|V\rangle_{a_1}|H\rangle_{a_2}+k_4|V\rangle_{a_1}|V\rangle_{a_2}\tag{10.3}$$

其中，$\alpha$，$\beta$，$\gamma$，$\eta$，$k_i(i=1, 2, \cdots, 8)$为任意一个复数，且满足归一化条件$|\alpha|^2+|\beta|^2=1$，$|\gamma|^2+|\eta|^2=1$，$|k_1|^2+|k_2|^2+|k_3|^2+|k_4|^2=1$。以$a_{1in}$为例，经过$PBS_1$后，它的垂直偏振分量会到达1处，$HWP_1$会对入射光的偏振方向进行旋转，变成了具有水平偏振特性的光，在$PBS_4$处透射到达8，经过$HWP_3$后$|H\rangle\to1/\sqrt{2}(|V\rangle-|H\rangle)$，在$PBS_6$处以1/2的概率到达$D_b$，以1/2的概率到达$b_{2out}$。同理，水平偏振分量分别经过$PBS_1$、$HWP_1$、$PBS_3$、$HWP_2$、$PBS_6$以1/2的概率到达$D_b$，以1/2的概率到达$b_{2out}$。所以$a_{1in}$、$a_{2in}$两路入射光经过$PBS_1$、$PBS_2$后，所能得到的光子态为

$$|\varphi_1\rangle=k_1|H\rangle_2|H\rangle_3+k_2|H\rangle_2|V\rangle_4+k_3|V\rangle_1|H\rangle_3+k_4|V\rangle_1|V\rangle_4\tag{10.4}$$

然后分别经过$HWP_1$、$PBS_3$和$PBS_4$后，得到

$$|\varphi_2\rangle=k_1|H\rangle_5|H\rangle_6+k_2|H\rangle_5|V\rangle_7+k_3|V\rangle_8|H\rangle_6+k_4|V\rangle_8|V\rangle_7\tag{10.5}$$

经过$HWP_2$、$HWP_3$后，可以得到

$$\begin{aligned}|\varphi_3\rangle=\frac{1}{2}\ [&k_1(|H\rangle_{b_1}-|V\rangle_{b_1'})(|H\rangle_{b_2}-|V\rangle_{b_2'})+\\&k_2(|V\rangle_{b_1}-|H\rangle_{b_1'})(|H\rangle_{b_2}-|V\rangle_{b_2'})+\\&k_3(|H\rangle_{b_1}-|V\rangle_{b_1'})(|V\rangle_{b_2}-|H\rangle_{b_2'})+\\&k_4(|V\rangle_{b_1}-|H\rangle_{b_1'})(|V\rangle_{b_2}-|H\rangle_{b_2'})]\end{aligned}\tag{10.6}$$

若单光子探测器$D_a$、$D_b$检测不到光子，即在探测器处检测不到$|H\rangle_{b_1'}$、$|V\rangle_{b_1'}$、$|H\rangle_{b_2'}$及$|V\rangle_{b_2'}$的信息，则认为该量子逻辑门成功，输出为

$$|\varphi_4\rangle=k_1|H\rangle_{b_1}|H\rangle_{b_2}+k_2|V\rangle_{b_1}|H\rangle_{b_2}+k_3|H\rangle_{b_1}|V\rangle_{b_2}+k_4|V\rangle_{b_1}|V\rangle_{b_2}\tag{10.7}$$

与输入相比，可以看出该量子逻辑门实现了 $a_{1in}$ 和 $a_{2in}$ 处量子态对换。

在图 10.32 中，半波片 $HWP_1$ 的作用相当于一个非门，若非门工作则实现量子态的对换，否则维持不变。因此，可以用一个受控非门来代替这个功能，且可根据控制状态 $c$ 的消息实现对换(Bar 状态)或直通(Cross 状态)，其构成如图 10.33 所示，图中用受控非门代替了波片 $HWP_1$，即构成了量子 Fredkin 门。

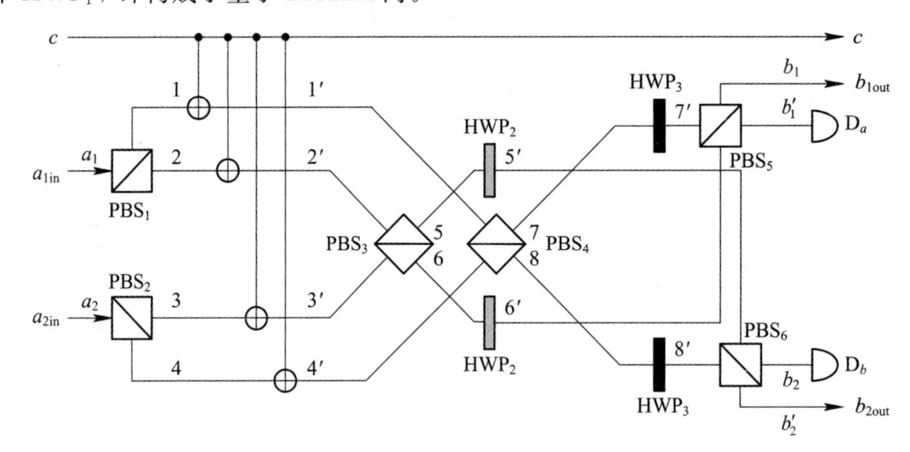


图 10.33 量子 Fredkin 门的光学实现

量子交换门在不断发展，所用的方法从线性光学到非线性光学、环形腔等。

# 10.4 量子中继器

为了实现长距离 QKD，一种方法就是采用量子中继器。就光量子而言，量子中继器包括离散变量量子中继和连续变量量子中继。本节简要介绍量子中继器的一般原理、DLCZ 协议[143]和全光量子中继器。

## 10.4.1 量子中继器的原理

量子中继器由 Breigel 等在 1998 年提出，它基于纠缠交换在发送-接收节点之间建立纠缠对，进而通过量子隐形传态进行量子态(携带信息)的传输，或者进行 QKD。纠缠建立过程如图 10.34 所示，每个节点包含量子存储器和光量子比特，它们处于纠缠态；若要在距离为 $L$ 的收发两端建立纠缠，可将链路划分为 $N=2^n-1$ 段，每段链路长度为 $L_0=L/N$，采用 $n$ 级纠缠交换即可实现。

在图 10.34 中，如果要在相邻节点之间建立纠缠，则两个节点将其纠缠态中的光量子比特(也称飞行量子比特)发送到测量设备(可位于两个节点中间)执行贝尔态测量(BSM)，根据测量结果，可使得两个节点的存储量子比特纠缠起来。在随后的纠缠交换中，可使部分存储量子比特转换成光量子比特(飞行量子比特)执行贝尔态测量。节点 1 和节点 $N$ 之间端到端纠缠的建立过程可从发端开始逐节点进行，也可从两端同时开始进行(图中给出的是两端同时开始的情形)。

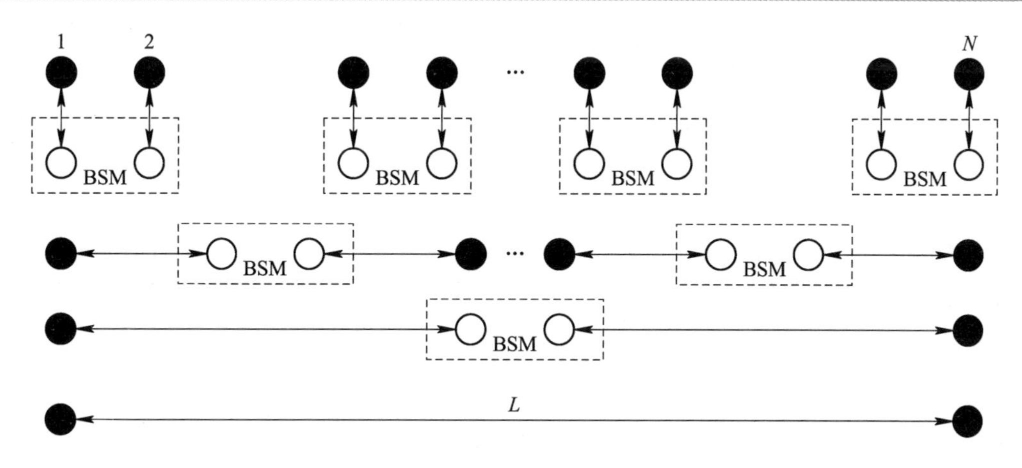


图 10.34　量子中继器的工作示意图

量子中继成功的概率即在两个端点之间建立纠缠的概率，包括端点与中继器建立纠缠、中继器进行 BSM 实现纠缠交换两个阶段，这与信道传输率和 BSM 有关。若信道长度为 $L$，对于光纤信道，损耗系数为 $\alpha$（单位 dB/km），则传输率为 $\eta=10^{-\alpha L/10}$。为方便起见，定义损耗长度为 $L_{\text{att}}$：若取 $\alpha=0.2$ dB/km，则由 $\eta=10^{-\alpha L/10}=\mathrm{e}^{-L/L_{\text{att}}}$，可得 $L_{\text{att}}=22$ km。考虑一般采用的线性光学 BSM 的成功率为 $p_{\text{s}}=1/2$（见第 6 章），若 BSM 设备位于线路中间，则一次实验在光纤长度为 $L$ 的节点成功产生纠缠态的概率为 $p_{\text{g}}(L)=p_{\text{s}}(\mathrm{e}^{-\frac{L}{2L_{\text{att}}}})^2=\dfrac{\mathrm{e}^{-\frac{L}{L_{\text{att}}}}}{2}$，也就是说，建立一对纠缠态需要发送飞行光子及执行 BSM（称为 1 次实验）的次数约为 $2\mathrm{e}^{L/L_{\text{att}}}$ 次。同理，一次成功的纠缠交换所需执行的实验次数 $\langle T_{\text{tot}}^{(1)}\rangle$ 近似为

$$\langle T_{\text{tot}}^{(1)}\rangle\approx p_{\text{s}}^{-1}p_{\text{g}}^{-1}\left(\frac{L}{2}\right)=2p_{\text{s}}^{-1}\mathrm{e}^{\frac{L}{2L_{\text{att}}}}$$

如果两个节点之间有 $N_{\text{QR}}=2^n-1$ 个量子中继节点，考虑图 10.34 所示的并行操作，则建立一个纠缠对的平均实验次数近似为[144]

$$\langle T_{\text{tot}}^{(N_{\text{QR}})}\rangle\approx p_{\text{s}}^{-n}p_{\text{g}}^{-1}\left(\frac{L}{2^n}\right)=2p_{\text{s}}^{-n}\mathrm{e}^{\frac{L}{2^nL_{\text{att}}}}$$

由图 10.34 可见，在多级纠缠交换过程中，直到相邻链路的纠缠态建立之后，方可进行下一步纠缠交换操作，因此需要存储以及严格的同步，从而最终建立端到端纠缠。另外，考虑到退相干效应，往往需要进行纠缠纯化。例如，在 DLCZ 协议中，采用原子系综作为存储[31]，其关键是光子的瞬时拉曼辐射（Spontaneous Raman Emission）可在原子系综中瞬时产生自旋激励（Spin Excitation），这个关联可用来在两个相距较远的系综中建立纠缠。

量子中继器的发展可以分为以下三代[144]。

### 1. 第一代量子中继器

第一代量子中继器采用概率性差错抑制技术，例如，根据 BSM 测量结果预报的（成功的）纠缠产生，克服了损耗带来的差错，或者采用双向消息传递，识别成功的纠缠蒸馏（Entanglement Distillation）以抑制操作误差。这一代量子中继器基于预报性纠缠生成和预

报性纠缠纯化，容忍更多的误差，但是需要在整个中继器链路上进行双向经典信息传输，因此需要量子存储时长和相干时间大于往返通信时间。

**2. 第二代量子中继器**

第二类量子中继器也采用概率性的错误抑制技术去除丢弃差错，对于操作误差则采用确定性的误差抑制技术。这一代量子中继器引入了量子编码和经典纠错，用经典纠错方法代替纠缠纯化，可处理所有操作误差，这对物理资源要求更高，仅须在相邻中继器之间双向传输经典信令信息，从而提高了量子通信的速率。

**3. 第三代量子中继器**

第三代量子中继器依赖确定性的误差抑制技术，例如，量子纠错编码和单向哈希运算，纠正光子损耗和操作误差。量子信息可以直接编码成一组物理量子比特串(也称为码字)。如果信道损耗和操作差错较小(没超出纠错码的纠错能力)，可用接收到的物理量子比特恢复整个编码码字，进而传输到下一个中继器节点。这个过程仅须单向信息传输(One-way Signaling)，完全消除了双向经典信令传输，可以获得很高的纠缠分发速率，接近于经典通信速率，仅受限于本地操作速率。当然，纠缠分发速率受到光源速率、探测器饱和速率和时间抖动的制约。

## 10.4.2 量子中继器的实现

从10.4.1节量子中继器的原理可以看出[144]：

(1) 逐段量子交换需要存储留在本地的量子比特，因而需要量子存储器。量子存储器的实现方式包括原子系综、单原子、囚禁离子、量子点、钻石中的缺陷(Defects in Diamond)、碳化硅中的缺陷(Defects in SiC)、硅中的缺陷(Defects in Si)和稀土掺杂的离子等。

(2) 需要能够产生(Emission)与量子存储器纠缠的飞行量子比特(光量子比特)。

(3) 能够通过两个光量子的干涉测量实现存储比特的远程纠缠，即实现纠缠交换。

(4) 远距离纠缠的产生，会由于运行误差和量子存储器退相干导致纠缠态保真度下降，因此需要纠缠蒸馏提高纠缠保真度(特别是第一代量子中继器)。

(5) 量子存储器需要多个量子比特进行量子纠错编码，以纠正信道传输中和运算中的偏差。

(6) 其他问题，如消除光量子传输、发射、接收、探测(效率达不到100%)中损耗的影响，将NV中心、量子点、原子、离子、稀土掺杂的晶体和原子系综等产生的光子转换到适于传输的电信波长光子的波长转换器，光源和探测器的效率等。

由于量子中继器在远距离量子通信和量子网络中的重要作用，大量的研究和实验工作一直没有停止。本节首先以DLCZ协议为例介绍量子中继器的具体实现途径，其次简要介绍全光量子中继器的原理与实验。

**1. DLCZ 协议**

基于原子系综和线性光学的DLCZ协议属于第一代量子中继器，其原子系综能辐射单个光子，同时产生单个原子激发(Atomic Excitation)并存储在系综中。这些光子能用来在两个远程系综中建立纠缠。由于集体干涉(Collective Interference)原子激发能有效地转换成光子，用来实现纠缠交换和纠缠应用。DLCZ 协议的物理原理如图 10.35 所示[145]。

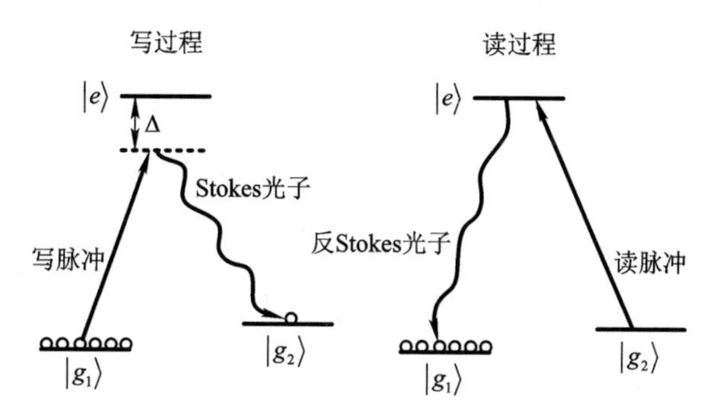


图 10.35　DLCZ 协议中的写过程和读过程示意图

图 10.35 所示的三级系统包含两个基态 $|g_1\rangle$、$|g_2\rangle$ 和一个激发态 $|e\rangle$。开始时，所有 $N_A$ 个原子处于基态 $|g_1\rangle$。非共振激光脉冲(写脉冲)激发由 $|g_1\rangle$ 向 $|e\rangle$ 跃迁，一定的概率促使原子由 $|e\rangle$ 跃迁到 $|g_2\rangle$ 中瞬时产生拉曼光子辐射。对应于通常的拉曼散射术语，称这个光子为斯托克斯(Stokes)光子。这里假定 $|g_2\rangle$ 的能量稍高于 $|g_1\rangle$。在远场探测到斯托克斯光子，没有信息显示它来自哪个原子，因此产生一个叠加态，其中 $N_A-1$ 个原子处于态 $|g_1\rangle$，1 个原子处于态 $|g_2\rangle$，即

$$\frac{1}{\sqrt{N_A}}\sum_{k=1}^{N_A}\mathrm{e}^{\mathrm{i}(k_\omega-k_s)x_k}|g_1\rangle_1|g_1\rangle_2\cdots|g_2\rangle_k\cdots|g_1\rangle_{N_A}$$

$k_\omega$ 是写入激光器的波数，$k_s$ 是探测到的斯托克斯光子的波数，$x_k$ 是第 $k$ 个原子的位置。这样的集体激发对实际应用非常有用，通过将它们转换成沿特定方向传播的单个光子，可以有效地读出(Read-Out)。读出过程中，共振激光器作用于由 $|g_2\rangle$ 到 $|e\rangle$ 的跃迁，得到一个类似的态，即 $N_A-1$ 个原子在 $|g_1\rangle$ 态，一个处于 $|e\rangle$ 的去定域激发(Delocalized Excitation)，附加相位(Supplementary Phase)为 $\mathrm{e}^{\mathrm{i}k_r x_k'}$，$k_r$ 是读出激光器的波矢量，$x'$ 是第 $k$ 个原子在读出时刻的位置。当所有原子退化到初始态 $|g_1\rangle^{\otimes N_A}$ 时，在相应原子从 $|e\rangle$ 到 $|g_1\rangle$ 的跃迁中发出一个光子，称为反斯托克斯(anti-Stokes)光子。下面简要介绍其工作过程。

首先，看两个远端原子系综的纠缠产生。如图 10.36 所示，位于 $A$ 和 $B$ 处的原子系综按一定概率辐射 Stokes 光子 $a$ 和 $b$，这些光子通过光纤被发送到中心站，在中心站处检测

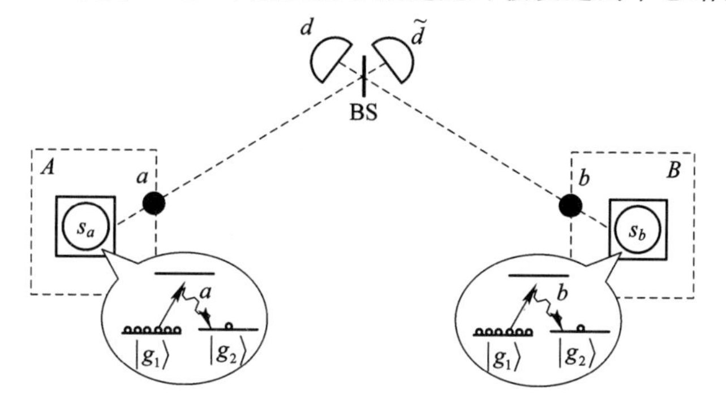


图 10.36　位于 $A$ 和 $B$ 处的两个远程原子系综的纠缠产生

单个 Stokes 光子，这些光子模式为 $\boldsymbol{d}$ 或 $\tilde{\boldsymbol{d}}$，可能来自 $A$ 或 $B$，预报了在其中一个系综中存储了激发($s_a$ 或 $s_b$)。

若两个系综同时被激发，辐射出单个的 Stokes 光子，其状态可表示为

$$\left(1+\sqrt{\frac{p}{2}}(\boldsymbol{s}_a^{\dagger}\boldsymbol{a}^{\dagger}\mathrm{e}^{\mathrm{i}\phi_a}+\boldsymbol{s}_b^{\dagger}\boldsymbol{b}^{\dagger}\mathrm{e}^{\mathrm{i}\phi_b})+O(p)\right)|0\rangle \tag{10.8}$$

其中，玻色算子(湮灭算子)$\boldsymbol{a}$ 和 $\boldsymbol{b}$ 分别对应于系综 $A$ 和 $B$ 的 Stokes 光子，算子 $\boldsymbol{s}_a$、$\boldsymbol{s}_b$ 分别对应于系综 $A$ 和 $B$ 的原子激发，$\phi_a$、$\phi_b$ 表示泵浦激光器的相位，$|0\rangle$表示各种模式下的真空态。$O(p)$表示多光子项。

Stokes 光子经过分束器(BS)后，模式为

$$\begin{aligned}\boldsymbol{d}&=\frac{1}{\sqrt{2}}(\boldsymbol{a}\mathrm{e}^{-\mathrm{i}\xi_a}+\boldsymbol{b}\mathrm{e}^{-\mathrm{i}\xi_b})\\ \tilde{\boldsymbol{d}}&=\frac{1}{\sqrt{2}}(\boldsymbol{a}\mathrm{e}^{-\mathrm{i}\xi_a}-\boldsymbol{b}\mathrm{e}^{-\mathrm{i}\xi_b})\end{aligned} \tag{10.9}$$

其中，$\xi_a$、$\xi_b$ 表示光子到达中心站的相移。若 $d$ 探测到光子，则两原子系综的状态投影为

$$|\psi_{ab}\rangle=\frac{1}{\sqrt{2}}(\boldsymbol{s}_a^{\dagger}\mathrm{e}^{\mathrm{i}(\phi_a+\xi_a)}+\boldsymbol{s}_b^{\dagger}\mathrm{e}^{\mathrm{i}(\phi_b+\xi_b)})|0\rangle \tag{10.10}$$

则在系综 $A$、$B$ 之间产生了纠缠，该纠缠态可写为

$$|\psi_{ab}\rangle=\frac{1}{\sqrt{2}}(|1_a\rangle|0_b\rangle+|0_a\rangle|1_b\rangle\mathrm{e}^{\mathrm{i}\theta_{ab}}) \tag{10.11}$$

其中，$|0_a\rangle$、$|0_b\rangle$表示空系综 $A$ 或 $B$，$|1_a\rangle$、$|1_b\rangle$表示存储了单个原子激发。$\theta_{ab}=\phi_b-\phi_a+\xi_b-\xi_a$，考虑到两个探测器可能同时探测到光子，纠缠产生的成功概率为

$$P_0=p\eta_{\mathrm{d}}\eta_{\mathrm{t}} \tag{10.12}$$

其中，$\eta_{\mathrm{d}}$ 为光子的探测效率，$\eta_{\mathrm{t}}=\exp\left(-\frac{L_0}{2L_{\mathrm{att}}}\right)$是对应于长度为 $L_0/2$ 的光纤的传输效率，$L_0$ 为基本链路的长度，即 $A$ 和 $B$ 之间的距离，$L_{\mathrm{att}}$ 为光纤衰减长度，若光纤损耗为 0.2 dB/km，则在 1550 nm 通信波长的 $L_{\mathrm{att}}=22$ km。这种产生纠缠的方法与两个量子系统的纠缠交换有些类似。

其次，需要实现基本链路之间的纠缠关联。一旦收到每一个基本链路的纠缠，为了扩展纠缠的距离，可将这些链路关联起来，这可以通过相邻链路之间的纠缠交换来实现，如图 10.37 所示。

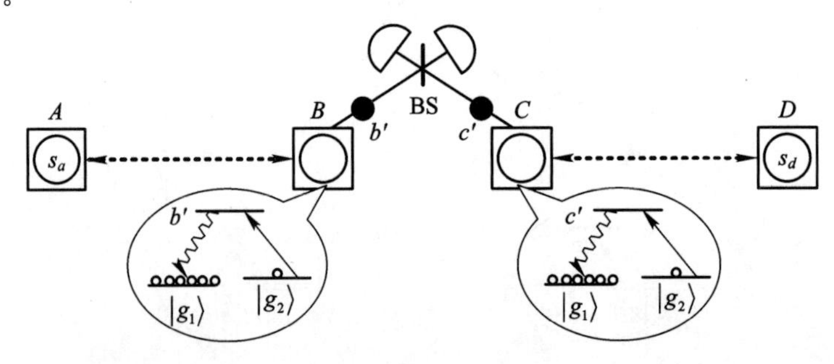


图 10.37 链路 $A$、$B$ 与链路 $C$、$D$ 之间的纠缠关联

在图 10.37 中，开始时，系综 $A$ 和 $B$ 纠缠、$C$ 和 $D$ 纠缠，纠缠态分别为 $|\psi_{ab}\rangle$、$|\psi_{cd}\rangle$。通过强共振光脉冲读出(read-out)操作，按一定概率存储在系综 $B$ 和 $C$ 中的原子激发 $\boldsymbol{s}_b$ 和 $\boldsymbol{s}_c$ 转换为反斯托克斯光子，模式为 $\boldsymbol{b}'$、$\boldsymbol{c}'$。通过分束器和单光子探测使得系综 $A$ 和 $D$ 产生纠缠

$$|\psi_{ad}\rangle=\frac{1}{\sqrt{2}}(\boldsymbol{s}_a^\dagger+\boldsymbol{s}_d^\dagger \mathrm{e}^{\mathrm{i}(\theta_{ab}+\theta_{cd})})|0\rangle \tag{10.13}$$

通过连续的纠缠交换操作，从而可以使很远的系综产生纠缠。

受探测器效率 $\eta_\mathrm{d}$ 和纠缠交换过程中存储效率 $\eta_\mathrm{m}$(将单个原子激发转换成反斯托克斯光子的概率)的限制，例如，当两光子存储在 $B$ 和 $C$ 中，但只有一个被探测到。这样产生的态包含了附加的真空分量

$$\boldsymbol{\rho}_{ad}=\alpha_1|\psi_{ad}\rangle\langle\psi_{ad}|+\beta_1|0\rangle\langle 0| \tag{10.14}$$

其中，$\alpha_1=1/(2-\eta)$，$\beta_1=(1-\eta)/(2-\eta)$。

定义 $\eta=\eta_\mathrm{d}\eta_\mathrm{m}$，则第一次成功交换的概率为

$$P_1=\eta\left(1-\frac{\eta}{2}\right) \tag{10.15}$$

第 $i+1$ 次纠缠交换的成功概率为

$$P_{i+1}=\alpha_i\eta\left(1-\frac{\alpha_i\eta}{2}\right) \tag{10.16}$$

其中，$\alpha_i$ 为对应于第 $i$ 级纠缠交换归一化纠缠分量的权值。

$$\alpha_i=\frac{\alpha_i-1}{2-\alpha_{i-1}\eta} \tag{10.17}$$

经过 $n$ 级纠缠交换后

$$\frac{\beta_n}{\alpha_n}=(1-\eta)(2^n-1) \tag{10.18}$$

真空分量的相对权值随包含量子中继器的基本链路数 $N=2^n$ 线性增加。为了解决这个问题，采用双光子探测机制后选择。这里，在每个位置需要两个系综，如图 10.38 所示。按照前述方法，$A_1$ 和 $Z_1$、$A_2$ 和 $Z_2$ 之间建立纠缠，整个系综的状态为

$$\frac{1}{2}(\boldsymbol{a}_1'^\dagger+\mathrm{e}^{\mathrm{i}\theta_1}\boldsymbol{z}_1'^\dagger)(\boldsymbol{a}_2'^\dagger+\mathrm{e}^{\mathrm{i}\theta_2}\boldsymbol{z}_2'^\dagger)|0\rangle$$

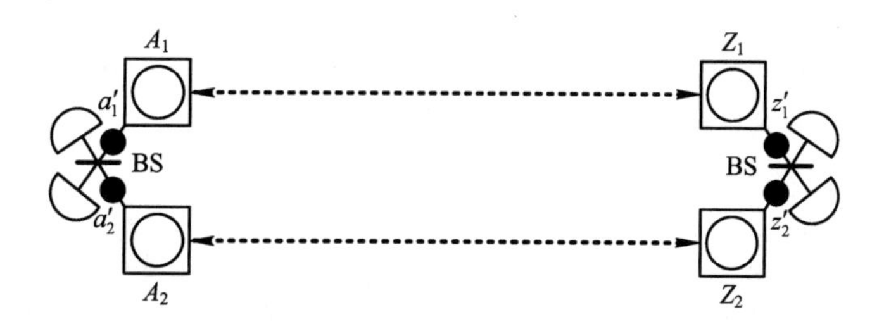


图 10.38　两光子纠缠的后选择

这个状态到每个位置有一个光子的子空间的投影为

$$|\psi_{az}\rangle=\frac{1}{\sqrt{2}}(\boldsymbol{a}_1'^\dagger\boldsymbol{z}_2'^\dagger+\mathrm{e}^{\mathrm{i}(\theta_2-\theta_1)}\boldsymbol{a}_2'^\dagger\boldsymbol{z}_1'^\dagger)|0\rangle \tag{10.19}$$

所需要的投影可通过将每个位置上的原子激发转化回反 Stokes 光子和光子计数来进行后选择。这里测量基的随机选择可用对送到分束器的 $\boldsymbol{a}_1'$、$\boldsymbol{a}_2'$ 模($\boldsymbol{z}_1'$ 和 $\boldsymbol{z}_2'$)设置合适的传输系数和相位来实现。经过 $n$ 次交换运算后以概率 $P_{\mathrm{ps}}=\alpha_n^2\eta^2/2$ 后选择得到混态 $\boldsymbol{\rho}_{az}$ 的分量 $|\psi_{az}\rangle$。

通过上述过程我们可以看出，DLCZ 协议有以下不足[145]：

(1) 必须在分发的纠缠保真度和纠缠分发速率之间权衡，这是由于单个系综多个辐射(不是单个激发辐射单个光子)产生的错误随基本链路数 $N$ 成平方律增长。为了抑制这个错误，只有降低辐射概率 $p$，从而限制了可实现的纠缠分发速率。

(2) 两个远程系综之间的纠缠产生需要长距离稳定的干涉测量。

(3) 在 DLCZ 中继器协议中，在每个时间间隔 $L_0/c$ 内，每个基本链路只能进行一次纠缠产生尝试。

(4) 对于长距离通信，Stokes 光子必须在通信光纤的最优波长范围内，这约束了原子种类的选择，或者需要进行波长变换，然而由于耦合损耗，目前在单光子级别上进行波长变换的效率还不高。

针对这些不足，可作出如下改进：对于第(1)个不足，多光子辐射产生的错误的平方律增加与所创建的单光子纠缠态的真空态分量随 $N$ 线性增加有关，采用双光子探测的纠缠交换、双光子探测的纠缠产生，或者本地产生纠缠对和双光子纠缠交换，可使真空分量保持不变，多光子错误随 $N$ 线性增加；对于第(2)个不足，可以采用双光子探测产生纠缠的方法降低对信道稳定度的要求；对于第(3)个不足，可以采用存储器，其中保存大量可区分的模式；对于第(4)个不足，可采用隔离的纠缠产生和存储方案克服。

**2. 全光量子中继器**

全光量子中继器采用光量子比特实现中继，其基本原理如图 10.39 所示[146]。Alice 和 Bob 分别制备 $m$ 对纠缠光子(图中 $m=3$)，将其中每对中的一个光子发给相邻接收节点 $C_1^{\mathrm{r}}$ 及 $C_{n+1}^{\mathrm{r}}$(图中 $n=2$)。同时，其他源节点 $C_i^{\mathrm{s}}$ 制备编码的簇态 $|\overline{G}_c^m\rangle$，光子分别发给左右相邻的接收节点 $C_i^{\mathrm{r}}$、$C_{i+1}^{\mathrm{r}}$；收到光子后，每个接收机执行 BSM(图中矩形框内)；如果其中一个 BSM 得到有效结果(成功)，接收机节点对相应的光子(成功进行 BSM 的纠缠对中的另一个光子)执行容忍损耗(Loss-Tolerant)$\boldsymbol{X}$ 基测量，对其他光子(BSM 测量未成功的纠缠对中的另一个光子)执行容忍损耗的 $\boldsymbol{Z}$ 基测量；如果所有 $m$ 个 BSM 均失败，或者单量子比特测量之一失败，则接收节点判断此次操作失败；最后，接收机节点向 Alice 和 Bob 公开所有测量结果，当所有接收机节点判定操作成功，则中继协议成功。

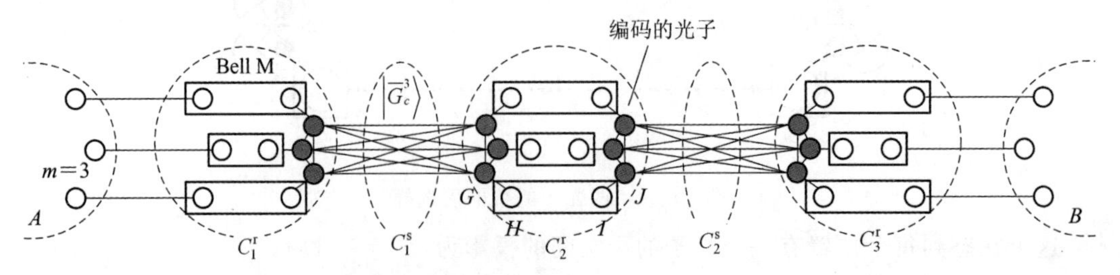


图 10.39 全光量子中继器原理示意图

全光量子中继器中，通过光子编码实现纠错，并容忍损耗，这类协议不需量子存储器，但需制备大规模高度纠缠的光子态，如图态(Graph State)、GHZ 态等。全光量子中继器已有多个实验报道。为了降低节点本地损耗对协议性能的影响，可引入量子纠错码，图 10.40 给出了一个基于 9 量子比特 Shor 码(Generalized Shor Code)的全光量子中继器方案[147]。

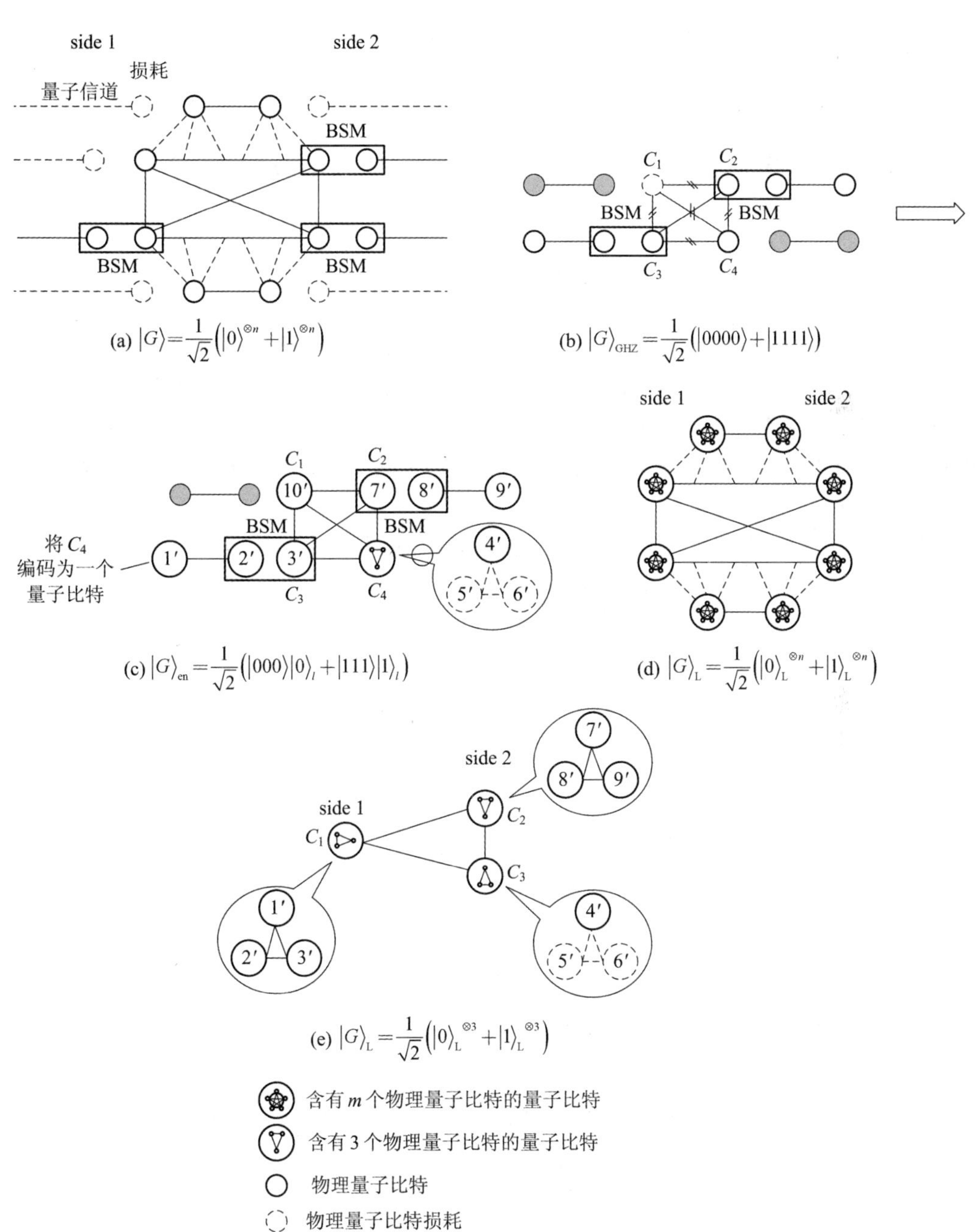


图 10.40　基于 9 量子比特 Shor 码的全光量子中继器方案

如图 10.40 所示，将 bare-GHZ RGS 态 $|G\rangle=\frac{(|0\rangle^{\otimes n}+|1\rangle^{\otimes n})}{\sqrt{2}}$ 中的每一个量子比特编码成含有 $m$ 个物理比特的逻辑比特，即

$$|G\rangle\rightarrow|G\rangle_{\mathrm{L}}=\frac{(|0\rangle_L^{\otimes n}+|1\rangle_L^{\otimes n})}{\sqrt{2}}$$

其中，$|0\rangle_{\mathrm{L}}=\frac{(|0\rangle^{\otimes m}+|1\rangle^{\otimes m})}{\sqrt{2}}$，$|1\rangle_{\mathrm{L}}=\frac{(|0\rangle^{\otimes m}-|1\rangle^{\otimes m})}{\sqrt{2}}$。编码后的 RGS 可称为广义 Shor 码(Generalized Shor Code)，与 9 量子比特 Shor 码有相似的容忍损耗能力。图 10.40(b)中，GHZ 纠缠态为 $|G\rangle_{\mathrm{GHZ}}=\frac{(|0000\rangle+|1111\rangle)}{\sqrt{2}}$，对 $C_4$ 进行编码，量子态如图 10.40(c)所示。

$$|G\rangle_{\mathrm{en}}=\frac{(|000\rangle|0\rangle_{\mathrm{L}}+|111\rangle|1\rangle_{\mathrm{L}})}{\sqrt{2}}$$

由于实验中考虑到逻辑比特 $C_4$ 上可能的光子损耗，对光子 1′和 9′执行纠缠目击(Entanglement Witness)。在 $\boldsymbol{X}$ 基下测量逻辑比特 $C_1$ 的 10′光子，在 $\boldsymbol{Z}$ 基下测量逻辑比特 $C_4$ 的幸存光子，接着在部分编码 RGS 态中的光子 2′和 8′、光子 3′和 7′上进行 BSM，通过在 $\boldsymbol{XX}$、$\boldsymbol{YY}$、$\boldsymbol{ZZ}$ 基下测量光子 1′和 9′，可验证他们之间的纠缠态。最终，两个终端之间的光子产生纠缠。

图 10.40 中的 9 量子比特 Shor 码实现原理如图 10.41 所示。图 10.41(a)给出了编码和读出线路，包括 $\boldsymbol{Z}$ 基和 $\boldsymbol{X}$ 基测量(见测量装置上的字母，具体实现见图 10.41(e))；图 10.41(b)是实验装置，光子 4 上基于半波片@45°引入了 $\boldsymbol{X}$ 错误，光子 2 上基于半波片@0°引入了 $\boldsymbol{Z}$ 错误；图 10.41(c)是编码单元，采用偏振分束器、Bell 态和后处理实现编码；图 10.41(d)给出了酉算子的实验装置。10 个光子的符合分析及后处理在 FPGA 上实现。具体细节参见文献[147]。

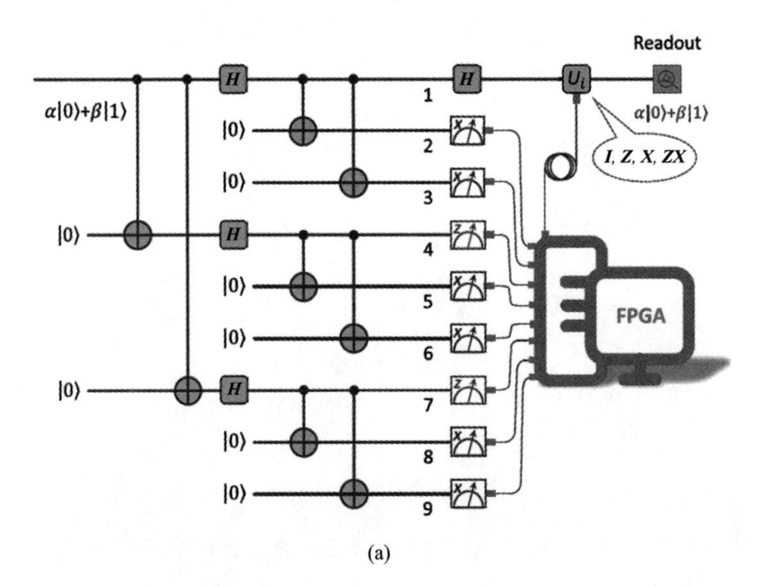


(a)

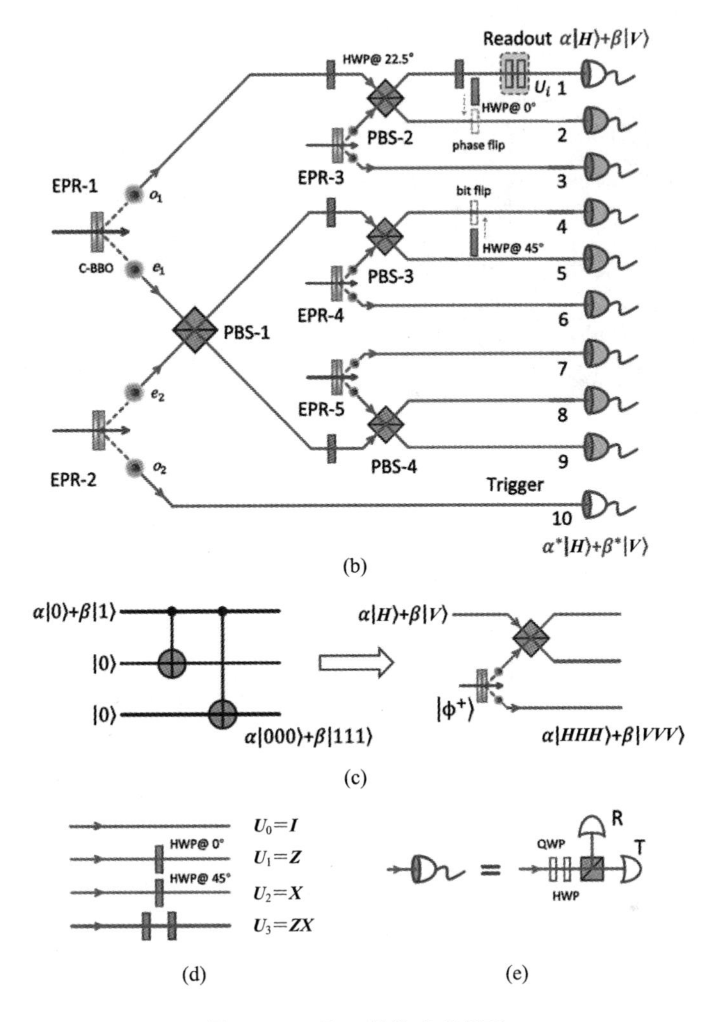


图 10.41　Shor 码的实现原理

为了增加光子数，全光量子中继器引入概率性融合门(Fusion Gate)，并结合高速前馈以扩大图态，更多的全光量子中继器方案见文献[144]。

## 10.5　量子互联网

量子互联网是将量子计算机、量子传感器、量子存储器等量子节点连接起来形成的网络。量子互联网不是取代经典互联网，它是经典互联网的补充。如图 10.42 所示，量子互联网包括三个基本的量子硬件：量子信道(用以实现量子比特传输的物理连接)、量子中继器(用以扩展通信距离)、终端节点(可以是量子态制备-测量设备，也可以是量子计算机)。

图 10.42 中的终端节点可以是量子传感器、量子随机数发生器、模块化量子计算机(QMod)、量子存储器(QMemory)等，量子互联节点包括量子中继器(QR)、量子交换机(QS)以及量子频率转换器(Quantum Frequency Converter，QFC)，如图 10.42(b)所示。图

10.42(c)所示的量子互联网结构中，借助经典互联网实现量子互联网网络协议、控制和管理消息传递，远程的量子节点之间通过量子中继器实现连接。

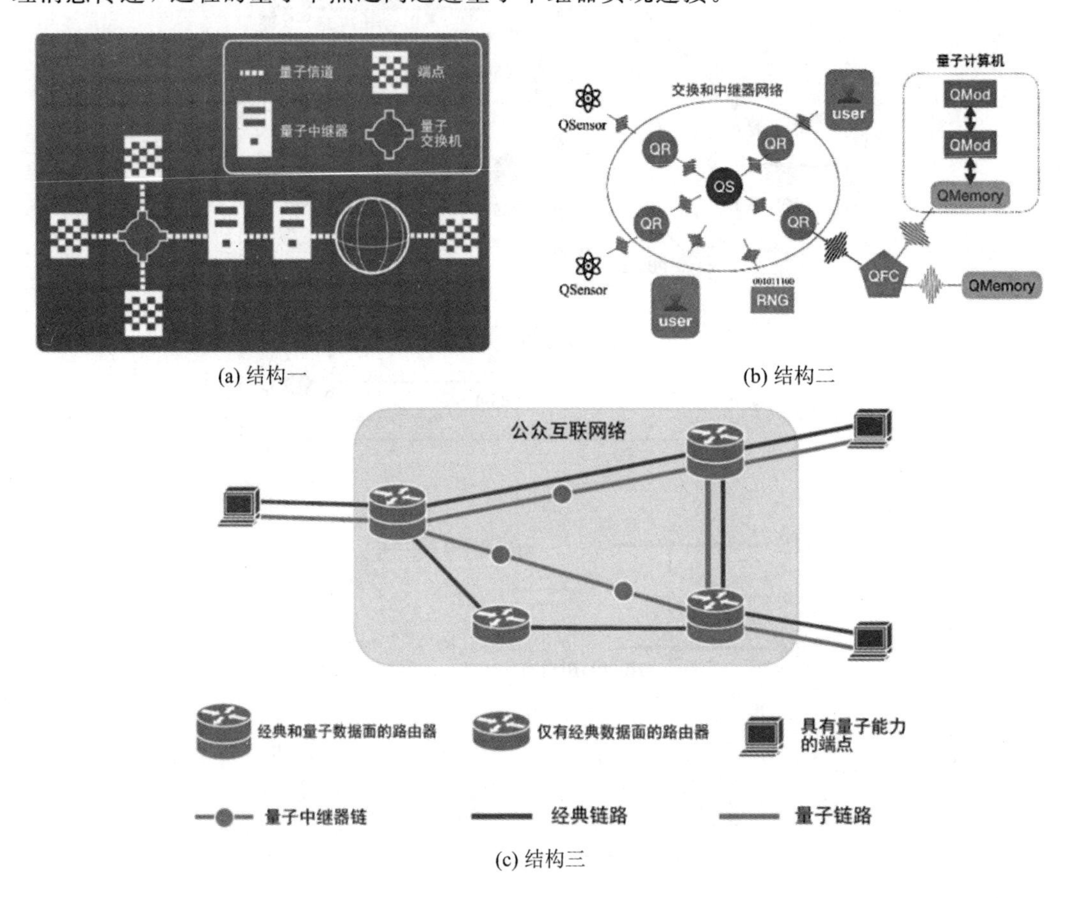


图 10.42　量子互联网的构成

## 10.5.1　量子互联网的体系结构

经典互联网采用五层协议栈，从下到上依次为物理层、链路层、网络层、传输层和应用层。物理层是各种通信技术提供的数据传输通道，包括各种有线通信、无线通信、卫星通信等手段，传输媒介包括双绞线、同轴电缆、光纤、空间信道等；链路层用于提供相邻设备点到点的连接，包括组帧、差错处理等，往往在设备的网卡和设备操作系统的驱动程序中实现；网络层处理数据包的选路、路由管理，典型协议为 IP；传输层保证数据包实现端到端可靠通信，包括拥塞控制和差错管理等，典型协议为 TCP 和 UDP；应用层通过和传输层的接口实现具体应用，例如，网页浏览、即时通信、电子商务、网络管理等。

人们在研究量子互联网时，也考虑借鉴经典互联网的五层体系。但是量子互联网主要基于纠缠资源实现各种应用(如量子隐形传态、分布式量子计算等)，所以从物理层到传输层主要围绕建立端到端纠缠对这一任务设计相关协议，采用纠缠交换、量子中继等方法按需实现端到端可靠的纠缠分发。意大利研究人员 J. Illiano 等总结了三种典型的量子互联网协议栈[148]，其中 Van Meter 等提出的协议栈包括五层：物理纠缠层(制备纠缠对)、链路纠缠控制层(管理纠缠对的使用)、误差管理层(纠缠纯化)、量子态传播层(通过纠缠交换建立端到端纠缠)和应用层；Wehner 等提出的协议栈，也包括五层：物理层(产生纠缠对)、链路层(确保可靠生成纠缠对)、网络层(基于纠缠交换产生长距离纠缠)、传输层(实现远程传态)和应用层；Dur 等提出的协议栈，包括四层：物理层(分发纠缠态、实现存储器和数据量子比特与信道的接口)、连接层(通过量子中继器建立远程纠缠态，并且执行纠缠提纯)、链路层(生成多方纠缠态等)和网络层(通过量子路由器建立网络间的纠缠)。这里介绍Wehner 等提出的五层协议栈，如表 10.1 所示。

**表 10.1　量子互联网协议栈**

| 层 | 功　能 |
| --- | --- |
| 应用层 | 量子互联网应用 |
| 传输层 | 根据应用层的请求，基于量子隐形传态完成量子比特传输 |
| 网络层 | 通过纠缠交换建立端到端长距离纠缠，并管理网络的纠缠资源 |
| 链路层 | 根据网络层的指令调用物理层，实现鲁棒地生成纠缠态 |
| 物理层 | 在指定时刻制备纠缠态，并维持网络同步 |

表 10.1 中，物理层根据上层指令在指定时刻制备纠缠态，并分发给对应的设备，同时维持网络时间同步。链路层收到网络层的纠缠态请求，包括远程节点 ID、纠缠对的数量、最小保真度、请求类型、测量基等参数；链路层调用物理层相应的操作，如制备、测量量子比特，同时适配各种不同的物理实现。网络层通过纠缠交换建立长距离纠缠态，并管理网络内的纠缠资源。传输层根据应用层的请求，基于量子远程传态传输量子比特。图 10.43 给出了对于量子态测量应用链路层与物理层的操作流程[149]。

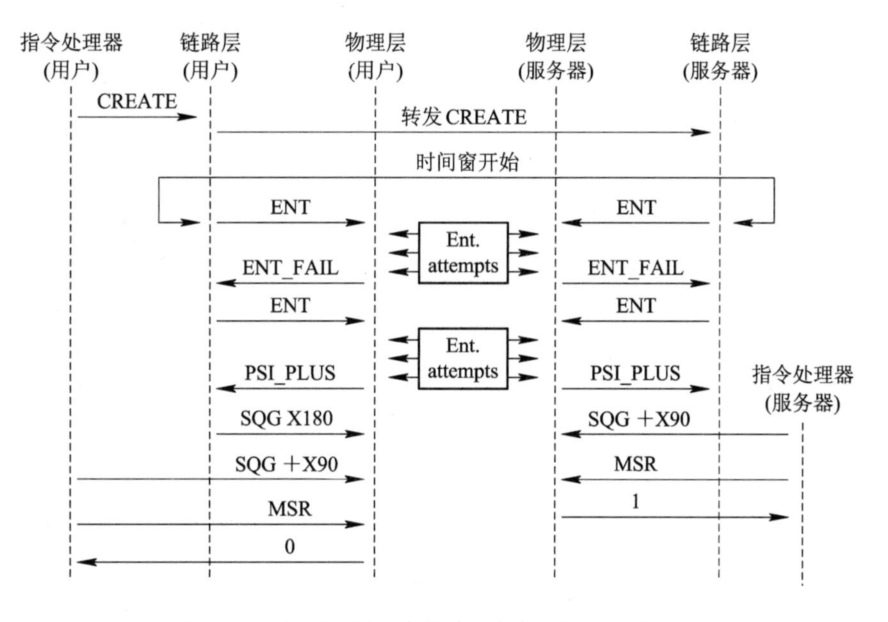


图 10.43　量子互联网中链路层与物理层的协作示例

图 10.43 中，指令处理器首先向链路层发起创建纠缠态的请求(CREATE)。其次，用

户链路层将该请求发送给服务器对应的链路层(Forward CREATE)。当在 TDMA 调度表中指定的时间窗一开始，该请求立即被处理，即物理层获得第一个纠缠指令(ENT)。在成功制备纠缠态(PSI_PLUS)后，如果需要的话，用户端链路层发起 Pauli 纠错(SQG X180，绕 $X$ 轴旋转 180°)。最后，指令处理器发起门(SQG X90，绕 $X$ 轴旋转 90°)和测量(MSR)操作，以在指定基上读取纠缠量子比特，接收物理层的输出(0)。指令详见文献[149]。

量子互联网协议栈的研究，引出诸多研究课题，例如，时延和同步(Latency and Synchronization)、消息传递(Signaling)、测度(Metrics)、媒体访问和广播(Medium Access and Broadcasting)、组网(Networking)、量子互联网与经典互联网的关系(Quantum Internet vs. Classical Internet)、量子寻址和量子路径(Quantum Addressing and Quantum Path)、产业应用和标准化(Industrial Perspective and Standardization)以及设计思想(Design Philosophy)等[148]。

## 10.5.2 量子路由器与端到端纠缠的建立

如 10.5.1 节所述，量子互联网网络层的主要任务是通过纠缠交换建立长距离纠缠态。量子互联网的节点基于多种不同的量子系统，因此其互联比较复杂。

图 10.44 给出了一种量子路由器的方案[150]，可看作多端口量子中继器，由贝尔态分析器(BSA)、光交换机、量子网络接口卡(Quantum Network Interface Card，QNIC，也可称为线卡 Line Card)和缓存构成。其中，线卡通过光量子线路到达交换机，也通过光量子信道与相邻路由器/中继器或终端相连。

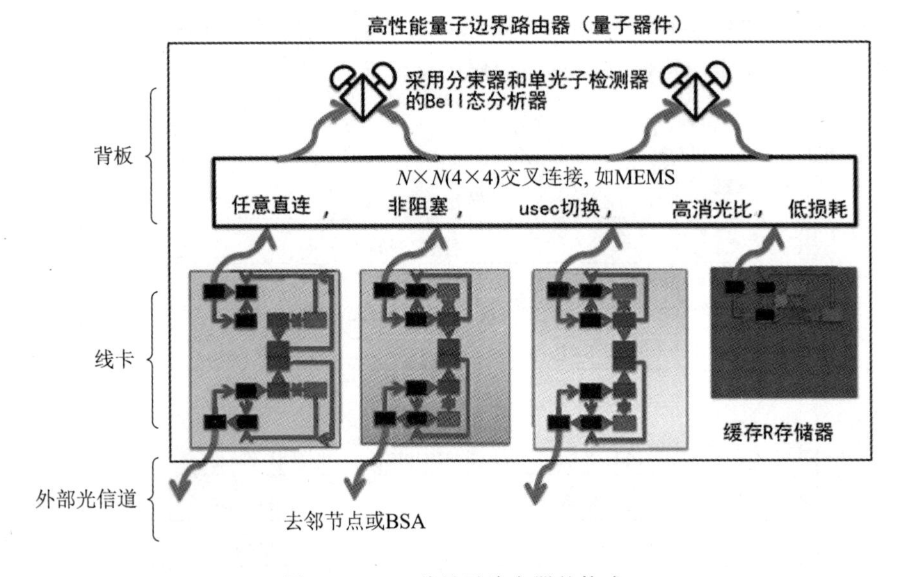


图 10.44 一种量子路由器的构成

图 10.45 给出了一种建立端到端纠缠的协议工作过程[151]。Alice 发起业务请求(Request 消息)，触发 Forward 消息传送至目的节点，同时借助路由协议确定的路径建立一条端到端的虚量子光路，紧接着相邻节点(包括端点)之间建立纠缠对(Link-Pair-Generation)，随后通过逐级纠缠交换(SWAP)建立两个端点之间的纠缠(TRACK 消息到达两个端点)，从而可实现具体应用。

像经典互联网的路由协议可分为自治域间的路由和自治域内的路由，量子互联网也可以是一个分层结构，层与层之间通过边界路由器由层间路由确定路由，层内部路由算法的路径度量可采用时长/Bell对，即产生Bell纠缠对花费的时间。

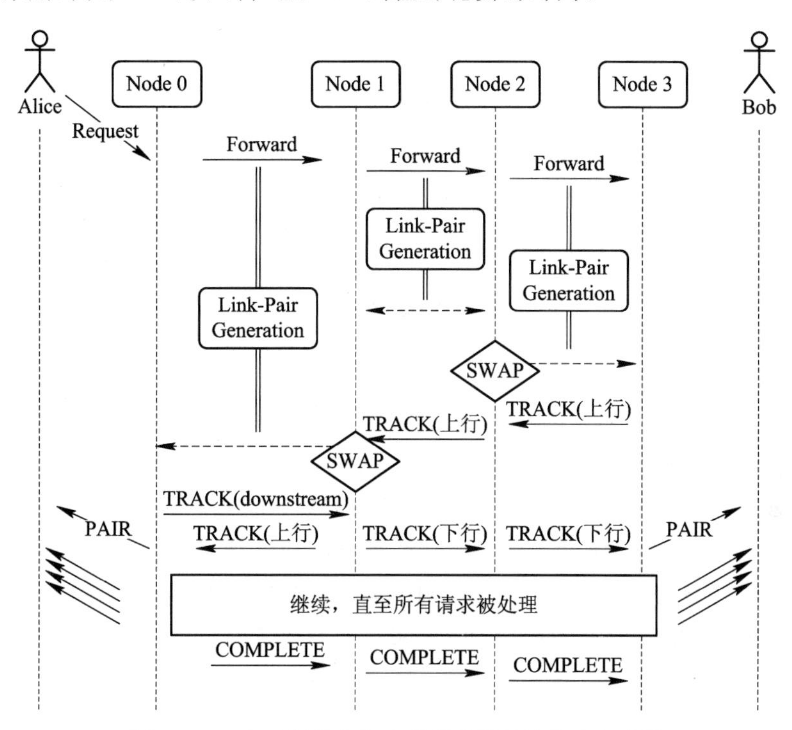


图10.45　基于纠缠交换实现端到端纠缠的建立过程

### 10.5.3　纠缠访问控制

媒体访问控制(Medium Access Control，MAC)是经典互联网链路层为解决以太网中的信道竞争而设计的协议。在量子互联网中，研究人员提出了一种分布式的方法从多方纠缠态中获得两方EPR纠缠的协议，并称为纠缠访问控制(Entanglement Access Control)[152]。该协议还能够从获取的EPR对中确定发射节点和接收节点的身份，也不需要给经典网络增加纠缠访问控制对应的信令(当然，EPR获取及量子比特隐形传态所必需的经典通信除外)。这里简要介绍协议的基本过程。

**1. 通信资源(Communication Resource)**

设$n+1$个节点共享的GHZ纠缠为

$$|\mathrm{GHZ}\rangle_{n+1}=\frac{1}{\sqrt{2}}[|0\rangle^{\otimes(n+1)}+|1\rangle^{\otimes(n+1)}]$$

定义序列$\boldsymbol{P}=\{p_0, p_1, \cdots, p_n\}$，每一项取值$p_i\in\{0, 1\}$，下标$i$表示相应的节点。若设定的策略是一对发射-接收节点得到纠缠对，则序列中仅有两项为1，其余均为0。

在分布式获得EPR纠缠对时，位于第$i$个节点的第$i$个量子比特对应的本地算子为

$$\boldsymbol{U}_{p_i}=\begin{cases}\boldsymbol{H} & (p_i=0)\\ \boldsymbol{I} & (p_i=1)\end{cases}$$

$\boldsymbol{H}$ 为 Hadamard 算子，$\boldsymbol{I}$ 为单位算子，则在 GHZ 态上的算子 $\boldsymbol{U}_p$ 为

$$\boldsymbol{U}_p = \boldsymbol{U}_{p_0} \otimes \boldsymbol{U}_{p_1} \otimes \cdots \otimes \boldsymbol{U}_{p_n}$$

将 $\boldsymbol{U}_p$ 作用到 GHZ 态上，有

$$\boldsymbol{U}_P \,|\, \mathrm{GHZ}\rangle_{n+1} = |\, \Phi^+ \rangle \otimes \sum_{k=1}^{2^{n-1}} |\, \psi_{\mathrm{even}}^k \rangle_{n-1} + |\, \Phi^- \rangle \otimes \sum_{k=1}^{2^{n-1}} |\, \psi_{\mathrm{odd}}^k \rangle_{n-1}$$

其中，$|\Phi^+\rangle$和$|\Phi^-\rangle$为两个 Bell 态，出自单位算子的作用，$|\psi_{\mathrm{even}}^k\rangle_{n-1}$ 和 $|\psi_{\mathrm{odd}}^k\rangle_{n-1}$ 表示出自 $n-1$ 个 $\boldsymbol{H}$ 门作用的结果，分别对应偶数和奇数个量子比特$|1\rangle$。也就是说，分析$|\psi_{\mathrm{even}}^k\rangle_{n-1}$ 和$|\psi_{\mathrm{odd}}^k\rangle_{n-1}$ 测量输出的奇偶性即可确定得到的 Bell 态是$|\Phi^+\rangle$或者$|\Phi^-\rangle$。

**2. 资源竞争(Resource Contention)**

为解决资源竞争，引入 $W$ 态。先看 $W$ 态的标准表达式

$$|\, W\rangle_n = \frac{1}{\sqrt{n}} [\,|\,100\cdots0\rangle + |\,010\cdots0\rangle + \cdots + |\,000\cdots1\rangle]$$

对于 $n$ 个节点 $N_1$，$N_2$，…，$N_n$，节点 $N_i$ 保留第 $i$ 个量子比特$|W_i\rangle$。每个节点执行本地测量，以相同的概率测得 1。若某个节点得到 1，则其他节点均为 0。测得 1 的节点选为主控者(Leader)。定义新的量子态$|\Lambda\rangle_{n+m}$，$m=\lceil \mathrm{lb} n \rceil$是辅助量子比特$|a_1\cdots a_m\rangle$的个数。注意每个节点保留$|W\rangle_n$ 态的一个量子比特，编排器保留辅助量子比特。辅助量子比特使得编排器能够在下行链路或上行链路时隙感知到被选为接收机或发射机节点的身份，而不用交换经典信息。如图 10.46 所示，量子态可称为具有主控者意识的态(Leader-Aware State)，图(a)为初始态，图(b)为竞争解决后的最终态，编排器 $N_0$ 和节点 $N_2$ 获得纠缠对。

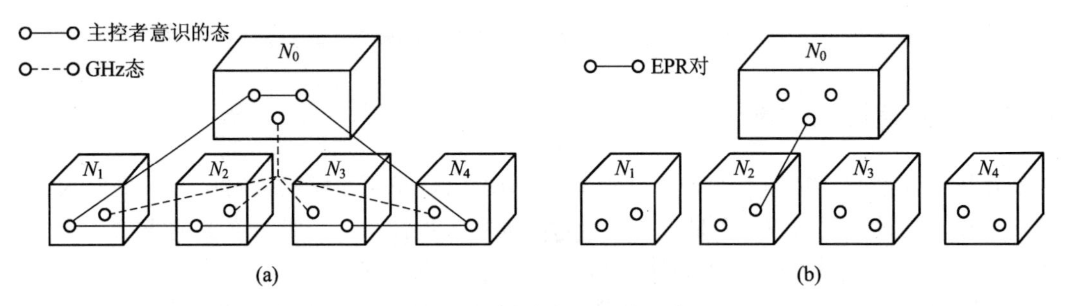


图 10.46 纠缠竞争及解决示意

图 10.47 给出了制备态 $|\Lambda\rangle_{n+m}$ 的一个线路，也可以按照下述规则推广至一列 CNOTS：对任意量子比特$|W_i\rangle$，若下标 $i-1$ 的二进制表示为$\sum_{j=0}^{m-1} b_j 2^j$，则当 $b_j \neq 0$ 时，需要受控非门 CNOT($|W_i\rangle$，$|\alpha_j\rangle$)。

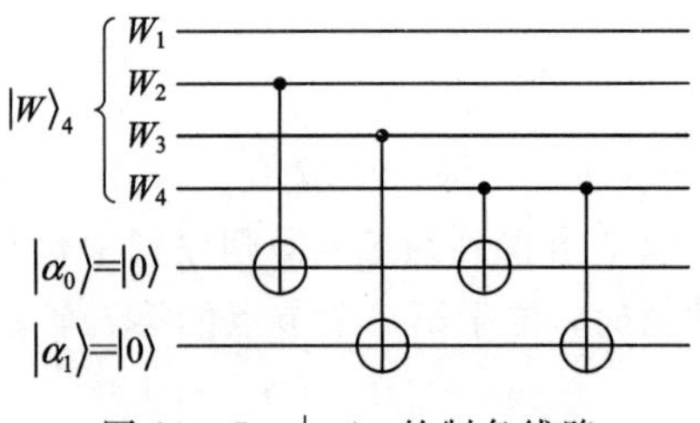


图 10.47 $|\Lambda\rangle_6$ 的制备线路

**3. 上行链路协议(Uplink Protocol)**

设编排器节点 $N_0$ 作为接收者。这里举例说明上行链路时隙中纠缠访问协议的工作过程。节点 $N_i$ 在 $\boldsymbol{Z}$ 基下对 $|W_i\rangle$ 执行本地测量，测量输出为 $\omega_i \in \{0, 1)\}$。令 $p_i = \omega_i$，则确定了对应的酉算子。当 $\omega_i = 0$ 时，$N_i$ 竞争失败，即 $\mathrm{XT}_u(N_i, N_0) = 0$，$N_i$ 以 Hadamard 基对其量子比特 $|\mathrm{GHZ}_i\rangle$ 执行本地测量，测量输出记为 $g_i \in \{0, 1\}$；当 $\omega_i = 1$ 时，$N_i$ 作为发射方获得纠缠资源，即 $\mathrm{XT}_u(N_i, N_0) = 1$，基于竞争失败者对其量子比特的操作，协议使得 $N_i$ 成为唯一能与编排器共享 EPR 纠缠对的节点。以 Hadamard 基对其量子比特 $|\mathrm{GHZ}_i\rangle$ 执行本地测量，测量输出记为 $g_i \in \{0, 1\}$。一旦获得纠缠对，可进行标准的量子隐形传态过程，如图 10.48 所示。

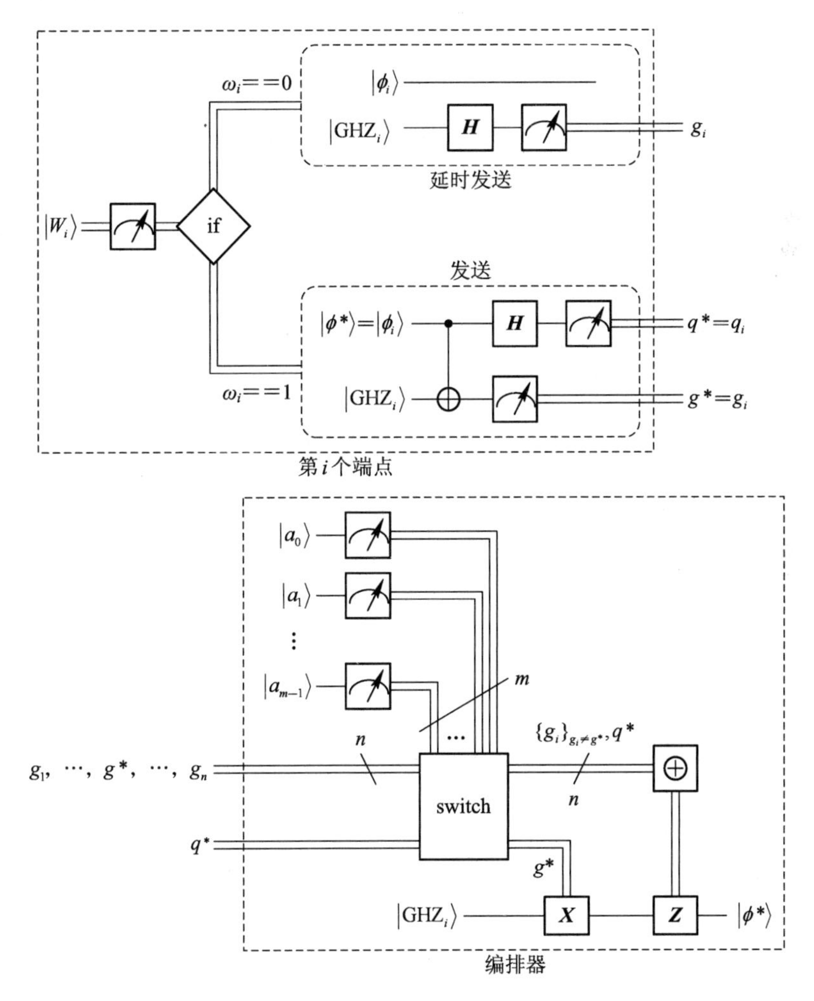


图 10.48　上行链路纠缠访问的量子线路

**4. 下行链路协议(Downlink Protocol)**

在纠缠访问协议下行链路时隙，编排器 $N_0$ 作为发送方，如图 10.49 所示。其工作过程与上行链路相似。当 $\omega_i = 1$ 时，$N_i$ 作为接收方获得纠缠资源，等待经典比特 $g_0$ 和 $q^*$，以完成量子隐形传态过程。

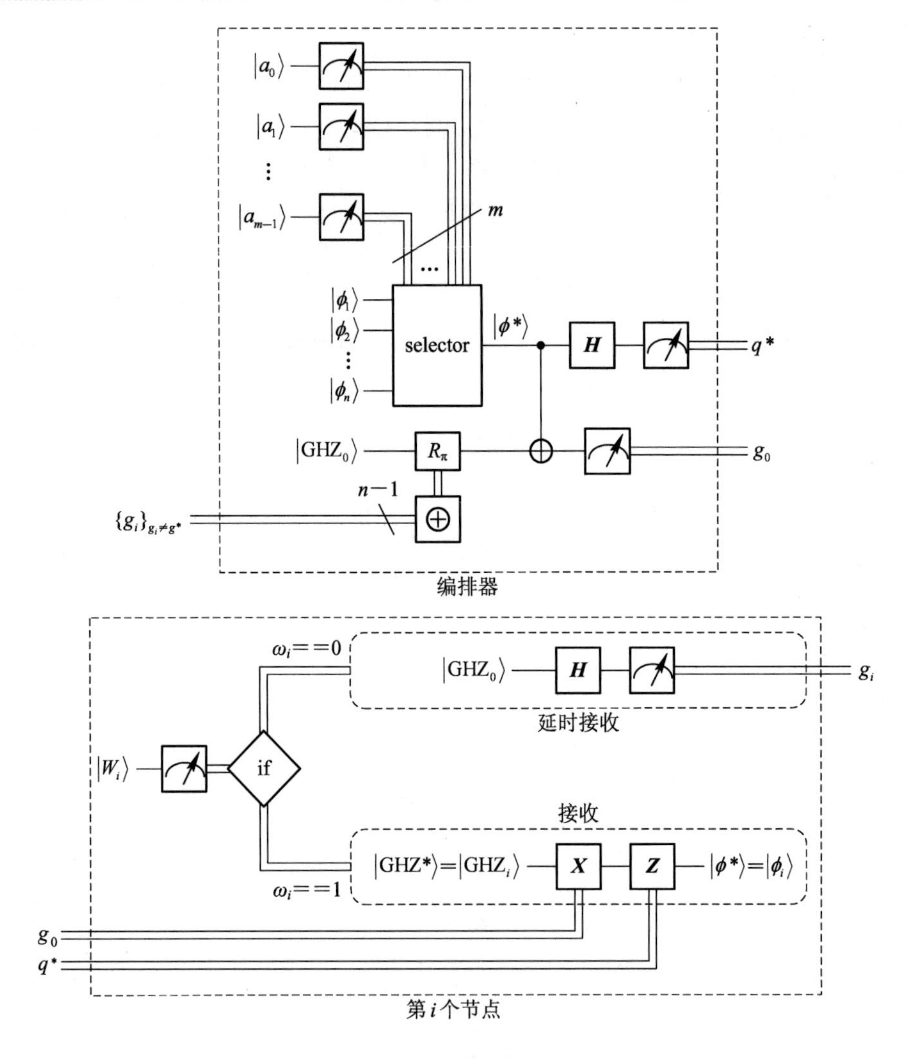


图 10.49　下行链路纠缠访问的量子线路

## 10.5.4　量子互联网的发展路线图

据预计，量子互联网发展将经历 6 个阶段，如图 10.50 所示。

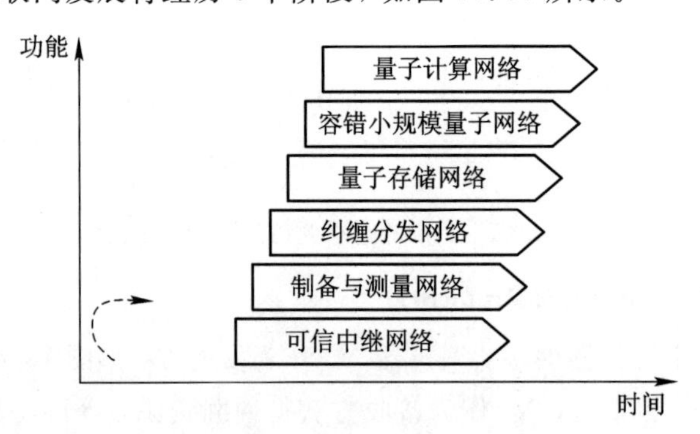


图 10.50　量子互联网的发展阶段

（1）可信中继网络。该阶段不强调建立端到端的 QKD 链路，通过可信中继可以扩展 QKD 的距离，此时可信中继处至少有两部 QKD 终端分别与两个端点协商密钥。MDI-QKD 技术的出现使得中间测量节点可为不可信的节点。

（2）制备与测量网络。制备-测量方法可实现端到端的 QKD、两方密码、位置校验等。

（3）纠缠分发网络。此阶段可建立端到端的纠缠，从而可以实现 DI-QKD 协议以及量子隐形传态等。

（4）量子存储网络。该阶段指各节点存在本地量子存储器，典型的系统包括盲量子计算、改进的掷币问题、秘密共享、时钟同步等。

（5）容错小规模量子网络。该阶段的主要特点是本地运算可以容错地执行，从而量子线路可以有较大的深度，且可执行需要存储任意时长和任意轮通信的协议，典型应用包括高精度时钟同步、小规模分布式量子计算等。

（6）量子计算网络。在这个阶段，量子计算机之间可任意进行量子通信，各种协议均可执行，包括多方安全量子计算、快速拜占庭协议等。

D. Awschalom 等提出了量子互联网发展的时间线和里程碑（Timelines and Milestones），如表 10.2 所示[153]。

**表 10.2　量子互联网发展时间线和里程碑**

| 序号 | 指标 | 三年[注] | 五年 | 十年 |
|---|---|---|---|---|
| 1 | 主要成就 | 探测到的纠缠光子速率 $10^8$ eb/s | 具有纠错能力的量子中继器 | 用于单向中继器的前向纠错的光量子态 |
| 2 | 距离和速率 | 纠缠量子存储器距离大于 10 km | 在纠缠对速率为 1 Meb/s 时可校验量子纠缠分发距离＞100 km，可提纯纠缠速率大于 100 keb/s | 量子网络达到数千公里的洲际范围 |
| 3 | 中继器的能力 | 基于纠缠交换的量子中继器 | 主动纠错以对抗运算误差，在现场量子网络中验证多方协议 | 实现线路损耗和运算误差的完全纠错，具备不同功能的混合节点 |
| 4 | 中继器数量 | 大于 3 个存储器、大于 10 个用户的量子网络 | 大于 10 个处于叠加的量子中继器和量子计算机 | 网络具有超过 100 个中继器 |
| 5 | 自由空间量子网络 | 验证 3～5 个移动平台的星座 | 实现空地纠缠交换 | 通过具有量子存储器的卫星实现洲际纠缠分发 |
| 6 | 量子网络应用 | 在 100 km 距离上，量子安全的通信速率大于 1 Mb/s | 基于网络的量子计量 | 盲量子计算 |

**注：**论文于 2021 年 2 月 24 日出版。

随着量子互联网关键技术的突破，未来基于地面、卫星平台、多种物理系统的量子节点共存的量子互联网必将建成，进而可开展分布式量子计算和分布式量子传感[156]。

# 参 考 文 献

[1] VERNAM G. Secret Signaling System：US1310719[P]. 1919-10-22.

[2] SHANNON C E. Communication theory of secrecy systems[J]. The Bell System Technical Journal，1949，28(4)：656-715.

[3] RIVEST R L，SHAMIR A，ADLEMAN L M. A method for obtaining digital signatures and public-key cryptosystems[J]. Communications of the ACM，1978，21(2)：120-126.

[4] SHOR P W. Algorithms for quantum computation：discrete logarithms and factoring [C]// Proceedings of the 35th Symposium on Foundations of Computer Science，November 20-22，1994，Santa Fe，NM，USA. Los Alamitos：IEEE Computer Society，1994：124-134.

[5] BERNSTEIN D J，BUCHMANN J，DAHMEN E. 抗量子计算密码[M]. 张焕国，王后珍，杨昌，等译. 北京：清华大学出版社，2015.

[6] BENNETT C H，BRASSARD G. Quantum cryptography：public key distribution and coin tossing [C]// Proceedings of the IEEE International Conference on Computers，Systems and Signal Processing，December，1984，Bangalore，India. New York：IEEE，1984：175-179.

[7] BENNETT C H，BRASSARD G，CRÉPEAU C，et al. Teleporting an unknown quantum state via dual classical and Einstein-Podolsky-Rosen channels [J]. Physical review letters，1993，70(13)：1895-1899.

[8] BENNETT C H，WIESNER S J. Communication via one-and two-particle operators on Einstein-Podolsky-Rosen states[J]. Physical review letters，1992，69(20)：2881-2884.

[9] HILLERY M，BUŽEK V，BERTHIAUME A. Quantum secret sharing[J]. Physical Review A，1999，59(3)：1829-1834.

[10] WIESNER S. Conjugate coding[J]. Sigact News，1983，15(1)：78-88.

[11] AARONSON S. Stephen Wiesner (1942-2021)[EB/OL]. (2021-08-13)[2023-10-08]. https：//scottaaronson. blog/? p=5730.

[12] XU F，MA X，ZHANG Q，et al. Secure quantum key distribution with realistic devices [J]. Reviews of Modern Physics，2020，92(2)：025002.

[13] BENNETT C H，BESSETTE F，BRASSARD G，et al. Experimental quantum cryptography[J]. Journal of cryptology，1992，5：3-28.

[14] CAO Y，ZHAO Y，WANG Q，et al. The evolution of quantum key distribution networks：On the road to the qinternet[J]. IEEE Communications Surveys & Tutorials，2022，24(2)：839-894.

[15] LIU Q，HUANG Y，DU Y，et al. Advances in chip-based quantum key distribution[J]. Entropy，2022，24(10)：1334.

[16] LUO W，CAO L，SHI Y，et al. Recent progress in quantum photonic chips for quantum communication and internet[J]. Light：Science & Applications，2023，12(1)：175.

[17] LO H K，MONTAGNA M，WILLICH M V. Quantum Key Infrastructure：A scalable，quantum-proof key distribution system[EB/OL]. (2022-11-25)[2022-12-10]. https：//arxiv. org/pdf/

2205.00615v2.pdf.

[18] ERKILIÇ Ö, CONLON L, SHAJILAL B, et al. Surpassing the repeaterless bound with a photon-number encoded measurement-device-independent quantum key distribution protocol [J]. npj Quantum Information, 2023, 9(1): 29.

[19] WANG W, WANG R, HU C, et al. Fully Passive Quantum Key Distribution[J]. Physical Review Letters, 2023, 130(22): 220801.

[20] HU C, WANG W, CHAN K S, et al. Proof-of-Principle Demonstration of Fully Passive Quantum Key Distribution[J]. Physical Review Letters, 2023, 131(11): 110801.

[21] LU F Y, WANG Z H, ZAPATERO V, et al. Experimental Demonstration of Fully Passive Quantum Key Distribution[J]. Physical Review Letters, 2023, 131(11): 110802.

[22] 曾谨言. 量子力学：第 1 卷[M]. 5 版. 北京：科学出版社，2013.

[23] 曾谨言. 量子力学：第 2 卷 [M]. 5 版. 北京：科学出版社，2018.

[24] 张永德. 量子力学[M]. 北京：科学出版社，2002.

[25] NIELSEN M A, CHUANG I L. Quantum Computation and Quantum Information[M]. 10th Anniversary ed. Cambridge: Cambridge University Press, 2010.

[26] 张永德. 量子信息物理基础[M]. 北京：科学出版社，2006.

[27] 尹浩，韩阳. 量子通信原理与技术[M]. 北京：电子工业出版社，2013.

[28] 程云鹏，张凯院，徐仲. 矩阵论[M]. 3 版. 西安：西北工业大学出版社，2006.

[29] MYRVOLD W, GENOVESE M, SHIMONY A. Bell's Theorem[EB/OL]. (2019-03-13)[2022-12-01]. https://plato.stanford.edu/Archives/win2021/entries/bell-theorem/.

[30] PRESKILL J. Lecture Notes for Physics 229: Quantum Information and Computation[EB/OL]. [2022-12-12]. http://www.theory.caltech.edu/preskill /ph229/notes/book.ps.

[31] BOUWMEESTER D, EKERT A, ZEILINGER A. The Physics of Quantum Information: quantum cryptography, quantum teleportation, quantum computation[M]. Berlin: Springer-Verlag Berlin Heidelberg, 2000.

[32] 王增斌，韩军海，张国万. 量子工程导论[M]. 北京：中国原子能出版社，2017.

[33] SCULLY M O, ZUBAIRY M S. Quantum optics [M]. Cambridge: Cambridge University Press, 1997.

[34] 郭光灿，周祥发. 量子光学[M]. 北京：科学出版社，2022.

[35] 张智明. 量子光学[M]. 北京：科学出版社，2015.

[36] WEEDBROOK C, PIRANDOLA S, GARCÍA-PATRÓN R, et al. Gaussian quantum information [J]. Reviews of Modern Physics, 2012, 84(2): 621-669.

[37] WANG X B, HIROSHIMA T, TOMITA A, et al. Quantum information with Gaussian states[J]. Physics reports, 2007, 448(1-4): 1-111.

[38] ORSZAG M. Quantum optics: including noise reduction, trapped ions, quantum trajectories, and decoherence[M]. 3rd ed. Springer, 2016.

[39] PERES A. Separability criterion for density matrices[J]. Physical Review Letters, 1996, 77(8): 1413-1415.

[40] SIMON R. Peres-Horodecki separability criterion for continuous variable systems [J]. Physical

Review Letters, 2000, 84(12): 2726 - 2729.

[41] DUAN L M, GIEDKE G, CIRAC J I, et al. Inseparability criterion for continuous variable systems [J]. Physical review letters, 2000, 84(12): 2722 - 2725.

[42] SILBERHORN C, LAM P K, WEISS O, et al. Generation of continuous variable Einstein-Podolsky-Rosen entanglement via the Kerr nonlinearity in an optical fiber[J]. Physical Review Letters, 2001, 86(19): 4267 - 4270.

[43] OU Z Y, PEREIRA S F, KIMBLE H J, et al. Realization of the Einstein-Podolsky-Rosen paradox for continuous variables[J]. Physical Review Letters, 1992, 68(25): 3663 - 3666.

[44] JAEGER G. Quantum information: an overview[M]. New York: Springer Science + Business Media, LLC, 2007.

[45] DESURVIRE E. Classical and Quantum Information Theory An Introduction for the Telecom Scientist[M]. Cambridge: Cambridge University Press, 2009.

[46] DEUTSCH D, JOZSA R. Rapid solution of problems by quantum computation[J]. Proceedings of the Royal Society of London. Series A: Mathematical and Physical Sciences, 1992, 439(1907): 553 - 558.

[47] GROVER L K. Quantum mechanics helps in searching for a needle in a haystack[J]. Physical review letters, 1997, 79(2): 325 - 328.

[48] GARDINER C, ZOLLER P. Quantum Noise: A Handbook of Markovian and Non-Markovian Quantum Stochastic Methods with Applications to Quantum Optics [M]. 3rd ed. Berlin, Springer-Verlag, 2004.

[49] 郭光灿. 量子光学[M]. 北京：高等教育出版社，1990.

[50] 李玲，黄永清. 光纤通信基础[M]. 北京：国防工业出版社，1999.

[51] 廖延彪，黎敏. 光纤光学[M]. 2 版. 北京：清华大学出版社，2013.

[52] KING C, RUSKAI M B. Minimal Entropy of States Emerging from Noisy Quantum Channels[J]. IEEE Transactions on Information Theory, 2001, 47(1): 192 - 209.

[53] CHARTIER T, HIDEUR A, ÖZKUL C, et al. Measurement of the elliptical birefringence of single-mode optical fibers[J]. Applied Optics, 2001, 40(30): 5343 - 5353.

[54] SAKAI J, KIMURA T. Birefringence and polarization characteristics of single-mode optical fibers under elastic deformations[J]. IEEE Journal of Quantum Electronics, 1981, 17(6): 1041 - 1051.

[55] TOWNSEND P D. Simultaneous quantum cryptographic key distribution and conventional data transmission over installed fibre using wavelength-division multiplexing [J]. Electronics Letters, 1997, 33(3): 188 - 190.

[56] KAWAHARA H, MEDHIPOUR A, INOUE K. Effect of spontaneous Raman scattering on quantum channel wavelength-multiplexed with classical channel[J]. Optics communications, 2011, 284(2): 691 - 696.

[57] PATEL K A, DYNES J F, CHOI I, et al. Coexistence of high-bit-rate quantum key distribution and data on optical fiber[J]. Physical Review X, 2012, 2(4): 041010.

[58] VASYLYEV D Y, SEMENOV A A, VOGEL W. Toward global quantum communication: beam wandering preserves nonclassicality[J]. Physical review letters, 2012, 108(22): 220501.

[59] HOLEVO A S. Quantum channel capacities[J]. Quantum Electronics, 2020, 50(5): 440.

[60] WATROUS J. 量子信息论[M]. 王希鸣，王睿，译. 北京：机械工业出版社，2020.

[61] BENNETT C H, SHOR P W, SMOLIN J A, et al. Entanglement-assisted classical capacity of noisy quantum channels[J]. Physical Review Letters, 1999, 83(15): 3081 - 3084.

[62] BOUWMEESTER D, PAN J W, MATTLE K, et al. Experimental quantum teleportation [J]. Nature, 1997, 390(6660): 575 - 579.

[63] SHERSON J F, KRAUTER H, OLSSON R K, et al. Quantum teleportation between light and matter[J]. Nature, 2006, 443(7111): 557 - 560.

[64] VALIVARTHI R, DAVIS S I, PEÑA C, et al. Teleportation systems toward a quantum internet [J]. PRX Quantum, 2020, 1(2): 020317.

[65] ZHANG Q, GOEBEL A, WAGENKNECHT C, et al. Experimental quantum teleportation of a two-qubit composite system[J]. Nature Physics, 2006, 2(10): 678 - 682.

[66] MIN C, SHI-QUN Z, JIAN-XING F. Teleportation of n-particle state via n pairs of EPR channels [J]. Communications in Theoretical Physics, 2004, 41(5): 689 - 692.

[67] BOWEN W P, TREPS N, BUCHLER B C, et al. Experimental investigation of continuous-variable quantum teleportation[J]. Physical Review A, 2003, 67(3): 032302.

[68] LIU W T, WU W, OU B Q, et al. Experimental remote preparation of arbitrary photon polarization states[J]. Physical Review A, 2007, 76(2): 022308.

[69] BENNETT C. Quantum cryptography using any two non-orthogonal states [J]. Physical Review Letters, 1992, 68: 3121 - 3124.

[70] Hwang W. Y. Quantum key distribution with high loss: toward global secure communication[J]. Physical Review Letters, 2003, 91: 057901.

[71] LO H K, MA X, CHEN K. Decoy State Quantum Key Distribution[J]. Physical Review Letters, 2005, 94: 230504.

[72] WANG X, Beating the Photon-Number-Splitting Attack in Practical Quantum Cryptography [J]. Physical Review Letters, 2005, 94: 230503.

[73] MA X, QI B, ZHAO Y, et al. Practical decoy state for quantum key distribution[J]. Physical Review A, 2005, 72(1): 012326.

[74] CHEN J, WU G, XU L, et al. Stable quantum key distribution with active polarization control based on time-division multiplexing[J]. New Journal of Physics, 2009, 11(6): 065004.

[75] XAVIER G B, WALENTA N, DE FARIA G V, et al. Experimental polarization encoded quantum key distribution over optical fibres with real-time continuous birefringence compensation[J]. New Journal of Physics, 2009, 11(4): 045015.

[76] PENG C Z, ZHANG J, YANG D, et al. Experimental long-distance decoy-state quantum key distribution based on polarization encoding[J]. Physical review letters, 2007, 98(1): 010505.

[77] SCHMITT-MANDERBACH T, WEIER H, FÜRST M, et al. Experimental demonstration of free-space decoy-state quantum key distribution over 144 km[J]. Physical Review Letters, 2007, 98(1): 010504.

[78] ROSENBERG D, HARRINGTON J W, RICE P R, et al. Long-distance decoy-state quantum key

distribution in optical fiber[J]. Physical review letters, 2007, 98(1): 010503.

[79] LI W, ZHANG L, TAN H, et al. High-rate quantum key distribution exceeding 110 Mb s - 1[J]. Nature Photonics, 2023, 17(5): 416 - 421.

[80] CHEN T Y, LIANG H, LIU Y, et al. Field test of a practical secure communication network with decoy-state quantum cryptography[J]. Optics express, 2009, 17(8): 6540 - 6549.

[81] DIXON A R, YUAN Z L, DYNES J F, et al. Continuous operation of high bit rate quantum key distribution[J]. Applied Physics Letters, 2010, 96(16): 161102.

[82] STUCKI D, GISIN N, GUINNARD O, et al. Quantum key distribution over 67 km with a plug&play system[J]. New Journal of Physics, 2002, 4(1): 41.

[83] TAKESUE H, DIAMANTI E, HONJO T, et al. Differential phase shift quantum key distribution experiment over 105 km fibre[J]. New Journal of Physics, 2005, 7(1): 232.

[84] EKERT A K. Quantum cryptography based on Bell's theorem [J]. Physical review letters, 1991, 67(6): 661 - 663.

[85] LING A, PELOSO M, MARCIKIC I, et. al. Experimental E91 quantum key distribution [C] // HASAN Z U, CRAIG A E, HEMMER P R. in Advanced Optical Concepts in Quantum Computing, Memory, and Communication, Proceedings of SPIE Vol. 6903, January 23 - 24, 2008, San Jose, California, USA. Bellingham, WA: SPIE, 2008: 69030U

[86] BENNETT C H, BRASSARD G, MERMIN N D. Quantum cryptography without Bell's theorem [J]. Physical review letters, 1992, 68(5): 557 - 559.

[87] POPPE A, FEDRIZZI A, URSIN R, et al. Practical quantum key distribution with polarization entangled photons[J]. Optics Express, 2004, 12(16): 3865 - 3871.

[88] HONJO T, NAM S W, TAKESUE H, et al. Long-distance entanglement-based quantum key distribution over optical fiber[J]. Optics Express, 2008, 16(23): 19118 - 19126.

[89] LO H K, CURTY M, QI B. Measurement-device-independent quantum key distribution [J]. Physical review letters, 2012, 108(13): 130503.

[90] LIU Y, CHEN T Y, WANG L J, et al. Experimental measurement-device-independent quantum key distribution[J]. Physical review letters, 2013, 111(13): 130502.

[91] WEI K, LI W, TAN H, et al. High-speed measurement-device-independent quantum key distribution with integrated silicon photonics[J]. Physical Review X, 2020, 10(3): 031030.

[92] LUCAMARINI M, YUAN Z L, DYNES J F, et al. Overcoming the rate-distance limit of quantum key distribution without quantum repeaters[J]. Nature, 2018, 557(7705): 400 - 403.

[93] WANG X B, YU Z W, HU X L. Twin-field quantum key distribution with large misalignment error [J]. Physical Review A, 2018, 98(6): 062323.

[94] LIU Y, ZHANG W J, JIANG C, et al. Experimental twin-field quantum key distribution over 1000 km fiber distance[J]. Physical Review Letters, 2023, 130(21): 210801.

[95] TOMAMICHEL M, LIM C C W, GISIN N, et al. Tight finite-key analysis for quantum cryptography[J]. Nature communications, 2012, 3(1): 634.

[96] LIM C C W, CURTY M, WALENTA N, et al. Concise security bounds for practical decoy-state quantum key distribution[J]. Physical Review A, 2014, 89(2): 022307.

[97] RUSCA D, BOARON A, GRÜNENFELDER F, et al. Finite-key analysis for the 1-decoy state QKD protocol[J]. Applied Physics Letters, 2018, 112(17): 171104.

[98] LAUDENBACH F, PACHER C, FUNG C H F, et al. Continuous-variable quantum key distribution with Gaussian modulation: the theory of practical implementations [J]. Advanced Quantum Technologies, 2018, 1(1): 1800011.

[99] GROSSHANS F, GRANGIER P. Continuous variable quantum cryptography using coherent states [J]. Physical review letters, 2002, 88(5): 057902.

[100] LEVERRIER A, GROSSHANS F, GRANGIER P. Finite-size analysis of a continuous-variable quantum key distribution[J]. Physical Review A, 2010, 81(6): 062343.

[101] JOUGUET P, KUNZ-JACQUES S, LEVERRIER A, et al. Experimental demonstration of long-distance continuous-variable quantum key distribution[J]. Nature photonics, 2013, 7(5): 378 - 381.

[102] HUANG D, LIN D, WANG C, et al. Continuous-variable quantum key distribution with 1 Mb/s secure key rate[J]. Optics express, 2015, 23(13): 17511 - 17519.

[103] ZHANG Y, CHEN Z, PIRANDOLA S, et al. Long-distance continuous-variable quantum key distribution over 202. 81 km of fiber[J]. Physical review letters, 2020, 125(1): 010502.

[104] SYCH D, LEUCHS G. Coherent state quantum key distribution with multi letter phase-shift keying [J]. New Journal of Physics, 2010, 12(5): 053019.

[105] DEVETAK I, WINTER A. Distillation of secret key and entanglement from quantum states[J]. Proceedings of the Royal Society A: Mathematical, Physical and engineering sciences, 2005, 461 (2053): 207 - 235.

[106] HIRANO T, ICHIKAWA T, MATSUBARA T, et al. Implementation of continuous-variable quantum key distribution with discrete modulation[J]. Quantum Science and Technology, 2017, 2 (2): 024010.

[107] SU X, WANG W, WANG Y, et al. Continuous variable quantum key distribution based on optical entangled states without signal modulation[J]. Europhysics Letters, 2009, 87(2): 20005.

[108] WANG N, DU S, LIU W, et al. Long-distance continuous-variable quantum key distribution with entangled states[J]. Physical Review Applied, 2018, 10(6): 064028.

[109] 马祥春，王明阳，宋震，等. 连续变量量子密码安全[M]. 北京：国防工业出版社，2018.

[110] 龙桂鲁. 量子安全直接通信原理与研究进展[J]. 信息通信技术与政策，2020 (7): 10 - 19.

[111] PAN D, LONG G L, YIN L, et al. The evolution of quantum secure direct communication: on the road to the qinternet[EB/OL]. (2023 - 11 - 23)[2024 - 01 - 05]. https: //arxiv. org/abs/ 2311. 13974.

[112] LONG G L, LIU X S. Theoretically efficient high-capacity quantum-key-distribution scheme [J]. Physical Review A, 2002, 65(3): 032302.

[113] BOSTROM K, FELBINGER T. Deterministic secure direct communication using entanglement[J]. Physical Review Letters, 2002, 89(18): 187902.

[114] WÓJCIK A. Eavesdropping on the "ping-pong" quantum communication protocol [J]. Physical Review Letters, 2003, 90(15): 157901.

[115] DENG F G, LONG G L, LIU X S. Two-step quantum direct communication protocol using the

Einstein-Podolsky-Rosen pair block[J]. Physical Review A, 2003, 68(4): 042317.

[116] DENG F G, LONG G L. Secure direct communication with a quantum one-time pad[J]. Physical Review A, 2004, 69(5): 052319.

[117] HU J Y, YU B, JING M Y, et al. Experimental quantum secure direct communication with single photons[J]. Light: Science & Applications, 2016, 5(9): e16144 - e16144.

[118] ZHANG W, DING D S, SHENG Y B, et al. Quantum secure direct communication with quantum memory[J]. Physical review letters, 2017, 118(22): 220501.

[119] 王育民，李晖，梁传甲. 信息论与编码理论[M]. 北京：高等教育出版社，2005.

[120] SHOR P W. Scheme for reducing decoherence in quantum computer memory[J]. Physical review A, 1995, 52(4): R2493 - R2496.

[121] 尹浩，马怀新. 军事量子通信概论[M]. 北京：军事科学出版社，2006.

[122] CALDERBANK A R, SHOR P W. Good quantum error-correcting codes exist[J]. Physical Review A, 1996, 54(2): 1098 - 1105.

[123] STEANE A M. Error correcting codes in quantum theory[J]. Physical Review Letters, 1996, 77(5): 793 - 797.

[124] GOTTESMAN D. Class of quantum error-correcting codes saturating the quantum Hamming bound [J]. Physical Review A, 1996, 54(3): 1862 - 1868.

[125] GOTTESMAN D. Stabilizer codes and quantum error correction [D]. California: California Institute of Technology, 1997.

[126] CALDERBANK A R, RAINS E M, SHOR P M, et al. Quantum error correction via codes over GF (4)[J]. IEEE Transactions on Information Theory, 1998, 44(4): 1369 - 1387.

[127] CALDERBANK A R, RAINS E M, SHOR P W, et al. Quantum error correction and orthogonal geometry[J]. Physical Review Letters, 1997, 78(3): 405 - 408.

[128] KITAEV A Y. Quantum Error Correction with Imperfect Gates[M]. HIROTA O, HOLEVO A S, CAVES C M. Quantum Communication, Computing, and Measurement. New York: Plenum Press, 1997: 181 - 188.

[129] KITAEV A Y. Fault-tolerant quantum computation by anyons[J]. Annals of Physics, 2003, 303(1): 2 - 30.

[130] BRAVYI S B, KITAEV A Y. Quantum codes on a lattice with boundary[EB/OL]. (1998 - 11 - 20)[2023 - 12 - 10]. https://arxiv.org/pdf/quant-ph/9811052.pdf.

[131] FREEDMAN M H, MEYER D A. Projective Plane and Planar Quantum Codes[J]. Foundations of Computational Mathematics, 2001, 1(3): 325 - 332.

[132] WANG C, HARRINGTON J, PRESKILL J. Confinement-Higgs transition in a disordered gauge theory and the accuracy threshold for quantum memory[J]. Annals of Physics, 2003, 303(1): 31 - 58.

[133] LIU X, LIU J, XUE R, et al. 40-user fully connected entanglement-based quantum key distribution network without trusted node[J]. PhotoniX, 2022, 3: 2.

[134] MANDIL R, DIADAMO S, QI B, et al. Quantum key distribution in a packet-switched network [J]. npj Quantum Information, 2023, 9: 85.

[135] MARTIN V, AGUADO A, BRITO J P, et al. Quantum Aware SDN Nodes in the Madrid Quantum Network[C]// Proceedings of 2019 21st International Conference on Transparent Optical Networks (ICTON). July 09 - 13, 2019, Anger, France. Danvers: IEEE, 2019.

[136] AGUADO A, Lopez V, Lopez D. The Engineering of Software-Defined Quantum Key Distribution Networks[J]. IEEE Communications Magazine, 2019, 57(7): 20 - 26.

[137] KUMAVOR P D, BEAL A C, YELIN S, et al. Comparison of Four Multi-User Quantum Key Distribution Schemes Over Passive Optical Networks[J]. Journal of Lightwave Technology, 2005, 23(1): 268 - 276.

[138] KUMAVOR P D , BEAL A C, DONKOR E, et al. Experimental Multiuser Quantum Key Distribution Network Using a Wavelength-Addressed Bus Architecture[J]. Journal of Lightwave Technology, 2006, 24(8): 3103 - 3106.

[139] BRASSARD G, BUSSIÈRES F, GODBOUT N, et al. Multi-User Quantum Key Distribution Using Wavelength Division Multiplexing [J]. Proceedings of SPIE (Applications of Photonic Technology 6, 15 December 2003, Quebec City, Québec, Canada), 2003, 5260: 149 - 153.

[140] 余重秀. 光交换技术[M]. 北京：人民邮电出版社，2008.

[141] WANG H F, SHAO X Q, ZHAO Y F , et al. Linear optical implementation of an ancilla-free quantum SWAP gate[J]. Physica Scripta, 2010, 81(1): 015011.

[142] GONG Y X, GUO G C, RALPH T C. Methods for linear optical quantum Fredkin gate[J]. Physical Review A, 2008, 66: 052305.

[143] DUAN L M, LUKIN M D, CIRAC J I, et al. Long-distance quantum communication with atomic ensembles and linear optics[J]. Nature, 2001, 414(6862): 413 - 418.

[144] AZUMA K, ECONOMOU S E, ELKOUSS D, et al. Quantum repeaters: From quantum networks to the quantum internet[J]. Reviews of Modern Physics, 2023, 95(4): 045006.

[145] SANGOUARD N, SIMON C, RIEDMATTEN H D, et al. Quantum repeaters based on atomic ensembles and linear optics[J]. Reviews of Modern Physics, 2011, 83(1): 33 - 80.

[146] AZUMA K, TAMAKI K, LO H K. All-photonic quantum repeaters[J]. Nature Communications, 2015, 6: 6787.

[147] ZHANG R, LIU L Z, LI Z D, et al. Loss-tolerant all-photonic quantum repeater with generalized Shor code[J]. Optica, 2022, 9(2): 152 - 158.

[148] ILLIANO J, CALEFFI M, MANZALINI A, et al. Quantum internet protocol stack: A comprehensive survey[J]. Computer Networks, 2022, 213: 109092.

[149] POMPILI M, DELLE DONNE C, TE RAA I, et al. Experimental demonstration of entanglement delivery using a quantum network stack[J]. npj Quantum Information, 2022, 8(1): 121.

[150] METER R V, SATOH R, BENCHASATTABUSE N, et al. A Quantum Internet Architecture [C]//Proceedings of 2022 IEEE International Conference on Quantum Computing and Engineering (QCE), 2022.

[151] KOZLOWSKI W, DAHLBERG A, WEHNER S. Designing a quantum network protocol[C]// Proceedings of the 16th International Conference on Emerging Networking EXperiments and Technologies (CoNEXT '20), December 1 - 4, 2020, Barcelona, Spain. New York, NY, USA:

Association for Computing Machinery，2020：1－16.

[152] ILLIANO J，VISCARDI M，KOUDIA S，et al. Quantum internet：from medium access control to entanglement access control[C]//proceedings of 2022 IEEE Globecom Workshops (GC Wkshps)，2022：1329－1334.

[153] AWSCHALOM D，BERGGREN K K，BERNIEN H，et al. Development of Quantum Interconnects (QuICs) for Next-Generation Information Technologies[J]. PRX Quantum，2021，2 (1)：017002.

[154] 孙仕海，张一辰，黄安琪. 量子密钥分发实际安全性分析和评测[M]. 北京：国防工业出版社，2023.

[155] LIN J，UPADHYAYA T，LTKENHAUS N. Asymptotic Security Analysis of Discrete-Modulated Continuous-Variable Quantum Key Distribution [J]. Physical Review X，2019，9：041064.

[156] 郭凯，刘博. 量子信息网络[M]. 北京：国防工业出版社，2024.